U0228230

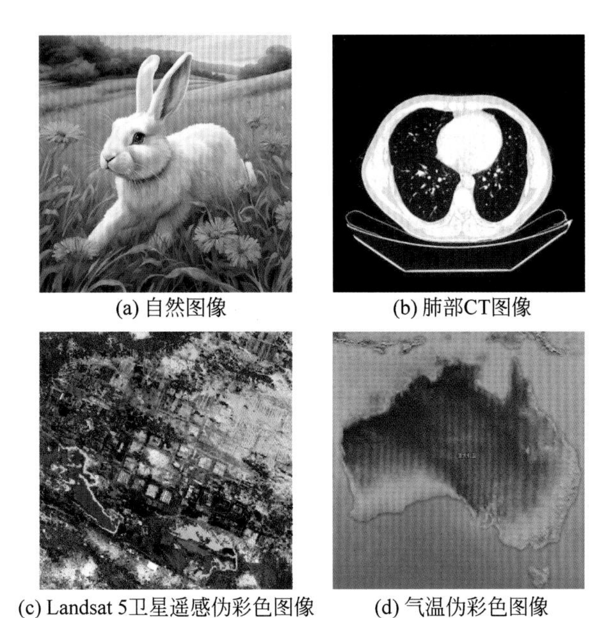

图 1-6　各种图像

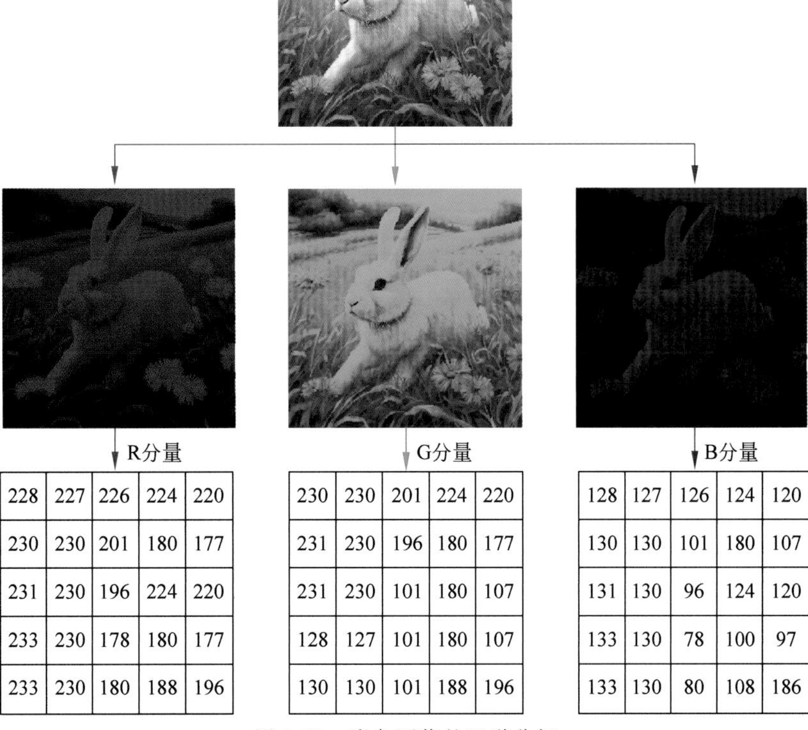

R分量

228	227	226	224	220
230	230	201	180	177
231	230	196	224	220
233	230	178	180	177
233	230	180	188	196

G分量

230	230	201	224	220
231	230	196	180	177
231	230	101	180	107
128	127	101	180	107
130	130	101	188	196

B分量

128	127	126	124	120
130	130	101	180	107
131	130	96	124	120
133	130	78	100	97
133	130	80	108	186

图 1-15　彩色图像的通道分解

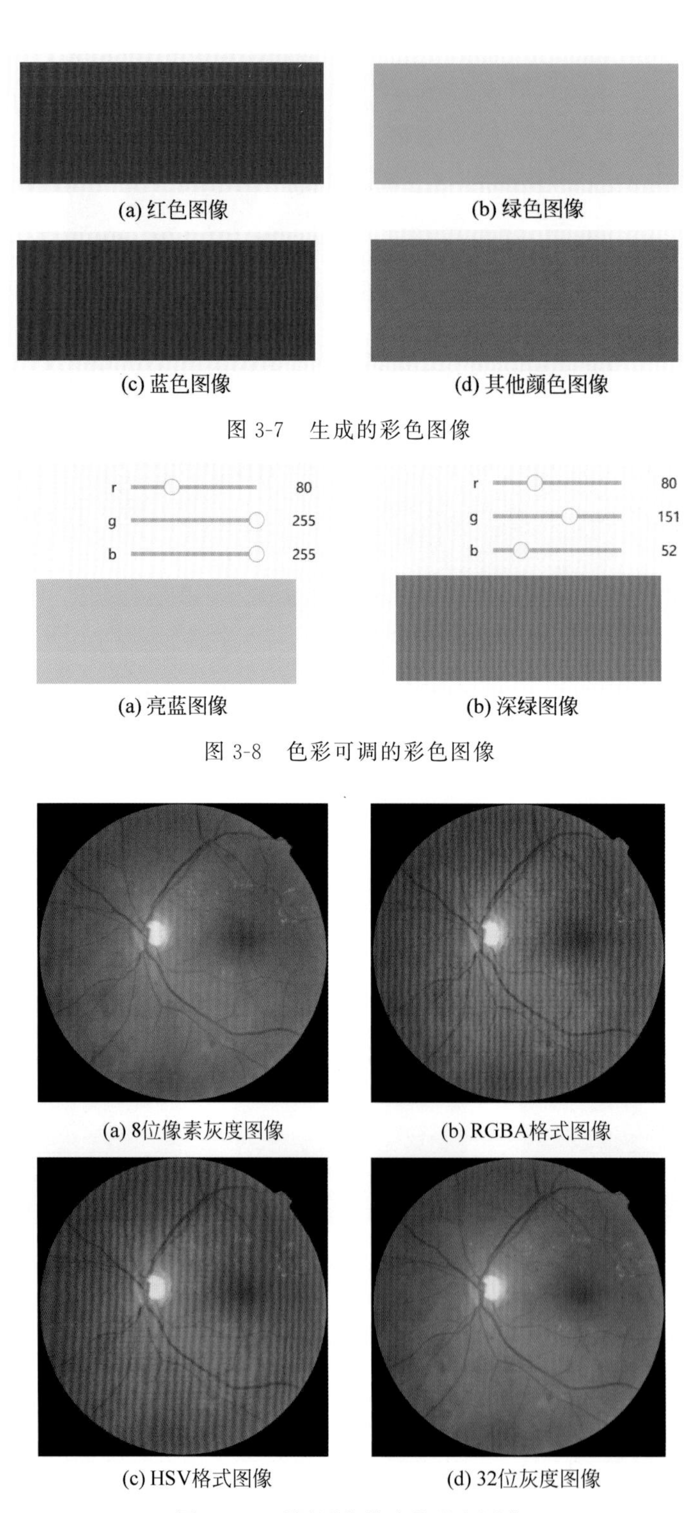

图 3-7　生成的彩色图像

图 3-8　色彩可调的彩色图像

图 3-10　不同图像模式的眼底图像

(a) RGB原始图像　(b) BGR通道合并图像

(c) RGB通道合并图像　(d) BRG通道合并图像

图 3-15　图像的不同通道合并

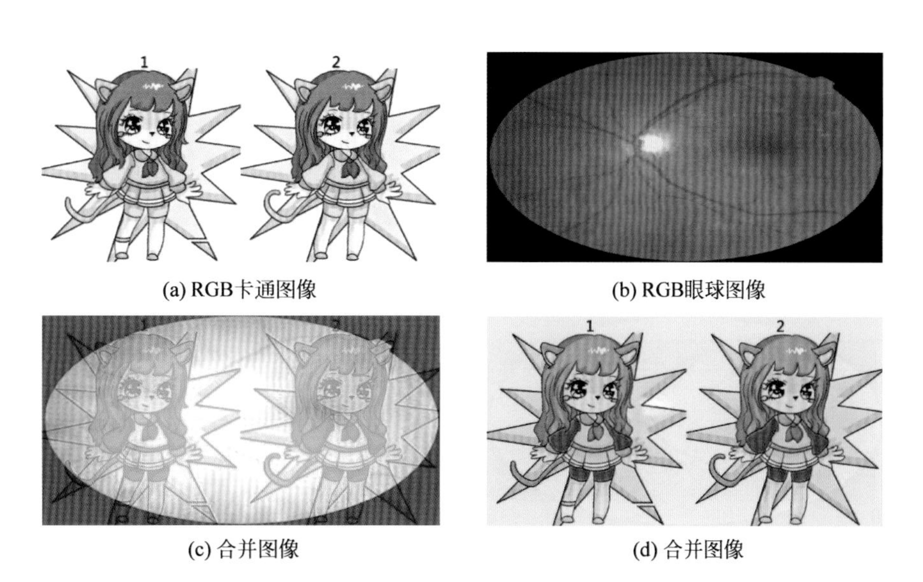

(a) RGB卡通图像　(b) RGB眼球图像

(c) 合并图像　(d) 合并图像

图 3-16　不同图像合并效果

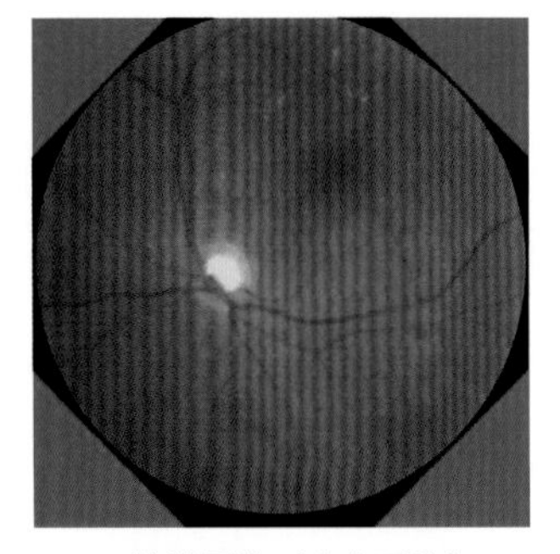

(a) 旋转图像（向上平移）

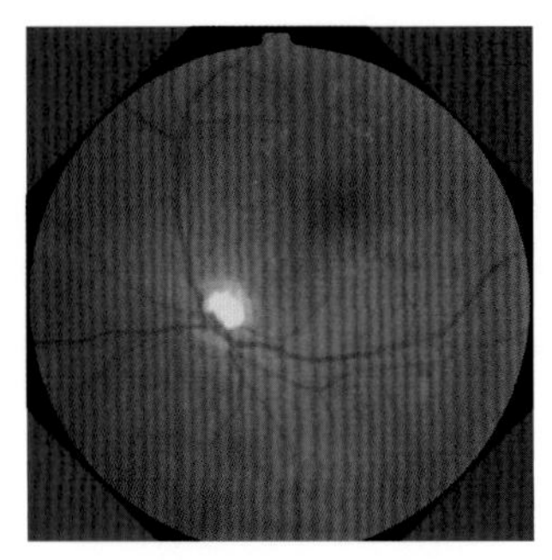

(b) 旋转图像（向下平移）

图 3-18　图像旋转

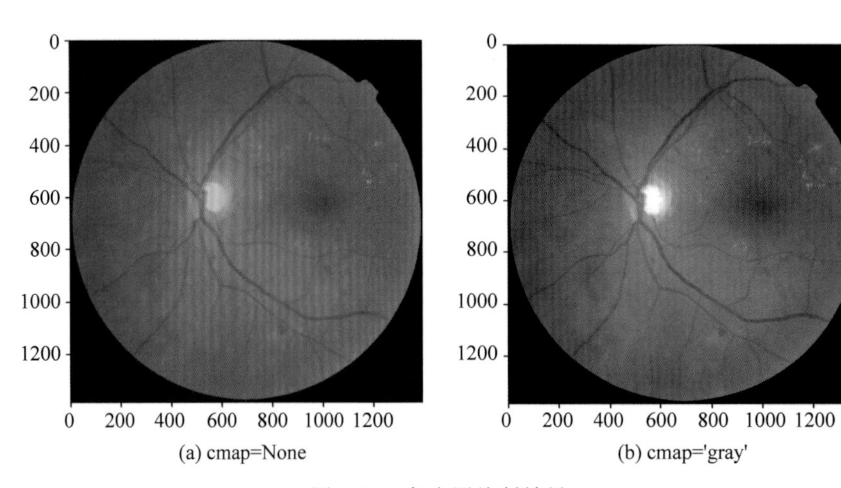

(a) cmap=None

(b) cmap='gray'

图 3-24　灰度图绘制效果

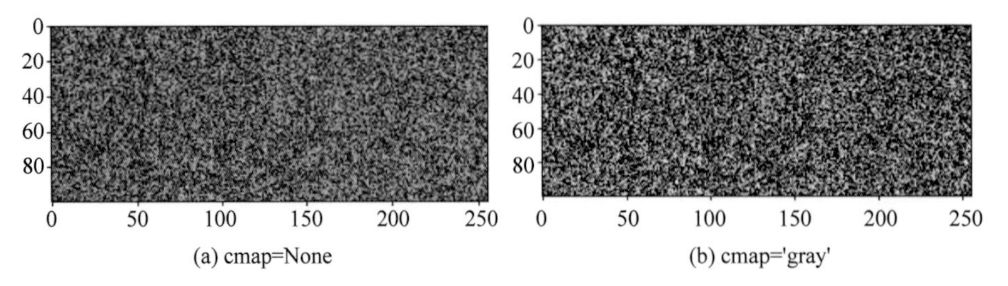

(a) cmap=None

(b) cmap='gray'

图 3-25　二维数组对应图像

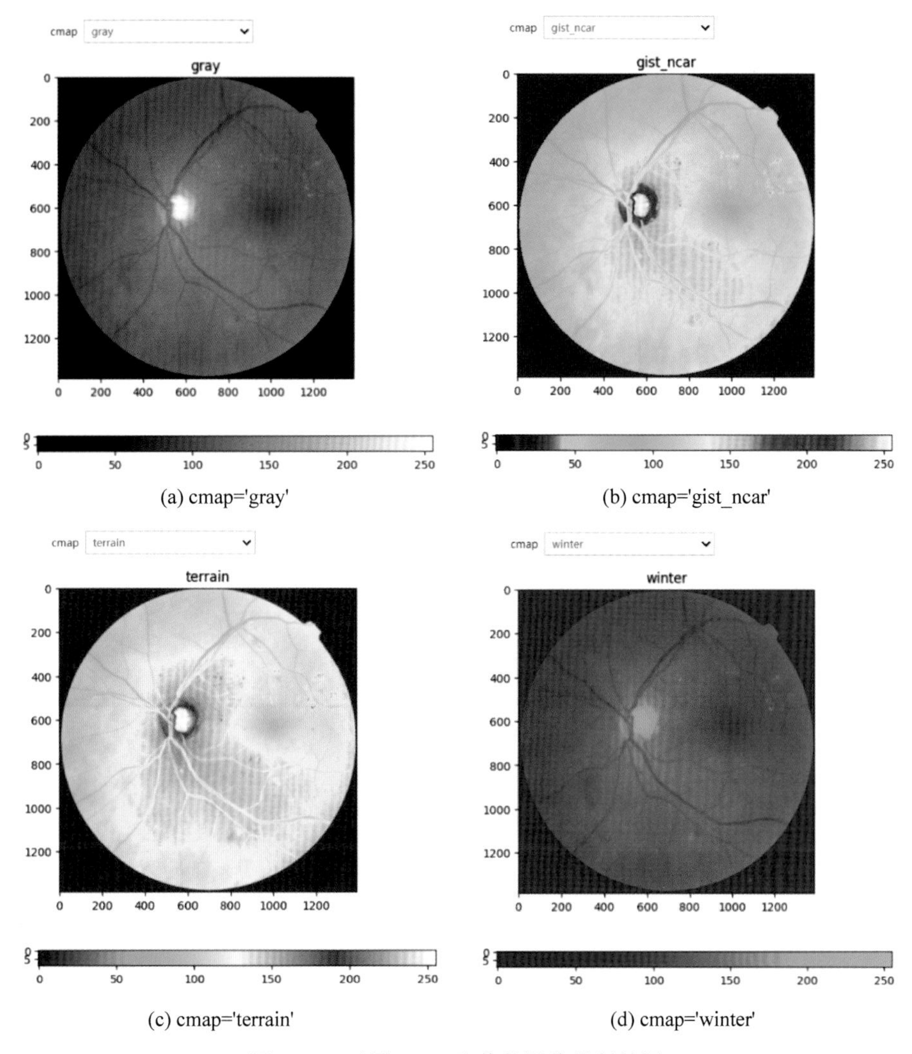

图 3-26 不同 cmap 取值的图像绘制效果

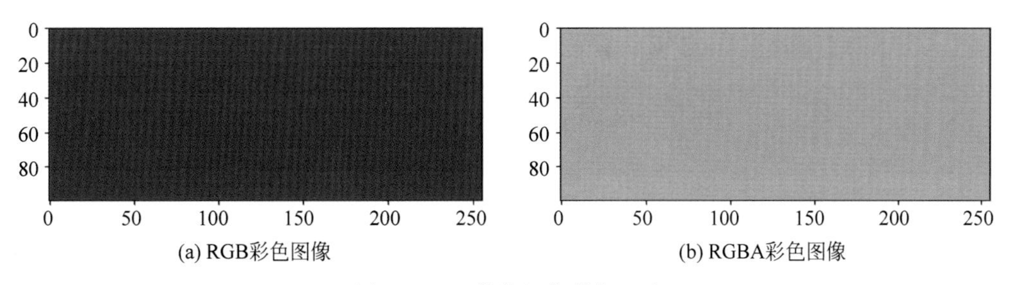

图 3-27 三维数组的彩色显示

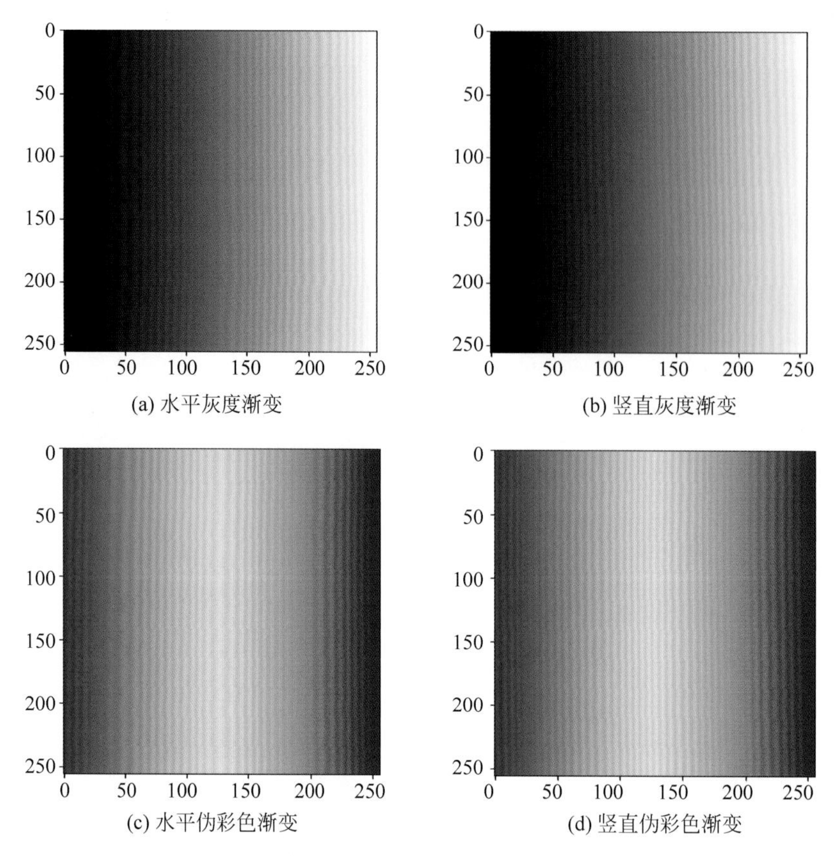

图 4-8　不同的网格数组图像

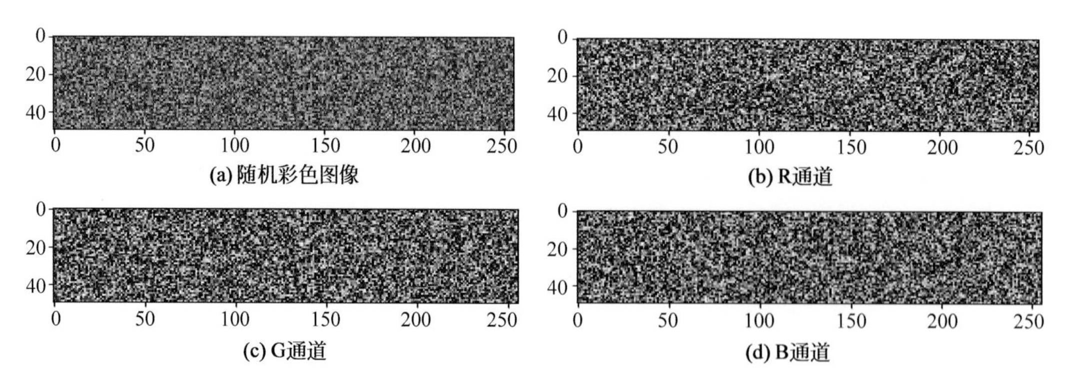

图 4-14　数组切片实现通道分离

(a) 原图　(b) gray1的结果　(c) gray2的结果

图 4-19　矩阵运算与彩色图像灰度化

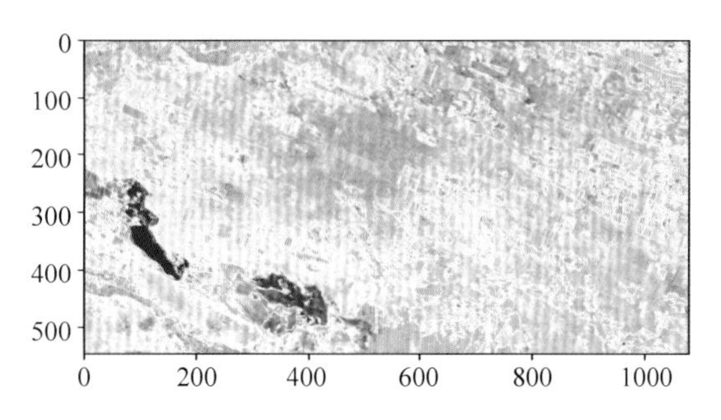

图 5-30　NDVI 可视化效果

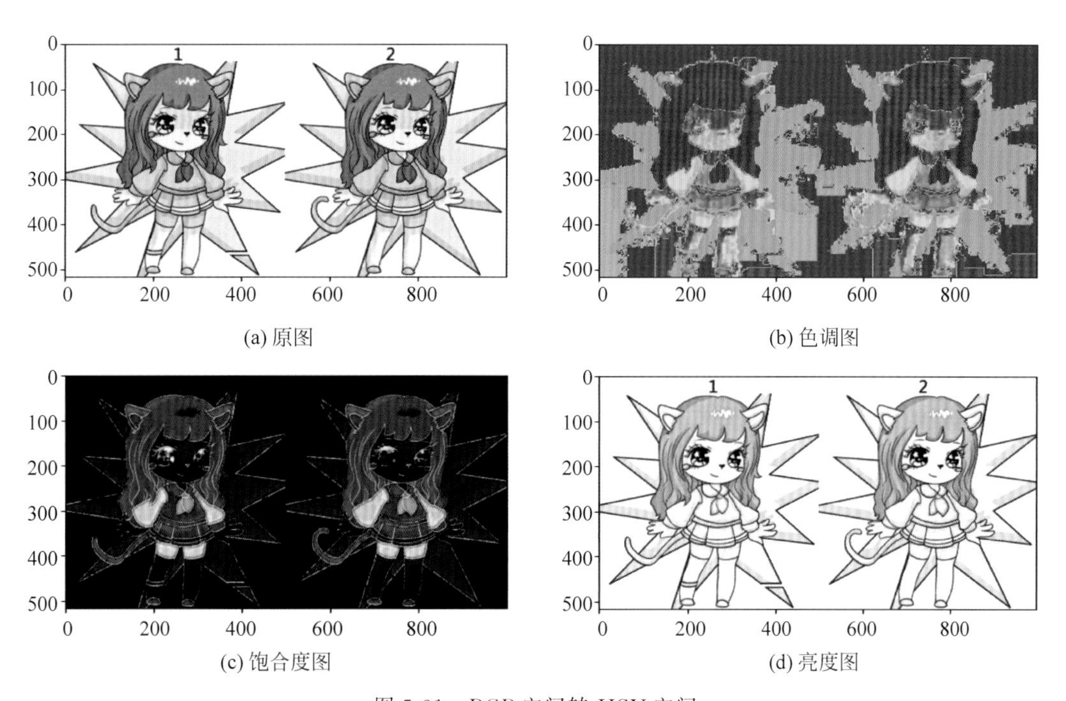

(a) 原图　(b) 色调图

(c) 饱合度图　(d) 亮度图

图 5-31　RGB 空间转 HSV 空间

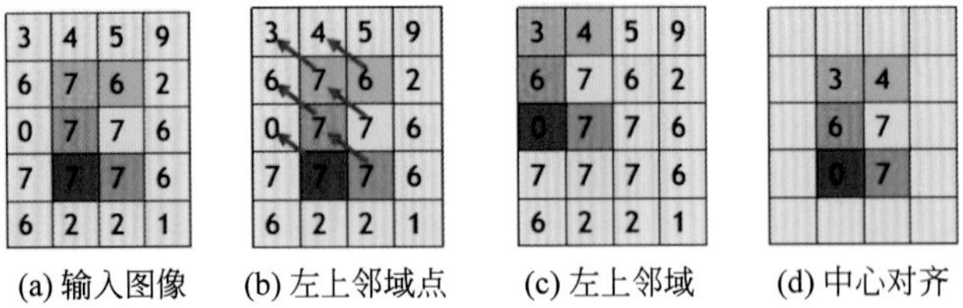

(a) 输入图像
(b) 左上邻域点
(c) 左上邻域
(d) 中心对齐

图 6-4　图像邻域过程

(a) 左上邻域
(b) 上邻域
(c) 右上邻域
(d) 左邻域
(e) 输入图像
(f) 右邻域
(g) 左下邻域
(h) 下邻域
(i) 右下邻域

图 6-5　8 邻域生成

x
y
原图像
最邻近插值
x
y
目标图像

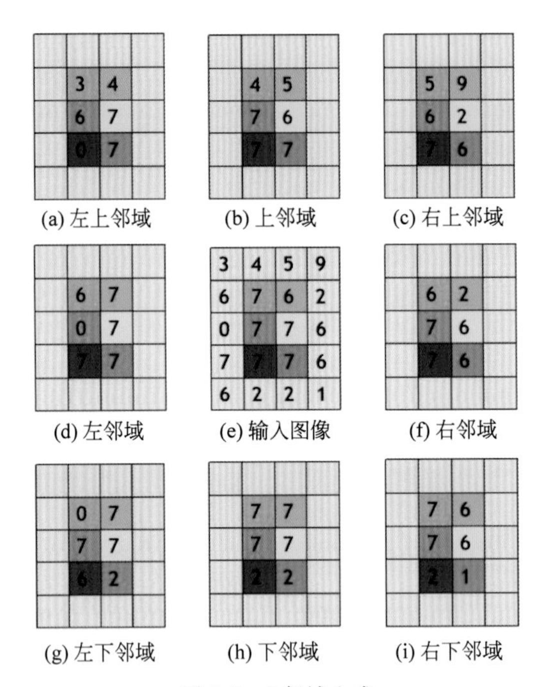

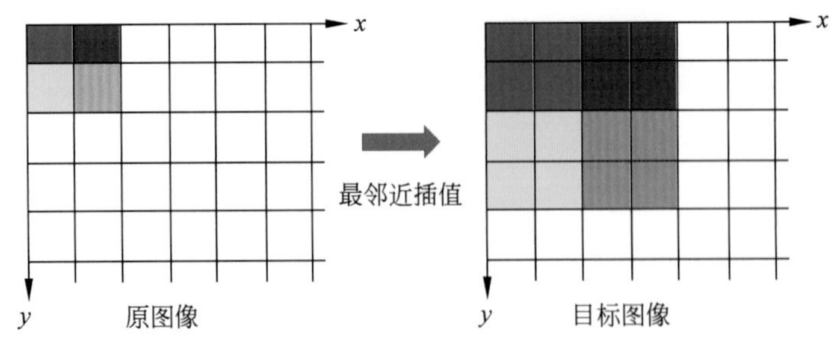

图 7-2　最邻近插值

跟我一起学人工智能

轻松学数字图像处理

基于Python语言和NumPy库

微课视频版

侯　伟　马燕芹 ◎ 著

清華大學出版社
北京

内 容 简 介

本书是介绍数字图像处理入门与基础的图书。数字图像处理已经融入人们的日常生活，其重要性不言自明。本书以现代数字图像处理发展的最新理论为基础，使用当前最流行的 Python 编程语言作为工具，借助 NumPy、Pillow 和 Matplotlib 等库，以理论和实践相结合，二者并重的形式介绍数字图像处理。

本书共 9 章，其中数字图像处理简介、开发环境搭建、初识数字图像处理、NumPy 数组和图像几章重在介绍图像处理的相关背景和基础知识；图像点运算、图像邻域运算和图像全局运算几章是本书的重点，按照图像处理过程中参与运算的像素范围进行内容组织，并对运算在图像处理中的意义进行详细介绍；机器学习与数字图像处理一章介绍机器学习与数字图像处理的联系，为进一步学习数字图像处理给出建议；图像处理软件开发一章介绍以 GUI 框架 Tkinter 进行设计和实现图像处理软件的流程和方法，为实现复杂的图像处理软件提供参考。

本书适合初学者入门自学，也适于从事图像处理的研究人员和工程师参考，并可作为高等院校和培训机构相关专业的教学参考书。随书附赠本书中的所有图像文件和全书源码。

图书在版编目（CIP）数据

轻松学数字图像处理 ：基于 Python 语言和 NumPy 库 ：微课视频版 / 侯伟，马燕芹著. -- 北京 ：清华大学出版社，2024. 8. --（跟我一起学人工智能）. -- ISBN 978-7-302-67012-4

Ⅰ. TN911.73

中国国家版本馆 CIP 数据核字第 2024TM1494 号

责任编辑：赵佳霓
封面设计：吴　刚
责任校对：李建庄
责任印制：沈　露

出版发行：清华大学出版社
　　网　　址：https://www.tup.com.cn，https://www.wqxuetang.com
　　地　　址：北京清华大学学研大厦 A 座　　**邮　　编**：100084
　　社 总 机：010-83470000　　**邮　　购**：010-62786544
　　投稿与读者服务：010-62776969，c-service@tup.tsinghua.edu.cn
　　质量反馈：010-62772015，zhiliang@tup.tsinghua.edu.cn
　　课件下载：https://www.tup.com.cn，010-83470236
印 装 者：三河市天利华印刷装订有限公司
经　　销：全国新华书店
开　　本：186mm×240mm　　**印　张**：22.25　　**插　页**：4　　**字　　数**：510 千字
版　　次：2024 年 8 月第 1 版　　**印　　次**：2024 年 8 月第1 次印刷
印　　数：1～1500
定　　价：69.00 元

产品编号：104237-01

前言

PREFACE

党的二十大报告指出：教育、科技、人才是全面建设社会主义现代化国家的基础性、战略性支撑。必须坚持科技是第一生产力、人才是第一资源、创新是第一动力，深入实施科教兴国战略、人才强国战略、创新驱动发展战略，这三大战略共同服务于创新型国家的建设。高等教育与经济社会发展紧密相连，对促进就业创业、助力经济社会发展、增进人民福祉具有重要意义。

当前正处于百年未有之大变局，人工智能有望引领新一代的工业革命。计算机视觉作为人工智能的重要研究方向，在近十多年的时间里取得了突飞猛进的进展。数字图像处理作为计算机视觉的基础，是进入学习和研究以计算机视觉为方向的人工智能的必要条件。本书的写作即是在此背景下，尝试用当前最新的计算机视觉理论对数字图像处理的内容进行组织，借助最新的工具实现经典的数字图像处理算法。读者在阅读本书后能够了解和掌握经典的数字图像处理，解决实际学习和工作中的数字图像处理问题，并顺利过渡到以深度学习为代表的现代计算机视觉的学习。

本书的写作起源于一次偶然。本人自研究生期间开始接触遥感影像的处理，开始了图像处理的学习，随后在博士期间研究工业视觉质检，进一步从事图像处理工作，博士毕业后在进行数字图像处理的研究和工程应用之间，承担了"数字图像处理"课程的教学工作。在实践中，我发现目前介绍数字图像处理的资料中除了理论讲解外，在实践方面以调用现有的API为主，缺乏从基础上对图像处理算法的介绍，导致在环境变化时难以实现图像处理算法。因此，我借助Python编程语言和专门用于数组运算的NumPy库，按照数字图像处理算法中的运算类型实现了数字图像处理算法的程序。经过两年的教学实践，并将相关的内容发布到网络后，一次偶然的机会，赵佳霓编辑与我取得了联系，商议将此内容整理成书，于是我着手撰写此书。

虽然前期已经积累了部分资料和程序，但为了内容的完善和准确，仍然需要补充相关内容和撰写文字等大量工作。为了能早日完成本书，我寻求与马燕芹博士合作，马燕芹博士欣然同意，于是我们两人通过远程协作，密切沟通，一南一北按期顺利完成了本书的撰写工作。本书共9章，其中前4章是数字图像处理的基础知识，主要介绍了数字图像及其处理的相关概念、数字图像处理编程工具、NumPy数组运算基础和简单的图像处理等基础知识。第5～7章按照图像处理中参与运算的像素范围，从运算的角度，将图像处理分为图像点运算、图像邻域运算和图像全局运算，使读者更深刻地理解图像处理算法在实现和功能上的差异，此部分是本书的重点。第8章介绍了图像处理和机器学习的联系,并通过示例给出了使用机器学习解决图像处理问题的方法,并为进一步学习给出了建议。第9章介绍了数字图像处理软件的开发,将数字图像处理算法制作为图像处理软件,方便在日常生活和工业生产中部署和应用数字图像处理。另外,在本书附赠的电子资源中包含所有图像文件及代码,供读者参考。

资源下载提示

素材(源码)等资源:扫描目录上方的二维码下载。

视频等资源:扫描封底的文泉云盘防盗码,再扫描书中相应的二维码,可以在线学习。

本书的顺利出版离不开清华大学出版社赵佳霓编辑的建议和督促,在此表示衷心感谢。同时,也非常感谢我们的导师徐德研究员在博士期间对我们的帮助和指导。虽然我们努力使本书尽可能完善,但受自身条件所限,书中难免存在疏漏之处,诚请广大读者批评指正。

著　者

2024年5月

目录

CONTENTS

教学课件(PPT)

本书源码

第1章 CHAPTER 1 数字图像处理简介

人类主要通过视觉、听觉、嗅觉、味觉和触觉共5种感觉手段从客观世界获取信息，其中视觉获取的信息占总信息的70%～80%。人类视觉信息可以看作由一帧帧图像构成，图像是人类视觉的基本元素，因此，对视觉信息的分析可简单理解为图像处理。尤其是在数字化、智能化的今天，借助数字摄像头和数码相机能够获取大量的视觉信息，以数字图像为核心的视觉与可视化技术的应用越来越广泛，其背后的数字图像处理技术发挥着不可替代的作用。

基于数字图像具有信息量大、传播速度快、直观性强等特点。本章主要从人类视觉、图像、数字图像相关内容及数字图像处理基础知识等方面进行介绍。

1.1 人类视觉

人类视觉是人类感知客观世界的主要手段之一，按照其功能可明确地分为两个阶段：视觉感知和视觉认识。视觉感知是指通过眼睛接收到外界视觉信息，并通过大脑对这些信息进行初级加工的过程，主要功能是获取外界清晰、准确的图像。视觉认知是指在视觉感知的基础上，通过大脑对感知到的图像进行理解、加工和分析，形成对物体、场景和情境的认知和理解，涉及对物体的识别、辨别、分类、记忆和判断等高级认知过程。视觉感知和视觉认知两部分构成了人类的视觉系统。

人类视觉系统的构成如图1-1所示，人类的视觉系统包括：感觉器官（眼睛）和中枢神经系统的一部分（包含感光细胞的视网膜、视神经、视束和视觉皮层），主要负责视觉感知；中枢神经系统（大脑），赋予检测和识别目标的能力，主要负责视觉认知。

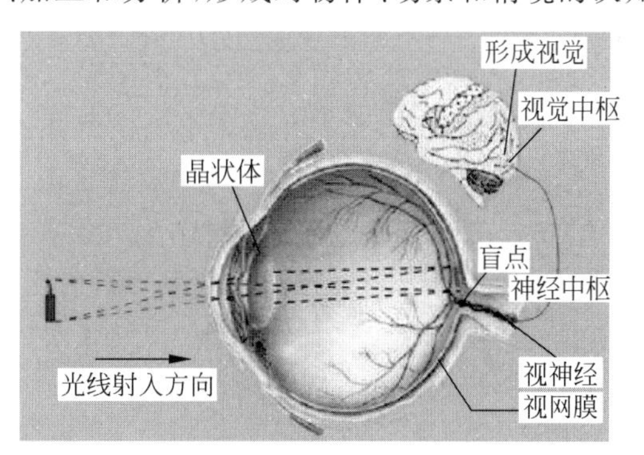

图1-1 人类视觉系统的构成

1.1.1 视觉感知

人类视觉系统中各器官在视觉感知上的功能，可以通过人类对成像机制的研究和认识加以理解。早在春秋战国时期,我国的思想家墨子在其所著的《墨子》中就记录并解释了小孔成像现象。在一个封闭的屋子里,在其向光的墙面上挖一个小孔,屋内保持黑暗,一个人站在屋外小孔前方迎着光线站立,屋外的光线透过小孔,在屋内的墙面上形成一个头下足上倒立的人影,如图 1-2 所示。在小孔成像中,小孔作为光线的过滤器使朝向小孔的光线得以通过,进入屋内成像,当孔直径变小时,成像会清晰,但成像会变暗,当孔直径变大时,成像会变亮,但成像会变模糊,这成为小孔成像中的致命缺点。

17 世纪,欧洲人发现并总结了凸透镜的成像规律,提出了焦距、物距、像距等科学概念,如图 1-3 所示。在凸透镜成像中用透镜替代小孔,使在通过较多光线的情况下能够清晰明亮地成像,解决了小孔成像的缺点。目前使用的照相机就基于凸透镜成像的原理。

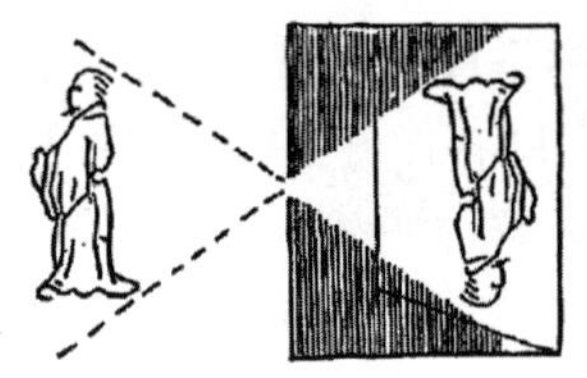

图 1-2 小孔成像

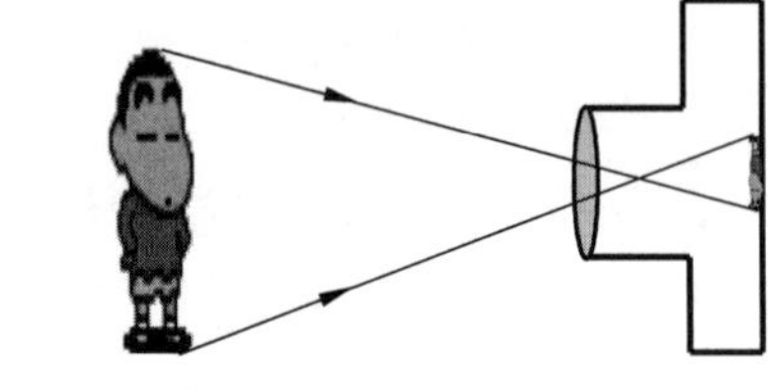

图 1-3 凸透镜成像

在解决成像问题后,记录图像就变得重要起来。1827 年,尼埃普斯利用感光物质拍摄并记录了世界上第 1 张照片。自此以后,许多科学家和工程师经过改进,发明了记录照片的胶圈。在胶圈记录图像后,还需要经过冲洗等化学步骤才能得到包含图像的照片。随着半导体技术的发展,目前 CCD 或 CMOS 光电传感器已经在日常生活中得到广泛使用,将光线的频率和强度转换为电信号进行记录,从而得到数字图像。

人类视觉感知与上述成像的原理和过程几乎是一致的。眼睛中的瞳孔是光线进入眼睛的通道,虹膜上的平滑肌通过收缩使瞳孔放大或缩小,控制进入瞳孔的光,功能相当于小孔成像中的小孔。眼睛中的角膜、晶状体和玻璃体等对光线进行调节起到透镜作用。随后外界的影像通过光线在视网膜成像,视网膜上作为视觉接收器的杆状体和锥状体会发生光电化学反应,将光学成像信息转换成视网膜上视觉神经活动的电信号。最后通过视神经纤维将图像传输到大脑,人类大脑获得图像感知,人类的视觉感知完成。

在人类产生视觉感知的过程中,以下几个细节尤为重要。

(1) 视网膜成像过程:眼睛作为人类视觉感知的主要器官,负责收集并解析周围环境中的光线信息。当光线经过角膜发生折射后,穿过瞳孔进一步被晶状体聚焦,最终将倒立的图像投射到视网膜上。研究发现,视网膜对光线的敏感程度与光的波长密切相关,如图 1-4 所示。人类视觉对波长范围在 380～780nm 的光最为敏感,这一范围内的光称为可见光,而且,我们对不同波长的光的敏感程度不同,例如,我们将波长 700nm 的光感知为红色,而将波长 510nm 的光感知为绿色。

(2) 视网膜图像信息的处理:视网膜由感光细胞组成,这些细胞含有视蛋白,并分为 3 种主要类型,即黑视蛋白、视杆细胞和视锥细胞,其中,黑视蛋白与我们的昼夜节律相关,而视杆细胞和视锥细胞则负责处理图像信息。视杆细胞对光线强度敏感,但不区分颜色;视

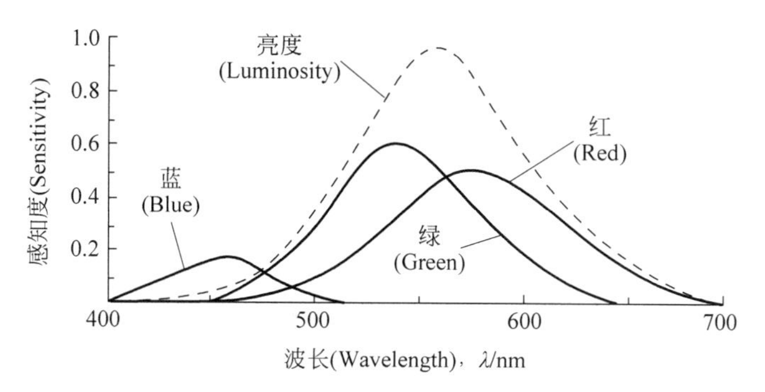

图 1-4　视网膜对颜色和亮度的敏感程度

锥细胞负责识别颜色，主要分为 S、M 和 L 3 种类型，分别对蓝光、绿光和红光敏感。红、绿和蓝 3 种光线的强度差异就会使人感受到五彩缤纷的颜色，如图 1-5 所示。视杆细胞和视锥细胞共同协作，使人眼能够感受到明暗的变化和缤纷的色彩。

（3）视觉图像的生成：为了适应不同的光线条件，视网膜利用视杆细胞进行调整。在黑暗中，视杆细胞内的发色团视网膜呈现弯曲状态，称为顺式视网膜。当光线与视网膜相互作用时，顺式视网膜转变为直线形态，称为跨视网膜，并与视蛋白分离。这一过程导致视紫红质漂白，即从紫色变为无色。在暗环境下，视紫红质不吸收光线并释放谷氨酸，抑制双极细胞的活动，而当有光线存在时，谷氨酸的释放停止，允许双极细胞向神经节细胞传递信息，从而能够检测到图像。随后，这些信息被传递到大脑进行分析和处理，使我们能够理解并感知周围环境。

图 1-5　颜色的合成

（4）视觉图像的分析与识别：视觉系统的核心功能之一是能够快速且准确地识别并分类视觉对象。事实上，人类能够在极短的时间内对短暂呈现的图像进行分类，甚至可以区分包含或不包含动物的图像。调查研究显示，我们在这项任务上的准确率超过 95%。更重要的是，通过脑电图可以观察到不同类别图像在大脑中引起的差异活动，表明这种分类过程在神经层面上的潜伏期非常短。这些发现不仅适用于人类，还广泛存在于包括灵长类动物在内的多个物种中。此外，视觉系统还具有其他多种功能，如色觉、立体视觉、运动感知等，使我们能够更全面地理解和感知周围环境。

1.1.2　视觉认知

大脑是人的中枢神经系统，是进行认知的关键器官。视觉认知是大脑的重要功能之一。当我们的视觉系统接触现实世界中的场景时，所接收的图像不仅包含我们感兴趣的目标，还充斥着各种干扰信息。神经学研究显示，面对复杂的视觉场景，人类会启动选择性注意力机制。这一机制使我们能根据图像的局部特征，迅速定位并聚焦特定区域。通过眼球的快速移动，我们将这些重要区域转移到视网膜的中央，使该区域具有更高的分辨率，从而实现对这些区域更为细致的观察。这种视觉注意力机制可为我们有效地滤除无关信息，使我们能够更加专注于感兴趣的内容。

对于视觉认知的理解,一种普遍的观点是它具有层次性。这种层次性体现在从低级的边缘、形状等基本特征,到中级的纹理、结构等复杂特征,再到高级的图像语义理解。在这个过程中,各种视觉认知模型,如神经元模型、黑白模型、彩色视觉模型等,都成为我们理解人类视觉不同方面的有力工具。

值得一提的是,Campbell 和 Robosn 提出的理论为理解人眼的视觉处理方式提供了新视角。他们假设视网膜上存在一系列独立的线性带通滤波器,这些滤波器能够将图像分解为不同频率的组成部分。这些滤波器的带宽随着频率的增加而以对数方式增加,这意味着视网膜对图像的划分在对数尺度上是等宽的。这一发现得到了视觉生理学特征的验证,并为我们理解不同分辨率如何影响我们的视觉感知提供了基础。

总之,在人类视觉系统中,视觉感知与视觉认知关系密切,相互依赖、相互促进。视觉感知是视觉认知的基础,没有感知到的信息,就无法进行认知和理解。视觉感知提供了大量的原始信息,而视觉认知负责对这些信息进行加工和解释,使其具有更丰富的意义和价值。二者共同构成了人类复杂而精细的视觉系统,使人类能够更好地理解和探索这个世界。

1.2 图像

1.2.1 图像的概念

人类视觉感知的最主要表现形式就是图像,图像记录了视野内可见光在某一时刻的强度或颜色。具体来讲,凡是能记录在纸质上的,拍摄在底片或者照片上的,显示在电视、投影仪或者计算机显示器上的,具有视觉效果的画面都可以统称为图像。

从视觉成像的局部来看,图像上每个位置都与空间中某个位置光的强度相关。光的强度高,亮度就高;光的强度低,亮度就低。将可见光成像的这一规律进行类比,将空间中的光的强度替换为某种物理量,如 X 射线的强度、红外线的强度、温度的数值等,就可以得到更为广义的图像的概念:在某一区域中,将某个或多个特征在这一区域内的度量结果投影到指定平面上,并将投影后的结果映射到可见光范围后形成的能够为人类视觉所感受的形式。

根据上述定义,一幅图像可形式化的表示为

$$I = f(x, y) \tag{1-1}$$
$$0 \leqslant x < M, \quad 0 \leqslant y < N$$

其中,(x, y)表示图像上某一位置的坐标;$f(x, y)$是在空间坐标(x, y)处的度量和映射函数;I 表示度量和映射的结果,可以是表示明暗程度的标量,也可以是表示颜色的向量;M、N 分别表示图像的宽和高。如果空间坐标(x, y)连续,函数 $f(x, y)$也连续,则图像为模拟图像;如果空间坐标(x, y)不连续,且函数 $f(x, y)$也不连续,则图像为数字图像。

图 1-6 中显示了 4 幅符合上述定义的图像,图 1-6(a)是自然图像,是人的视觉能直接对外界感知的图像;图 1-6(b)是人体肺部 CT 图像,其原始度量值反映了人体组织对 X 射线吸收强度,经过对 X 射线吸收强度进行明暗程度的映射后形成了人的视觉可感知的灰度图像;

图 1-6(c)是 Landsat 5 卫星遥感伪彩色图像,其原始度量值是该卫星搭载的 TM 传感器采集到的多波段光谱值,经过对其中 3 个波段的光谱值按照一定规则分别映射到红、绿和蓝 3 种颜色后形成了人的视觉可感知的彩色图像;图 1-6(d)是气温伪彩色图,其原始值是温度数值,按照一定规则将温度映射到不同的颜色形成了人的视觉可感知的表现温度分布的彩色图像。

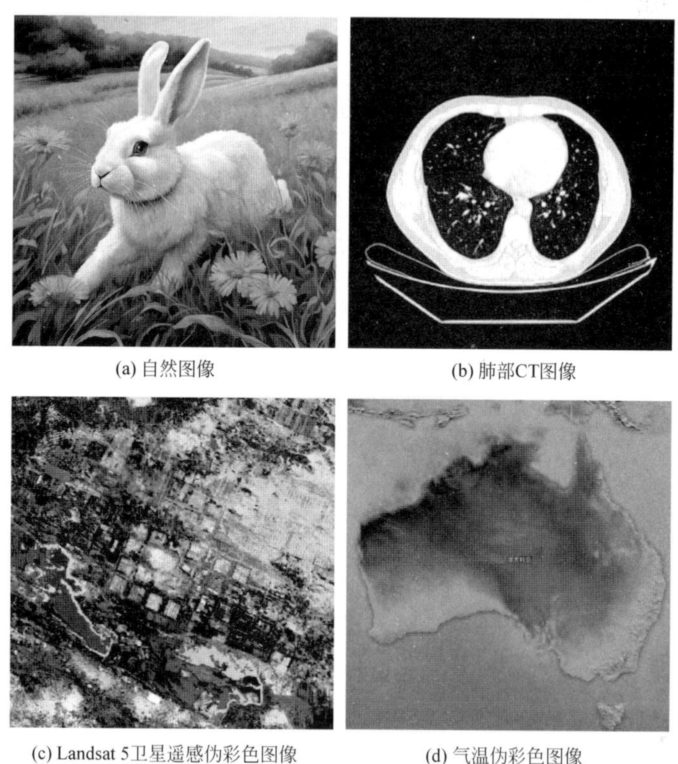

(a) 自然图像　(b) 肺部CT图像

(c) Landsat 5卫星遥感伪彩色图像　(d) 气温伪彩色图像

图 1-6 各种图像(见彩插)

注意:图 1-6(a)中的人物为 Lena,她是一名模特,该照片作为封面发表于 1972 年 11 月的一本杂志中。该图像由于明暗分布好,人物细节突出,因此被广泛地用于图像处理的研究中。1997 年,Lena 本人受邀出席了在波士顿举办的 IS&T 50 周年会议。

1.2.2 数字图像表示

随着计算机技术的发展,利用计算机进行图像的表示、存储和处理就变得十分必要。原本连续的模拟图像为了适应计算机的特性不得不进行离散化,从而形成数字图像。模拟图像在经过采样和量化两个离散化步骤后,就可以得到数字图像。数字图像的形式化表示如下:

$$\begin{aligned} &I = f(x,y) \\ &x \in [0,1,\cdots,M-1], \quad y \in [0,1,\cdots,N-1], \quad I \in [0,1,\cdots,L-1] \end{aligned} \tag{1-2}$$

根据以上形式化的表示可知,相对模拟图像,数字图像不仅在空间上变得离散了,而且在灰度(颜色)上变得离散了。数字图像的原点(第 1 行第 1 列坐标处)值就是 $f(0,0)$,第 2 行第 1 列坐标处的值为 $f(0,1)$,以此类推,可得到数字图像的所有像素值。实际上,由一张数字图像的坐标构成的平面称为空间域,x、y 称为空间变量或空间坐标。

基于式(1-2)的数字图像的数学描述 $f(x,y)$有 3 种图像表示方法,如图 1-7 所示。使用三维曲面表示如图 1-7(a)所示,用 x、y 表示构成的空间坐标系,分别表示第一维和第二维空间位置,以 x、y 为变量的函数 $f(x,y)$为第三维坐标。用该图可以形象地展示图像的灰度级分布,但是对于彩色图像,很难用此方法来展示。灰度阵列图像如图 1-7(b)所示,将每个点(x,y)的灰度值 $f(x,y)$成比例映射,将灰度值 0 映射为黑色,把灰度值 255 映射为白色,其他值介于黑色与白色之间。数字图像在计算机中表示为矩阵(数组)如图 1-7(c)所示,x 表示矩阵的列,y 表示矩阵的行,矩阵元素为灰度值表示为 $f(x,y)$,矩阵的左上角对应图像的原点,由此,可以用一个 $M\times N$ 的数值矩阵表示数字图像。

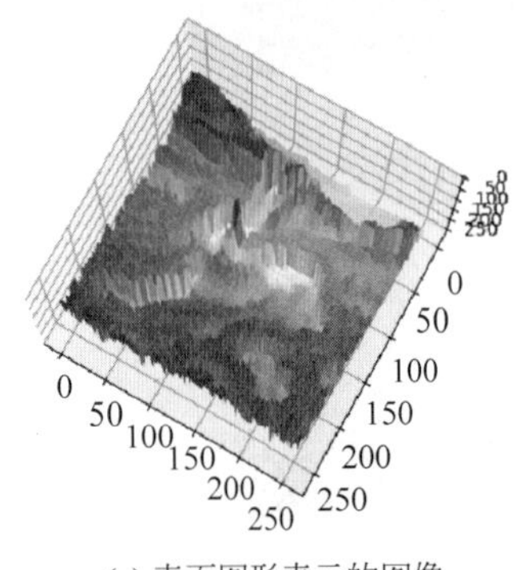

(a) 表面图形表示的图像

(b) 可视灰度阵列的图像

[[162, 161, 157, …,170, 170, 128],
[162, 161, 157, …,170, 170, 128],
[164, 155, 159, …,146, 124, 77],
…,
[54, 47, 53, …, 89, 93, 90],
[43, 47, 47, …, 97, 104, 98],
[44, 51, 47, …,105, 104, 108]]

(c) 二维数值阵列的图像

图 1-7 数字图像的表示形式

利用计算机进行数字图像存储和处理时,通常将图像表示成矩阵形式,图 1-8 给出了一幅灰度图一小块区域的矩阵元素。值得注意的是,在使用矩阵表示数字图像时,数字图像的原点位于左上角,其中 y 轴自上向下为正,x 轴自左向右为正。在后续章节都用矩阵(二维数组)或多维数组表示图像。

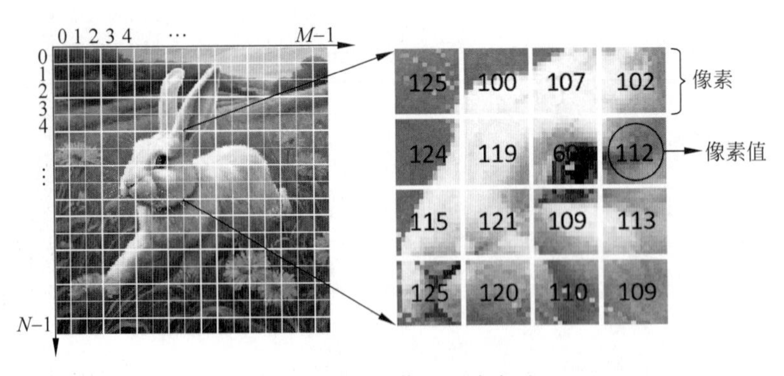

图 1-8 数字图像的矩阵表示

数字图像和模拟图像的区别如下。

(1) 表示方式不同：数字图像是由像素组成的离散图像，每个像素有明确的数值表示；而模拟图像是由连续的光学信号构成的连续图像，没有像素的概念。

(2) 处理方式不同：数字图像可以用计算机进行不同的运算处理，如点运算、局部运算和全局运算等；而模拟图像无法直接用计算机进行处理和分析，只能通过调制解调器将模拟图像转换成数字图像后，才能用计算机进行处理。

(3) 保存方式不同：数字图像实际上是多维数组，可以保存成不同格式的文件，进而进行传输和共享；而模拟图像是连续信号，不能存储到计算机中。

随着数字采集技术和信号处理理论的发展，越来越多的图像以数字形式采集、存储和分析。将模拟图像离散化之后可以得到数字图像，从而可以对图像进行深入处理和分析，其中图像离散化又叫图像的数字化，主要包括采样和量化两个过程。

1.2.3　采样和量化

数字图像具有两个重要属性：空间位置(x,y)和度量值$f(x,y)$。数字图像中空间位置(x,y)及度量值$f(x,y)$均为离散值，然而在实际场景中，多数光电传感器的输出是连续的电压波形信号，这些电压波形信号的空间和幅度特性都和感知器件测量的物理现象紧密相关，因此，为了产生一幅数字图像，需要将连续的电压波形信号转换成数字形式，即将空间位置(x,y)和响应值$f(x,y)$分别进行离散化成有限数值。

1. 图像采样

将一幅在空间上连续的图像进行离散化操作的过程称为图像采样，也称为图像空间坐标(x,y)的离散化，即将图像空间先沿垂直方向按照一定间隔（均匀采样）自上向下顺序地沿水平方向进行直线划分，然后沿水平方向按照一定间隔自左向右顺序地沿垂直方向进行直线划分，从而将图像划分成$M \times N$个网格。用网格中某些点的灰度值来表示该网格的像素值，从而使图像可用$M \times N$像素值表示。图像采样过程示意图如图1-9所示，从图中可以看出图像空间平面被划分成均匀的网格，每个网格表示一像素。

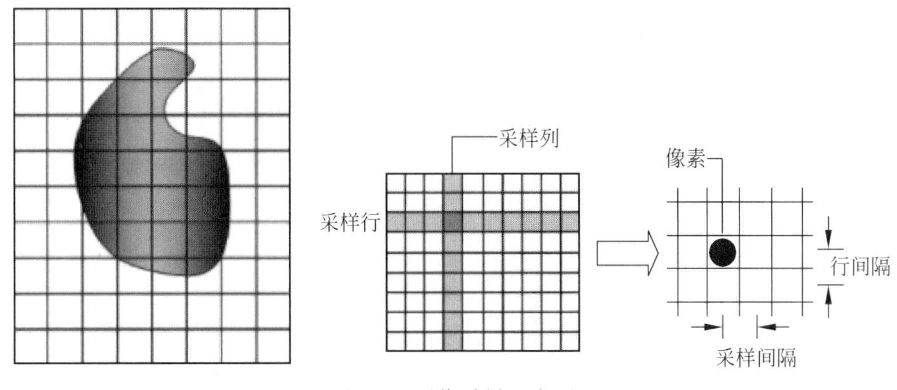

图1-9　图像采样示意图

对图像分别沿垂直方向和水平方向进行划分，将图像划分为 $M \times N$ 个网格，可以得到采样后图像的数学表示：

$$
\begin{aligned}
&I = f(x, y) \\
&x \in [0,1,\cdots,M-1], \quad y \in [0,1,\cdots,N-1]
\end{aligned}
\tag{1-3}
$$

与式(1-1)图像的形式化表示相比，经过采样处理后图像空间坐标的取值范围发生了变化。具体而言，采样前，图像的空间坐标取值是连续的；采样后，图像的空间坐标取值仅为有限离散值，然而，图像在空间位置(x,y)的响应值 $f(x,y)$并未发生变化，由此说明图像采样不影响图像的响应值。

对于同一图像，采样频率越大，图像的精细度就越大，从而图像的像素越多，图像的空间分辨率越高，图像细节就越清晰，但文件体积大，处理速度慢；相反，采样频率越小，图像精细度就越小，图像的像素越少，图像分辨率越低，图像细节就越模糊，对应图像文件体积小，处理速度快。为了保持图像采样不失真，图像的最低采样频率需要满足香农采样定理，即采样频率要大于被采样信号最高频率的两倍。图 1-10 展示了对同一图像进行不同频率采样之后的效果，其中原始图像的分辨率为 512×512，采样之后的图像分辨率分别为 256×256、128×128、64×64、32×32、16×16。从效果图可以看出，图像的分辨率越高，图像的质量越好，而图像的分辨率越低，图像质量越差，甚至出现马赛克效应。如 16×16 的图像，该图像已经严重失真，不能反映原图的细节。

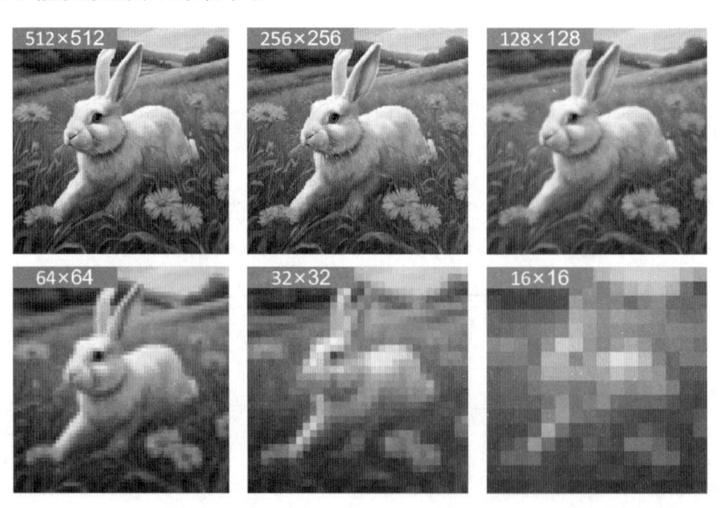

图 1-10　不同采样频率下的数字图像效果

值得注意的是，按照图像采样方式，可将图像采样分为均匀采样和不均匀采样，其中，均匀采样是最常用的方式，图像中任意相邻两像素的间隔是相同的，一般在提到图像采样时默认使用均匀采样。不均匀采样是指图像空间网格划分不一致，一般在关注度高的图像区域需要提高采样频率，而在关注度不高或者图像变化小的区域需要减小采样频率的情况才使用不均匀采样。

模拟图像经过采样后，在空间上实现了离散化，并形成了图像在空间上的最小单位——

像素,但是采样后得到的像素灰度值(网格内采样点的响应值,也叫灰度值)$f(x,y)$依旧是连续的。为了得到数字图像,需要将连续的像素灰度值进行离散化处理,也就是下面要介绍的图像量化。

2. 图像量化

图像量化是将采样后图像的像素灰度值 $f(x,y)$离散化操作的过程,也称作图像灰度的离散化,即将采样点的灰度值 $f(x,y)$从实数域映射成有限级别的离散数值。连续灰度值量化的过程如图 1-11 所示,量化后的灰度值为有限个离散值。

以式(1-1)所示的图像为例,对图像进行量化,灰度等级设为 L,则可以得到

$$I \in [0,1,\cdots,L-1] \tag{1-4}$$

对比式(1-1)和式(1-4)量化前后的图像,可以看出,图像量化之前,图像灰度值为连续的;量化后,图像的灰度值仅可取有限个数值,而且,当量化的灰度等级不同时,量化后的图像也会发生变化。

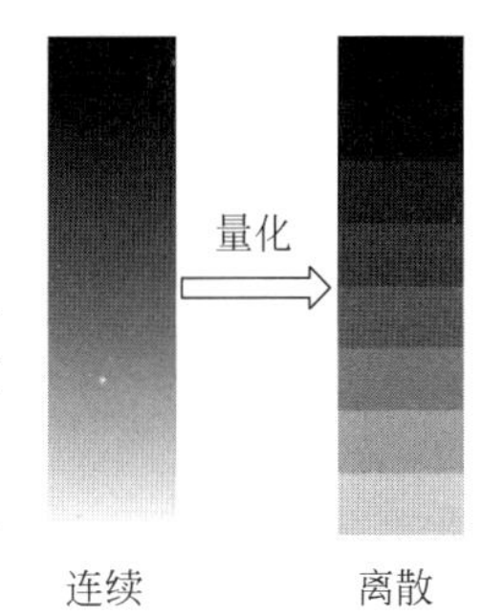

图 1-11　图像量化

值得注意的是,当式(1-1)所示的图像为单通道图像时,图像量化后可直接用式(1-4)表示。当式(1-1)所示的图像为多通道图像时,例如当图像为彩色图像时,由于彩色图像包含 3 个通道(R,G,B),所以则图像量化要对每个通道分别进行量化,即

$$\begin{aligned} &I=(R,G,B) \\ &R \in [0,1,\cdots,L-1],\quad G \in [0,1,\cdots,L-1],\quad B \in [0,1,\cdots,L-1] \end{aligned} \tag{1-5}$$

数字图像的类型是根据图像像素在量化过程中,像素值的量化级别数进行确定的。反映图像量化程度的量为灰度级,即表示像素灰度明暗程度的整数。图像的灰度级决定了图像灰度的精细程度。一般来讲,图像灰度级的划分会根据待量化图像的响应最大值和响应最小值,将图像在该范围内进行均匀量化,得到有限数量的灰度级。常用的灰度级取 2^n,$n>0$,n 为整数,n 可取值为 1 位、2 位、4 位、8 位、24 位、32 位等。不同量化级别的图像在显示时,通常以二值图像、灰度图像或彩色图像 3 种类型进行显示。甚至可将图像拓展到多通道图像。另外,除了可以对图像进行统一量化外,还可以进行非统一量化,即在图像响应值变化剧烈的范围设置大的灰度级,提高图像的精细程度,而在图像响应值变化缓慢的范围设置小的灰度级,增加图像的对比度。

总之,图像灰度级越多,所得图像层次越丰富,图像灰度分辨率就越高,图像质量就越好,图像大小就越大;反之,图像灰度级越少,所得图像层次越稀疏,灰度分辨率就越低,图像质量也就越差,图像大小就越小。将图像量化成不同灰度等级的效果如图 1-12 所示,从此图可以看出,当 $n=1$ 时,灰度级为 2,图像变成二值图像,即图像像素值只有 0 和 1,图像的明暗对比度明显,但是图像质量变差。

3. 分辨率

图像分辨率包括空间分辨率和灰度分辨率。空间分辨率是指图像中可区分的场景的最小细节,采样频率是决定图像空间分辨率的主要参数。灰度分辨率是指灰度级中可辨别的

图 1-12　不同灰度级的图像量化结果

最小变化，一般指用于量化灰度的比特数。

图像空间分辨率是指图像的像素密度。对于相同尺寸的图像，组成图像的像素越多，图像的分辨率就越高，看起来就越真实。相反，像素越少，图像就越粗糙。图像空间分辨率的表示方法很多，通常用单位距离内能分辨的最大线对数来表示，即在给定的成像条件下，拍摄一幅黑白条纹的画面，如果这些条纹仍然能够被分辨出来，则意味着图像的分辨率至少可以达到相应的线对数，例如每厘米 50 线。在国际上，通常使用每英寸图像内像素个数(dpi)表示空间分辨率。值得注意的是，图像的空间分辨率的度量必须对应空间单位才有意义。单纯描述图像的分辨率为 512×512 像素是没有意义的，尺寸本身只是在图像容量间做比较才有帮助。图像的分辨率对图像的质量有重要影响。如果图像的空间分辨率太粗，则图像中一些细节就会丢失；如果灰度分辨率太粗，则一些在原始图像上可以区分的目标在粗灰度分辨率下会混淆，同时也会造成灰度图像出现伪轮廓。

图像灰度分辨率是指图像的灰度级数，灰度级越多，图像的明暗或颜色就越丰富，反之，灰度级越少，图像中的明暗或颜色就越单调。在数字图像中，灰度级通常为 2 的整数次方，对于一幅图像有 2^n 个灰度级时，也可称该图为一幅“n 位(bit)图像”。例如，一幅灰度级为 256 的图像可称为 8 位图像，一幅由 RGB 3 个 8 位构成的彩色图像可称为 24 位图像。通常使用 8 位表示灰度图像，使用 24 位表示彩色图像。

在本书中，如果没有特殊说明，在表示图像灰度分辨率时默认使用 8 位。保持图像大小不变，不同灰度级的效果如图 1-12 所示。从此图可以看出，当灰度级为 64 和 32 时，图像在视觉效果上几乎相同，然而当灰度级降低到 8、4 和 2 时，在灰度变化不大的区域内会形成细小的山脊结构，这种现象就是由灰度级设置不足引起的，通常称为伪轮廓。一般灰度级设置越小，这种伪轮廓越明显。

一般将尺寸为 $M\times N$、灰度级为 L 级的数字图像称为空间分辨率为 $M\times N$ 像素、灰度级分辨率为 L 级的数字图像，但是根据不同的目的，有多种表示图像分辨率的方法。在图形设计中，图像的分辨率以 PPI 来衡量，它与图像的宽度和高度一起决定了图像文件的大小和图像质量。例如，一幅图像宽 8 英寸、高 6 英寸，分辨率为 100PPI，如果保持图像文件大小不变，即像素总数不变，将分辨率降低为 50PPI，则在相同的宽高比下，图像的宽度将变为 16 英寸，高度将变为 12 英寸。

在大多数印刷方式中会采用 CMYK(品红、蓝、黄、黑)四色来表现丰富多彩的色彩，但印刷色彩表现的方式和电视、照片不一样，它采用半色调点处理方法，此方法能够显示图像中连续的色调变化，不像后两者可以直接显示连续的色调变化。

在电视行业中，分辨率分为水平分辨率和垂直分辨率，一般两者是相等的，因此在技术指标中，一般只给出水平分辨率，其计量单位常被称为线。从前面的定义可以看出，这个分辨率基于人眼的感知，因此可以通过大量的实验统计得到。

一般来讲，设备分辨率反映了硬件设备处理图像时的效果，图像分辨率指标的高低反映了图像清晰度的好坏。认识到设备分辨率与图像分辨率之间的关系，在图像处理中选择合适的设备分辨率值和图像分辨率值，既可以保证图像质量，又可以提升工作效率。

1.2.4　数字图像基本类型

1. 二值图像

二值图像，又称为单值图像或 1 位图像，即颜色深度为 1 的图像，而且图像中每个像素仅占 1 位。通常，0 被映射成黑色，1 被映射成白色，因此二值图像也是黑白图像。二值图像如图 1-13 所示，图像只有黑和白两种颜色，中间没有过渡色，像素值只有 0 和 1。

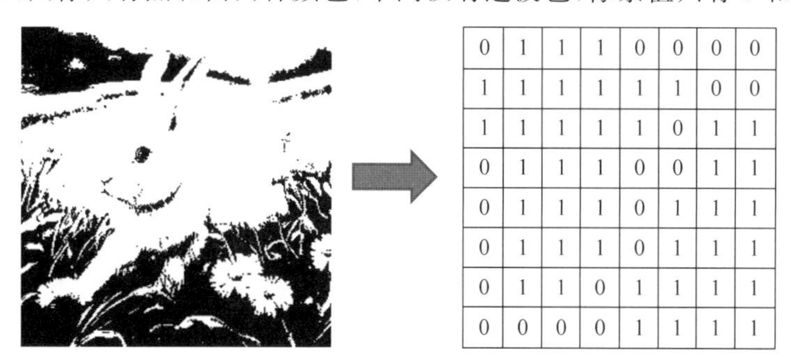

图 1-13　二值图像

二值图像中每个像素占据 1 位，整个图像所需存储空间小；二值图像的处理速度快、成本低，但是当用二值图像描述包含较多细节的图像时，由于其灰度值取值范围小，所以二值图像往往只能表达边缘信息，而对于图像内部的细节或者纹理特征不能很好地表达。在数字图像处理中，二值图像经常作为图像掩码、图像分割结果和图像二值化出现。

2. 灰度图像

灰度图像是包含灰度级(亮度)的图像，每个像素值由一个量化的灰度级来描述，每个像素由 8 位组成，其值的范围为 0～255，表示 256 种不同的灰度级。不同于二值图像只能显示黑白两色，灰度图可以显示从黑色到白色的灰度变化，如图 1-14 所示，灰度图像的像素值可以取 0～255 的整数。

78	80	102	189	190	172	150	110
56	80	80	198	224	180	160	125
23	69	96	201	80	198	224	180
98	96	78	80	102	189	170	173
180	36	80	80	198	224	180	180
200	77	96	201	80	198	224	180
224	96	189	170	173	80	102	189
224	180	78	80	102	189	161	170

图 1-14　灰度图像

3. RGB 图像

RGB 图像又称为真彩图像，每个像素由 3 个 8 位灰度值组成，分别对应红、绿、蓝 3 种颜色通道，如图 1-15 所示，每个通道都是一幅灰度图像。对于彩色图像，每个像素都包含 3 种颜色分量，因而每个像素需要 24 位表示。24 位的彩色图像也称为全彩色图像，其可以表示的颜色总数为 $2^{24}=16\ 777\ 216$，而且图像中所有像素的通道数都是一致的，每个通道图像为一幅和原彩色图尺寸一致的分量图。

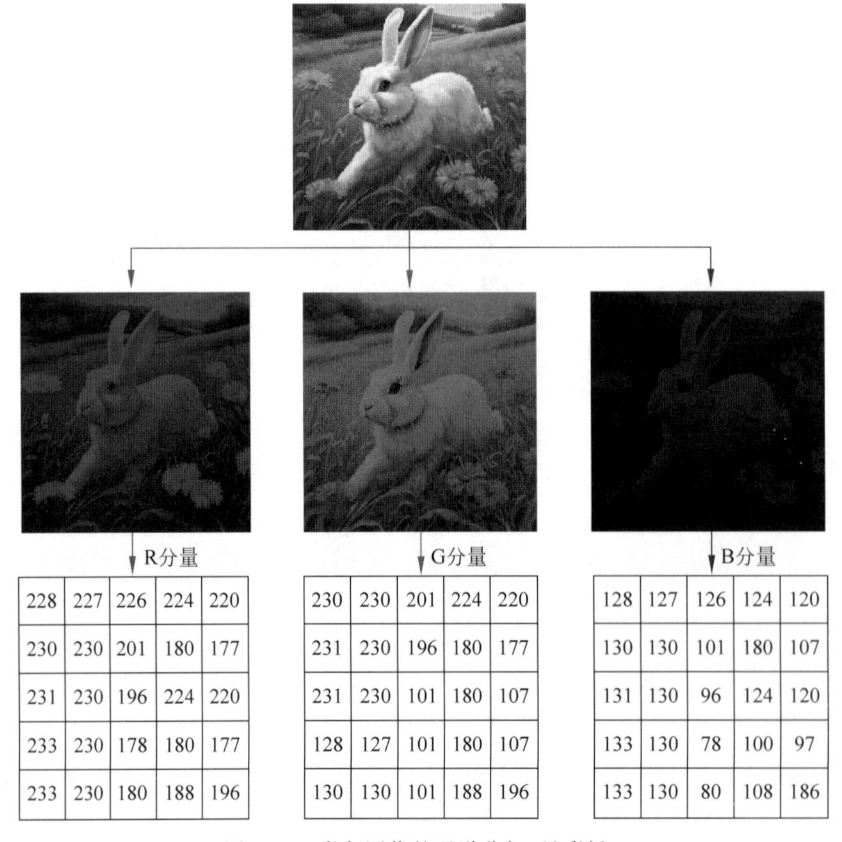

R分量：

228	227	226	224	220
230	230	201	180	177
231	230	196	224	220
233	230	178	180	177
233	230	180	188	196

G分量：

230	230	201	224	220
231	230	196	180	177
231	230	101	180	107
128	127	101	180	107
130	130	101	188	196

B分量：

128	127	126	124	120
130	130	101	180	107
131	130	96	124	120
133	130	78	100	97
133	130	80	108	186

图 1-15　彩色图像的通道分解(见彩插)

通常情况下,图像在水平方向的长度称为图像宽度,图像在竖直方向上的长度称为图像高度,图像的通道数又称为图像的深度。一幅 $M\times N$ 的 RGB 彩色图像实际上可以用一个 $M\times N\times 3$ 的三维数组来描述。

相对于彩色图像,灰度图像的每个像素只需 8 位存放灰度值,所占存储空间更小;在数字图像处理时,为了降低图像处理的复杂度和提高处理速度,经常需要将彩色图像灰度化成灰度图像;灰度图像也可以在视觉上增加图像的对比度,更好地展示目标区域。

4. 索引图像

索引图像包含一个索引矩阵和一个颜色索引表(颜色映射矩阵或调色板),在具备近似灰度图像存储空间大小的同时提供了有限种颜色的显示,集成了灰度图像和彩色图像的优势。以 8 位的 $M\times N$ 的彩色索引图像为例,其索引矩阵是一个 $M\times N$ 的矩阵,与图像尺寸相同,元素值表示图像中该位置像素的颜色索引值而非灰度值,索引值的取值为 0～255。颜色索引表是一个 256×3 的矩阵,行号表示颜色的索引值,矩阵的每行包含 3 个元素,分别对应 R、G、B 通道的取值,并且元素值的范围是 0～255。

给定图像中的一像素,确定索引矩阵中对应的索引值,该索引值对应颜色索引表中的某一行,根据该行对应的 R、G、B 值,就可以确定像素值。索引图像产生原理如图 1-16 所示,右上角是图像的索引矩阵,右下角为颜色索引表,索引矩阵中的每个元素对应颜色索引表中的行数,例如给定索引矩阵中的元素 2,则其对应颜色索引表中第 2 行表示 R、G、B 值的 3 个元素[230,101,180]。总而言之,对于给定的颜色索引表,索引图像直接由索引矩阵决定,即不同的索引矩阵可以得到不同的索引图像。

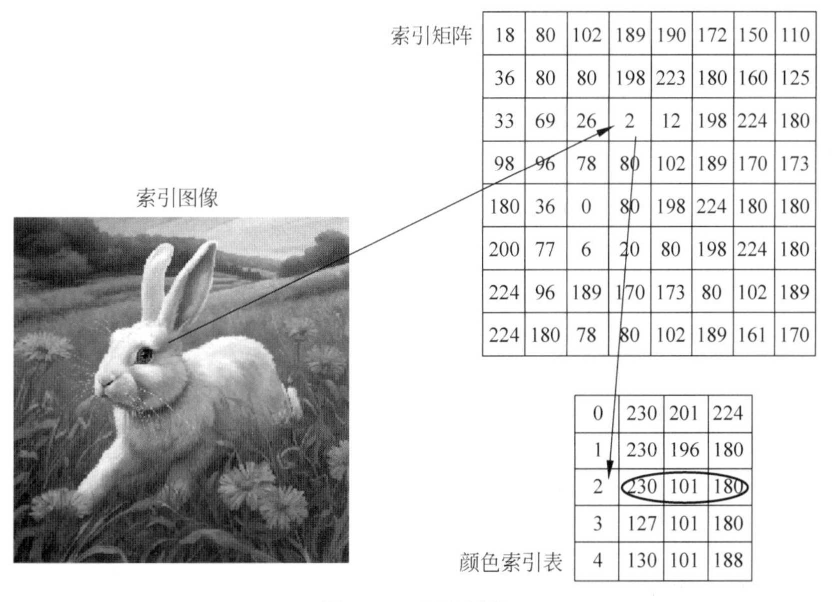

18	80	102	189	190	172	150	110
36	80	80	198	223	180	160	125
33	69	26	2	12	198	224	180
98	96	78	80	102	189	170	173
180	36	0	80	198	224	180	180
200	77	6	20	80	198	224	180
224	96	189	170	173	80	102	189
224	180	78	80	102	189	161	170

0	230	201	224
1	230	196	180
2	230	101	180
3	127	101	180
4	130	101	188

图 1-16　索引图像

索引图像因占用存储空间小,可用于图像的压缩,生成动图和图像的传输,在深度学习的分割任务中常使用索引图像作为分割标签和结果存储格式,使分割标签和结果具备更好的视觉效果。

5. 多通道图像

多通道图像是由多个传感器拍摄的相同场景构成的图像,或由单个传感器在不同时间拍摄的相同场景构成的图像。一般来讲,多通道图像通常是指通道数大于3的图像,而且多通道图像由于通道数过多,不能直接表示为灰度图像或彩色图像,因此,多通道图像严格来讲并不能称为图像,称为多通道数组更为合适。

多光谱遥感图像是典型的多通道图像,它是多个不同波段的传感器对场景探测,由不同波段的数据组合而成的,其中在影像数据中包含多个波段的光谱信息。如果取其中R、G、B 3个波段的光谱进行展示,则可以得到RGB图像,也可以从多个波段中任意选取3个波段以伪彩色的方式展示为RGB图像。

在医学上多通道的图像有两种,一种是不同检测方法对同一位置成像后得到并构成的多通道图像,例如,核磁共振和CT同时对脑部相同区域成像后形成的多通道图像;另一种是同一种检测方法随时间对部位进行成像,得到平扫的多通道图像,例如,CT对肺部进行平扫得到整个肺部的多通道图像。

此外,在深度学习中,多通道图像通常被称为特征图,这一术语在机器学习中得到了广泛应用。在这种情境下,通道数量与特征向量的长度相对应,为多通道图像赋予了实际意义。

1.2.5 数字图像存储

图像在计算机中以文件的形式存储,除了图像数据本身外,一般还有图像信息的描述,以方便图像的读取和显示。文件中图像的表示一般分为矢量(Vector)表示和栅格(Raster)表示。在矢量表示中,图像由一系列线段或线段的组合来表示。矢量文件类似于程序文件,它包含一系列命令和数据,可以执行这些命令和数据来根据数据绘制图案。常用的工程绘图软件(如AutoCAD、Visio等)都是矢量绘图应用程序。栅格图像也称为位图(Bitmap)图像或像素图像,采用矩阵或离散像素来表示图像,栅格图像放大后会出现块效应。数字图像的两种不同存储方式如图1-17所示。

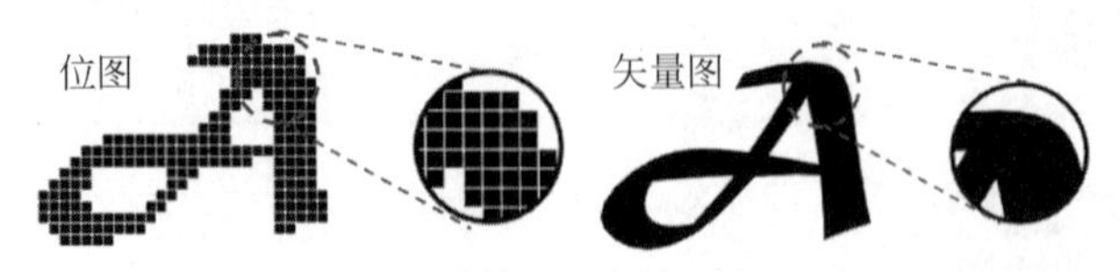

图1-17 位图和矢量图

位图也称为点阵图像,它是由一系列可识别的像素组成的图像,每个像素都具有颜色属性和位置属性。位图将图像的每个像素数据转换成一个数据,因此能更确切地描述不同颜色模式的图像。位图可以弥补矢量图像的不足,可以更好地描述色彩和色调变化丰富的图像,从而更逼真地表示真实世界的图像,但是使用位图无法真正描述三维图像,并且在进行图像变换如图像放缩和图像旋转时会出现失真，而且位图需要的存储空间大，尤其是随着图像的分辨率和通道数的增加，位图所占的存储空间大大提高。

矢量图是使用点、线和曲线等几何形状描述图像的轮廓，在描述图像轮廓线时用向量表示线的方向，并结合轮廓线为图像内容填充不同色彩，而不涉及图像的每个像素。例如，一个圆形图案如果保存为矢量图，则只需存储圆心的坐标位置和半径长度、圆的边线和内部颜色。矢量图所需的存储空间很小，图像变换也不会导致图像失真，但是需要大量的时间计算图像的轮廓。

本书主要以位图的处理为主，以下主要介绍位图图像的存储格式。位图常用的存储格式包括 BMP、JPG、PNG、GIF 和 TIFF 等。

1. BMP

BMP 是英文 Bitmap 的简写，它是 Windows 操作系统中的标准图像文件格式，可以被多种 Windows 应用程序支持。典型的 BMP 格式的图像文件包含 3 部分：位图文件头数据结构，其中包含 BMP 图像文件类型、显示内容等信息；位图信息数据结构，包含 BMP 图像的宽度、高度、压缩方式；位图颜色信息。这种格式的特点是可以保留丰富的图像信息且几乎不被压缩，但这也导致了其固有的缺点：所需存储空间大。BMP 文件图像深度可以是 1 位、4 位、8 位或 24 位。BMP 文件存储数据时，图像是从左到右、从下到上记录的。

2. JPG

JPG 也称 JPEG 或 JPE 格式，是目前最常用的静态图像格式。JPG 格式是一种有损压缩，它利用先进的压缩技术，可以将图片压缩到很小的空间，压缩比可达到 1∶100，但是过度压缩会降低图片质量，一般可以通过设置合适的压缩比来保证图像的质量。JPG 压缩方式主要压缩图像高频信息，但对低频信息保留较好，所以特别适合互联网图像的传输。

3. PNG

PNG（可移植网络图形）是 1994 年年底诞生的一种新兴的网络图像格式。PNG 是一种无损压缩格式，PNG 编码的图像在解码后可以保留源文件的所有信息。PNG 算法压缩的原理是图像的相邻颜色值有大面积的重复，首先根据图像从左到右、从上到下获取每个像素的颜色值，然后在表达颜色值 M 之前添加一个重复次数值 N，表示接下来的 N 个像素的颜色值都是 M，N 的最大值取决于重复次数的二进制位数，从而将重复的色块组合成数字＋颜色值的表示，达到压缩的效果。图像的重叠块越多，PNG 压缩效果就越好。

4. GIF

GIF 是（图形交换格式）是 20 世纪 80 年代由 CompuServe 公司为了解决网络传输带宽的限制而开发的图像格式。GIF 采取交错法来编码实现压缩，压缩比高，因而 GIF 图像占用较小的存储空间。GIF 格式可分为静态 GIF 和动态 GIF，网络上大量的彩色动图都使用 GIF 格式。另外，GIF 格式还增加了渐显方式，在图像传输时，可以先看到图像的大致轮廓，并逐步看到图像的细节。

5. TIFF

TIFF（标签图像文件格式）是一种无损压缩的位图格式，在图形图像处理中应用非常广泛。TIFF 不依赖硬件平台、移植性好，而且它支持存储带有图层和透明度的图像，图像尺寸比较大，占据较大的存储空间。

1.3 数字图像处理概述

数字图像处理是利用数字计算机通过算法对数字图像进行处理。作为数字信号处理的一个子类别或领域，数字图像处理比模拟图像处理具有许多优点。图像处理已被广泛应用于生活和工作的许多方面，并取得了令人惊叹的成就。在工业生产自动化过程中，数字图像处理技术是实现人类产品实时监控和故障诊断分析的最有效手段之一。随着计算机软硬件、思维科学研究、模式识别和机器视觉系统的进一步发展，这种方法将被提升到更高的层次。数字图像处理是指使用计算机对数字图像进行去噪、增强、恢复、分割和提取特征的过程。经过图像处理后，输出的质量大大增强，即视觉效果得到改善。

1.3.1 数字图像处理发展

数字图像处理的许多技术是在 20 世纪 60 年代在贝尔实验室、喷气推进实验室、麻省理工学院、马里兰大学和其他一些研究机构开发的，应用于卫星图像、有线照片标准转换、医学成像、可视电话、字符识别和照片增强。早期图像处理的目的是提高图像质量，改善人们的视觉效果。在图像处理中，输入是低质量图像，而输出是质量提高的图像。常见的图像处理包括图像增强、恢复、编码和压缩。

20 世纪 70 年代，随着廉价的计算机和专用硬件的出现，数字图像处理激增。这导致图像被实时处理，以解决一些专用问题，例如电视标准转换。随着通用计算机变得更快，它们开始接管专用硬件的角色，用于除最专业和计算机密集型操作之外的所有操作。随着 20 世纪 90 年代快速计算机和信号处理器的出现，数字图像处理逐渐成为最常见的图像处理形式，并得到普遍使用，因为它不仅是最通用的方法，而且是最便宜的方法。科学技术的发展不断推动计算机技术的发展，也带动了图像处理技术的发展。这项技术也从最初的仅简单地进行灰度调整、降噪处理发展到如今的图像建模等高端处理技术。

随着科学技术的发展，图像处理技术一步步走到了今天。如今的图像处理技术在每个人的生活中都很常见。这项技术不仅体现在很多地图软件中，还存在于 CT 检查、航空航天、地质勘探等许多现代科学领域，在这些领域中都体现了数字图像处理的目的：一是优化画面质量，提高图像质量；二是实现图像信息提取，包括拓扑特征等方面的信息提取；三是调整图片的大小，实现图片的存储。

1.3.2 常用数字图像处理库

1. OpenCV

OpenCV(Open Source Computer Vision Library)是一个跨平台的开源计算机视觉库，它使用 C/C++开发，同时也支持多种编程语言，包括 C++、Python、Java 等，提供了大量的图像处理、计算机视觉和机器学习算法。

2. PIL

PIL(Python Imaging Library)是一个专门用于处理图像的 Python 标准库,支持处理多种图像格式,包括 JPEG、PNG、BMP 等,提供了基本的图像处理、图像增强、图像滤波等功能。PIL 功能特别强大,而且其 API 函数使用非常方便。PIL 库安装可以直接使用 pip 包管理器安装,也可以通过二进制包或者 Anaconda 安装。

3. Scikit-image

Scikit-image(Skimage)是一个使用 Python 编写的用于图像处理和计算机视觉的开源库,它的安装和使用都很方便,一般可以直接使用 pip 包管理器安装,也可以通过二进制包或者 Anaconda 安装。Skimage 库提供了多种图像处理算法,包括图像滤波、形态学操作、边缘检测、图像分割、特征提取等。

4. SimpleITK

SimpleITK 是一个用于图像处理和分析的库,它为 Insight Segmentation and Registration Toolkit (ITK)提供了一个简化的接口,为常见的图像处理任务提供了高级接口,易于使用。SimpleITK 使用 C++编写,并提供了包括 Python 在内的多种编程语言的绑定,以及丰富的图像处理操作,如滤波、分割、配准和可视化。SimpleITK 的一个关键优点是能够处理各种图像格式,包括 DICOM、NIFTI、Analyze 等医学影像格式,在医学影像领域广泛应用,此外也常被用于遥感等其他领域。

5. MATLAB Image Processing Toolbox

MATLAB Image Processing Toolbox 是 MATLAB 平台上的一个图像处理工具箱,用于图像处理、分析、可视化和算法开发,可以使用深度学习和传统图像处理技术执行图像分割、图像增强、降噪、几何变换和图像配准操作。MATLAB 是美国 MathWorks 公司出品的商业数学软件,使用时需要购买。

6. HALCON

HALCON 是德国 MVTec 公司开发的一套完善的图像处理软件,主要用于工业自动化领域中的机器视觉应用开发。它提供了丰富的图像处理和分析工具,支持多种编程语言和操作系统。

1.3.3 数字图像处理应用

人们获取或交换信息的方式之一就是通过图像,因此图像处理在我们的生活和工作中有着广泛的应用。随着人类活动的增加和信息技术的发展,图像处理技术的应用领域不断扩大,如资源勘查、生物医学工程、通信工程和工业生产领域等。下面将具体介绍数字图像处理技术的应用。

1. 资源勘查

数字图像处理技术在航天领域的应用不仅包括月球图像的处理,还包括卫星遥感、航天器遥感。例如,用于探索太空或地球的未知区域大量侦察机拍摄了大量照片,为了识别、存储、传输和处理这些图片信息，需要使用计算机和数字图像处理软件，采用这种方式不仅可以降低人力资源成本，而且可以提高图像处理的准确性，还可以帮助人们找到肉眼无法识别的重要信息。如今，世界上许多国家发射了陆地卫星，用于水资源勘探、森林资源勘探等，了解自身资源的分布和地质结构，从而为自己的城市和农业规划提供指导，而在这个过程中，还需要应用数字图像处理技术处理各种图像数据，如图 1-18 所示。

(a) 水资源勘查图像

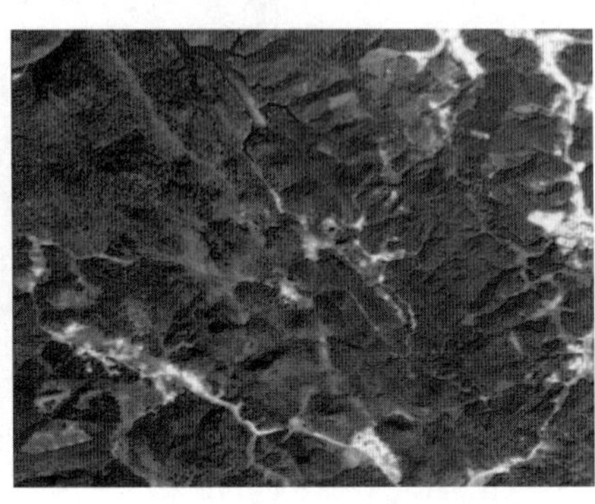

(b) 森林资源勘查图像

图 1-18 数字图像处理应用

2. 生物医学

利用数字图像处理技术，可以将相关的病症呈现出来，再通过图像分割技术、融合技术和重建技术进行处理，大大提高了临床诊断的准确性，具有显著的治疗效果。例如，辅助手术治疗。手术过程中，医生首先使用医疗设备采集受伤患者的二维数字图像，然后进行图像增强处理，获得清晰的高质量图像，如图 1-19 所示。通过计算机进行分析，提前准确模拟手术过程，最终找到最佳手术方案，这将大大降低手术过程中出现紧急情况的概率。另一个例子是神经医学中使用的 FMRI（Functional Magnetic Resonance Imaging，功能磁谐振成像），该成像技术基于数字图像处理，具有极高的空间分辨率，可达 1mm，可透过大脑皮层检测脑组织，实现多角度扫描、立体成像，全方位呈现脑组织的活动情况，提高医疗诊断的精确性和高效性。

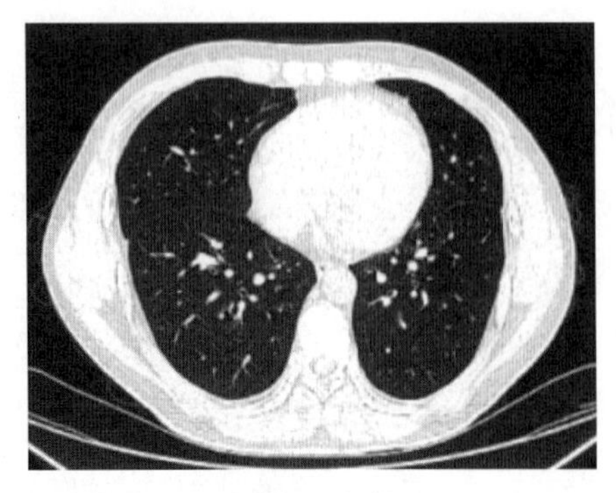

(a) 肺部CT扫描

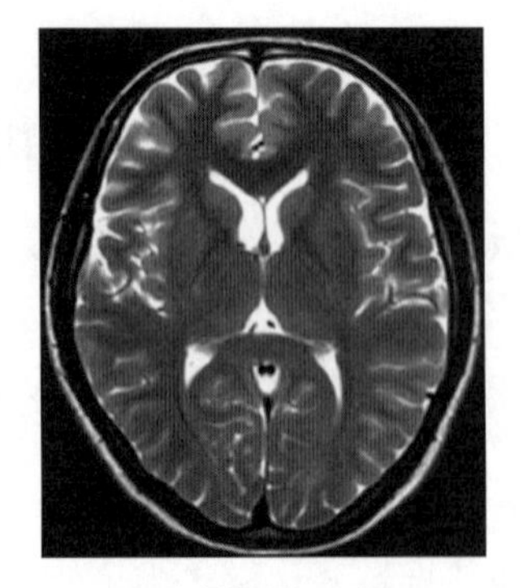

(b) 头颅断层MRI图

图 1-19 医学扫描图像

3. 通信工程

通信行业在数字图像处理技术中主要采用压缩编码技术。由于现代多媒体通信传输的图像数据量巨大,因此图像通信成为最复杂、最困难的技术障碍。例如,彩电信号的速率可以达到 100Mb/s 以上,而为了实时传输如此高速率的数据,人们必须对信息的数据量进行压缩,即必须采用编码技术,尽可能地减少传输的数据量,提高传输速度。例如,变换编码方法可以将空间图像信号映射到另一个频域,从而可以对频域信号进行处理,有效降低数据处理的冗余度,实现图像数据的高效传递。

4. 工业领域

一方面,在工业检测过程中,如检查印制电路板缺陷、分析流体力学图片、分析弹性力学照片、识别有毒及放射性环境中物体的形状分布等,通常利用 CCD 摄像头从不同角度拍摄产品图像,如图 1-20(a)所示,然后利用数字图像处理技术提取其区域轮廓,计算其几何特征,并以误差值是否在允许范围内作为评价标准,如果超出范围,则会发出警告声,图像将被标记,以便于去除,这将大大提高产品的出厂合格率;另一方面,在工业生产过程中,采用数字处理技术开发的具有视觉、听觉、触觉功能的焊接机器人,可在焊接过程中实现自主智能控制,如图 1-20(b)所示。

(a) 工业图像检测

(b) 视觉焊接机器人

图 1-20 工业生产图像

1.3.4 数字图像处理内容

本书主要以介绍数字图像处理基础为主,结合现代机器学习观点和深度学习的思想,对经典的数字图像处理方法进行总结和归纳,借助于易学易用的 Python 编程语言和强大的 NumPy 等库从原理和实践两个方面介绍数字图像处理,方便读者理解和掌握相关图像处理方法,为进一步学习图像处理做好准备。具体来讲,本书主要包括以下内容。

(1) 数字图像处理基础:该部分主要包括数字图像处理相关的概念,开发环境的搭建,NumPy 基础和图像处理初步等内容。

(2) 图像点运算:图像点运算包含图像的线性增强运算、图像的非线性增强运算、彩色图像空间变换、图像间点运算和数组映射等,其中彩色图像空间变换指不同颜色空间模型的转换。

（3）图像邻域运算：图像邻域运算包含图像去噪、边缘检测和形态学运算等。图像去噪算法包含均值滤波、中值滤波、高斯滤波等；边缘检测包含 Sobel 算子、Scharr 算子、Prewitt 算子和 Laplacian 算子等；形态学运算包含膨胀、腐蚀、形态学梯度、开运算、闭运算、顶帽和黑帽等。

（4）图像全局运算：图像全局运算包含图像的仿射变换、直方图均衡化和图像的频率域处理。图像的仿射变换包含图像平移、图像缩放和图像旋转等；图像的频率域处理包含傅里叶正变换与逆变换、频率域高通滤波、频率域低通滤波和频率域带通滤波等。

（5）机器学习和图像处理：机器学习和图像处理主要包含机器学习概述、特征与数字图像、机器学习库 Sklearn 简介，以及聚类算法在图像处理中的应用。

（6）图像处理软件开发：图像处理软件开发主要包含 Tkinter 介绍、Tkinter 的常用控制、Tkinter 的界面布局、图像处理软件界面设计和图像处理软件的实现等。

1.4 本章小结

本章对数字图像处理的基本内容进行了概述，主要包含人类视觉相关内容、图像的概念、图像的采样和量化、数字图像及数字图像处理基本介绍等，其中，图像转变为数字图像的采样和量化及数字图像的类型等是本章的重点，理解好此部分的内容，对于后续学习数字图像处理具有很大帮助。

第 2 章

CHAPTER 2

开发环境搭建

47min

本章将介绍数字图像处理开发环境的搭建，在简要说明 Python 语言的基础上，重点介绍在线开发环境 AI Studio 的使用、离线开发环境的搭建，以及 Python 第三方库的安装等内容，为后续数字图像处理完成开发环境的搭建。

2.1 开发环境简介

2.1.1 Python 语言

常用于图像处理的编程语言有多种，既有免费开放的 C、C++、Python 等编程语言，也有商用的 MATLAB 和 IDL 等编程语言，其中，作为一个有 30 多年历史的编程语言，Python 目前已经成为使用最广泛的编程语言之一，能够完成小到脚本的编写、网络爬虫和自动化运维，大到人工智能、高并发的 Web 服务和 GUI 程序等任务。在 TIOBE 编程语言排行榜中，Python 常年稳居前三，并在 2020 年和 2021 年连续两年取得年度编程语言。20 年来 Python 语言的流行趋势如图 2-1 所示，从 2002 年的不到 3%，一直增长到现今的 13%以上，超过第二名 C 语言约 2 个百分点。

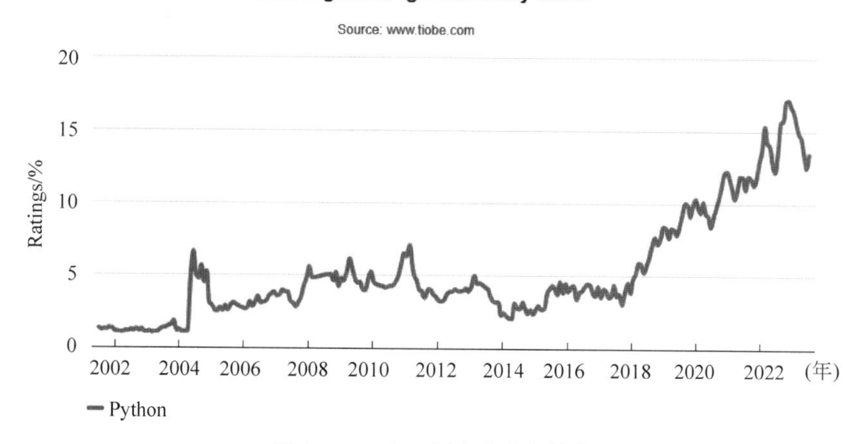

图 2-1 Python 语言的流行趋势

Python 的广泛流行，与其具有的以下优点密不可分。

(1) 简单易学：Python 语法简洁清晰，与自然语言更接近，易于理解和学习。它是一门非常适合初学者入门的编程语言。

(2) 代码可读性强：Python 采用缩进式的语法结构，强制要求使用统一的代码缩进风格，使代码结构清晰、简洁可读。这使团队合作时更易于阅读和维护代码。

(3) 广泛的应用领域：Python 是一门通用的编程语言，可广泛应用于多个领域，包括科学计算、Web 开发、数据分析、人工智能等。它拥有丰富的第三方库和工具，从而可用于完成各种任务。

(4) 强大的生态系统：Python 拥有庞大且活跃的开源社区，这意味着可以轻松地找到大量高质量的开源工具、框架和库。这些工具可以帮助开发者快速地构建各种应用。此外，各大高科技公司也提供了丰富的在线计算资源和工具，帮助用户无须进行离线开发环境的搭建即可在线进行 Python 编程。

(5) 跨平台性：Python 可在多个操作系统上运行，包括 Windows、Linux 和 macOS 等。这使开发者可以轻松地在不同平台间共享和部署代码。

(6) 高级特性支持：Python 支持面向对象编程、函数式编程等多种编程范式。它还提供了许多高级特性，如迭代器、生成器、协程等，可以简化开发过程并提高效率。

鉴于 Python 以上的优点，本书采用 Python 编程语言作为数字图像处理的工具，介绍经典数字图像处理算法的实现。当然，在正式编写 Python 程序进行图像处理前，完成开发环境的准备是必要的。目前主要有在线开发环境和离线开发环境两种，它们均可进行 Python 语言下的数字图像处理编程。

2.1.2 在线开发环境介绍

许多平台提供了在线的 Python 编程环境，在浏览器中登录后借助远程的云计算平台即可进行在线 Python 程序的编写和执行。在线开发环境的优点如下。

(1) 开箱即用，几乎无须任何配置，免去了初学者搭建开发环境的工作，降低了学习门槛，可使初学者尽快上手。

(2) 数据的计算和存储都由提供在线开发环境的平台负责，无须占用本地资源。

(3) 提供了团队协作功能，多个人可以同时编辑和调试代码，实时进行交流和合作。

(4) 方便与他人分享代码和项目，无须复制代码或导出文件，只需简单共享链接便可以让其他人查看和运行代码。

考虑到可用性、成本和性能，下面介绍 3 个可在国内使用的在线开发环境。

(1) AI Studio：基于百度深度学习平台飞桨的人工智能学习与实训社区，提供在线编程环境、免费 GPU 算力、海量开源算法和开放数据，可进行图像处理、自然语言分析、语音信号处理等任务。

(2) 天池 Notebook：基于阿里巴巴集团的天池大数据竞赛平台，提供了基于 Jupyter Notebook 的在线 Python 开发环境，可以进行各种 Python 程序的开发，也能够用于数字图像处理。

(3) Heywhale：和鲸社区提供了丰富的人工智能学习课程和数据集，还提供了基于 Jupyter Notebook 的 Python 在线开发环境，并且支持定制指定版本，能够完成图像处理任务。

上述 3 个在线开发环境，均可完成本书中除最后一章以外的其他所有章节中的数字图像处理的练习和内容。2.2 节将会对 AI Studio 在线开发环境的使用进行详细介绍，方便初学者快速掌握和使用。

2.1.3 离线开发环境介绍

离线开发环境就是将 Python 解释器、集成开发环境和 Python 第三方库全部安装在自己本地的计算机上，并且程序的编写和执行也都在该计算机上完成。相对于在线开发环境，离线开发环境具有更大的自主性，可以按照个人偏好进行安装和配置，形成具有个人特色，符合个人使用习惯的开发环境。

进行图像处理的 Python 离线开发环境与普通的 Python 离线开发环境并没有显著差异，按照一般的 Python 离线开发环境部署即可。在 Python 离线开发环境中，与开发者最密切的就是集成开发环境(Integrated Development Environment，IDE)。下面对最流行的 5 个 Python 集成开发环境进行简单介绍。

1. PyCharm

由 JetBrains 开发的一款功能强大且广受欢迎的 Python IDE。PyCharm 为 Python 开发提供了全面而丰富的功能。首先，它具备强大的代码编辑和自动补全功能，能够大幅提高编写代码的效率；其次，PyCharm 内置了调试器，方便开发者在调试过程中快速定位问题并解决；此外，它还支持代码重构、静态代码分析和自动格式化等功能，有助于保持代码质量和一致性。另外，PyCharm 对 Python 的主要框架(如 Django、Flask 等)提供了良好的支持，能够加速开发过程。此外，它还集成了版本控制系统(如 Git)，方便团队协作。总而言之，PyCharm 是一个强大而全面的 IDE，适用于各种规模和类型的 Python 项目。

2. Visual Studio Code(VS Code)

一款轻量级、免费且可高度定制的代码编辑器。由于灵活性和丰富的扩展生态系统，VS Code 成为广受欢迎的 Python 开发工具之一。VS Code 提供了强大的功能，如代码调试、智能代码补全、语法高亮和代码片段等，大幅提高了编写代码的效率。它支持安装插件以增强对 Python 的支持，开发者可以根据自己的需求自定义和定制开发环境。此外，VS Code 还集成了常用工具，如终端和 Git，使开发流程更加便捷和一体化。总体来讲，VS Code 是一款灵活、强大且可扩展的 IDE，适合各种类型的 Python 开发项目。

3. Jupyter Notebook

一种基于 Web 的交互式开发环境，特别适合数据科学和机器学习领域。Jupyter Notebook 的核心是一个交互式环境，可以将代码、文档、图形和富媒体组织在可编辑的单元格中。这使代码的编写、运行和可视化结果的展示更加灵活和可交互。Jupyter Notebook 支持 Markdown，可以在代码中嵌入文档、图片、公式等，方便编写和分享技术报告。此外，它还支持多种编程语言，包括 Python、R 和 Julia 等，使多语言的编程和数据分析更加方便。相对来讲，Jupyter Notebook 是一个强大且易于使用的 IDE，非常适合数据科学家和研究人员进行数据分析和实验。

在线开发环境一般提供了以 Jupyter Notebook 为主的 IDE，而离线开发环境 Jupyter Notebook 一般作为 Anaconda 的应用，或者使用 VS Code 的 Jupyter Notebook 插件提供的开发环境。

4. Spyder

一个专为科学计算和数据分析而设计的 Python IDE。它集成了许多有用的功能，如 IPython 控制台、调试器和变量浏览器，使科学计算和实验更加高效。Spyder 提供了一个类似于 MATLAB 的界面，可以方便地进行矩阵计算和数据可视化。它还支持代码编辑和自动补全、代码分析、代码调试等功能，能够提高编写和调试代码的效率。此外，Spyder 还提供了许多专用于数据科学的功能，如数据检查和数据变量查看，有助于数据分析和探索性研究。总体来讲，Spyder 是一个专注于科学计算和数据分析的集成开发环境，非常适合学术界和工业界的数据科学家、研究人员和工程师使用。无论是初学者还是专业人士，Spyder 都是一个值得考虑的 Python 开发工具。

5. Anaconda

一个为数据科学和机器学习而设计的 Python 发行版，提供了一个集成的开发环境和大量的科学计算、数据分析和机器学习库，其中最显著的特点是它的包管理器 Conda，能够方便地安装、管理和升级 Python 第三方库，而且具备处理第三方库之间依赖关系的能力。Anaconda 默认预装了许多常用的科学计算和数据分析库，如 NumPy、Pandas 和 Matplotlib，以及强大的机器学习库 Scikit-learn 和 TensorFlow 等。此外，Anaconda 还集成了 Spyder、VS Code 和 Jupyter Notebook 等多种 IDE，构建了 Python 一站式的开发环境。跨平台支持使 Anaconda 可在不同操作系统上运行，而庞大且活跃的社区为用户提供了丰富的支持和教育资源。Anaconda 的缺点是过于庞大和冗余，包括许多与本书讨论的图像处理内容无关的功能。

上述介绍的 5 个离线开发环境均可完成本书中的所有内容和练习。2.3 节将以 VS Code 离线开发环境的安装和使用为例，介绍图像处理的离线开发环境的配置方法，方便初学者搭建适于图像处理的本地 Python 开发环境。

2.2 在线开发环境 AI Studio

使用百度 AI Studio 在线开发环境进行图像处理的一般步骤如下：

(1) 注册并登录 AI Studio。

(2) 创建一个 AI Studio 的图像处理项目并进入项目的在线开发环境。

(3) 利用在线开发环境进行编程和图像处理。

下面先对 AI Studio 的登录和项目创建进行介绍，再重点对在线开发环境的使用进行详细介绍。

2.2.1 登录和项目创建

AI Studio 作为在线开发环境需要在使用前先进行登录或注册，如图 2-2 所示。首先，打开 AI Studio 的官方网页；其次，单击右上角的“登录”按钮，此时会弹出登录对话框；最后，按照要求使用百度账号或手机号进行验证，完成登录。

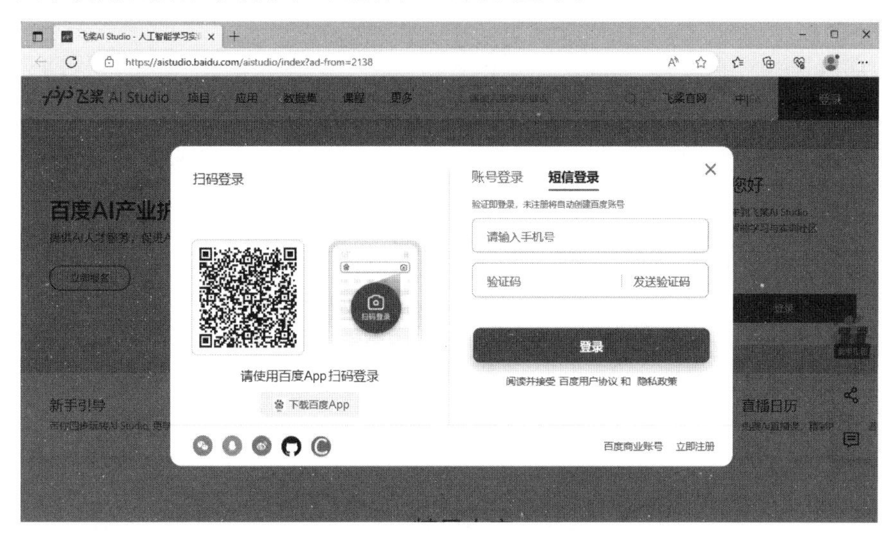

图 2-2　AI Studio 登录界面

在完成登录后，单击页面右上角的用户名，即可进入用户中心，如图 2-3 所示。在用户中心界面提供了项目的创建、查询和管理功能。为了能够进行数字图像处理，接下来需要创建一个图像处理项目，在用户中心页面单击“创建项目”按钮。

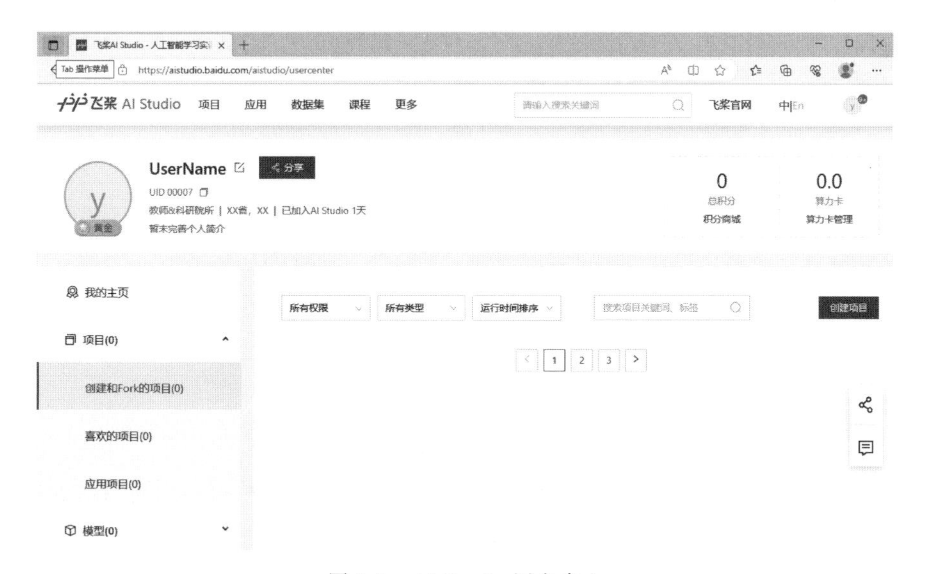

图 2-3　AI Studio 用户中心

在弹出的“创建项目”对话框中，首先进入“选择类型”界面，如图 2-4 所示，选择项目类型为 Notebook，然后单击“下一步”按钮，进入配置环境设置。

图 2-4 “选择类型”界面

在“配置环境”界面中，选择 Notebook 版本为 BML Codelab，项目框架选择 PaddlePaddle 2.4.0，项目环境为 Python 3.7，如图 2-5 所示，然后单击“下一步”按钮，进入项目描述设置。

图 2-5 “配置环境”界面

在“项目描述”界面中，将项目命名为“轻松学数字图像处理”，将项目描述设置为“基于 Python 语言和 NumPy 库”，项目标签可任意选择，数据集不进行设置，然后单击“创建”按钮，如图 2-6 所示。等待系统完成创建后，在提示用户进入项目详情页时确认进入。

图 2-6 “项目描述”界面

在“项目”界面，显示了项目名称、描述、标签、Python 版本、创建时间、项目的主 Notebook 等内容，如图 2-7 所示。单击“启动环境”按钮，即可在 AI Studio 上启动当前的项目，运行一个在线开发环境。

图 2-7 “项目”界面

在弹出的“选择运行环境”界面中选择“基础版”选项，单击“确认”按钮，如图 2-8 所示。

注意：在上述项目运行环境的选项中，AI Studio 提供了深度学习框架 PaddlePaddle 和 GPU 运行环境，可以运行深度学习模型，支持完成更高级、更复杂的数字图像处理任务，但本书以介绍经典数字图像处理为主，因此，只需选择免费且不限时的基础版。

图 2-8 “选择运行环境”界面

在线运行环境启动成功后会弹出如图 2-9 所示的对话框，单击“进入”按钮便可进入在线开发环境，如图 2-10 所示。

图 2-9 在线开发环境进入提示

2.2.2 在线开发环境界面

在线开发环境主要包含菜单栏、左侧边栏、工作空间、右侧边栏和状态栏等 5 部分，如图 2-10 所示。下面分别进行介绍。

① 菜单栏：提供了绝大多数所需的功能，包括文件管理、工作空间 Notebook 的编辑、调整开发环境布局的查看、Notebook 运行、Python 内核管理、工作空间设置和帮助等功能。

② 左侧边栏：提供了一些快捷功能，其中文件功能提供了与菜单栏文件菜单相似的功能。左侧边栏的文件工具激活时会在侧边栏上部显示 4 个快捷的文件操作，从左到右分别是创建启动页、在当前目录创建文件夹、向当前目标上传文件和刷新文件列表；侧边栏的下方主体部分显示了当前目录的路径和当前目录包含的目录和文件列表，支持鼠标的左右键完成常规的文件和文件夹操作。

图 2-10　在线开发环境界面

③ 工作空间：通过选项卡的方式可以容纳多个 Notebook、终端、Python 文件、Markdown 文件等不同类型的窗体，完成文件的编辑和代码的运行等任务，是使用过程中接触最多的功能。

④ 右侧边栏：提供了一些有关 Python 解释器及其运行环境的设置等功能，在本书中不会使用其功能。

⑤ 状态栏：提供了当前在线开发环境的一些实时状态，包括处理器负载、内存和硬盘占用、Python 解释器状态、当前光标所在位置和当前工作空间活动文件。

对于进行数字图像处理，开发环境中最重要的就是 Notebook 的创建和使用，下面进行详细介绍。

2.2.3　笔记本的使用

笔记本(Notebook)提供了灵活方便的 Python 代码编写、注释和运行等功能。在首次进入开发环境时系统会自动创建并在工作空间打开一个名为 main.ipynb 的笔记本，如图 2-10 所示。此外，也可以通过菜单栏的“文件”→“新建”→“笔记本”菜单创建一个新的笔记本文件。笔记本文件名的后缀为.ipynb。

笔记本的界面如图 2-11 所示，在其上部由一些快捷操作的按钮组成(图中①处)，笔记本的主体是由一个个相对独立的单元格组成的(图中②处)。在用鼠标激活单元格后，在单元格的右上方会出现单元格的工具栏(图中③处)，工具栏提供了上下移动单元格、改变单元格类型、清空单元格内容、折叠/展开单元格及其输出和删除单元格等功能。笔记本的单元格分为两类,一类为Code单元格;另一类为Markdown单元格。一个单元格可通过单元格工具栏中的按钮进行两类单元格间的任意转换。Markdown单元格提供了以Markdown为格式的文档记录功能,用于向笔记本中添加说明和解释等文字信息,可生成格式简洁、美观的说明文档。Code单元格提供了Python代码的编写和运行功能,还支持一些笔记本所特有的魔法命令和能够执行系统终端功能的特殊命令。

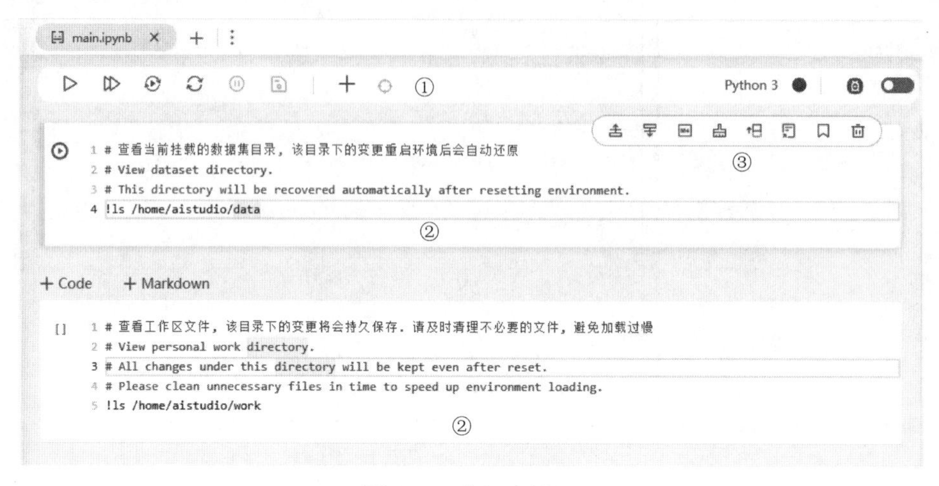

图2-11　笔记本界面

1. Markdown单元格

Markdown单元格支持Markdown语法的格式化文本。Markdown是一种轻量级的标记语言,主要用于创建简单且易读易写的文本格式。它能够对内容进行快速排版,生成简洁美观的布局,可用于编写文档、撰写博客、编写README文件等。在Markdown单元格内既提供了便捷的格式插入按钮和实时的预览功能,也可以直接使用Markdown进行手动编辑,如图2-12所示。

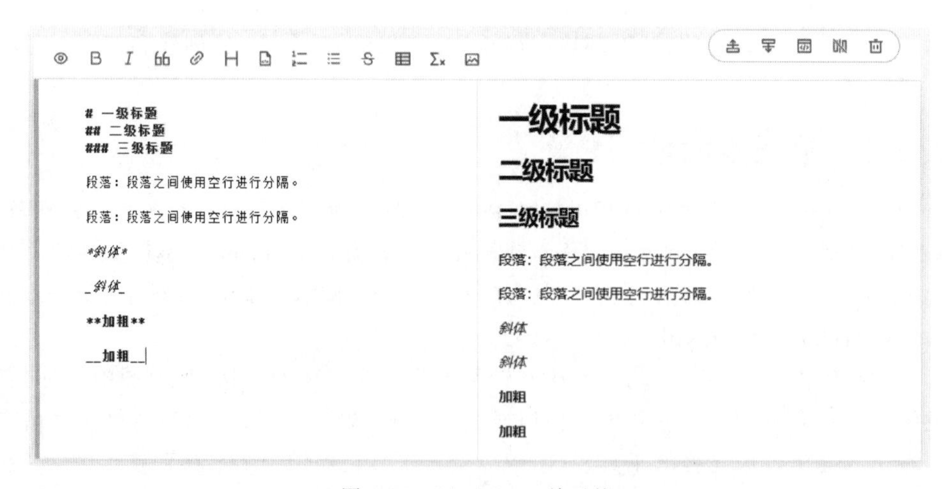

图2-12　Markdown单元格

下面给出 Markdown 标记语言的基本语法。

(1) 标题：使用“#”符号表示标题，一个“#”表示一级标题，以此类推，最多可以使用 6 个“#”表示六级标题，代码如下：

```
#一级标题
##二级标题
###三级标题
####四级标题
#####五级标题
######六级标题
```

运行代码，结果如图 2-13 所示。

(2) 段落：段落之间使用空行进行分隔，代码如下：

```
这是第 1 段。

这是第 2 段。
```

运行代码，结果如图 2-14 所示。

(3) 强调：使用“*”或“_”包围文本表示强调，代码如下：

```
*斜体*

_斜体_

**加粗**

__加粗__
```

运行代码，结果如图 2-15 所示。

一级标题

二级标题

三级标题

四级标题

五级标题

六级标题

图 2-13 标题示例

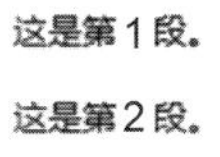

这是第 1 段。

这是第 2 段。

图 2-14 段落示例

斜体

斜体

加粗

加粗

图 2-15 强调示例

(4) 列表：可以使用无序列表和有序列表。无序列表使用“*”、“-”或“+”作为列表标记，有序列表使用数字紧跟着一个英文句点作为列表标记，有序列表的编号可以随意，笔记本会自动修正，代码如下：

```
- 无序列表项 1
- 无序列表项 2
- 无序列表项 3
```

```
1. 有序列表项 1
2. 有序列表项 2
3. 有序列表项 3
```

运行代码,结果如图 2-16 所示。

(5) 此外,列表还可以进行嵌套,列表项的层级通过 Tab 键的数量确定,代码如下:

```
*第一级列表项 1
    *第二级列表项 1
        *第三级列表项 1
*第一级列表项 2
    *第二级列表项 2
        *第三级列表项 2
```

运行代码,结果如图 2-17 所示。

(6) 链接:使用方括号"[]"包裹链接文字,紧跟着在圆括号"()"内写入链接地址,代码如下:

```
[AI Studio](https://aistudio.baidu.com/)
```

运行代码,结果如图 2-18 所示。

- 无序列表项1
- 无序列表项2
- 无序列表项3

1. 有序列表项1
2. 有序列表项2
3. 有序列表项3

图 2-16 列表示例

- 第一级列表项1
  - 第二级列表项1
    - 第三级列表项1
- 第二级列表项2
  - 第二级列表项2
    - 第三级列表项2

图 2-17 嵌套列表示例

(7) 图片:需要以"!"开头,其他部分与链接类似,在方括号"[]"内写入图片描述,在圆括号"()"内写入图片链接,代码如下:

```
![图片描述](https://www.example.com/image.jpg)
```

运行代码,结果如图 2-19 所示。

AI Studio

图 2-18 链接示例

图 2-19 图片示例

(8) 引用：使用“>”符号表示引用文本。可以嵌套多个引用符号，代码如下：

```
>这是一个引用文本。

>>这是一个双层嵌套引用。
```

运行代码，结果如图 2-20 所示。

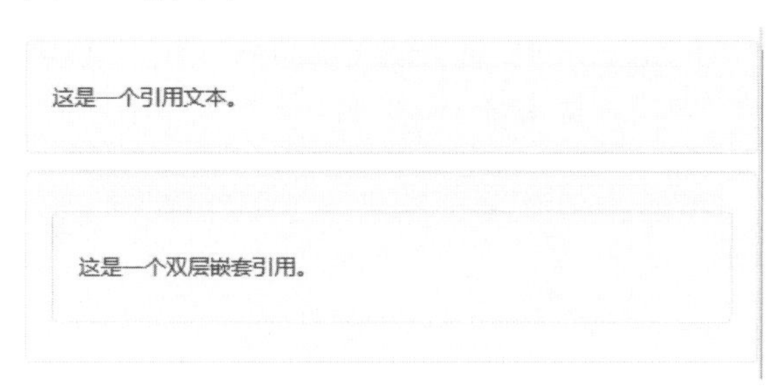

图 2-20 引用示例

(9) 代码块：使用 1 个反引号(`)或 3 个反引号(```)包裹代码。在多行代码中，可以在起始的 3 个反引号后指定代码块的语言，代码如下：

````
`a=3+4`

```python
def add(a,b):
    return a+b
```
````

运行代码，结果如图 2-21 所示。

(10) 表格：使用管道符(|)分隔列，使用半字线(-)分隔表头和内容，代码如下：

```
|列 1|列 2|列 3|
|---|---|---|
|内容 1|内容 2|内容 3|
|内容 4|内容 5|内容 6|
```

运行代码，结果如图 2-12 所示。

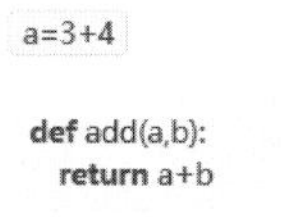

```
a=3+4

def add(a,b):
  return a+b
```

图 2-21 代码块示例

列1	列2	列3
内容1	内容2	内容3
内容4	内容5	内容6

图 2-22 表格示例

(11) 分割线：使用 3 个或更多的半字线(---)或星号(***)作为分割线，代码如下：

```
---
```

```
或
***
```

运行代码,结果如图 2-23 所示。

(12) 删除线:使用两个波浪线(~~)包裹文本表示删除线,代码如下:

```
~~被删除的文字~~
```

运行代码,结果如图 2-24 所示。

(13) 转义字符:在 Markdown 中,可以使用反斜杠(\)转义特殊字符,使其显示原始字符的意义而非 Markdown 的格式意义,代码如下:

```
\#我不是标题
```

运行代码,结果如图 2-25 所示。

或

~~被删除的文字~~

\# 我不是标题

图 2-23 分割线示例　　图 2-24 删除线示例　　图 2-25 转义字符示例

以上就是常用的 Markdown 语法,更丰富和高级的用法可以参考 Markdown 的官方文档。

2. Code 单元格

Code 单元格用于编辑、存储和运行命令,并且可显示运行结果。Code 单元格支持 Python 代码、Jupyter Notebook 魔法命令和系统命令 3 种类型的代码或命令。

(1) Python 代码:在 Code 单元格内按照 Python 的语法规则对 Python 代码进行编辑,编辑完成后可单击单元格左上方的“运行”按钮,当前的 Python 解释器就会执行单元格内的代码,并将代码中的标准输出信息在单元格下方显示,如图 2-26 所示。在代码执行完成后会在单元格下方显示单元格运行的时长和代码运行结束的时间。

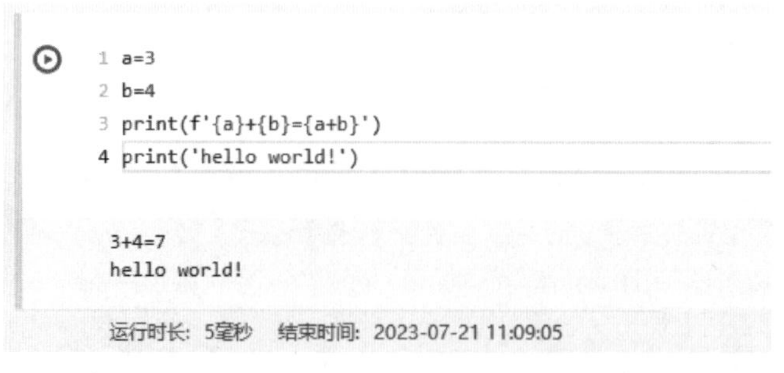

图 2-26 Code 单元格内 Python 代码的编辑和执行

注意:在一个笔记本中会有多个 Code 单元格,这些单元格共用一个 Python 解释器,因此,所有单元格不能同时运行,只能依次运行。此外,在一个单元格内定义的变量,可以在另一个单元格里使用和修改,但是不恰当的修改会造成代码逻辑错误。

(2) Jupyter Notebook 魔法命令：为了增强单元格的功能，Jupyter Notebook 提供了一些来自 IPython 的以一个百分号(%)和两个百分号(%%)开头的魔法命令。在所有的魔法命令中，有两个特殊的命令用于提供魔法命令的使用帮助，代码如下：

```
#列出所有的魔法命令
%lsmagic

#关于魔法命令的介绍
%magic
```

魔法命令可以分为两类：一类是单元格魔法命令，以两个百分号开头；另一类是行魔法命令，以一个百分号开头。下面给出一些常用的魔法命令的含义及其使用方法，代码如下：

```
#查看某个魔法命令的使用帮助，cmd 为需要查看的魔法命令名
%magic_cmd?

#列出历史输入的指令
%history

#支持在单元格内显示 Matplotlib 绘图结果，这条命令会在以后经常用到
%matplotlib inline

#在单元格内执行 pip 命令，可进行 Python 第三方库的安装，下面的命令用于安装 NumPy 库
%pip install numpy

#输出当前路径，即当前所在的文件夹，可在 Python 中直接使用文件名进行访问
%pwd

#执行 Python 脚本，即.py 文件，下面的命令用于执行当前文件夹下的 test.py 文件
%run test.py

#对于后边的 Python 语句进行计时，用于测量生成一个长度为 1 000 000 的列表的执行时间
%timeit list(range(1000000))

#显示当前环境变量
%env

#将单元格内的内容解释为 LaTeX，并进行编译，一般用来输入数学公式
%%latex
$$
1=\frac{1}{2}+\frac{1}{3}+\frac{1}{6}
$$

#将单元格内的内容解释为 JavaScript 执行
%%javascript
let a=3
let b=4
alert(a+b)
```

```
#将单元格内的内容解释为 HTML 执行
%%html
<h1>Title</h1>
<div>hello world</div>

#将单元格内的内容写入文件中
%%writefile out.py
print('hello world!')
```

(3) 系统命令：在 Jupyter Notebook 中，有一类以惊叹号(!)开头的特殊魔法命令，可直接调用系统命令，从而起到和命令行终端相同的功能。系统命令一般用于文件管理、执行程序和文件压缩/解压缩等，代码如下：

```
#查看当前目录中的文件和文件夹
!ls

#打开并切换到指定目录
!cd /home

#调用 Python 解释器执行 test.py 文件
!python test.py

#将 test.py 文件压缩为 test.zip
!zip test.zip test.py

#解压缩 test.zip 文件
!unzip test.zip
```

注意：以上是在线开发环境 AI Studio 的简单介绍，在实际使用中，要掌握更细致的使用方法，可通过菜单栏中的"帮助"选项下的"Notebook 使用说明"进行学习和查阅。

2.3 离线开发环境的搭建

数字图像处理离线开发环境的搭建主要包括 Python 的安装、VS Code 的安装、VS Code 相关插件的安装，以及 Python 第三方库的安装。

2.3.1 安装 Python

Python 作为一门开源、免费的编程语言，允许任何人使用和修改。Python 的官方网站 https://www.python.org/ 提供了有关 Python 最权威的信息，并提供 Python 安装包的下载链接。Python 的下载和安装步骤如下。

(1) 打开 Python 官网，在 Downloads 菜单下提供了各平台的 Python 版本，并且在右边会给出符合当前系统的 Python 最新版本的下载链接，单击即可下载，如图 2-27 所示。

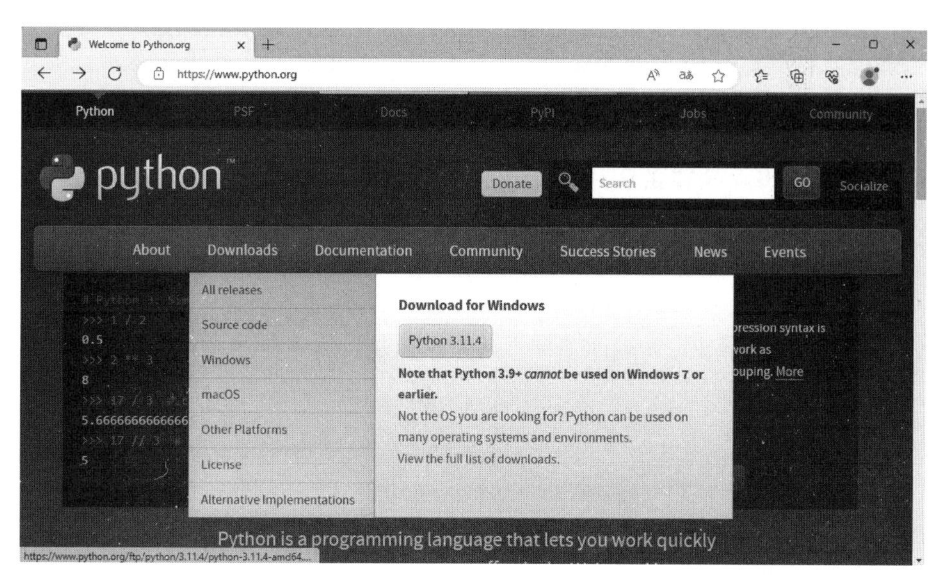

图 2-27 Python 官网

注意：Python 是一门活跃的编程语言，更新频率较高，安装时可供下载的版本可能会与图 2-27 所示的版本有所差异，但是安装方法相同，使用上差异不大。

---

(2) 在下载完成后会得到一个 Python 安装包，双击打开，即可弹出安装对话框，如图 2-28 所示。勾选 Add python.exe to PATH(将 Python 添加到路径环境变量)选项会把 Python 的可执行程序和相关便利程序加入搜索路径中，从而方便直接在命令提示符中使用 Python 和对包进行管理。安装路径既可以使用默认的路径，也可以使用指定的目录。完成后单击 Install Now 按钮，开始 Python 的安装，稍等即可完成安装。

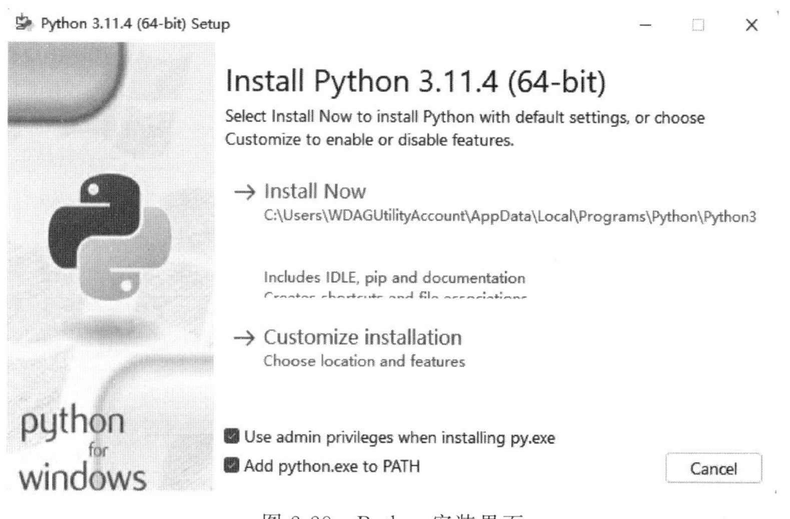

图 2-28 Python 安装界面

注意：对于第1次接触Python的学习者，务必将图2-28中的Add python.exe to PATH选项选中，方便以后在控制台中激活Python和使用包管理器pip安装Python的第三方库。

安装完成后，在开始菜单的程序目录中即可找到Python 3.11程序，如图2-29所示。Python程序目录包括4部分：第1部分，IDLE是默认的集成开发环境，提供了一个简单的可视化工作台；第2部分，Python 3.11是默认的Python命令行程序，用于执行用户输入的动态命令，也可以在命令提示符中使用python命令进入编程环境；第3部分，Python的用户手册，包含Python的教程、标准库等详细的帮助信息；第4部分，Python模块文档，提供了当前安装的所有包的API文档。

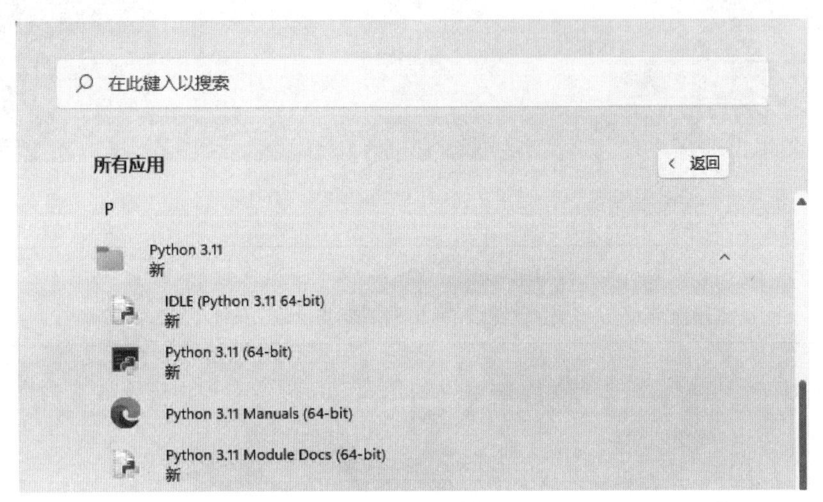

图2-29 Python程序

单击图2-29中的IDLE选项即可进入图2-30(a)所示的Python集成开发环境；单击图2-29中的Python 3.11选项即可进入图2-30(b)所示的命令行提示符窗口。

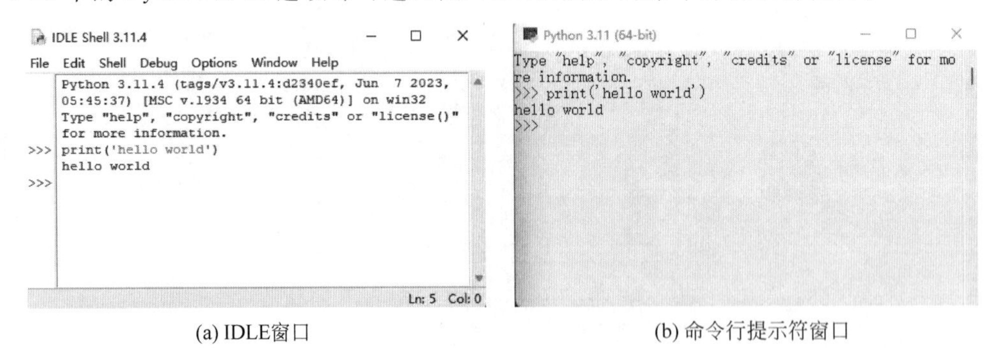

(a) IDLE窗口　　(b) 命令行提示符窗口

图2-30 Python动态编程环境

Python是一种动态语言，既支持即时输入即时执行的方式，也支持先编写再解释执行的方式。在图2-30中打开的Python动态编程环境中输入代码：

```
print('hello world')
```

按 Enter 键执行上述打印字符串的命令，如果在窗口中打印出字符串"hello world"，则表明 Python 安装成功，如图 2-30 所示。

注意： Python 内置的集成开发环境虽然具备基本的辅助开发功能，但是对于大型项目的开发则功能不够丰富，一般需要安装功能更为强大的第三方集成开发环境。

2.3.2 安装 VS Code

VS Code 作为当前最流行的代码编辑工具之一，其通过插件技术可支持多种编程语言的开发，其官网界面如图 2-31 所示。VS Code 的下载链接位于其官网的左侧，如图 2-31 中的箭头所示。单击 Download for Windows 按钮即可下载 VS Code。

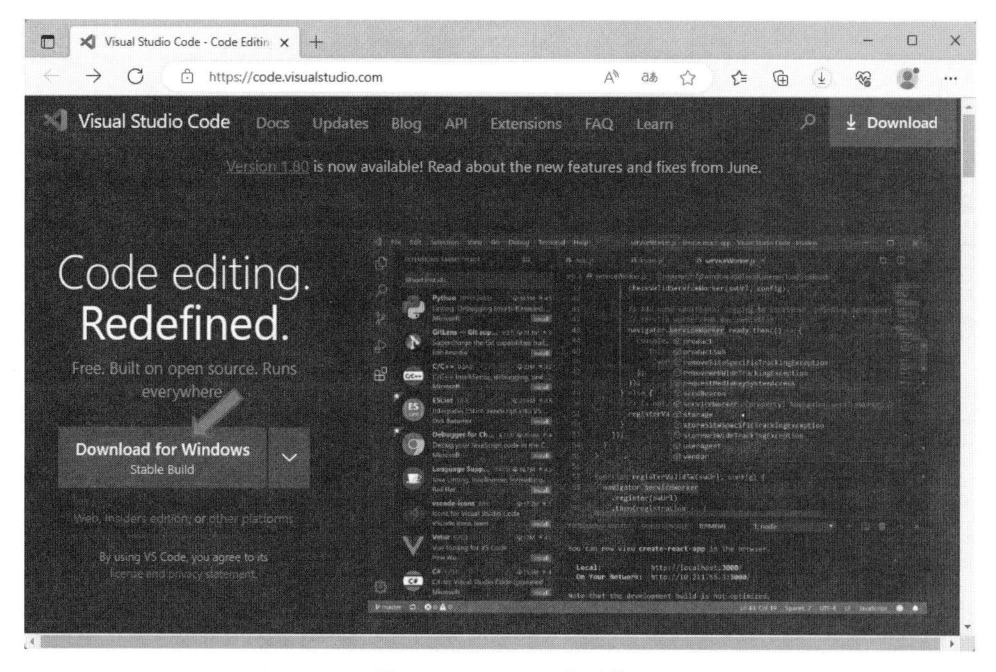

图 2-31　VS Code 的下载

下载完成后，双击 VS Code 安装包按照提示在同意许可协议后，按照默认选项进行安装，安装完成后即可打开 VS Code，如图 2-32 所示。

在正式使用 VS Code 进行 Python 代码的编程和运行前还需要进行配置和安装一些必要的插件。

(1) VS Code 在安装成功后默认为英文界面，可安装中文插件将其转换为中文界面。具体方法是单击图 2-32 中箭头所指的扩展按钮，在打开的扩展侧边栏上方输入“chinese”，VS Code 会自动检索并列出相关结果，如图 2-33 所示。单击第 1 个选项“中文(简体)”右侧

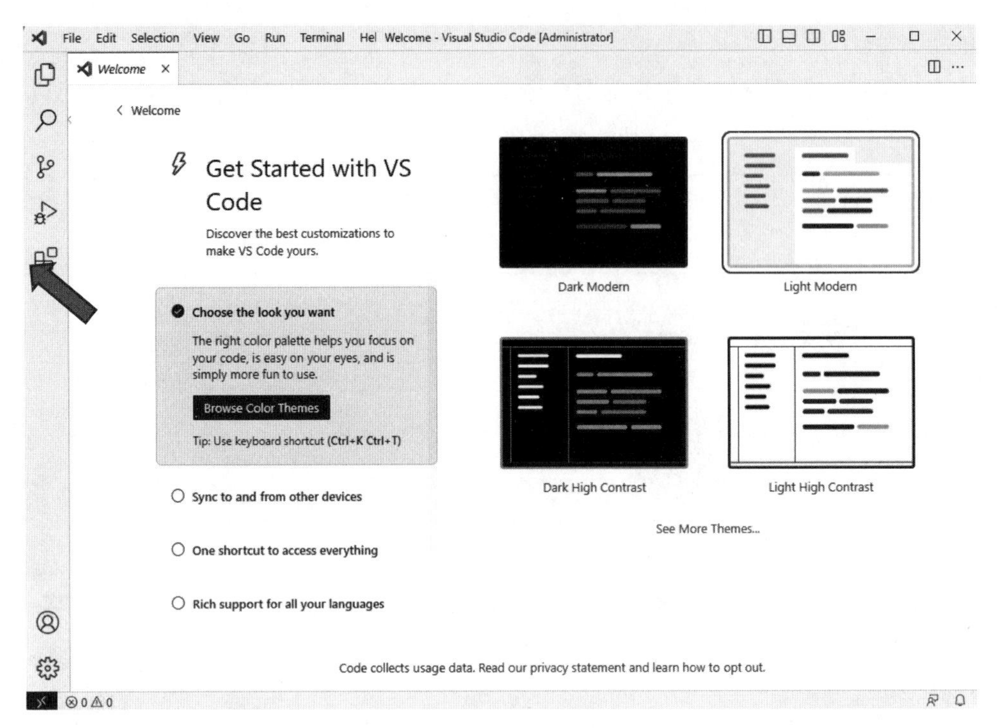

图 2-32　VS Code 初始界面

的 Install 按钮进行安装，待安装完成后按照 VS Code 的提示重启 VS Code，即可将 VS Code 切换为简体中文界面，如图 2-34 所示。

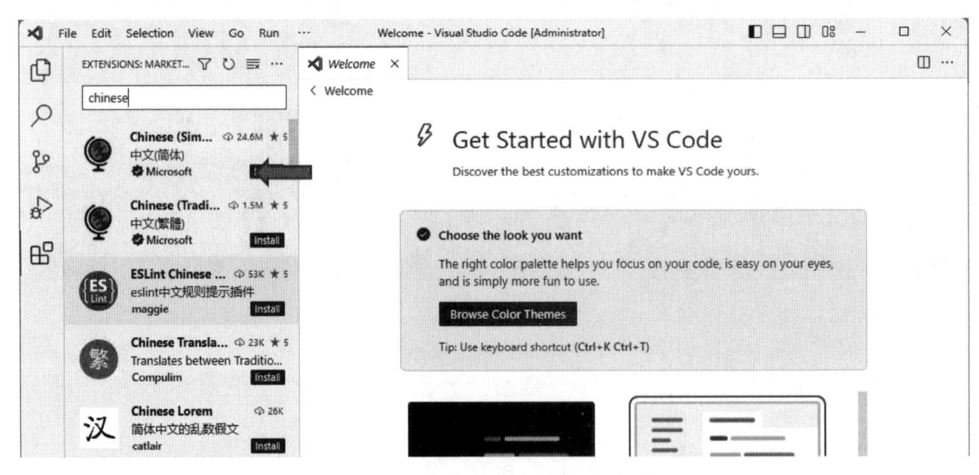

图 2-33　中文插件的搜索与安装

(2) 安装 Python 插件以支持 Python 程序的编辑和运行。与上述安装中文插件的方法相同，在扩展搜索栏中搜索“python”，并安装如图 2-34 中箭头所示的 Python 插件。安装完 Python 插件后，即可在 VS Code 中进行普通的 Python 程序的编写和运行。

图 2-34　Python 插件的安装

(3) 为了能够使离线开发环境与在线开发环境统一,并且降低学习难度,还需要安装 VS Code 的 Jupyter Notebook 插件。在扩展搜索框内搜索"jupyter",安装如图 2-35 中箭头所示的插件。

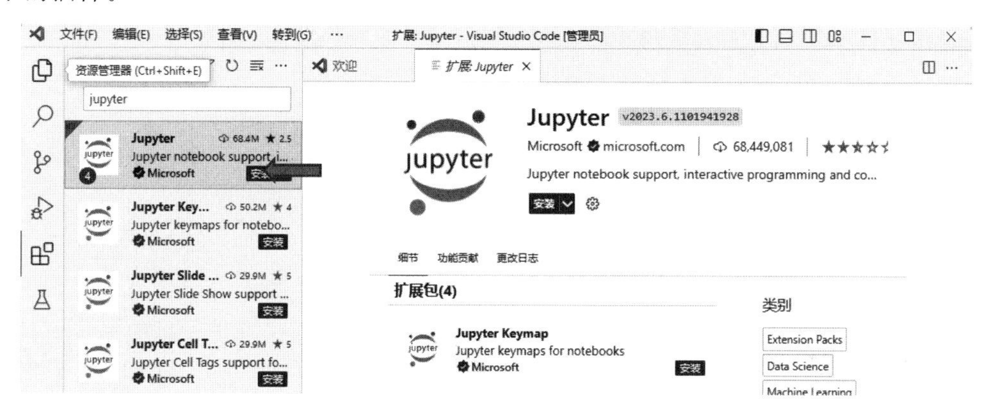

图 2-35　Jupyter 插件的安装

(4) 在 VS Code 上创建和使用笔记本。安装完成后,如图 2-36 中箭头所指,在主窗体内单击"创建新 Jupyter Notebook"链接,即可创建一个名为 Untitled-1. ipynb 的笔记本。笔记本的用法与在线开发环境 AI Studio 基本一致,在 Code 单元格内输入 Python 代码,单击单元格左侧的"运行"按钮即可执行单元格内的 Python 代码并显示执行结果,如图 2-36 所示。至此基于 VS Code 的离线开发环境就搭建完毕了。

注意:*在首次运行笔记本内的单元格时,VS Code 会提示需要安装 ipykernel,此时应当单击"同意"按钮,并等待安装完成。*

在使用 VS Code 的过程中,通过 VS Code 官网可以查阅详细的使用教程和文档,此外也可通过社区或网站解决使用过程中遇到的问题。

图 2-36　笔记本的创建和使用

2.4　Python 的第三方库

Python 的流行与其可拓展性具有密切的联系，活跃的社区和热情的开发者创建了数量庞大的第三方库，实现了各种各样的功能。Python 自身并没有提供图像处理功能，如果要使用 Python 进行图像处理，需要借助一些第三方库。

2.4.1　第三方库的检索

为了便于检索和分发第三方模块，Python 官方维护了一个第三方库的管理、查询和分发系统。该系统称为 Python Package Index(PyPI)，其网址为 https://pypi.org/。PyPI 收集了 Python 官方认可的第三方库，数量众多，安装方便，大部分库的质量较高，但也存在着部分质量较差的库，需要仔细甄别，一般第三方库的下载数量与其质量正相关。

下面以第三方库 NumPy 的检索为例，介绍 PyPI 的使用方法。使用 PyPI 的模块搜索功能查询 NumPy 数组计算库的过程：进入 PyPI 系统的检索主界面，如图 2-37(a)所示，包含一个搜索框，在搜索框内输入要搜索的模块名 numpy，单击“搜索”按钮；检索结果界面如图 2-37(b)所示，检索结果依匹配度进行排序，其中第 1 个就是数组计算库 NumPy，版本是 1.25.1(版本可能会有变化)，单击该条记录即可进入 NumPy 库的主页；NumPy 库的主页如图 2-37(c)所示，详细介绍了该库的一些基本信息，如项目主页、使用方法、文档地址、模块功能简介等，在模块名的下方注明了该库的安装命令 pip install numpy。

注意：Python 第三方库的检索，一般需要先了解用途或有相关的参考代码等，在得到一些相关信息后使用上述的方法进行检索。

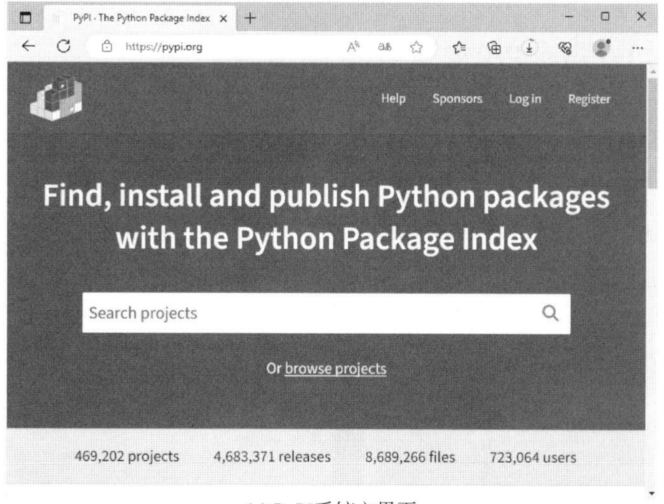

(a) PyPI系统主界面

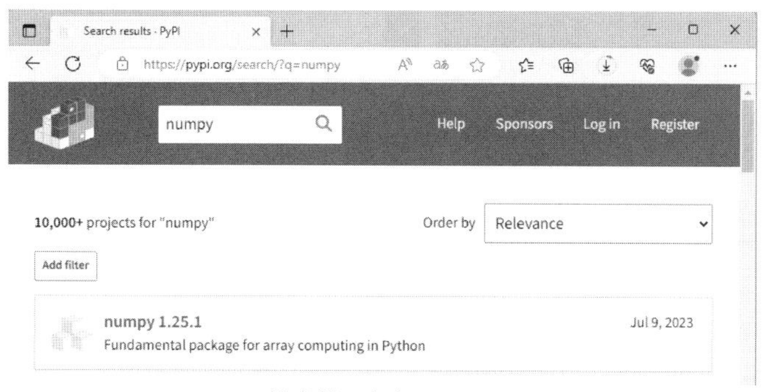

(b) 检索第三方库NumPy

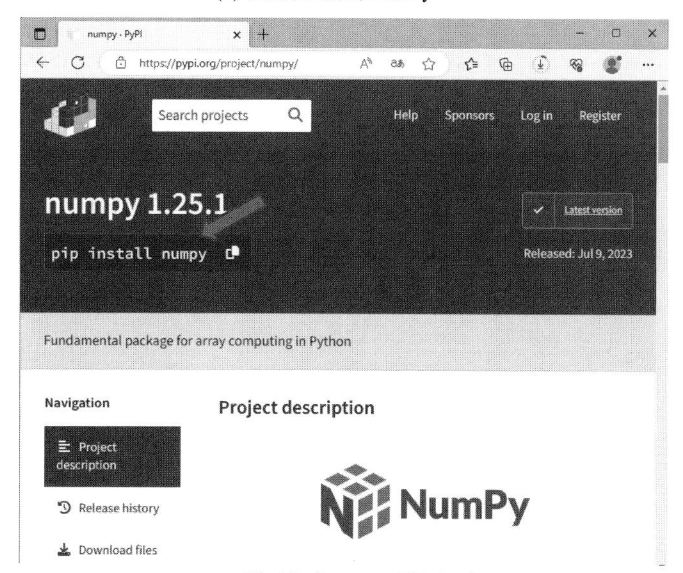

(c) 第三方库NumPy项目主页

图 2-37　第三方库 NumPy 查询及其项目界面

2.4.2 包管理器 pip

Python 提供了包管理器 pip 程序进行第三方库的安装、升级和卸载等操作。pip 程序提供了一个同名的命令行程序,需要说明的是 pip 自身也是 Python 的一个第三方库。

不论是在线开发环境 AI Studio 还是离线开发环境 VS Code,都可以方便地使用包管理器 pip,使用方法是在笔记的 Code 单元格里输入魔法命令,命令如下:

```
%pip
```

在运行上述魔法命令后会在单元格里显示包管理器 pip 的帮助信息,如图 2-38 所示。

```
%pip
[3]  ✓ 1.5s                                                        Python
...
Usage:
  c:\Users\WDAGUtilityAccount\AppData\Local\Programs\Python\Python311\python.exe -m pip <command> [options]

Commands:
  install                     Install packages.
  download                    Download packages.
  uninstall                   Uninstall packages.
  freeze                      Output installed packages in requirements format.
  inspect                     Inspect the python environment.
  list                        List installed packages.
  show                        Show information about installed packages.
  check                       Verify installed packages have compatible dependencies.
  config                      Manage local and global configuration.
  search                      Search PyPI for packages.
  cache                       Inspect and manage pip's wheel cache.
  index                       Inspect information available from package indexes.
  wheel                       Build wheels from your requirements.
  hash                        Compute hashes of package archives.
  completion                  A helper command used for command completion.
  debug                       Show information useful for debugging.
  help                        Show help for commands.

General Options:
  -h, --help                  Show help.
  --debug                     Let unhandled exceptions propagate outside the
                              main subroutine, instead of logging them to
```

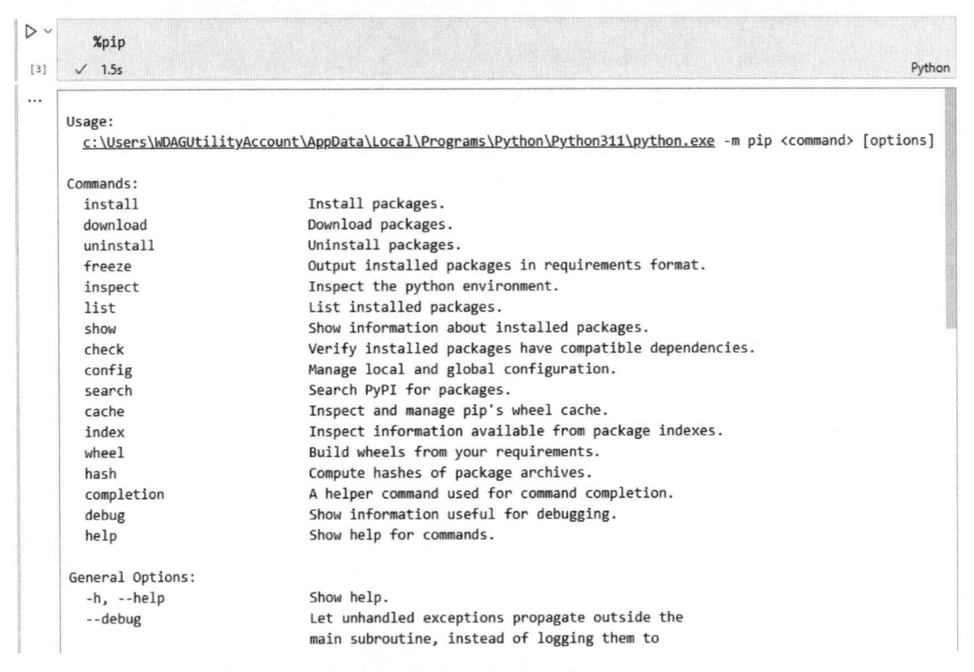

图 2-38 pip 的帮助信息

包管理器 pip 的各种功能需要搭配不同的命令完成,以下介绍几个常用的 pip 命令。

(1) list 命令用于列出当前 Python 解释器安装的所有第三库及其版本,如图 2-39 所示。

```
%pip list
✓ 2.3s                                                        Python
Package           Version
----------------- -------
asttokens         2.2.1
backcall          0.2.0
colorama          0.4.6
comm              0.1.3
debugpy           1.6.7
decorator         5.1.1
executing         1.2.0
ipykernel         6.24.0
```

图 2-39 列出安装的所有第三方库

(2) show 命令用于显示已安装的第三方库的详细信息，例如查询 pip 库的信息，如图 2-40 所示。

```
%pip show pip
✓ 0.7s                                                    Python

Name: pip
Version: 23.1.2
Summary: The PyPA recommended tool for installing Python packages.
Home-page: https://pip.pypa.io/
Author: The pip developers
Author-email: distutils-sig@python.org
License: MIT
Location: c:\Users\WDAGUtilityAccount\AppData\Local\Programs\Python\Python311\Lib\site-packages
Requires:
Required-by:
Note: you may need to restart the kernel to use updated packages.
```

图 2-40　显示 pip 库的详细信息

(3) install 命令用于安装指定名称的第三方库，如图 2-37(c)所示，显示了安装 NumPy 库的命令如下：

```
pip install numpy
```

执行此命令时，包管理器 pip 会先下载 NumPy 库，并在下载完成后自动安装该库，如图 2-41 所示。

```
%pip install numpy
                                                          Python

Collecting numpy
  Downloading numpy-1.25.1-cp311-cp311-win_amd64.whl (15.0 MB)
     -------------------------------------- 15.0/15.0 MB 222.0 kB/s eta 0:00:00
Installing collected packages: numpy
Successfully installed numpy-1.25.1
```

图 2-41　安装第三方库 NumPy

此外，Python 的第三方库会经常更新和升级，包管理器 pip 提供了更新第三方库的方便方法，可在安装命令中加入参数"-U"，命令如下：

```
%pip install -U numpy
```

在执行上述命令后，包管理器会向 PyPI 查询 NumPy 的最新版本，如果当前环境中没有安装此库或者库的版本较低，则包管理器会下载最新版本的 NumPy 并安装。

在没有网络的情况下，只需将该安装命令中的库名替换为该库的本地路径，便可用于安装本地下载的第三方库。

另外，当一次需要安装多个库时，可以将需要安装的所有库名和版本写入一个名为 requirements. txt 的文本文件中，如图 2-42 所示。

图 2-42　需要安装的第三方库

在 pip 的安装命令中通过加入参数-r requirements. txt 即可安装文件中列出的所有第三方库,命令如下:

```
%pip install -r requirements.txt
```

注意:如果使用 pip 安装 Python 第三方库时速度过慢,则可以在安装时使用国内的 PyPI 镜像,只需在 pip 命令中加入-i <PyPI 镜像网址>这一参数。例如,使用清华源安装 NumPy 库使用的命令为 pip install -i https://pypi. tuna. tsinghua. edu. cn/simple numpy。

(4) uninstall 命令用于删除指定名称的第三方库,例如删除 NumPy 库,命令如下:

```
%pip uninstall numpy
```

(5) download 命令用于将指定的第三方库下载到当前目录。当网络不稳定或者需要离线安装第三方库时,可以先使用该命令将所需的第三方库下载到本地,再使用 pip install 命令进行安装即可。下载 NumPy 库,如图 2-43 所示。

图 2-43 下载第三方库 NumPy

注意:在此部分的插图来自离线开发环境 VS Code 中的笔记本,对于在线开发环境 AI Studio 具有相同的用法和结果。

总之,pip 作为 Python 的第三方库管理工具,使用方便,极大地降低了安装和使用第三方库(模块)的难度。pip 在本质上也是 Python 的一个模块,因此可以通过 PyPI 检索界面进行检索,找到其官方网站,查阅其文档,获取更为详细的使用方法。

2.4.3 第三方库的安装

为了能够在在线开发环境和离线开发环境中使用 Python 进行图像处理,还需要安装一些 Python 的第三方库。下面简要介绍这些第三方库及其安装方法。

(1) NumPy 库(Numerical Python):Python 中功能强大的科学计算库,提供了高效的多维数组和矩阵运算功能,以及丰富的数学函数和工具。它的性能优势、低内存消耗及活跃的社区支持使它成为处理大型数据集和科学计算的首选工具。目前 NumPy 在科学计算、数据分析和机器学习中得到了广泛应用。本书选择 NumPy 作为存储数字图像和实现数字图像处理算法的工具。安装和验证 NumPy 库的代码如下:

```
%pip install numpy
import numpy as np
np.ones((3,4))
```

在安装完成后，使用 NumPy 创建了一个尺寸为 3×4 且元素值为 1 的数组，如图 2-44 所示。

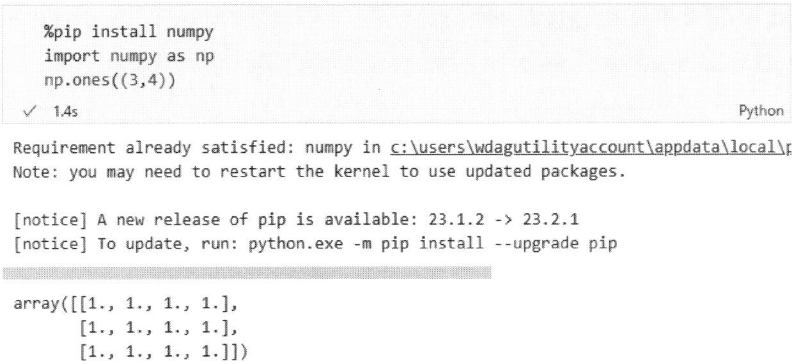

```
%pip install numpy
import numpy as np
np.ones((3,4))
✓ 1.4s                                                    Python

Requirement already satisfied: numpy in c:\users\wdagutilityaccount\appdata\local\p
Note: you may need to restart the kernel to use updated packages.

[notice] A new release of pip is available: 23.1.2 -> 23.2.1
[notice] To update, run: python.exe -m pip install --upgrade pip

array([[1., 1., 1., 1.],
       [1., 1., 1., 1.],
       [1., 1., 1., 1.]])
```

图 2-44 安装和验证 NumPy 库

(2) PIL 库(Python Imaging Library)：一个功能丰富且易于使用的开源 Python 图像处理库。它提供了加载、操作和保存各种图像格式的能力，并支持基本的图像处理操作，如缩放、旋转、裁剪和调整亮度等。此外，PIL 库也提供了相当的高级图像处理功能，如图像合成、文字叠加和图像特效。在本书中 PIL 库主要用于图像文件的读取和存储，也会简单介绍其图像处理功能。安装和验证 PIL 库的代码如下：

```
%pip install pillow
from PIL import Image
Image.new('L',(256,50),color=192)
```

在安装完成后，使用 PIL 库创建了一个尺寸为 256×50 且灰度值为 192 的纯色图像，并在笔记中显示了创建的图像，如图 2-45 所示。

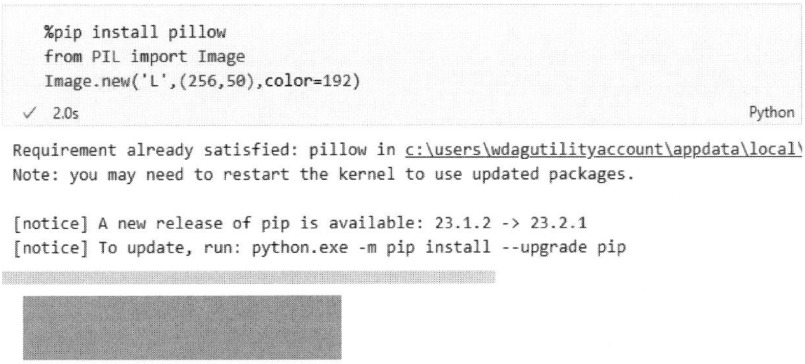

```
%pip install pillow
from PIL import Image
Image.new('L',(256,50),color=192)
✓ 2.0s                                                    Python

Requirement already satisfied: pillow in c:\users\wdagutilityaccount\appdata\local\
Note: you may need to restart the kernel to use updated packages.

[notice] A new release of pip is available: 23.1.2 -> 23.2.1
[notice] To update, run: python.exe -m pip install --upgrade pip
```

图 2-45 安装和验证 PIL 库

(3) Matplotlib 库：Python 中常用的开源数据可视化库，通过简单的代码可以绘制高质量的图表和图形。它支持多种类型的图表，包括折线图、散点图、柱状图等，并且提供了丰富的配置选项，让用户可以自定义图表的样式和属性。Matplotlib 库还具有灵活的接口，可以与其他科学计算库无缝集成，方便数据分析和可视化。此外，它还支持动画、交互式绘图和导出图表等高级特性，并且拥有庞大的用户社区，提供丰富的学习资源和扩展选项。在本书中 Matplotlib 用于在笔记本中显示图像和绘制简单的图形。安装和验证 Matplotlib 库的代码如下：

```
%pip install matplotlib
%matplotlib inline
from matplotlib import pyplot as plt
plt.plot([1,1.5,0.8,1.2])
plt.show()
```

在安装完成后，用给定的数据使用 Matplotlib 绘制了一幅折线图，如图 2-46 所示。

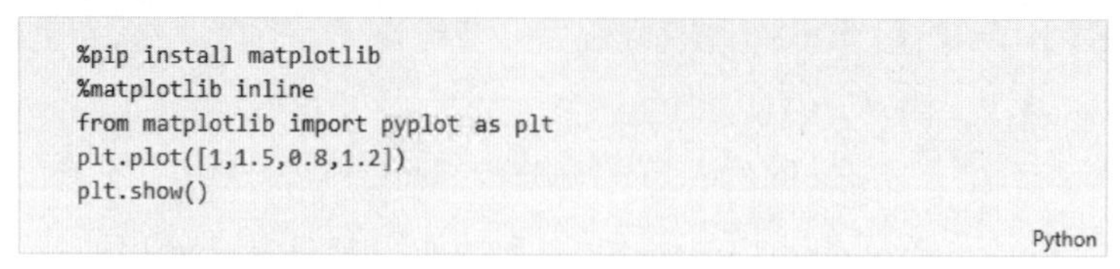

Requirement already satisfied: matplotlib in c:\users\wdagutilityaccount\appdata\

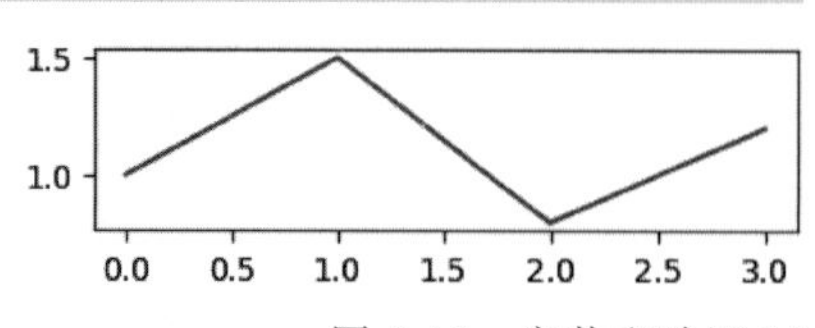

图 2-46　安装和验证 Matplotlib 库

(4) pydicom 库：一个用于读取、处理和分析 DICOM(Digital Imaging and Communications in Medicine)格式的医学图像和数据的 Python 库。它提供了加载、解析 DICOM 图像和元数据的功能，能够将数据转换为 NumPy 数组或 PIL 图像对象，以及提取患者信息和诊断报告等功能。安装和验证 pydicom 库的代码如下：

```
%pip install pydicom
from pydicom import dcmread
from pydicom.data import get_testdata_file
path = get_testdata_file("CT_small.dcm")
ds = dcmread(path)
plt.imshow(ds.pixel_array,cmap='gray')
plt.show()
```

在安装完成后，用 pydicom 库打开了一幅 CT 图像，并借助 Matplotlib 库进行了可视化，如图 2-47 所示。

(5) ipywidgets 库：Python 中的一个库，用于在 Jupyter Notebook 和 JupyterLab 中创建交互式控件。它提供了各种控件类型，如滑块、按钮和下拉菜单等，以方便用户与代码交

```
%pip install pydicom
from pydicom import dcmread
from pydicom.data import get_testdata_file
path = get_testdata_file("CT_small.dcm")
ds = dcmread(path)
plt.imshow(ds.pixel_array,cmap='gray')
plt.show()
```

Python

Requirement already satisfied: pydicom in c:\users\wdagutilityaccount\appdata\loc

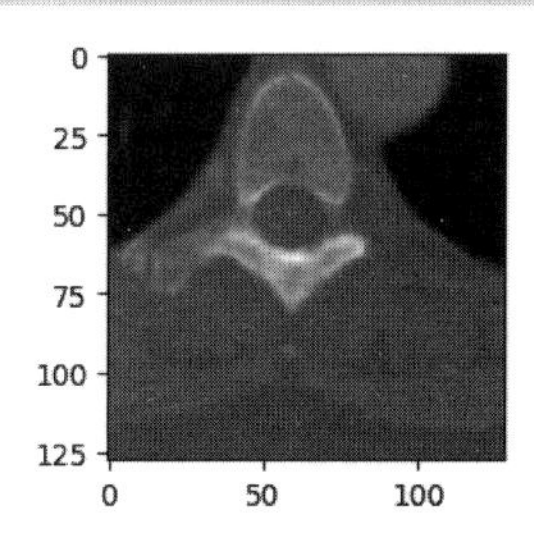

图 2-47　安装和验证 pydicom 库

互。它支持自定义外观和行为、控件联动和交互，适用于静态和动态数据分析、可视化和实验控制等应用。丰富的功能和灵活性使 ipywidgets 成为创建交互式用户界面的强大工具。在本书中，使用 ipywidgets 库提供的控件改变图像处理相关参数，从而方便对比不同参数下图像的处理效果。安装和验证 ipywidgets 库的代码如下：

```
%pip install ipywidgets
from ipywidgets import interact
from PIL import Image
def makeimage(color=0):
    return Image.new('L',(256,50),color=color)
tmp=interact(makeimage,color=(0,255))
```

在安装完成后，用 ipywidgets 库创建了一个范围为 0～255 的滑动条，滑动滑动条时生成的纯色图像的亮度会发生变化，如图 2-48 所示。

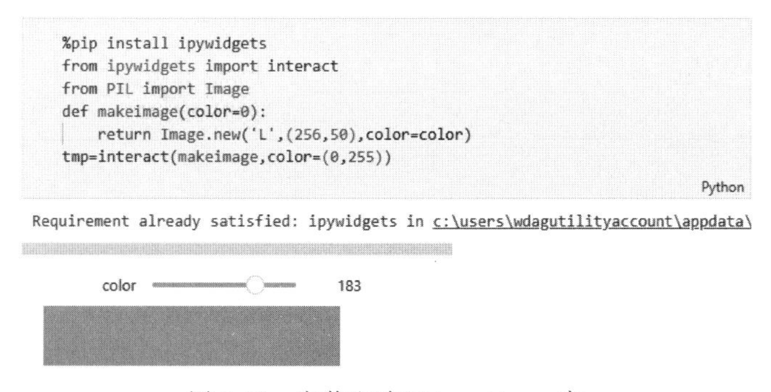

图 2-48　安装和验证 ipywidgets 库

（6）Scikit-learn 库：一个用于机器学习和数据挖掘的 Python 第三方库。它支持多种机器学习算法和工具，如分类、回归、聚类和降维等，并提供了简单的 API 调用接口，可以加载数据、拟合模型、进行预测和评估性能。此外，它还提供了数据预处理工具和可视化工具，与其他 Python 科学计算库和深度学习库集成，被广泛地应用于数据分析和预测建模。安装和验证 Scikit-learn 库的代码如下：

```
%pip install scikit-learn
from sklearn import linear_model
reg = linear_model.LinearRegression()
reg.fit([[0, 1], [1, 1], [2, 1]], [0, 1, 2])
reg.coef_
```

在安装完成后，用 Scikit-learn 库实现了一个简单的线性回归求解，验证了 Scikit-learn 库已成功安装，如图 2-49 所示。

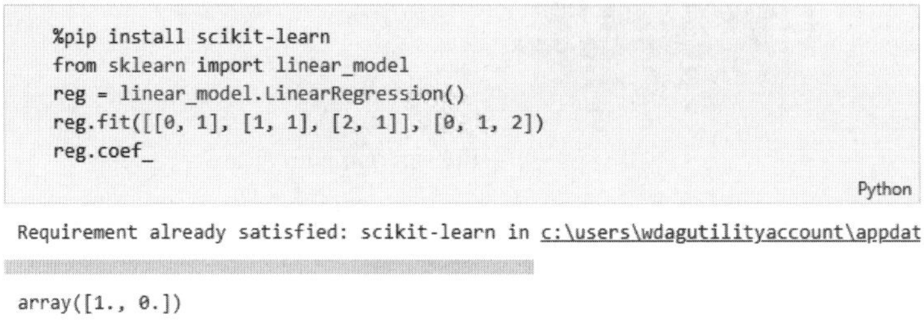

```
%pip install scikit-learn
from sklearn import linear_model
reg = linear_model.LinearRegression()
reg.fit([[0, 1], [1, 1], [2, 1]], [0, 1, 2])
reg.coef_
                                                        Python
Requirement already satisfied: scikit-learn in c:\users\wdagutilityaccount\appdat

array([1., 0.])
```

图 2-49　安装和验证 Scikit-learn 库

注意：对于离线开发环境，应当安装上述 6 个第三方库，而对于在线开发环境 AI Studio，虽然已经安装了部分包，但建议也按照上述方法逐一安装，防止遗漏。此外，安装顺序也应当按照上述顺序进行，这样才能成功运行上述所有的验证示例。

以上就是本书中进行数字图像处理将要用到的 6 个库，其中有些库只会使用其中的一两个功能，将会在使用时进行说明，对于与数字图像处理最为相关的 NumPy、PIL 和 Matplotlib 库会频繁地使用，将会在接下来的两章中进行更详细的介绍。

2.5　本章小结

本章以数字图像处理的 Python 开发环境搭建为核心，介绍了 Python 常用的在线和离线开发环境。对于在线开发环境以 AI Studio 的使用为例进行了详细的介绍，在线开发环境对于初学者十分友好，几乎不用配置，即可进行 Python 的编程和数字图像的处理。对于离线开发环境，详细介绍了 Python 的安装、VS Code 编辑器的安装、VS Code 的 Python 和 Jupyter 扩展的安装等内容，搭建了基于 VS Code 的 Python 语言的 Jupyter 离线开发环境。最后，介绍了 Python 的第三方库及第三库管理器 pip 的使用方法，并利用 pip 安装了用于数字图像处理的第三方库，完成了用 Python 语言进行数字图像处理的所有准备工作。接下来，将正式进入使用 Python 进行数字图像处理的介绍。

第3章 初识数字图像处理

CHAPTER 3

本章主要通过简单介绍 Python 中常用的第三方图像处理库 Pillow 和图形图像绘制库 Matplotlib 来初步认识数字图像处理。Pillow 库起源于 PIL 库，目前 PIL 库已经停止更新，并且仅支持 Python 2.7 版本，无法满足 Python 3 版本下的图像处理需求。Pillow 库是在 PIL 库的基础上开发的支持 Python 3 版本的升级版图像处理库，然而 Pillow 库不仅“复制”了 PIL 库所有的功能，还在此基础上增加了很多新的图像处理功能。Matplotlib 库是 Python 在图形图像绘制上的主要工具库，也是很多高级数据可视化库的基础。

3.1 Pillow 库的简单使用

Pillow 库作为 Python 下图像处理的常用库，具有以下三大特性。

(1) 支持典型的图像文件格式，能够存取常见格式的图像文件，如 jpeg、png、bmp、gif、tiff 等格式的图像，同时支持不同图像格式之间的相互转换。

(2) 提供了丰富的图像处理功能，如图像归档和图像处理，图像归档包含构建缩略图像、图像的批量处理、生成预览图像等；图像处理包含图像任意的仿射变换、图像裁剪、图像颜色空间变换、直方图均衡化等。

(3) 提供了和其他图形用户界面(Python GUI)工具交互的接口，如 Tkinter、Qt 等，可方便地在 GUI 上显示图像。

以下将从图像生成、图像存取与显示、图像基本属性、图像格式、图像的基本操作和图形处理等方面介绍 Pillow 库的基本使用方法。

Image 类是 Pillow 库中最主要的类，该类被定义在模块 Image 中。使用下列方式可以导入 Image 模块，同时考虑到本节还要用到一个交互的库 ipywidgets，在此将该库一并导入，代码如下：

```
#导入图像处理库 Pillow
from PIL import Image
#导入一个交互的库
from ipywidgets import interact
```

3.1.1 图像生成

一幅数字图像可以由图像尺寸和每个像素的像素值共同表示。数字图像的尺寸可以由宽和高表示，以确定图像中像素的数量，例如，一幅宽为256像素、高为100像素的图像，总共有25 600(256×100)像素。根据图像类型的不同，图像中每个像素的像素值是有差异的。对于灰度图像，每个像素都占用1字节，表示256种灰度级；对于彩色图像，如果使用RGB空间表示颜色，则每个像素都占用3字节，每字节分别表示红色(R)、绿色(G)和蓝色(B)的强度。Pillow库中的Image类在内部将图像以像素为单位，以逐行存储的方式进行管理，例如，彩色图像可表示为一个由像素构成的序列：RGBRGBRGBRGB…RGB。

Image类提供了直接从字节串生成图像的静态方法，下面以纯色灰度图、渐变灰度图、灰阶图、彩色图、横条纹图等的生成，展示图像的尺寸和像素等属性与图像的物理存储方式(字节串)的关系，从而加深对数字图像概念的理解。

Pillow库中Image类的frombytes()静态方法可用于将给定的字节串转换为图像对象。基于此，可以通过构建字节串，然后借助该方法将字节串转换成图像。

Image.frombytes()静态方法的详解如下：

```
Image.frombytes(mode, size, data, decoder_name='raw')
```

该静态方法返回一个Image对象，输入参数的含义如下。

(1) mode：设置创建图像的模式，即每个像素包含通道数和通道排列方式。可选的模式有'1'(二值图像)、'L'(灰度图像)、'RGB'(真彩色图像)等。

(2) size：设置创建图像的尺寸，是一个表示图像宽和高的元组，如(width,height)。

(3) data：设置表示图像原始数据的字节串，字节串的长度为width×height×len，其中len为单像素的字节长度，例如，当图像模式为'L'时，len=1，当图像模式为'RGB'时，len=3。

(4) decoder_name：是可选参数，用于设置使用的解码器，默认值为'raw'，表示无解码器，即data中存储的是原始像素。

1. 纯色灰度图像生成

灰度图像的尺寸可由图像的宽和高确定，而灰度图像的每个像素值可表示为1字节。使用相同数据，生成一幅宽为256像素、高为100像素的纯色灰度图像和一幅宽为128像素、高为200像素的纯色图像的示例代码如下：

```
#第3章/3.1节-Pillow库的简单使用.ipynb
#生成纯色灰度图像
pixelvalue=2 #设置灰度值
d=[pixelvalue for i in range(256)]*100
print('d=',d)
#转换为字节串
imgd=bytes(d)
print('imgd=',imgd)
#根据图像数据,生成宽为256像素、高为100像素的灰度图像
img=Image.frombytes('L',(256,100),imgd)
```

```
img.show()
#根据图像数据,生成宽为 128 像素、高为 200 像素的灰度图像
img=Image.frombytes('L',(128,200),imgd)
img.show()
```

运行代码,结果如下:

```
#输出内容过长,已自动对输出内容进行截断
d=[2, 2, 2, 2, 2, 2, 2, 2, 2, 2, 2, 2, 2, 2, 2, 2, 2, 2, 2, 2, 2, 2, 2, 2, 2, 2, 2, 2, 2,
2, 2, 2, 2, 2, 2, 2, 2, 2, 2, 2, 2, 2, 2, 2, 2, 2, 2, 2, 2, 2, 2, 2, 2, 2, 2, 2, 2, 2, 2, 2,
2, 2, 2, 2, 2, 2, 2, 2, 2, 2, 2, 2, 2, 2, 2, 2, 2, 2, 2, 2, 2, 2, 2, 2, 2, 2, 2, 2, 2, 2, 2,
2, 2, 2, 2, 2, 2, 2, 2, 2, 2, 2, 2, 2, 2, 2, 2, 2, 2, 2, 2, 2, 2, 2, 2, 2, 2, 2, 2, 2, 2, 2,
2, 2, 2, 2, 2, 2, 2, 2, 2, 2, 2, 2, 2, 2, 2, 2, 2, 2, 2, 2, 2, 2, 2, 2, 2, 2, 2, 2, 2, 2, 2,
2, 2, 2, 2, 2, 2, 2, 2, 2, 2, 2, 2, 2, 2, 2, 2, 2, 2, 2, 2, 2, 2, 2, 2, 2, 2, 2, 2, 2, 2, 2,
2, 2, 2, 2, 2, 2, 2, 2, 2, 2, 2, 2, 2, 2, 2, 2, 2, 2, 2, 2, 2, 2, 2, 2, 2, 2, 2, 2, 2, 2, 2,
2, 2, 2, 2, 2, 2, 2, 2, 2, 2, 2, 2, 2, 2, 2, 2, 2, 2, 2, 2, 2, 2, 2, 2, 2, 2, 2, 2, 2, 2, 2,
2, 2, 2, 2, 2, 2, 2, 2, 2, 2, 2, 2, 2, 2, 2, 2, 2, 2, 2, 2, 2, 2, 2, 2, 2, 2, 2, 2, 2, 2, 2,
2, 2, 2, 2, 2, 2, 2, 2, 2, 2, 2, 2, 2, 2, 2, 2, 2, 2, 2, 2, 2, 2, 2, 2, 2, 2, 2, 2, 2, 2, 2,
2, 2, 2, 2, 2, 2, 2, 2, 2, 2, 2, 2, 2, 2, 2, 2, 2, 2, 2, 2, 2, 2, 2, 2,
imgd= b'\x02\x02\x02\x02\x02\x02\x02\x02\x02\x02\x02\x02\x02\x02\x02\x02\x02\x02
\x02\x02\x02\x02\x02\x02\x02\x02\x02\x02\x02\x02\x02\x02\x02\x02\x02\x02\x02\
x02\x02\x02\x02\x02\x02\x02\x02\x02\x02\x02\x02\x02\x02\x02\x02\x02\x02\x02
\x02\x02\x02\x02\x02\x02\x02\x02\x02\x02\x02\x02\x02\x02\x02\x02\x02\x02\x02\
x02\x02\x02\x02\x02\x02\x02\x02\x02\x02\x02\x02\x02\x02\x02\x02\x02\x02\x02
\x02\x02\x02\x02\x02\x02\x02\x02\x02\x02\x02\x02\x02\x02\x02\x02\x02\x02\x02\
x02\x02\x02\x02\x02\x02\x02\x02\x02\x02\x02\x02\x02\x02\x02\x02\x02\x02\x02
\x02\x02\x02\x02\x02\x02\x02\x02\x02\x02\x02\x02\x02\x02\x02\x02\x02\x02\x02\
x02\x02\x02\x02\x02\x02\x02\x02\x02\x02\x02\x02\x02\x02\x02\x02\x02\x02\x02
\x02\x02\x02\x02\x02\x02\x02\x02\x02\x02\x02\x02\x02\x02\x02\x02\x02\x02\x02\
x02\x02\x02\x02\x02\x02\x02\x02\x02\x02\x02\x02\x02\x02\x02\x02\x02\x02\x02
\x02\x02\x02\x02\x02\x02\x02\x02\x02\x02\x02\x02\x02\x02\x02\x02\x02\x02\x02\
x02\x02\x02\x02\x02\x02\x02\x02\x02\x02\x02\x02\x02\x02\x02\x02
```

注意:代码运行结果中如出现"输出内容过长,已自动对输出内容进行截断",则意味着,由于运行结果太长,对其进行截断展示,即代码运行的结果只展示了一部分。

代码生成的灰度图像如图 3-1 所示。

(a) 256×100的灰度图

(b) 128×200的灰度图

图 3-1　纯色灰度图像

以上示例代码首先构建了一个长度为25 600，元素均为2的整型列表，然后通过Python内置函数bytes()将列表转换为字节串，产生像素的二进制表示，最后使用Image.frombytes()方法将生成的字节串按照指定的宽和高生成灰度图像，并使用show()方法进行显示。在生成灰度图像时，可以通过改变输入参数size来改变图像的尺寸，但是像素的总体数量要与字节串的长度相同。

注意： 字节串与字符串是两种不同的数据类型，不能在生成图像时使用字符串。具体来讲，字节串是由多字节连接起来的序列，本质上是原始的二进制数据，字节串中一个元素的长度是1字节，而字符串是由多个字符连接起来的序列，是一种逻辑上的概念，字符串中一个字符对应的实际字节长度是由字符的编码方式确定的。通过字符串的encode()方法可以将字符串编码为字节串，通过字节串decode()方法可以将字节串转换为字符串。

接下来，借助ipywidgets模块中的交互式控件，生成指定灰度的纯色图像。具体方法是使用ipywidgets中的interact()函数创建滑块控件，由滑块控件实现灰度的设置，使用滑块滑动的事件完成纯色图像的创建和显示。interact()函数的使用方法如下。

```
interact(func,para)
```

(1) func：滑块滑动事件需要绑定的回调函数，需要自定义。

(2) para：滑块绑定回调函数的参数，要与回调函数func中的参数一致。

通过交互式功能生成纯色图像的示例代码如下：

```
#第3章/3.1节-Pillow库的简单使用.ipynb
#通过交互式功能生成纯色图像
def tmp2(pixelvalue=80):
    #回调函数
    d=[pixelvalue for i in range(256)]*100
    #转换为字节串
    imgd=bytes(d)
    #根据图像数据，生成宽为256像素、高为100像素的灰度图像
    img=Image.frombytes('L',(256,100),imgd)
    img.show()

#可以利用动态交互工具实时调节不同范围，生成不同的纯色图像
t=interact(tmp2, pixelvalue=(0,255))          #控件
```

代码的运行结果图如图3-2所示。

以上示例代码通过交互式控件滑块interact()实现了可调灰度的纯色图像。interact()中的第1个参数tmp2表示回调函数，此处回调函数为自定义函数，函数功能为使用字节数组生成纯色灰度图像，而且回调函数的输入参数为灰度图像的灰度值。interact()中的第2个参数pixelvalue=(0,255)限定了灰度的范围，即滑块可以滑动的范围。

2. 条纹图像生成

纯色灰度图像即图像中每个像素的像素值相同，整幅图像灰度一致。与纯色灰度图像

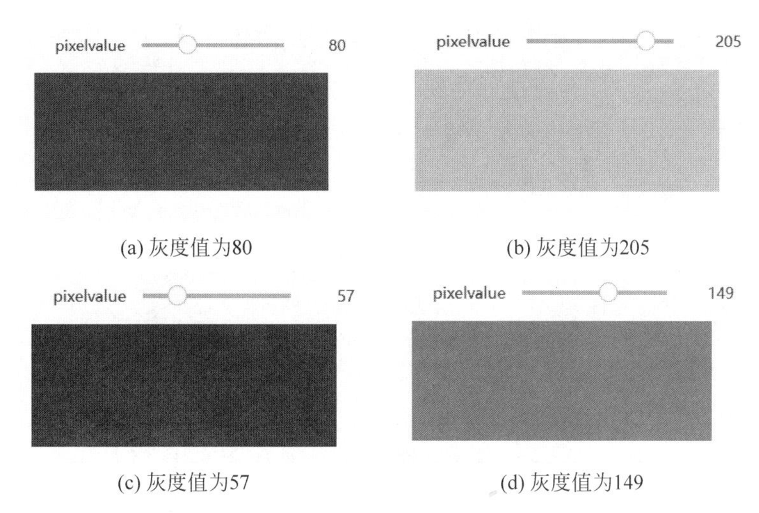

(a) 灰度值为80　(b) 灰度值为205　(c) 灰度值为57　(d) 灰度值为149

图 3-2　利用交互式功能生成纯色图像

不同，条纹图像（也称为渐变灰度图像）中像素的灰度值是不同的，但是灰度值按照某个规律发生改变，如灰度值从 0 逐步增加到 255，灰度变化的步长为 1，从而使图像视觉上呈现渐变的效果。

条纹图像按照条纹的方向可分为竖条纹图像和横条纹图像。竖条纹图像即图像每列的像素灰度值相同，不同列的像素灰度值不同。基于生成纯色灰度图像的原理，由字节数组生成竖条纹图像的示例代码如下：

```
#第 3 章/3.1 节-Pillow 库的简单使用.ipynb
#生成竖条纹图像
d=[i for i in range(256)]*100
print('d=',d)
#转换为字节串
imgd=bytes(d)
print('imgd=',imgd)
#根据图像数据，生成宽为 256 像素、高为 100 像素的渐变灰度图像
img=Image.frombytes('L',(256,100),imgd)
print(f'图像的格式是{img.format},图像的类型是{img.mode}, 图像的宽和高是{img.size}')
img.show()
```

运行代码，结果如下：

```
#输出内容过长，已自动对输出内容进行截断
d=[0, 1, 2, 3, 4, 5, 6, 7, 8, 9, 10, 11, 12, 13, 14, 15, 16, 17, 18, 19, 20, 21, 22, 23,
24, 25, 26, 27, 28, 29, 30, 31, 32, 33, 34, 35, 36, 37, 38, 39, 40, 41, 42, 43, 44, 45,
46, 47, 48, 49, 50, 51, 52, 53, 54, 55, 56, 57, 58, 59, 60, 61, 62, 63, 64, 65, 66, 67,
68, 69, 70, 71, 72, 73, 74, 75, 76, 77, 78, 79, 80, 81, 82, 83, 84, 85, 86, 87, 88, 89,
90, 91, 92, 93, 94, 95, 96, 97, 98, 99, 100, 101, 102, 103, 104, 105, 106, 107, 108,
109, 110, 111, 112, 113, 114, 115, 116, 117, 118, 119, 120, 121, 122, 123, 124, 125,
126, 127, 128, 129, 130, 131, 132, 133, 134, 135, 136, 137, 138, 139, 140, 141, 142,
```

```
143, 144, 145, 146, 147, 148, 149, 150, 151, 152, 153, 154, 155, 156, 157, 158, 159,
160, 161, 162, 163, 164, 165, 166, 167, 168, 169, 170, 171, 172, 173, 174, 175, 176,
177, 178, 179, 180, 181, 182, 183, 184, 185, 186, 187, 188, 189, 190, 191, 192, 193,
194, 195, 196, 197, 198, 199, 200, 201, 202, 203, 204, 205, 206, 207, 208, 209, 210,
211, 212, 213, 214, 215, 216, 217, 218, 219, 220, 2
imgd= b'\x00\x01\x02\x03\x04\x05\x06\x07\x08\t\n\x0b\x0c\r\x0e\x0f\x10\x11\x12\
x13\x14\x15\x16\x17\x18\x19\x1a\x1b\x1c\x1d\x1e\x1f !"#$%&\'()*+,-./0123456789:;
<=>?@ABCDEFGHIJKLMNOPQRSTUVWXYZ[\\]^_`abcdefghijklmnopqrstuvwxyz{|}~\x7f\x80\
x81\x82\x83\x84\x85\x86\x87\x88\x89\x8a\x8b\x8c\x8d\x8e\x8f\x90\x91\x92\x93\x94
\x95\x96\x97\x98\x99\x9a\x9b\x9c\x9d\x9e\x9f\xa0\xa1\xa2\xa3\xa4\xa5\xa6\xa7\
xa8\xa9\xaa\xab\xac\xad\xae\xaf\xb0\xb1\xb2\xb3\xb4\xb5\xb6\xb7\xb8\xb9\xba\
xbb\xbc\xbd\xbe\xbf\xc0\xc1\xc2\xc3\xc4\xc5\xc6\xc7\xc8\xc9\xca\xcb\xcc\xcd\
xce\xcf\xd0\xd1\xd2\xd3\xd4\xd5\xd6\xd7\xd8\xd9\xda\xdb\xdc\xdd\xde\xdf\xe0\
xe1\xe2\xe3\xe4\xe5\xe6\xe7\xe8\xe9\xea\xeb\xec\xed\xee\xef\xf0\xf1\xf2\xf3\
xf4\xf5\xf6\xf7\xf8\xf9\xfa\xfb\xfc\xfd\xfe\xff\x00\x01\x02\x03\x04\x05\x06\
x07\x08\t\n\x0b\x0c\r\x0e\x0f\x10\x11\x12\x13\x14\x15\x16\x17\x18\x19\x1a\x1b\
x1c\x1d\x1e\x1f !"#$%&\'()*+,-./0123456789:;<=>?@ABCDEFGHIJKLMNOPQRSTUVWXYZ
[\\]^_`abcdefghijklmnopqrstuvwxyz{|}~\x7f\x80\x81\x82\x83\x84\x85\x86\x87\x
图像的格式是 None,图像的类型是 L, 图像的宽和高是(256, 100)
```

运行代码,产生的渐变灰度图像如图 3-3 所示。

图 3-3 竖条纹图像

从示例代码中可以看出,首先构建了 100 组从 0～255 且步长为 1 的递增数值列表,然后将该整型列表转换成字节串,最后采用字节串生成图像函数得到渐变图像。根据竖条纹图像的示例代码可以看出,由于最初构建了 100 个长度为 256 列表,列表元素从 0～255 变化,从而如果产生 256×100 的图像,图像的每行像素则对应列表元素,从左到右呈现从黑到白(像素值从 0～255 变化),图像每列像素的灰度值都相同。

接下来介绍通过构建字节串的方式生成高度方向上的横条纹图像。横条纹图像即图像的每行像素的灰度值相同,不同行像素的灰度值不同。考虑到字节串列表不能直接用于生成图像,可以使用字节串的 join()方法将字节串列表转换成字节串,示例代码如下:

```
#第 3 章/3.1 节-Pillow 库的简单使用.ipynb
#生成横条纹图像
d=[ bytes([i]*100) for i in range(256)]
print('d=',d)
#转换为字节串
imgd=b''.join(d)
#print(imgd)
#根据图像数据,生成宽为 256 像素、高为 100 像素的渐变灰度图像
img=Image.frombytes ('L',(100,256),imgd)
img.show()
```

在使用字节列表生成横条纹图像时,使用列表推导的方法生成了图像的 256 行,每行是

长度为 100 的由相同字节构成的字节串，每行字节串中字节的值是行号，考虑到字节串列表不能直接转换成图像，使用字节串的 join()方法将上述构建的字节串列表转换成了字节串，并保存到 imgd 变量中，最后用 Image.frombytes()方法将字节数组生成了横条纹图像。运行代码，结果如下：

```
#输出内容过长,已自动对输出内容进行截断
d=
[b'\x00\x00\x00\x00\x00\x00\x00\x00\x00\x00\x00\x00\x00\x00\x00\x00\x00\x00\x00\
x00\x00\x00\x00\x00\x00\x00\x00\x00\x00\x00\x00\x00\x00\x00\x00\x00\x00\x00\x00
\x00\x00\x00\x00\x00\x00\x00\x00\x00\x00\x00\x00\x00\x00\x00\x00\x00\x00\x00\
x00\x00\x00\x00\x00\x00\x00\x00\x00\x00\x00\x00\x00\x00\x00\x00\x00\x00\x00\x00
\x00\x00\x00\x00\x00\x00\x00\x00\x00\x00\x00\x00\x00\x00\x00\x00\x00\x00\x00\
x00\x00\x00', b'\x01\x01\x01\x01\x01\x01\x01\x01\x01\x01\x01\x01\x01\x01\x01\x01\
x01\x01\x01\x01\x01\x01\x01\x01\x01\x01\x01\x01\x01\x01\x01\x01\x01\x01\x01\x01
\x01\x01\x01\x01\x01\x01\x01\x01\x01\x01\x01\x01\x01\x01\x01\x01\x01\x01\x01\
x01\x01\x01\x01\x01\x01\x01\x01\x01\x01\x01\x01\x01\x01\x01\x01\x01\x01\x01\x01
\x01\x01\x01\x01\x01\x01\x01\x01\x01\x01\x01\x01\x01\x01\x01\x01\x01\x01\x01\
x01\x01\x01\x01\x01\x01', b'\x02\x02\x02\x02\x02\x02\x02\x02\x02\x02\x02\x02\x02\
x02\x02\x02\x02\x02\x02\x02\x02\x02\x02\x02\x02\x02\x02\x02\x02\x02\x02\x02\x02
\x02\x02\x02\x02\x02\x02\x02\x02\x02\x02\x02\x02\x02
```

运行代码，效果如图 3-4 所示。

图 3-4　横条纹图像

3. 灰阶图像生成

灰阶图像作为渐变灰度图像的特例，是指同一灰度占据一定宽度的像素（灰阶间隔）。从视觉上看，图像的灰度变化像一个阶梯状。通过设置灰阶间隔，可以得到灰阶图像。具体的灰阶图像的示例代码如下：

```
#第 3 章/3.1 节-Pillow 库的简单使用.ipynb
#生成灰阶图像
#构建元素重复 4 次的列表
d=([(i//4)*4 for i in range(256)])*100
```

```
print('d=',d)
#转换为字节串
imgd=bytes(d)
#根据图像数据,生成宽为256像素、高为100像素的渐变灰度图像
img=Image.frombytes('L',(256,100),imgd)
img.show()
```

运行代码,结果如下:

```
#输出内容过长,已自动对输出内容进行截断
d=[0, 0, 0, 0, 4, 4, 4, 4, 8, 8, 8, 8, 12, 12, 12, 12, 16, 16, 16, 16, 20, 20, 20, 20,
24, 24, 24, 24, 28, 28, 28, 28, 32, 32, 32, 32, 36, 36, 36, 36, 40, 40, 40, 40, 44, 44,
44, 44, 48, 48, 48, 48, 52, 52, 52, 52, 56, 56, 56, 56, 60, 60, 60, 60, 64, 64, 64, 64,
68, 68, 68, 68, 72, 72, 72, 72, 76, 76, 76, 76, 80, 80, 80, 80, 84, 84, 84, 84, 88, 88,
88, 88, 92, 92, 92, 92, 96, 96, 96, 96, 100, 100, 100, 100, 104, 104, 104, 104, 108,
108, 108, 108, 112, 112, 112, 112, 116, 116, 116, 116, 120, 120, 120, 120, 124, 124,
124, 124, 128, 128, 128, 128, 132, 132, 132, 132, 136, 136, 136, 136, 140, 140, 140,
140, 144, 144, 144, 144, 148, 148, 148, 148, 152, 152, 152, 152, 156, 156, 156, 156,
160, 160, 160, 160, 164, 164, 164, 164, 168, 168, 168, 168, 172, 172, 172, 172, 176,
176, 176, 176, 180, 180, 180, 180, 184, 184, 184, 184, 188, 188, 188, 188, 192, 192,
192, 192, 196, 196, 196, 196, 200, 200, 200, 200, 204, 204, 204, 204, 208, 208, 208,
208, 212, 212, 212, 212, 216, 216, 216, 216, 220, 220
```

运行代码,生成的灰阶图像如图3-5所示。

图3-5 灰阶图像

生成灰阶图像的难点在于产生表示第1行的初始列表,使列表内元素成阶梯状变化。借助Python中的整除运算符//,然后结合前面生成渐变灰度图像的原理,可以生成灰阶图像。

基于生成灰阶图像的方法,结合交互式控件,可以得到可调灰阶间隔的灰阶图像,示例代码如下:

```
#第3章/3.1节-Pillow库的简单使用.ipynb
#通过交互式功能生成不同间隔的灰阶,注意观察人眼对灰阶的分辨
def tmp3(step=10):
    k=256
    d=([ (i//step)*step for i in range(0,k)]) *100
    #转换为字节串
    imgd=bytes(d)
    #根据图像数据,生成宽为256像素、高为100像素的渐变灰度图像
    img=Image.frombytes('L',(k,100),imgd)
    img.show()

#可以利用动态交互工具来实时调节不同范围,得到不同间隔的灰阶图像
t=interact(tmp3, step=(1,128))          #控件
```

从回调函数tmp3()可以看出,灰阶图像宽度和高度分别为256、100像素,灰阶的间隔通过交互界面的滑块调整,并且灰阶间隔的宽度被限定在1~128。示例代码运行的效果如图3-6所示。从此图可以看出,当将滑块调整为不同的数值时,如10、7、39和128,灰阶的间

隔也发生了变化。因为灰阶图像的宽度 256 是固定的，当设置不同的灰阶间隔时，最后得到的图像的灰度范围不同。灰阶间隔越小，可表示的灰度范围越大，图像中灰度的过渡越平滑；反之，灰阶间隔越大，可表示的灰度范围越小，图像中灰度的过渡越剧烈。

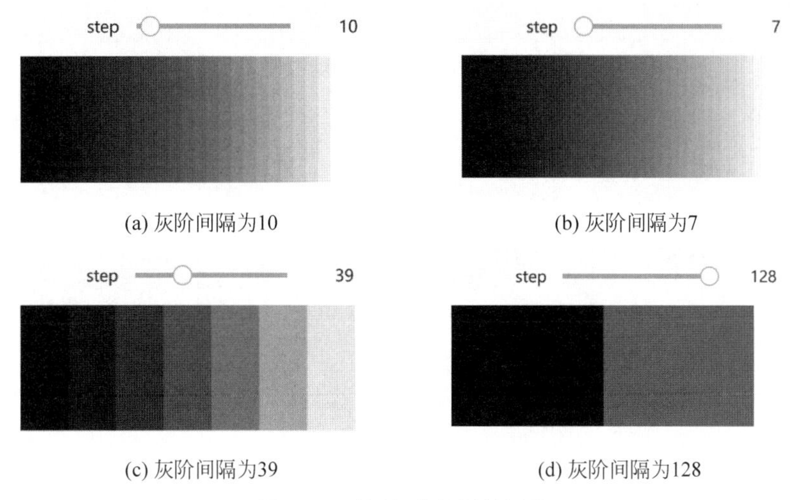

(a) 灰阶间隔为10　(b) 灰阶间隔为7

(c) 灰阶间隔为39　(d) 灰阶间隔为128

图 3-6　不同灰阶间隔的图像

4. 彩色图像生成

彩色图像可以由图像的宽、高及由 3 字节表示彩色像素的像素值表示。具体来讲，彩色像素中 3 字节分别表示该像素在红(R)、绿(G)、蓝(B)3 个通道上的数值。如果将彩色像素看作由 RGB 3 个通道的值构成的一个长度为 3 的一维数组，那么，对于尺寸为 $M \times N$ 的彩色图像，则需要用 $M \times N$ 个表示彩色像素的一维数组构成。在 Pillow 库中，Image.frombytes() 方法对于表示彩色图像的字节串的排列方式与灰度图像一致，即都按照像素为单位逐行进行排列，只不过彩色图像的一个像素是表示 RGB 的 3 字节。

根据上述分析，通过构建一个整数数组可生成不同颜色的彩色图像，数组的最内层是 3 个元素，分别表示彩色像素的 RGB 通道的数值，数组的最外层有 $M \times N$ 个元素，即对应彩色图像的 M 行和 N 列，总共有 $M \times N$ 像素。目前使用列表代替数组，生成彩色图像的示例代码如下：

```
#第 3 章/3.1 节-Pillow 库的简单使用.ipynb
#生成红色图像
r=[255,0,0]                          #设置 R、G、B 3 个通道的值
row=100
column=256
d=row * column * r                   #得到红色图对应的数组元素
print('d=',d)
#转换为字节串
imgd=bytes(d)
#根据图像数据，生成宽为 256 像素、高为 100 像素的纯红色图像
img=Image.frombytes('RGB',(column,row),imgd)
```

```
img.show()

#生成绿色图像
g=[0,255,0]                                  #设置 R、G、B 3 个通道的值
row=100
column=256
d=row * column * g                           #得到有绿色图对应的数组元素
#转换为字节串
imgd=bytes(d)
#根据图像数据,生成宽为 256 像素、高为 100 像素的纯绿色图像
img=Image.frombytes('RGB',(column,row),imgd)
img.show()

#生成蓝色图像
b=[0,0,255]                                  #设置 R、G、B 3 个通道的值
row=100
column=256
d=row * column * b                           #得到有蓝色图对应的数组元素
#转换为字节串
imgd=bytes(d)
#根据图像数据,生成宽为 256 像素、高为 100 像素的纯蓝色图像
img=Image.frombytes('RGB',(column,row),imgd)
img.show()

#生成其他彩色图像
rgb=[124,120,155]                            #设置 R、G、B 3 个通道的值
row=100
column=256
d=row * column * rgb                         #得到有蓝色图对应的数组元素
#转换为字节串
imgd=bytes(d)
#根据图像数据,生成宽为 256 像素、高为 100 像素的纯蓝色图像
img=Image.frombytes('RGB',(column,row),imgd)
img.show()
```

运行代码,结果如下:

```
#输出内容过长,已自动对输出内容进行截断
d= [255, 0, 0, 255, 0, 0, 255, 0, 0, 255, 0, 0, 255, 0, 0, 255, 0, 0, 255, 0, 0, 255, 0,
0, 255, 0, 0, 255, 0, 0, 255, 0, 0, 255, 0, 0, 255, 0, 0, 255, 0, 0, 255, 0, 0, 255, 0, 0,
255, 0, 0, 255, 0, 0, 255, 0, 0, 255, 0, 0, 255, 0, 0, 255, 0, 0, 255, 0, 0, 255, 0, 0,
255, 0, 0, 255, 0, 0, 255, 0, 0, 255, 0, 0, 255, 0, 0, 255, 0, 0, 255, 0, 0, 255, 0, 0,
255, 0, 0, 255, 0, 0, 255, 0, 0, 255, 0, 0, 255, 0, 0, 255, 0, 0, 255, 0, 0, 255, 0, 0,
255, 0, 0, 255, 0, 0, 255, 0, 0, 255, 0, 0, 255, 0, 0, 255, 0, 0, 255, 0, 0, 255, 0, 0,
255, 0, 0, 255, 0, 0, 255, 0, 0, 255, 0, 0, 255, 0, 0, 255, 0, 0, 255, 0, 0, 255, 0, 0,
255, 0, 0, 255, 0, 0, 255, 0, 0, 255, 0, 0, 255, 0, 0, 255, 0, 0, 255, 0, 0, 255, 0, 0,
255, 0, 0, 255, 0, 0, 255, 0, 0, 255, 0, 0, 255, 0, 0, 255, 0, 0, 255, 0, 0, 255, 0, 0,
255, 0, 0, 255, 0, 0, 255, 0, 0, 255, 0, 0, 255, 0, 0, 255, 0, 0, 255, 0, 0, 255, 0, 0,
255, 0, 0, 255, 0, 0, 255, 0, 0, 255, 0, 0, 255, 0, 0, 255, 0, 0, 255, 0, 0, 255, 0, 0,
255, 0, 0, 255, 0, 0, 255, 0
```

该段代码生成了 4 幅尺寸相同的彩色图像,分别是红色图像、绿色图像、蓝色图像和其他颜色图像,如图 3-7 所示。

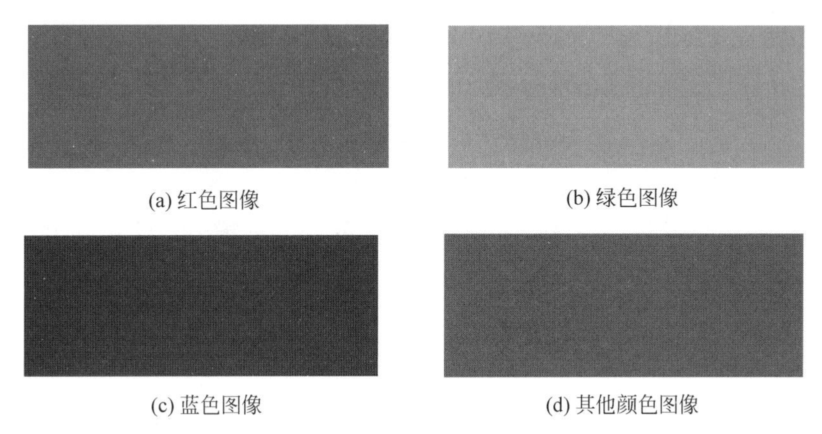

(a) 红色图像　(b) 绿色图像　(c) 蓝色图像　(d) 其他颜色图像

图 3-7　生成的彩色图像(见彩插)

接下来基于交互式控制模块,生成色彩可调的彩色图像,示例代码如下:

```
#第 3 章/3.1 节-Pillow 库的简单使用.ipynb
#通过交互式功能生成纯色图像
def tmp4(r=80,g=255,b=255):
    #回调函数
    color=[r,g,b]
    row=100
    column=256
    d=row * column * color
    #转换为字节串
    imgd=bytes(d)
    #根据图像数据,生成宽为 256 像素、高为 100 像素的渐变彩色图像
    img=Image.frombytes('RGB',(column,row),imgd)
    img.show()

#可以利用动态交互工具实时调节不同范围,生成不同的纯色图像
t=interact(tmp4, r=(0,255),g=(0,255),b=(0,255))          #控件
```

与上述使用动态交互工具的方式相似,通过构建滑块来调整 R、G、B 3 个通道的值,从而改变彩色图像的颜色,代码生成的不同颜色的图像如图 3-8 所示。

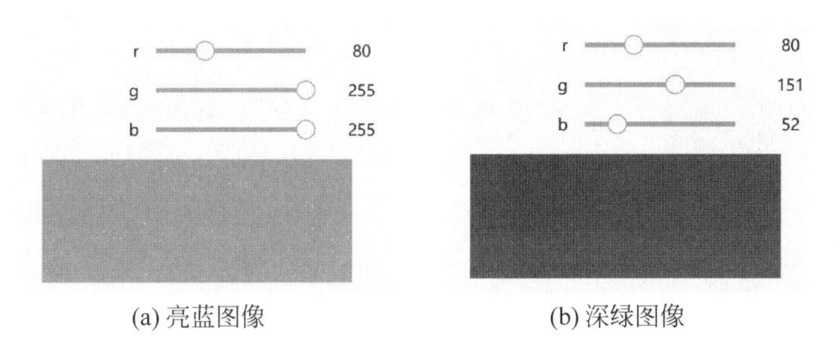

(a) 亮蓝图像　(b) 深绿图像

图 3-8　色彩可调的彩色图像(见彩插)

以上通过纯色灰度图像、渐变灰度图像、灰阶图像和彩色图像的生成等例子，验证了数字图像中图像尺寸、像素、灰度图像、彩色图像等基本概念，展示了数字图像在计算机内部以字节串表示的方法和结构。

3.1.2 图像存取与显示

在 Pillow 库中，通过 Image 类，可以实现图像的读取(打开)、显示和保存。Image 类中的静态方法 open()用于打开图像，在方法执行后返回 Image 类的实例，表示打开的图像。如果图像文件不存在或打开失败，则会抛出 FileNotFoundError 异常或 IOError 异常。open()方法支持 jpeg、png、bmp、gif、ppm、webp、tiff 等常见的图像文件格式，并可根据文件后缀名和图像内部信息自动选择适宜的读取接口，无须设置图像文件的类型。open()方法的用法如下：

```
Image.open(fp,mode='r')
```

(1) fp：文件名或者打开文件的路径(字符串)，如'./gray1.png'表示打开当前文件夹下的名为 gray1.png 的图像。

(2) mode：可选参数，默认值为'r'，表示以只读方式打开。

(3) 返回值：Image 类实例，即打开的图像对象。

(4) 错误：找不到要打开的文件，或者图像文件不能被识别或打开。

在图像打开之后，一般需要对图像进行显示。Image 对象提供了用于图像显示的 show()方法。只要打开图像得到 Image 类的图像实例，就可以直接调用 show()方法进行图像显示。show()方法执行时会调用系统内部默认的图像显示程序显示当前图像。使用 Pillow 库打开图像并进行显示的示例代码如下：

```
#打开和显示图像
img=Image.open('../images/1.jpg')
img.show() #Image 对象的 show()方法进行图像的显示
```

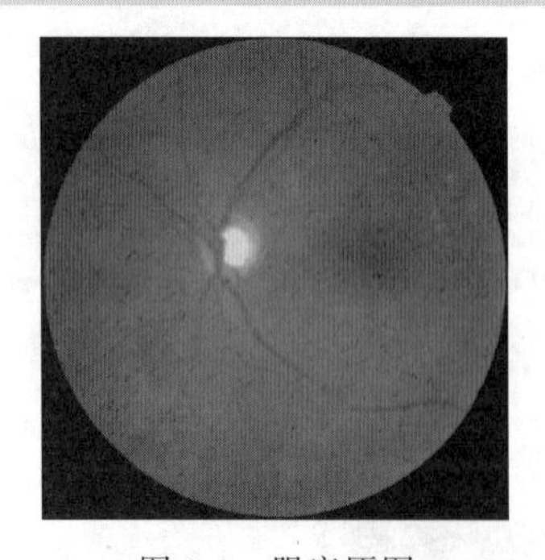

图 3-9 眼底原图

需要显示的图像和代码在同一根目录下的不同文件夹下，在此通过相对路径的文件读取方式来打开图像 1.jpg。在准备好待打开图像文件的路径后，使用 Image.open()函数直接打开图像，返回值是 Image 类的实例对象 img，接着借助图像对象的 show()方法来显示图像。示例代码的运行结果如图 3-9 所示。

此外，Image 类还提供了图像保存方法 Image.save()，可以对打开或创建的 Image 对象进行保存，存储为图像文件。当使用图像保存方法 save()保存图像时，如果不指定图像文件的保存格式，系统则会根据图像存储路径中的文件后缀名确定图像存储格式；如果指定图像格式，则尝试以指定格式存储图像。方法 save()的用法如下：

```
Image.save(fp,format=None)
```

(1) fp：图像的存储路径，包含图像的名称和后缀，以字符串类型表示。

(2) format：可选参数，用于指定保存图像的格式。如果默认，则使用的格式由 fp 中图像文件名的后缀决定。

(3) 返回值：无。

使用 Pillow 存储图像的示例代码如下：

```
#保存图像，img 为上个例子打开的眼底图像返回的 Image 对象
img.save('./images/1.png')
```

注意：Image.save()通常可用于进行图像格式的转换，但不是所有格式的图像都可以通过 Image.save()保存成其他格式的图像。例如，如果原图像的文件格式为 PNG 格式，通过 Image.save()函数将该图像保存成 JPG 格式，则系统会出错。原因在于 PNG 和 JPG 保存图像的模式不一致，PNG 采用四通道 RGBA 模式保存图像，即红色、绿色、蓝色和 Alpha 透明色，而 JPG 采用三通道 RGB 模式保存图像。

另外，Image 类还提供了图像实例的模式转换方法 Image.convert()，由此可实现不同图像模式间的转换。Image.convert()的用法如下：

```
Image.convert(mode)
```

(1) mode：要转换成的图像模式。Pillow 库支持的图像模式如表 3-1 所示。

(2) 返回值：转换后的图像。

表 3-1　图像模式

mode	描　　述
1	1 位像素(可取 0 或者 1，0 表示黑，1 表示白)，单通道
L	8 位像素(取值范围为 0～255)，单通道，灰度图
P	8 位像素，可使用颜色映射表映射成任何颜色模式，单通道
RGB	3×8 位像素，真彩图，三通道，每个通道的取值范围为 0～255
RGBA	4×8 位像素，真彩色＋透明通道，四通道
CMYK	4×8 位像素，四通道，适用于打印图片
YCbCr	3×8 位像素，彩色视频格式，三通道
LAB	3×8 位像素，一个要素是亮度(L)，a 和 b 是两种颜色通道。a 包括的颜色是从深绿色(低亮度值)到灰色(中亮度值)再到亮粉红色(高亮度值)；b 是从亮蓝色(低亮度值)到灰色(中亮度值)再到黄色(高亮度值)。三通道
HSV	3×8 位像素，色相、饱和度和值颜色空间，三通道
I	32 位有符号整数像素，单通道
F	32 位浮点像素，单通道

使用 Pillow 对前面打开的图像进行模式转换，示例代码如下：

```
#第 3 章/3.1 节-Pillow 库的简单使用.ipynb
#将 RGB 图像转换为灰度图像模式
grayimg=img.convert('L')
grayimg.show()
#将 RGB 图像转换为 RGBA 图像模式
RGBAimg=img.convert('RGBA')
RGBAimg.show()
#将 RGB 图像转换为 HSV 图像模式
HSVimg=img.convert('HSV')
HSVimg.show()
#将 RGB 图像转换为 32 位灰度图像模式
Iimg=img.convert('I')
Iimg.show()
```

运行代码，生成的灰度图如图 3-10 所示，通过 Image.convert()方法可以将 RGB 图像转换成其他模式的图像，其中函数的参数决定要转换成的图像的模式，可以根据要求选择合适的转换模式。

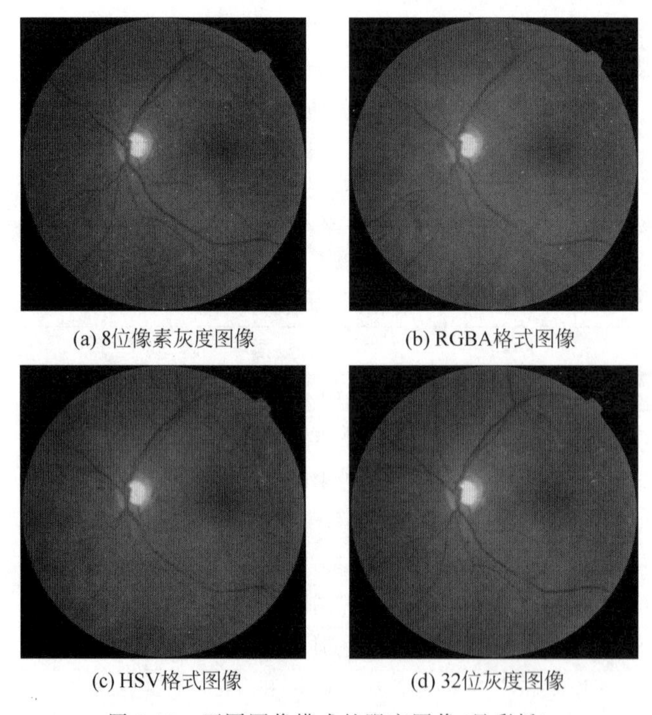

(a) 8位像素灰度图像　(b) RGBA格式图像

(c) HSV格式图像　(d) 32位灰度图像

图 3-10　不同图像模式的眼底图像(见彩插)

3.1.3　图像属性查询

图像具有一些基本属性，如图像的格式、图像的尺寸、图像模式、图像是否为只读图像等相关信息，而了解图像的这些基本属性对于认识和处理图像具有非常重要的作用，如图像基本处理中可以通过图像尺寸的调整进而改变其大小、改变图像的格式进行保存、进行图像模式转换等。这些操作都需要事先了解图像的基本属性，进而对其进行合理且正确的操作。

Pillow 库提供了一些图像基本属性查询方法，如 Image. size、Image. format、Image . readonly、Image. mode 等，具体的基本属性查询方法和作用如表 3-2 所示。

表 3-2　图像基本属性查询方法和作用

序　号	名　称	描　述
1	Image. width	查看图像的宽
2	Image. height	查看图像的高
3	Image. size	查看图像尺寸(宽和高)
4	Image. format	查看图像格式
5	Image. readonly	查看图像是否为只读
6	Image. info	查看图像的相关基本信息

基于表 3-2 提供的属性查询方法的基本用法，可以快速查询图像的基本属性，图像属性查询的使用，示例代码如下：

```
#第 3 章/3.1 节-Pillow 库的简单使用.ipynb
#打开图像
img=Image.open('../images/1.webp')
img.show()
#查看图像基本属性
print(f'图像的宽是{img.width},图像的高是{img.height}, 图像的尺寸是{img.size}')
print(f'图像的格式是{img.format},图像的类型是{img.mode}, 图像是否为只读是{img.
readonly}')
print(f'图像的基本信息是{img.info}')
```

打开并显示的图像如图 3-11 所示。

图 3-11　RGB 彩色图像

运行代码，结果如下：

```
图像的宽是 1000,图像的高是 517, 图像的尺寸是(1000, 517)
图像的格式是 WEBP,图像的类型是 RGB, 图像是否为只读是 0
图像的基本信息是{'loop': 1, 'background': (255, 255, 255, 255), 'timestamp': 0, 'duration': 0}
```

从运行结果可以看出，可以采用 Image. width 和 Image. height 属性分别获取图像的宽度和高度，也可以直接使用 Image. size 属性同时读取图像的宽度和高度，该属性将图像的宽和高以元组形式返回。另外，Image. readonly()方法的返回值为 0 或 1，分别对应是否只读，Image. info()方法的返回值为字典形式，包括一些图像的额外信息。

3.1.4 图像处理初步

Pillow 库提供了简单的图像处理功能，只需调用相应的 API，就能完成常见的图像处理任务，如缩放、旋转、裁切、混合等操作，非常适合作为学习图像处理的入门。

1. 图像缩放

图像缩放是图像处理的基本操作之一，Image 对象提供了 resize()方法，可对图像实现指定尺寸的缩小和放大。resize()方法的用法如下：

```
Image.resize(size,resample=image.BICUBIC,box=None,reducing_gap=None)
```

(1) size：图像缩放后的尺寸，一般使用元组表示，即缩放后的尺寸(width，height)。

(2) resample：可选参数，是指图像的重采样方法，默认为 Image. BICUBIC，也可选其他滤波方式。总共支持 4 种重采样方法，分别是 Image. BICUBIC(双三次插值法)、PIL . Image. NEAREST(最近邻插值法)、PIL. Image. BILINEAR(双线性插值法)、PIL. Image . LANCZOS(下采样过滤插值法)。

(3) box：可选参数，表示对指定图像区域进行缩放，box 为长度为 4 的元组(左、上、右、下)，表示缩放图像区域。需要注意的是，选取的缩放区域必须在原始图像的范围内，不能超出原始图像区域，否则会报错。当该参数采用默认值时，表示对整个原图进行缩放。

(4) redcuing_gap：可选参数，主要用于优化缩放后图像的效果，一般为浮点参数值。通常取值 3.0 和 5.0。

(5) 返回值：Image 类实例，即缩放后的图像对象。

基于 Pillow 库中 Image 对象提供的 resize()方法实现对整幅图像的缩放，示例代码如下：

```
#第 3 章/3.1 节-Pillow 库的简单使用.ipynb
#图像缩放
img=Image.open('../images/1.webp')
img.show()
#对整图进行缩小，缩小后的大小为(500,254)
reimg=img.resize((500,254))
reimg.show()
#对整图进行放大，放大后的大小为(2000,1034)
amimg=img.resize((2000,1034))
amimg.show()
print(f'原始图像的尺寸是{img.size}，缩小后图像的尺寸是{reimg.size}，放大后图像的尺寸是{amimg.size}')
```

示例代码的运行结果如下：

```
原始图像的尺寸是(1000, 517)，缩小后图像的尺寸是(500, 254)，放大后图像的尺寸是(2000, 1034)
```

代码运行产生的效果如图 3-12 所示，结合上述的图像尺寸的变化和效果图可以看出，通过直接改变参数 size 可以直接调整图像的大小，其他参数选取默认值，即图像重采样方式选择双三次插值法(Image. BICUBIC)、参数 box 和 redcuing_gap 都为 None。

注意：一般在使用 Image. resize()函数来调整图像尺寸的时候，图像的缩放要保证图像的高、宽比保持不变，从而可以使缩放后的图像不出现变形。

(a) 1000×517原始图像　　(b) 500×254缩小图像

(c) 2000×1034放大图像

图 3-12　整幅图像缩放效果

接下来，通过设置 resize()方法不同的参数实现部分图像区域的缩放，示例代码如下：

```
#第 3 章/3.1 节-Pillow 库的简单使用.ipynb
#对局部图像进行缩放
img=Image.open('../images/1.webp')
img.show()
#截取原始图像的部分区域(0,0,200,200)
oriimage=img.resize((200,200),resample=Image.LANCZOS,box=(0,0,200,200))
oriimage.show()
#将局部图像缩小为(100,100)
reimage=img.resize((100,100),resample=Image.LANCZOS,box=(0,0,200,200))
reimage.show()
#将局部图像放大为(500,500)
amimage=img.resize((500,500),resample=Image.LANCZOS,box=(0,0,200,200))
amimage.show()
```

```
print(f'原始局部图像的尺寸是{oriimage.size},缩小后局部图像的尺寸是{reimage.size},
放大后局部图像的尺寸是{amimage.size}')
```

运行代码,结果如下:

```
原始局部图像的尺寸是(200, 200),缩小后局部图像的尺寸是(100, 100),放大后局部图像的尺寸
是(500, 500)
```

代码的运行效果如图 3-13 所示,图 3-13(a)为原始的整幅图像,图 3-13(b)为局部原始图像(待缩放的区域),图 3-13(c)为局部图像缩小为 100×100 后的图像,图 3-13(d)为局部图像放大为 500×500 后的图像。具体图像缩放前后的尺寸信息如上面的运行结果所示,其中待缩放的区域为原始图像的(0,0,200,200)的图像区域,即左上角尺寸为 200×200 的图像区域,只需设置 Image. resize()函数中的参数 box;图像的重采样方式也设置为下采样过滤插值法(PIL. Image. LANCZOS)。

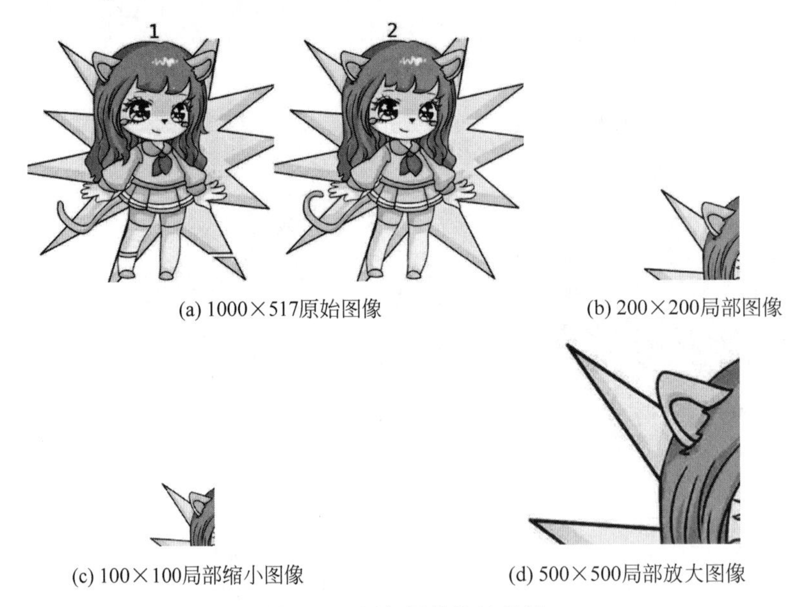

(a) 1000×517原始图像 (b) 200×200局部图像

(c) 100×100局部缩小图像 (d) 500×500局部放大图像

图 3-13 局部图像缩放效果

除了可以通过 Image. resize()函数实现图像的缩放之外,Pillow 库还提供了另外一种方式,可对图像按指定尺寸进行缩小,即缩略图(Thumbnail Image)。缩略图是对原始图像进行缩小处理,得到一个指定尺寸的图像,通过创建原始图像的缩略图可以提高图像的展示效果。

Image 对象创建缩略图的方法为 thumbnail(),该方法的具体用法如下:

```
Image.thumbnail(size,resample)
```

(1) size:图像缩小后的尺寸,一般使用元组表示,即缩小后的尺寸(width,height)。

(2) resample:可选参数,是指图像重采样滤波器,取值方式可参考 Image. resize()函数中的 resample 参数的设置。

通过原始图像构建缩略图的示例代码如下：

```
#第 3 章/3.1 节-Pillow 库的简单使用.ipynb
#创建图像的缩略图
img=Image.open('../images/1.webp')
print("原始图尺寸",img.size)
img.thumbnail((100,52))
print("缩略图尺寸",img.size)
img=Image.open('../images/1.webp')
print("原始图尺寸",img.size)
img.thumbnail((500,100))
print("缩略图尺寸",img.size)
```

运行代码，结果如下：

```
原始图尺寸 (1000, 517)
缩略图尺寸 (100, 52)
原始图尺寸 (1000, 517)
缩略图尺寸 (193, 100)
```

通过示例代码的运行结果可以看出原始图像尺寸为(1000,517)，通过设置不同的缩小尺寸，可以得到尺寸不同的缩略图，但是值得注意的是，缩略图尺寸的大小可能与指定的尺寸大小不一致，这是由于 Pillow 库在对图像的宽和高进行缩小时会按照原始的比例进行缩小。如果指定的缩小尺寸和原始图像的尺寸不一致，则系统会强制按照取小的原则等比例地缩小图像，得到和原始图像长宽比一致的缩略图。如第 2 次指定缩略图大小为(500,100)，其缩略图的指定宽高比为 5，其和原始图像的宽高比 1.93 不一致，则函数会根据指定缩略图的高 100 和原始图像的宽高比 1.93 来计算缩略图的高，即 100×1.93=193。

2. 通道的分离和合并

数字图像是由一系列的像素构成的，每个像素是数字图像的基本单元，而每个像素值可以用一个数字表示(单通道图像，如灰度图像)，也可以用多个数字表示(如三通道的 RGB 图像)。以 RGB 图像为例，其图像的每个像素有 3 个通道：R 通道、G 通道和 B 通道，每个通道表示不同颜色的数值。一般而言，图像通道的分离和合并也就是图像颜色的分离和合并。

在图像处理中，如果需要单独处理多通道图像中某种颜色通道的分量，则需要将该颜色通道的数据从三通道的数据中心分离出来，然后进行处理，从而可以减少数据所占的内存，加快图像处理速度。与此同时，当处理完多个通道后，需要对所有处理完的通道进行合并，重新生成新的多通道图像。

Pillow 库中的 Image 对象提供了 split()和 merge()方法，用于图像通道的分离和合并，split()方法用于将 RGB 彩色图像分离成 R、G、B 3 个单通道图像，而 merge()方法用于实现图像通道的合并，可以是单个图像合并，也可以是两个或以上图像的合并。下面分别对两种方法的用法进行介绍。

1) Image.split()

(1) 无输入参数，对图像实例 Image 沿通道分离。

(2) 返回值为一个由 R、G、B 3 个单通道灰度图像组成的元组。

2) Image.merge(mode,bands)

(1) mode：指定输出图像的模式，如 RGB、HSV 等。

(2) bands：需要合并的通道图像，一般用元组或者列表表示。例如，要合并 R、G、B 3 个单通道图像，则 bands 取值为(R,G,B)。

(3) 返回值为合并后的 Image 图像实例。

通过程序实例进一步理解上述两种方法的使用，示例代码如下：

```
#第 3 章/3.1 节-Pillow 库的简单使用.ipynb
#RGB 图像分离
img=Image.open('../images/1.webp')
r,g,b=img.split()
print('红色通道图像尺寸=',r.size,'绿色通道图像尺寸=',g.size,'蓝色通道图像尺寸=',
b.size)
#将 3 个通道以灰度显示
r.show()
g.show()
b.show()
```

RGB 图像通道分离示例代码的运行结果如下：

```
红色通道图像尺寸=(1000, 517) 绿色通道图像尺寸=(1000, 517) 蓝色通道图像尺寸=(1000, 517)
```

上述示例代码将打开的 RGB 图像的 3 个通道使用 split()方法进行分离，生成 R、G、B 3 个单通道图像，如图 3-14 所示。结合上述运行结果和生成的 3 个单通道图像可知，使用图

(a) R通道图像

(b) G通道图像

(c) B通道图像

图 3-14 图像分离

像分离 split()方法对 RGB 图像进行分离时不改变图像的尺寸，会返回尺寸一致的 R、G、B 3 个单通道图像，每个通道以灰度模式存储。

图像的合并一般归为两类：同一图像不同通道的合并和不同图像不同通道的合并。同一图像的不同通道合并只需将要合并的通道按顺序排列进行合并，不需要考虑所要合并图像的尺寸。不同图像的不同通道合并不但需要考虑通道排序，还要保证所要合并的通道图像的尺寸一致。下面通过两个程序示例分别详述图像合并的两类。

同一图像不同通道的合并，示例代码如下：

```
#第 3 章/3.1 节-Pillow 库的简单使用.ipynb
#RGB 图像所分离的单通道的合并
img=Image.open('../images/1.webp')
img.show()
r,g,b=img.split()                        #RGB 图像分离
bgrimg=Image.merge("RGB", (b, g, r))     #合并顺序 b、g、r，与原图像颜色不一致
bgrimg.show()
rgbimg=Image.merge("RGB", (r, g, b))     #合并顺序 r、g、b，生成原图
rgbimg.show()
brgrimg=Image.merge("RGB", (b, r, g))    #合并顺序 b、r、g，与原图像颜色不一致
brgrimg.show()
```

程序的运行结果如图 3-15 所示，图 3-15(a)为原始的 RGB 图像，图 3-15(b)、(c)、(d)分别为 RGB 原始图像分离出的 R、G、B 3 个通道按照不同顺序合并的效果。原始图像中 3 个通道的排序为 R、G、B，在图像合并时，采用了 3 种不同的通道顺序进行图像合并，调整了通道的顺序，得到 3 种不同的合并图像。对比合并图像和原始图像，可以看出，当合并通道的顺序和原始通道的顺序相同时，得到的合并通道图像和原始图像一样。当合并通道的顺序

(a) RGB原始图像 (b) BGR通道合并图像

(c) RGB通道合并图像 (d) BRG通道合并图像

图 3-15 图像的不同通道合并(见彩插)

和原始通道的顺序不同时,得到的合并通道图像和原始图像不一样,这表明在一幅图像中图像的通道顺序是重要的,不可随意交换。

不同图像的不同通道合并,示例代码如下:

```
#第 3 章/3.1 节-Pillow 库的简单使用.ipynb
#尺寸一致的不同图像的合并
img1=Image.open('../images/1.webp')
img1.show()
r1,g1,b1=img1.split()                          #RGB 图像分离
img2=Image.open('../images/1.jpg')
#将 img2 的尺寸缩放到与 img1 相同
resimg2=img2.resize(img1.size)
resimg2.show()
r2,g2,b2=resimg2.split()                       #RGB 图像分离
brgrimg=Image.merge("RGB", (b1, r2, g1))       #不同图像的合并
brgrimg.show()
brgrimg=Image.merge("RGB", (r1, b1, g2))       #不同图像的合并
brgrimg.show()
```

示例代码产生的结果如下所示,从得到的图像分离的单通道图像尺寸可知图像的分离不改变图像通道尺寸,只改变图像的通道数。

```
红色通道图像尺寸=(1000, 517) 绿色通道图像尺寸=(1000, 517) 蓝色通道图像尺寸=(1000, 517)
```

示例代码运行生成的图像如图 3-16 所示,其中图 3-16(a)和图 3-16(b)分别为原始的待合并的两幅图像,图 3-16(c)和图 3-16(d)是两幅原始图像的不同通道图像按照不同的方式

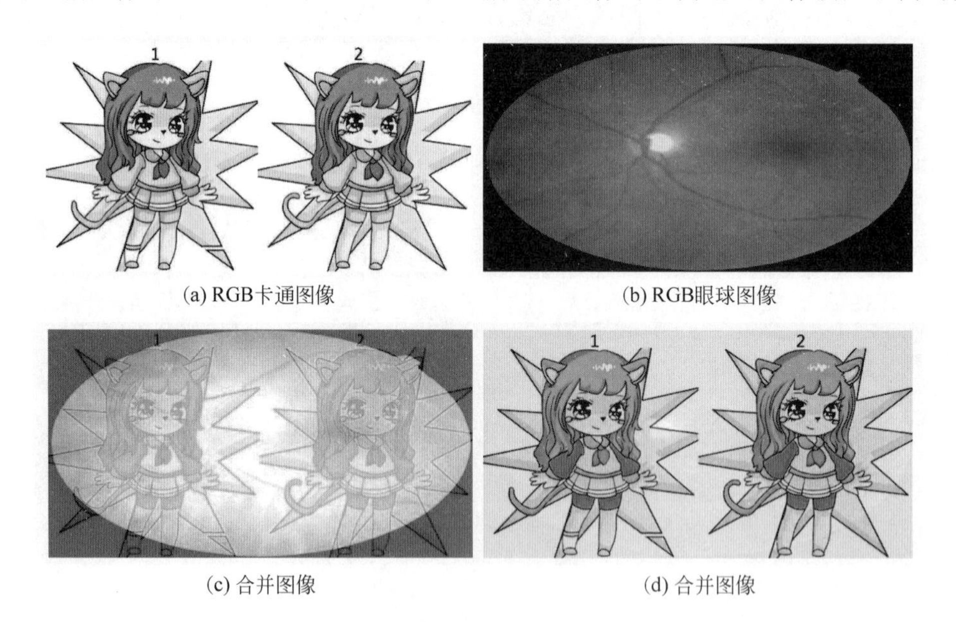

(a) RGB卡通图像　(b) RGB眼球图像

(c) 合并图像　(d) 合并图像

图 3-16　不同图像合并效果(见彩插)

合并得到的结果。从合并图像可以看出，通道图像的选择及通道图像的排序的不同，最后合并得到的图像也不同。根据每个 RGB 图像包含 3 个通道计算得到两幅图合并后可产生 120(6×5×4)种(通道图像不能重复使用)不同的合并结果。

3. 图像几何变换

图像几何变换又称为图像空间变换，它对图像中像素的坐标进行变换，将像素映射到图像中的新坐标。图像的几何变换改变了像素的空间位置，建立了一种原图像像素与变换后图像像素之间的映射关系。

Pillow 库的 Image 对象提供了常见的图像几何变换操作方法，如 transpose()、rotate()等。transpose()方法可以实现图像沿水平或者竖直方向的翻转，而 rotate()方法则可实现图像沿任意角度的旋转。这两种函数的具体用法如下：

```
Image.transpose(method)
```

(1) 参数 method 表示图像要按照哪种方式翻转，method 可以取的参数值如下。

Image.FLIP_LEFT_RIGHT：左右水平翻转；

Image.FLIP_TOP_BOTTOM：上下垂直翻转；

Image.ROTATE_90：图像逆时针旋转 90°；

Image.ROTATE_180：图像旋转 180°；

Image.ROTATE_270：图像逆时针旋转 270°；

Image.TRANSPOSE：图像转置；

Image.TRANSVERSE：图像横向翻转。

(2) 返回值为翻转后的图像。

Image.transpose()函数的示例代码如下：

```
#第 3 章/3.1 节-Pillow 库的简单使用.ipynb
#图像翻转
img=Image.open('../images/1.jpg')
img.show()
#返回一个新的 Image 对象
im_out=img.transpose(Image.FLIP_LEFT_RIGHT)        #左右水平翻转
im_out.show()
im_out=img.transpose(Image.ROTATE_90)              #逆时针旋转 90°
im_out.show()
im_out=img.transpose(Image.TRANSPOSE)              #图像转置
im_out.show()
```

代码的运行效果如图 3-17 所示。图 3-17(a)为原始图像，图 3-17(b)为左右水平翻转后的图像，图 3-17(c)为逆时针旋转 90°之后的图像，图 3-17(d)为转置后的图像。从得到的几何变换后的图像效果来看，左右水平翻转图像是以原始图像中心竖直线为对称轴进行左右翻转后得到的图像，而逆时针旋转 90°的图像则是以原始图像的中心为旋转中心进行逆时针旋转 90°得到的图像，图像转置是将图像的 x 坐标和 y 坐标互换，图像的大小会随之改变，即将高度和宽度互换后得到的图像。

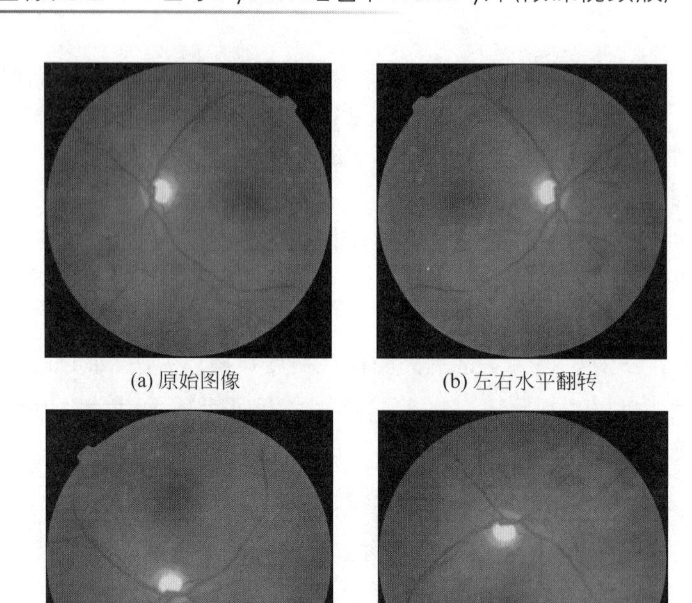

(a) 原始图像　(b) 左右水平翻转

(c) 逆时针旋转90°图像　(d) 转置图像

图 3-17　图像翻转

```
Image.rotate(angle,resample=PIL.Image.NEAREST,expand=0,center=None,translate=
None,fillcolor=None)
```

（1）angle：图像逆时针旋转的角度。

（2）resample：重采样方法，可选参数，默认为最近邻插值法 PIL. Image. NEAREST。

（3）expand：是否对图像进行扩展，可选参数，默认值为 False 或者省略，表示输出图像和输入图像的尺寸一致。如果参数为 True，则表示扩大输出图像的尺寸，使其足够大，能容纳整个旋转图像。

（4）center：图像旋转的中心，取值为二元组，如(30,20)，表示以左上角为原点，以向右 30 像素和向下 20 像素的位置为旋转中心，可选参数，默认为以原图像中心进行旋转。

（5）translate：旋转后图像的平移量，取值为二元组，默认为不进行平移。

（6）fillcolor：图像旋转之后对图像之外的区域填充的颜色，可选参数。

（7）返回值，为旋转后的图像实例。

Image. rotate()函数的示例代码如下：

```
#第 3 章/3.1 节-Pillow 库的简单使用.ipynb
#图像任意角度旋转
img=Image.open('../images/1.jpg')
im_out=img.rotate(45,translate=(0,-25),fillcolor="green")
im_out.show()
```

```
im_out=img.rotate(45,translate=(0,45),fillcolor="blue")
im_out.show()
```

图像旋转之后的效果如图 3-18 所示，图 3-18(a)是图像按照逆时针方向旋转 45°后再向上平移 25 像素的结果，并且图像旋转后之外的区域选择绿色填充，图 3-18(b)是图像按照逆时针方向旋转 45°后再向下平移 45 像素的结果，并且图像旋转后之外的区域选择蓝色填充。

4. 图形和文字的绘制

绘制图形和文字是在图像上添加图形或文字，常用于标注感兴趣的区域等，在深度学习的目标检测中得到了广泛应用，如图 3-19 所示。

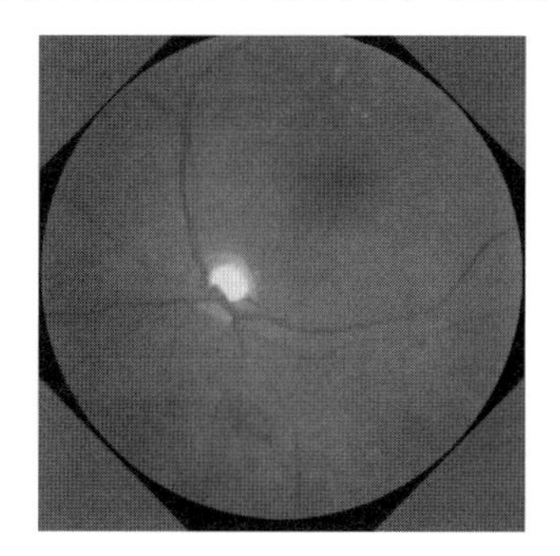

(a) 旋转图像（向上平移）

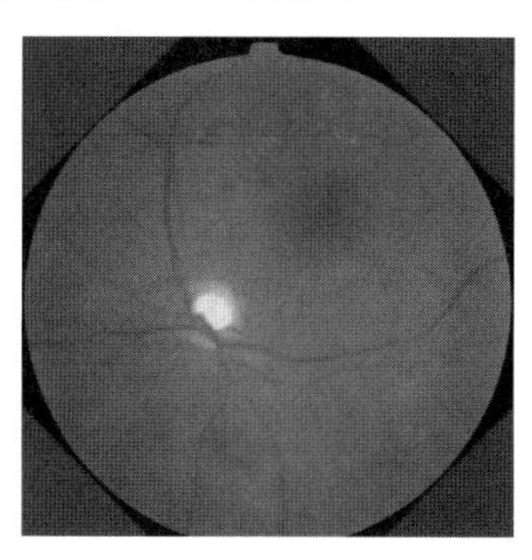

(b) 旋转图像（向下平移）

图 3-18　图像旋转(见彩插)

图 3-19　绘制图形和文字

Pillow 库中的 ImageDraw 提供了在图像上的绘图功能，ImageFont 提供了加载字体的方法。在图像上绘制图形和文本前，先要创建绘图对象和设置文本字体，示例代码如下：

```
#第 3 章/3.1 节-Pillow 库的简单使用.ipynb
#绘制图形和文字
from PIL import Image, ImageDraw,ImageFont

img=Image.open('../images/lena.png')
draw=ImageDraw.Draw(img)

#font=ImageFont.load_default()
font=ImageFont.truetype('simhei',16)
draw.font=font
box=(105,90,180,195)                #x1,y1,x2,y2
#在图像上画矩形框
draw.rectangle(xy=box, fill=None ,outline='red',width=2)
label='人脸'
_,_, w, h=font.getbbox(label)      #text width, height
draw.rectangle((box[0], box[1], box[0] + w + 1,box[1] + h + 1),fill='red',)
draw.text((box[0], box[1] ), label, fill='white')
#img.save('./boxface.png')
img.show()
```

上述示例代码，使用 ImageDraw. Draw()函数在打开的图像上创建了一个画布对象，然后使用 ImageFont. turetype()函数加载了名称为 simhei(黑体)的字体，并将字体大小设置为 16，最后将创建的字体设置为画布对象的默认字体，代码的运行效果如图 3-19 所示。

画布对象(Draw)支持多种几何形状的绘制，表 3-3 列出了几种形状的绘制方法名称和描述。

表 3-3 绘制方法名称和描述

序 号	方 法 名 称	描 述
1	arc(xy,start,end,fill=None,width=0)	绘制弧线
2	chord(xy,start,end,fill=None,outline=None,width=1)	绘制带有弦的弧线
3	ellipse(xy,fill=None,outline=None,width=1)	绘制椭圆
4	line(xy,fill=None,width=0,joint=None)	绘制线段
5	pieslice(xy,start,end,fill=None,outline=None,width=1)	绘制扇形
6	point(xy,fill=None)	绘制点
7	polygon(xy,fill=None,outline=None,width=1)	绘制多边形
8	rectangle(xy,fill=None,outline=None,width=1)	绘制矩形
9	text(xy,text,fill=None,font=None,anchor=None,spacing=4,align='left',direction=None,features=None,language=None,stroke_width=0,stroke_fill=None,embedded_color=False)	绘制文本

表 3-3 中绘制方法的使用示例代码如下：

```
#第 3 章/3.1 节-Pillow 库的简单使用.ipynb
img=Image.open('../images/lena.png')
draw=ImageDraw.Draw(img)
#绘制弧线
draw.arc([10,10,50,50],30,150,fill='blue')
#绘制带有弦的弧线
draw.chord([60,10,100,50],30,150,fill='yellow',outline='blue')
#绘制椭圆
draw.ellipse([110,10,160,50],outline='red',width=2)
#绘制线段
draw.line([170,30,230,30],fill='green',width=3)
#绘制扇形
draw.pieslice([10,60,60,100],30,150,fill='pink',outline='green')
#绘制点
draw.point([80,80],fill='#fff')
#绘制多边形
draw.polygon([120,70,110,90,130,90],fill='green',outline='red')
#绘制矩形
draw.rectangle([150,70,180,90], outline='white', width=2)
#绘制文本
draw.text([120,100], text="HELLO", outline='white', width=2)
#显示绘制结果
img.show()
```

上述示例代码，在打开的图像上使用不同的绘图方法在画布对象所在的图像上进行图形和文本的绘制，绘制效果如图 3-20 所示。

图 3-20 不同绘图方法的效果

3.1.5 Tkinter 显示图像

Tkinter 作为 Python 自带的图形用户界面(GUI)库，具有无须安装、控件丰富和使用简单等优点，能够为程序快捷地开发图形用户界面。在 Tkinter 中显示图像时，需要将图像转换为 PhotoImage 或 BitmapImage 对象。PhotoImage 表示图像对象，只支持少量的图像文件格式，如 PGM、PPM、GIF 和 PNG，而对 TIF、JPEG、WEBP 等其他常用图像格式不支持。BitmapImage 表示位图图像，只支持 XBM 格式的位图。这就使使用上述两个 Tkinter 内置的图像对象在显示图像时受到很大的制约。

Pillow 库提供了一个 ImageTk 类，能够将 Image 对象转换为 Tkinter 库中 PhotoImage 和 BitmapImage 对象，从而可以在 Tkinter 的标签(Label)控件和画布(Canvas)控件中进行图像的显示。此外，在图像显示前还可以借助 Pillow 库对图像进行简单处理。

对于 PNG 等格式的图像，可以使用 Tkinter 直接显示，示例代码如下：

```
#第 3 章/3.1 节-Pillow 库的简单使用.ipynb
import tkinter as tk
#创建 Tkinter 窗口
mainwindow=tk.Tk()

#将图像转换为 Tkinter 可用的图像对象
tkimg=tk.PhotoImage(master=mainwindow,file='../images/lena.png')

#创建 Label 对象,并将图像绘制到 Label 上
label=tk.Label(mainwindow,image=tkimg)

#将 Label 添加到主窗体
label.grid()
mainwindow.mainloop()
```

在上述示例代码中，先创建了一个主窗体 mainwindow，然后使用 PhotoImage 类创建

了一个图像对象 tkimg,参数 master 表示创建图像对象所归属的主对象,参数 file 表示图像的路径,随后将 tkimg 作为参数 image 添加到 Label 控件,最后将 Label 控件添加到主窗体并显示。代码的运行结果如图 3-21 所示,图像文件 '../images/lena.png' 显示在 Tkinter 窗体中。

图 3-21 PhotoImage 显示

注意:上述代码需要在本地开发环境中运行,在线开发环境不能使用 Tkinter 库。

当需要显示 PhotoImage 类不支持的格式或需要对图像进行简单处理时,就需要借助 Pillow 中的 ImageTk 作为媒介转换为 Tkinter 中的 PhotoImage 和 BitmapImage 对象,示例代码如下:

```
#第 3 章/3.1 节-Pillow 库的简单使用.ipynb
import tkinter as tk
from PIL import ImageTk, Image

#创建 Tkinter 窗口
mainwindow=tk.Tk()

#打开图像文件,并缩放尺寸
image=Image.open('../images/lena.tif').resize((256,256))

#将图像转换为 Tkinter 可用的图像对象
tkimg=ImageTk.PhotoImage(image)

label=tk.Label(mainwindow,image=tkimg)
label.grid() #放入主窗体
mainwindow.mainloop()
```

在上述示例代码中,先使用 Pillow 库中的 Image 对象打开图像,并进行缩放处理,然后使用 ImageTk.PhotoImage()方法将 Image 对象转换为 Tkinter 支持的 PhotoImage 对象,最后运行程序,显示效果与上一个示例相同。

对于 BitmapImage 所支持的 XBM 图像格式目前更少见,借助 Pillow 库中的图像模式转换方法 convert()和 ImageTk.BitmapImage()方法,可以方便地生成 Tkinter 中的 BitmapImage 对象,示例代码如下:

```
#第 3 章/3.1 节-Pillow 库的简单使用.ipynb
import tkinter as tk
from PIL import ImageTk, Image

#创建 Tkinter 窗口
mainwindow=tk.Tk()
```

```
#打开图像文件,缩放并转换为 bitmap
image=Image.open('../images/lena.tif').resize((256,256)).convert('1')

#将图像转换为 Tkinter 可用的图像对象
tkimg=ImageTk.BitmapImage(image)

#创建 Label 对象,并将图像绘制到 Label 上
label=tk.Label(mainwindow,image=tkimg)
label.grid() #放入主窗体
mainwindow.mainloop()
```

在上述示例代码中,在打开图像后立刻进行图像缩放处理,并将图像模式转换为位图,然后使用 ImageTk.BitmapImage()方法将 Image 对象转换为 Tkinter 中的 BitmapImage 对象,最后在 Label 控件中进行显示,运行结果图 3-22 所示。

图 3-22　BitmapImage 显示

借助 Pillow 库的 ImageTk 类,在 Tkinter 的界面中可以灵活地进行图像的显示,对于 Tkinter 与图像处理更详细的讨论,将在最后一章中进行全面介绍。

3.2　Matplotlib 库的简单使用

Matplotlib 库是 Python 下绘制图形图像的非常重要的库,常用于数据可视化。Matplotlib 库支持跨平台运行,并且含有丰富的二维绘图接口和部分三维绘图接口,是数据分析中不可缺少的重要工具包之一。相较于用 Pillow 展示图像时需要生成 Image 对象,Matploblib 可直接对表示图像的数组进行绘制,方便随时观察图像,此外,在图像的点运算中需要绘制变换曲线,也需要借助 Matploblib 的折线图绘制功能。

Matplotlib 库有 3 个主要功能:图像绘制、折线图绘制及显示绘制结果。在进行功能展示之前,统一导入本节需要用到的库,其导入代码如下:

```
%matplotlib inline
import matplotlib.pyplot as plt                    #导入 pyplot 对象,并重命名为 plt
```

```
#导入图像处理库 Pillow 中的 Image 类
from PIL import Image
#导入一个交互的库
from ipywidgets import interact
#导入 NumPy 库
import numpy as np
```

3.2.1 图像绘制

Matplotlib 库提供了 pyplot.imshow()函数用于显示图像，其常用于绘制二维的灰度图像或彩色图像，也可以绘制数组、热力图或地图等。pyplot.imshow()函数的用法如下：

```
pyplot.imshow(img,cmap=None,norm=None,aspect=None,interpolation=None,alpha=
None,vmin=None, vmax=None, origin=None, extent=None, shape=None, filternorm=1,
filterrad=4.0,imlim=None,resample=None,url=None,data=None)
```

(1) img：输入图像，既可以是 Pillow 中的 Image 对象，也可以是以下形状的 NumPy 数组。

(M,N)：标量数据的图像。数值通过归一化和色图映射到颜色。具体映射方式可以使用 norm、cmap、vmin 和 vmax 等参数进行定义。

(M,N,3)：RGB 值的图像。RGB 值可以是 0～1 的浮点数或 0～255 的 uint8 类型的整数。

(M,N,4)：RGBA 值的图像，包括透明度。RGBA 值可以是 0～1 的浮点数或 0～255 的 uint8 类型的整数。

其中，前两个维度(M,N)定义了图像的高和宽。

(2) cmap：颜色映射表，用于控制图像中不同标量数值所对应的颜色，只作用于灰度图像。可选参数，可以选择内置的颜色映射，如 gray、hot、jet 等，也可以自定义颜色映射，默认为 RGB(A)颜色空间，默认值为 None。

(3) norm：归一化方式。用于将标量数据缩放到[0,1]范围内。在默认情况下，使用线性缩放，将最低值映射为 0，将最高值映射为 1。如果给定，则可以是 Normalize 的实例或其子类。

(4) vmin 和 vmax：当使用标量数据且没有明确的 norm 参数时，vmin 和 vmax 定义了图像在显示时像素值的有效范围，小于 vmin 的像素值会被截断为 vmin，大于 vmax 的像素值会被截断为 vmax。在默认情况下，色图覆盖所提供数据的完整值范围。如果给定了 norm 实例，则忽略此参数。

(5) aspect：图像的宽高比。对于图像来讲，这个参数特别重要，因为它决定了数据像素是否为正方形。可以取值'equal'(保持 1∶1 的宽高比，使像素为正方形)或'auto'(保持 Axes 固定，根据数据调整宽高比)。

(6) interpolation：图像在显示过程中需要缩放时所采用的插值方法。可以选择'nearest'、'bilinear'、'bicubic'等插值方法。

(7) alpha：图像透明度，范围在 0(透明)～1(不透明)。如果 alpha 是一个数组，则透明度逐像素应用，并且 alpha 必须具有与 img 相同的形状。

（8）origin：坐标轴原点的位置。数组中[0,0]索引在 Axes 左上角或左下角的位置。默认值为'upper'，通常用于矩阵和图像。注意，对于'lower'，垂直轴指向上方；对于'upper'，垂直轴指向下。

（9）extent：图像的数据坐标边界框。默认值由以下条件确定：像素在数据坐标中具有单位大小，其中心位于整数坐标上，中心坐标在水平方向上从 0 到列数－1，垂直方向上从 0 到行数－1，可以设置为[xmin，xmax，ymin，ymax]。

（10）filternorm：图像缩放过滤器的参数。如果设置了 filternorm，则过滤器会对整数值进行归一化和修正舍入误差。

（11）filterrad：具有半径参数的滤波器的过滤器半径。适用于插值方法为'sinc'、'lanczos'或'blackman'的情况。

（12）resample：当为 True 时，使用完整的重采样方法；当为 False 时，只有输出图像大于输入图像时才进行重采样。

（13）url：创建图像的 URL。

注意：plt.imshow()函数只对图像进行绘制处理、产生绘制结果等，并不进行真正意义上的图像显示，一般需要配合 plt.show()函数显示绘制的图像。

---

1. Image 对象的绘制

对 Pillow 库中的 Image 对象，可直接使用 plt.imshow()函数绘制并使用 plt.show()函数显示图像，示例代码如下：

```
#图像绘制并显示
img=Image.open('../images/1.jpg')
plt.imshow(img)                    #绘制图像
plt.show()                         #显示图像
```

代码的运行结果如图 3-23 所示，打开的图像通过 plt.imshow()函数执行了图像绘制，并通过 plt.show()函数进行显示。从运行结果可以看出，使用 plt.show()函数进行图像显示时，Matplotlib 会自行将图像缩放到适宜尺寸，并为图像添加坐标轴，显示图像的实际尺寸，方便观察图像。

注意：plt.imshow()函数进行图像显示是按照 RGB 顺序控制图像色彩的，对于单通道的灰度图像会使用默认的颜色映射表，将单通道的图像显示为伪彩色图像，如果要使用 plt.imshow()函数正确地显示灰度图像，则必须加入参数 cmap='gray'。

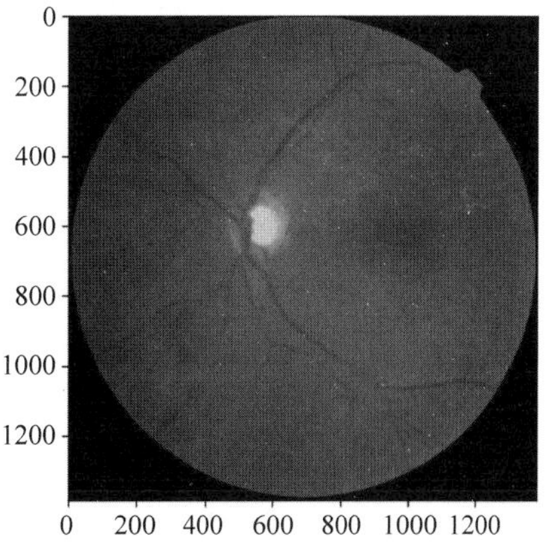

图 3-23　图像绘制效果

下面通过设置 plt.imshow()函数中的 cmap 参数来绘制并显示灰度图,其示例代码如下:

```
#imshow()函数用于绘制灰度图
grayimg=img.convert('L')
plt.imshow(grayimg)
plt.show()                              #为什么显示的不是灰度图
plt.imshow(grayimg,cmap='gray')         #将 cmap 参数设置为'gray'
plt.show()                              #正确显示灰度图像
```

示例代码的运行结果如图 3-24 所示,图 3-24(a)为没有设置 cmap 参数时绘制的灰度图显示效果。从此图可以看出,显示的图像不是灰度图,而是伪彩图。图 3-24(b)为设置 cmap='gray'参数时的效果。从此图中可以看出,设置 cmap='gray'后,能够正确显示灰度图。

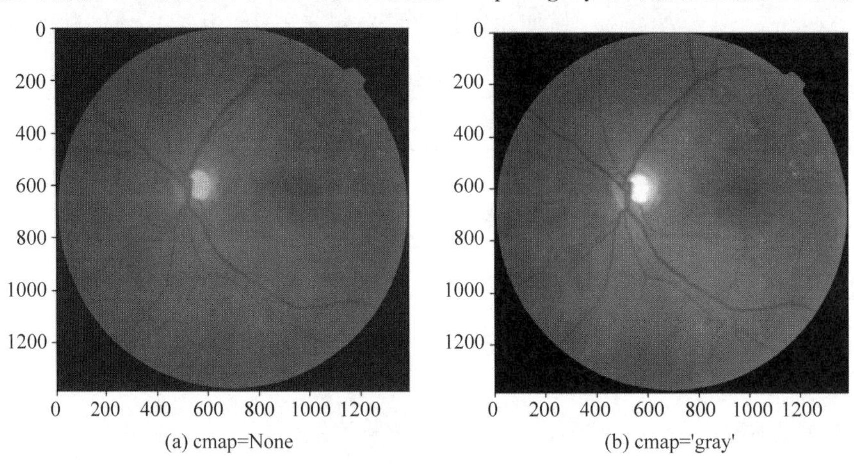

(a) cmap=None (b) cmap='gray'

图 3-24 灰度图绘制效果(见彩插)

2. NumPy 数组的绘制

一幅尺寸为 $M\times N$ 像素的数字图像,如果是灰度图像,则可以表示为 $M\times N$ 二维数组;如果是彩色图像,则可以用 $M\times N\times 3$ 或 $M\times N\times 4$ 的三维数组。对于表示数字图像的二维数组,数字图像中的各像素值按照一定的顺序存放在二维数组中,即数字图像左上角的像素为第(0,0)像素,数字图像右下角的像素为第($M-1,N-1$)像素,数字图像的第(i,j)像素存放到二维数组第 $i-1$ 行第 $j-1$ 列位置(二维数组元素索引从(0,0)开始)。

下面将建立二维数组,并使用 plt.imshow()函数绘制二维数组,示例代码如下:

```
#第 3 章/3.2 节-Matplotlib 库的简单使用.ipynb
#绘制二维数组
imgar=np.random.randint(0,256,(100,256),dtype='uint8')  #去掉 dtype='uint8'的参
#数,观察结果
#print(f'数组的高宽为{imgar.shape}')
plt.imshow(imgar)                        #未设置 cmap 参数,不能正确地显示为灰度图
plt.show()
plt.imshow(imgar,cmap='gray')      #设置 cmap 参数,能够正确表示灰度图
plt.show()
```

示例代码使用 NumPy 中的方法构建了一个 100 行 256 列且数组元素值取值 0～255 的二维随机数组，并通过 plt.imshow()函数进行数组绘制。上述构建的二维数组，每个数组元素为单个数值表示，因此二维数组可表示为单通道图像，即灰度图。示例代码的运行结果如下：

```
数组的高宽为(100, 256)
```

对应 cmap 的不同取值，获得的数字图像如图 3-25 所示。图 3-25(a)为默认 cmap 参数，二维数组表示的图像显示为伪彩色图。图 3-25(b)为设置 cmap='gray'的二维数组表示的图像，此图像显示为灰度图。对比图 3-25(a)和图 3-25(b)，可以看出，在使用 plt.imshow()函数绘制灰度图时，需要设置参数 cmap='gray'，这样才能正确显示灰度图像。

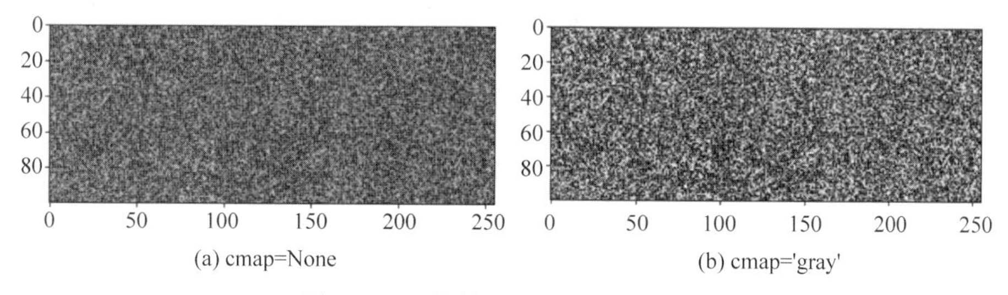

图 3-25　二维数组对应图像(见彩插)

在使用 plt.imshow()函数绘制图像时，cmap 参数决定了绘制图像的颜色映射规则。在 Matploblib 中内置了多种颜色映射规则，下面通过动态交互工具设置可选 cmap 参数，实现单通道的图像的伪彩色显示效果，示例代码如下：

```
#第 3 章/3.2 节-Matplotlib 库的简单使用.ipynb
#使用动态工具调整 cmap 参数
#Matplotlib 提供的颜色映射名称
colormaps=['Accent', 'Accent_r', 'Blues', 'Blues_r', 'BrBG', 'BrBG_r', 'BuGn', 'BuGn_
r', 'BuPu', 'BuPu_r', 'CMRmap',
'CMRmap_r', 'Dark2', 'Dark2_r', 'GnBu', 'GnBu_r', 'Greens', 'Greens_r', 'Greys', 'Greys_
r', 'OrRd', 'OrRd_r', 'Oranges',
'Oranges_r', 'PRGn', 'PRGn_r', 'Paired', 'Paired_r', 'Pastel1', 'Pastel1_r', 'Pastel2',
'Pastel2_r', 'PiYG', 'PiYG_r', 'PuBu',
'PuBuGn', 'PuBuGn_r', 'PuBu_r', 'PuOr', 'PuOr_r', 'PuRd', 'PuRd_r', 'Purples', 'Purples_
r', 'RdBu', 'RdBu_r', 'RdGy', 'RdGy_r',
 'RdPu', 'RdPu_r', 'RdYlBu', 'RdYlBu_r', 'RdYlGn', 'RdYlGn_r', 'Reds', 'Reds_r', 'Set1',
'Set1_r', 'Set2', 'Set2_r', 'Set3',
 'Set3_r', 'Spectral', 'Spectral_r', 'Wistia', 'Wistia_r', 'YlGn', 'YlGnBu', 'YlGnBu_
r', 'YlGn_r', 'YlOrBr', 'YlOrBr_r',
 'YlOrRd', 'YlOrRd_r', 'afmhot', 'afmhot_r', 'autumn', 'autumn_r', 'binary', 'binary_
r', 'bone', 'bone_r', 'brg', 'brg_r',
 'bwr', 'bwr_r', 'cividis', 'cividis_r', 'cool', 'cool_r', 'coolwarm', 'coolwarm_r',
'copper', 'copper_r', 'cubehelix',
```

```
'cubehelix_r', 'flag', 'flag_r', 'gist_earth', 'gist_earth_r', 'gist_gray', 'gist_gray_r', 'gist_heat', 'gist_heat_r',
 'gist_ncar', 'gist_ncar_r', 'gist_rainbow', 'gist_rainbow_r', 'gist_stern', 'gist_stern_r', 'gist_yarg', 'gist_yarg_r',
 'gnuplot', 'gnuplot2', 'gnuplot2_r', 'gnuplot_r', 'gray', 'gray_r', 'hot', 'hot_r', 'hsv', 'hsv_r', 'inferno', 'inferno_r',
 'jet', 'jet_r', 'magma', 'magma_r', 'nipy_spectral', 'nipy_spectral_r', 'ocean', 'ocean_r', 'pink', 'pink_r', 'plasma', 'plasma_r',
 'prism', 'prism_r', 'rainbow', 'rainbow_r', 'seismic', 'seismic_r', 'spring', 'spring_r', 'summer', 'summer_r', 'tab10', 'tab10_r',
 'tab20', 'tab20_r', 'tab20b', 'tab20b_r', 'tab20c', 'tab20c_r', 'terrain', 'terrain_r', 'turbo', 'turbo_r', 'twilight', 'twilight_r',
 'twilight_shifted', 'twilight_shifted_r', 'viridis', 'viridis_r', 'winter', 'winter_r']
img=Image.open('./images/1.jpg').convert('L')
def tmp(cmap='gray'):
   plt.imshow(img,cmap=cmap)
   plt.title(cmap)
   plt.show()                    #为什么显示的不是灰度图
   plt.imshow([list(range(256))]*10,cmap=cmap)
   plt.show()
#显示颜色映射控件
t=interact(tmp, cmap=colormaps)
```

示例代码的运行结果如图 3-26 所示，通过设置 cmap 不同的取值，使用 plt.imshow()函数绘制图像，可以得到不同伪彩色显示的图像。可以根据需要调整 cmap 参数，得到高对比度的感兴趣区域的图像，便于更好地分析和处理图像。例如设置 cmap='gist_ncar'，可以使眼球中心区域的对比度提高。

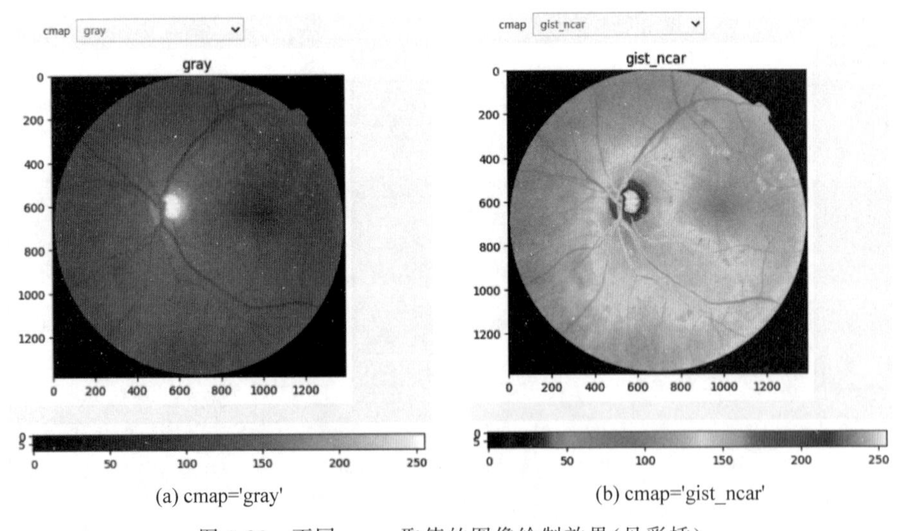

(a) cmap='gray'　　(b) cmap='gist_ncar'

图 3-26　不同 cmap 取值的图像绘制效果(见彩插)

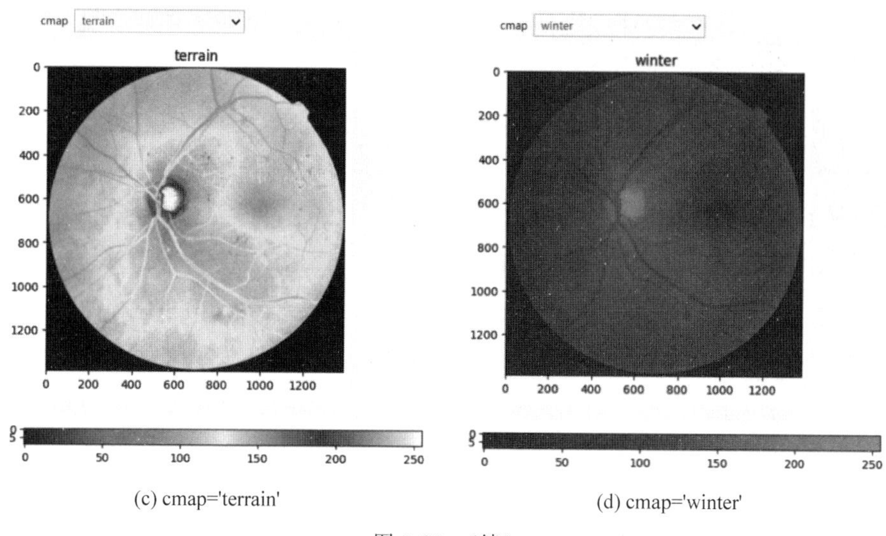

(c) cmap='terrain'　　(d) cmap='winter'

图 3-26 （续）

对于形状为 $M\times N\times 3$ 或 $M\times N\times 4$ 的三维数组，与灰度图像相似，数组的前两维表示图像的高和宽，最后一维表示图像的通道维，其值表示图像的通道数。plt.imshow()函数会把形状为 $M\times N\times 3$ 的数组按照 RGB 颜色模式显示为彩色图像，将形状为 $M\times N\times 4$ 的数组按照 RGBA 的颜色模式显示为带有透明通道的彩色图像。此外，plt.imshow()对数组元素的数据类型和大小是有要求的，如果数组元素的类型是浮点数，则其值必须为 0～1；如果数组元素的类型是整数，则其值必须为 0～255。

下面将建立三维数组，并使用 plt.imshow()函数将三维数组绘制为彩色图像，示例代码如下：

```
#第 3 章/3.2 节-Matplotlib 库的简单使用.ipynb
#创建一个三维数组，元素类型为 uint8 类型、元素值为 0、尺寸为 100×256×3
imgar=np.zeros((100,256,3),dtype='uint8')
#将数组中表示红色通道的元素修改为纯红色
imgar[...,0]=255
plt.imshow(imgar)                                  #将数组显示为 RGB 图像
plt.show()
#创建一个三维数组，元素类型为 float32 类型、元素值为 0、尺寸为 100×256×4
imgar=np.zeros((100,256,4),dtype='float32')
#将数组中表示红色通道的元素修改为纯红色
imgar[...,0]=1.0
imgar[...,3]=0.3
#将数组中表示透明通道的元素修改为半透明
plt.imshow(imgar)                                  #将数组显示为 RGBA 图像
plt.show()
```

示例代码使用 NumPy 分别创建了两个元素值为 0 的表示 RGB 和 RGBA 图像的数组。第 1 个数组的元素是整型，将红色通道赋值为 255，表示纯红色的图像，效果如图 3-27(a)所示；第 2 个数组的元素为浮点数，将红色通道赋值为 1.0，表示纯红色，将透明通道赋值为 0.3，表示透明度较高，效果如图 3-27(b)所示。

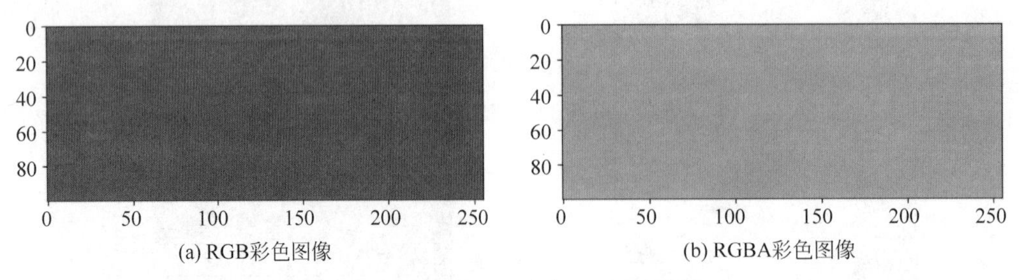

图 3-27 三维数组的彩色显示(见彩插)

将数组显示为图像，表明了图像与数组具有密切的关系，借助于 NumPy 强大的数组运算功能，能够完成丰富的图像处理任务。在第 4 章中将会详细介绍与图像处理相关的 NumPy 数组运算。

3.2.2 图形绘制

Matplotlib 中的 pyplot 模块提供了可以用来绘制各种图形的函数，具体如表 3-4 所示。

表 3-4 绘图类型

函 数	描 述	函 数	描 述
bar	绘制条形图	polar	绘制极坐标图
barh	绘制水平条形图	scatter	绘制 x 与 y 的散点图
hist	绘制直方图	stackplot	绘制堆叠图
his2d	绘制二维直方图	stem	绘制二维离散数据
pie	绘制饼图	step	绘制阶梯图
plot	绘制折线图	quiver	绘制一个二维箭头

1. 折线图

通常情况下，pyplot.plot()函数作为绘制二维图形的基本函数使用较多，pyplot.plot()函数的用法如下：

```
pyplot.plot(x,y,fmt,data=None,**kwargs)
```

(1) x,y：表示所要绘制点或线的节点，x 为 x 轴数据，y 为 y 轴数据，数据都可以为列表或者 NumPy 数组。

(2) fmt：可选参数，是一个定义图的基本属性的字符串，由颜色、线的样式和数据上的标记点 3 部分构成，格式为 fmt ='[color][marker][line]'，用于定义所要绘制点或线的基本格式。

(3) ** kwargs：可选参数，用于在二维平面上设置指定属性，绘图常用的属性有以下几个。

① color(c)：指定折线的颜色，默认为蓝色。可以使用颜色名称(如'red'、'green')来指

定颜色。

② linestyle(ls)：指定折线的样式，默认为实线('-')。常用的样式包括实线('-')、虚线('--')、点线(':')和点画线('-.')。

③ linewidth(lw)：指定折线的宽度，默认为1。

④ marker：指定折线上数据点的标记，默认不显示数据点。常用的标记包括圆形('o')、方形('s')、三角形('^')。

⑤ markersize：指定标记的大小，默认为6。

⑥ label：用于给折线添加标签，可以在图例中显示。

⑦ alpha：指定折线的透明度，默认为1，取值范围为0(完全透明)到1(完全不透明)。

下面通过绘制曲线图来介绍pyplot.plot()函数的使用，示例代码如下：

```
#第3章/3.2节-Matplotlib库的简单使用.ipynb
#绘制曲线图
x=np.linspace(-3, 3, 30)                    #x轴取值范围
y=x **2                                     #纵坐标取值
plt.plot(x,y)                               #曲线绘制
plt.show()                                  #曲线显示
```

代码的运行效果如图3-28所示，其中绘制的曲线方程为$y=x^2$，并且x的取值范围为$[-3,3]$。在此使用了plt.plot()函数来绘制曲线，并使用plt.show()函数显示曲线。需要注意的是，绘制完曲线后，必须调用plot.show()函数显示曲线，这样才能将绘制的曲线展示出来。

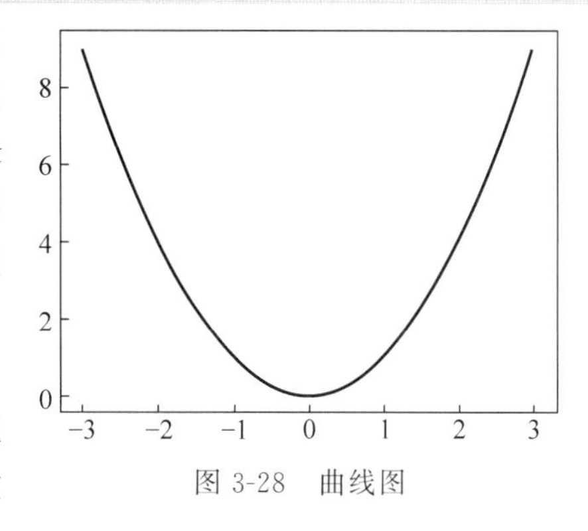

图3-28　曲线图

2. 图形对象

Matplotlib库的pyplot模块提供了图形对象figure。可以通过调用pyplot模块中的figure()函数来实例化figure对象。figure()函数的用法如下：

```
figure(num=None,figsize=None,dpi=None,facecolor=None,edgecolor=None,frameon=True)
```

(1) num：图形编号或名称，数字为编号，字符串为名称。

(2) figsize：指定figure对象的宽和高，单位为英寸。

(3) dpi：指定绘制图形对象的分辨率，即每英寸有多少像素，默认值为80。

(4) facecolor：绘制图形背景的颜色。

(5) edgecolor：绘制图形边框的颜色。

(6) frameon：是否显示边框。

通过创建figure对象进行图形绘制，示例代码如下：

```
#第3章/3.2节-Matplotlib库的简单使用.ipynb
#通过创建figure对象进行图形绘制
```

```
x=np.linspace(-3, 3, 30)                    #x 轴取值范围
y=x **2                                     #纵坐标取值
#创建画布,大小为 5×5,图形背景为蓝色
plt.figure(1,figsize=(5,5),facecolor='blue')
plt.plot(x,y)
plt.show()
```

示例代码的运行结果如图 3-29 所示。与图 3-28 相比,图 3-29 设置了 figure 对象的尺寸和背景颜色。

除可以绘制单个图形图像外,figure 对象还可以创建多个子图,通过 subplot()函数将 figure 对象划分为 n 个区域,通过 n 次调用 subplot()函数创建 n 个子图。subplot()函数的用法如下:

```
subplot(nrows,ncols,index)
```

(1) nrows: subplot 的行数,取值为整数。

(2) ncols: subplot 的列数,取值为整数。

(3) index: 子图索引,用来选定具体第几幅子图。初始值为 1,表示左上角子图。

例如,subplot(235)表示在当前的 figure 对象创建一个 2 行 3 列的绘图区域,如图 3-30 所示,同时选择在第 5 个位置上绘制子图。

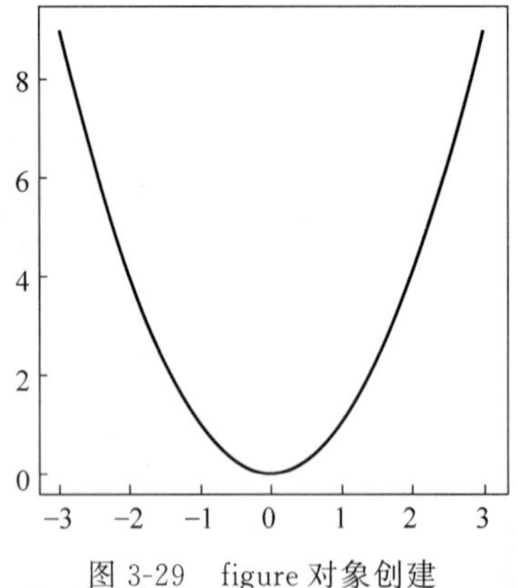

图 3-29 figure 对象创建

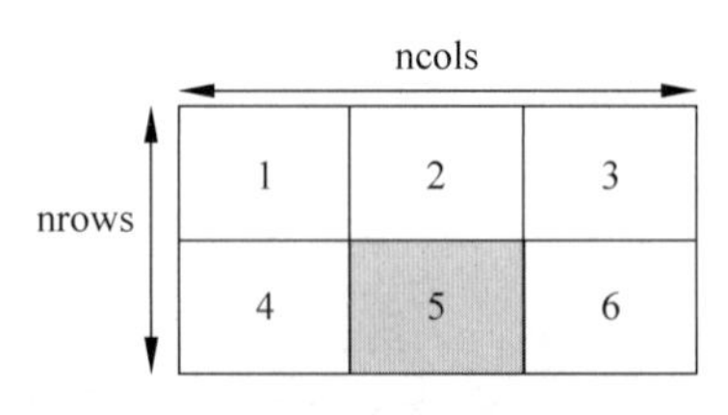

图 3-30 subplot 绘图示意图

示例代码如下:

```
#第 3 章/3.2 节-Matplotlib 库的简单使用.ipynb
#创建多个子图
x=np.linspace(-3, 3, 30)                 #x 轴取值范围
y1=x **2                                 #纵坐标取值
y2=x **3                                 #纵坐标取值
plt.figure()                             #创建画布
plt.subplot(121)                         #创建 1 行 2 列 2 个子图,并准备绘制第 1 个子图
plt.plot(x,y1)                           #图形绘制
plt.subplot(122)                         #绘制第 2 个子图
plt.plot(x,y2)
plt.show()
```

代码的运行结果如图 3-31 所示，绘制的两个子图按照 1 行 2 列排序，第 1 个子图绘制函数曲线 $y_1=x^2$，第 2 个子图绘制函数曲线 $y_2=x^3$。

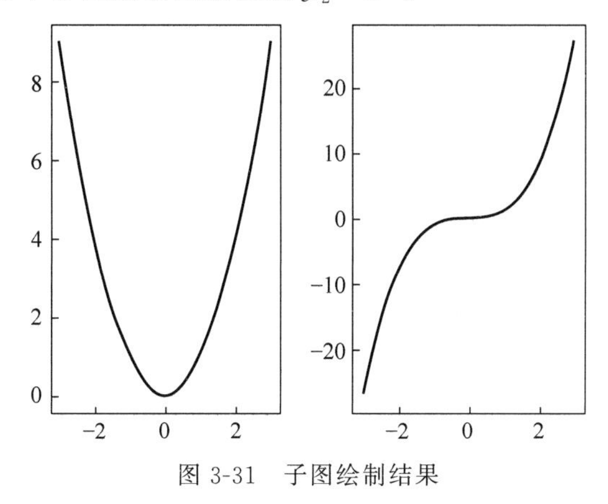

图 3-31 子图绘制结果

3. 绘图属性

Matplotlib 库提供了丰富的图形绘制属性，例如绘图符号、绘图线型、绘图颜色、图例等。

Matplotlib 库支持的绘图线的类型(linestyle)如表 3-5 所示，包含实线、点虚线、破折线和点画线。

表 3-5 绘图线型

类 型	简 写	描 述
'solid'	'-'	实线
'dotted'	':'	点虚线
'dashed'	'--'	破折线
'dashdot'	'-.'	点画线

Matplotlib 库支持的绘图线的颜色(color)如表 3-6 所示，包含红色、绿色、蓝色、青色、品红、黄色、黑色和白色。

表 3-6 绘图线颜色

颜色标记	描 述	颜色标记	描 述
'r'	红色	'm'	品红
'g'	绿色	'y'	黄色
'b'	蓝色	'k'	黑色
'c'	青色	'w'	白色

Matplotlib 库支持的绘图标记符(marker)如表 3-7 所示，在绘制图形时，通过添加标记符，可以提高图形的可视化效果。

注意：plt.plot()函数的 fmt 参数格式'[color][marker][line]'中的 color 可设置为表 3-6 中的值，marker 可设置为表 3-7 中的值，line 可设置为表 3-5 中的值。

表 3-7　绘图标记符

标记符号	描　　述	标记符号	描　　述
'.'	圆点	'2'	向上 Y 形
'o'	圆圈	'3'	向左 Y 形
'x'	叉号	'4'	向右 Y 形
'D'	钻石形	'∨'	向下三角形
'H'	六角形	'∧'	向上三角形
's'	方形	'＜'	向左三角形
'+'	加号	'＞'	向右三角形
'1'	向下 Y 形		

legend()函数用于在绘图区域放置图例,图例可以展示每条数据曲线的名称。legend()函数的用法如下:

```
legend(handles,labels,loc)
```

(1) handles: 所有线型的实例,为一个序列。

(2) labels: 指定标签的名称,参数用字符串表示。

(3) loc: 指定图例位置的参数,参数可用字符串或整数表示,loc 参数的表示方法如表 3-8 所示。

表 3-8　loc 参数

位　　置	字符串表示	整数表示
自适应	best	0
右上方	upper right	1
左上方	upper left	2
左下方	lower left	3
右下方	lower right	4
右侧	right	5
居中靠左	center left	6
居中靠右	center right	7
底部居中	lower center	8
上部居中	upper center	9
中部	center	10

下面通过代码来理解绘图属性和图例的使用方法和效果,具体示例代码如下:

```
#第 3 章/3.2 节-Matplotlib 库的简单使用.ipynb
#绘制含有多条曲线的图形,并设置图形属性
x=np.linspace(-3, 3, 10)                          #x 轴取值范围
y1=x **2                                          #曲线 1
y2=x **3                                          #曲线 2
plt.plot(x, y1, color='r', marker='o', ls='--', lw=1, label='y=x **2')  #曲线 1,颜色为
#红色,点标记为圆圈,线型为虚线,线宽为 1,曲线标签为 x **2
```

```
plt.plot(x, y2, color='b', marker='s', ls='-', lw=2, label='y=x**3')  #曲线 2,颜色为
#蓝色,点标记为方形,线型为实线,线宽为 1,曲线标签为 x**3
plt.legend(loc='upper left')                        #图例放置在左上方
plt.show()
```

示例代码的运行效果如图 3-32 所示,示例代码绘制了两条曲线,并且曲线的配置不同。曲线 y_1 的颜色为红色,标记符为圆圈,曲线为虚线,线的宽度为 1,并且曲线标签为 $y=x$ ** 2。曲线 y_2 的颜色为蓝色,标记符为圆圈,曲线为实线,线的宽度为 2,并且曲线标签为 $y=x$ ** 3。

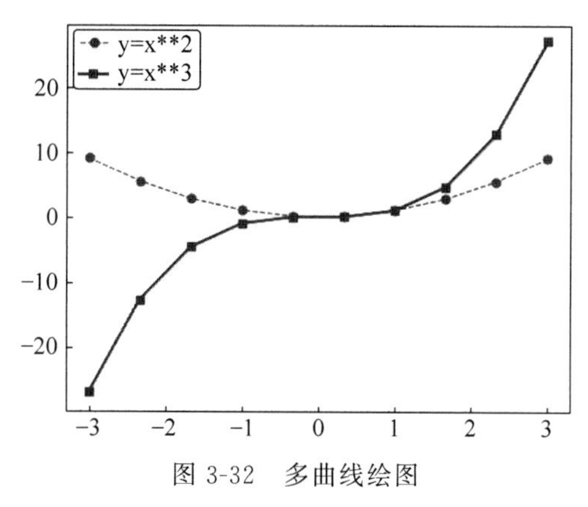

图 3-32 多曲线绘图

3.3 本章小结

本章主要介绍了图像处理库 Pillow 和绘图库 Matplotlib 的简单使用方法,一方面初步认识了图像处理,另一方面熟悉了图像的存取和显示方法,为接下来的图像处理做好准备。在学习使用 Pillow 库时,通过介绍和使用库函数,简单地介绍了图像生成、图像存取与现实、图像属性查询和图像操作等图像处理方法。在学习 Matplotlib 库时,以图像绘制、图形绘制及绘图属性为例,初步介绍了图像的绘制、显示方法,以及简单的折线图形绘制方法。

第4章

CHAPTER 4

NumPy数组和图像

56min

NumPy是Numerical Python的缩写，是一个用于科学计算的Python库。它提供了高性能的多维数组对象，以及用于处理这些数组的各种数学函数。从前面的章节，我们知道了数字图像与数组有密切的联系，甚至在一定程度上就可以说数字图像就是数组。借助于NumPy的数组类型和数组运算，可以快速且高效地实现常用的数字图像处理方法。本节将介绍NumPy的基础知识，特别是与图像处理密切相关的一些运算，并展示这些运算在数字图像处理上的含义和效果，为后续章节中数字图像处理的介绍做好准备。

4.1 数组和图像

NumPy中最重要的数据类型是ndarray(N-dimensional array的缩写)，也就是常说的多维数组，用于容纳具有同类型数据的结构。ndarray可以是一维、二维或更高维度的数组，它提供了用于访问和操作数组数据的各种函数和方法。

在第3章中展示了使用Matplotlib将数组绘制为图像，然而并不是所有的数组都能转换为图像，这与数组的数据类型及数组的形状等属性密切相关。本节就在对NumPy数组简要介绍的基础上，进一步阐述数组与图像的关系。

4.1.1 数据类型

数组是由同类型的数据构成的，NumPy支持多种数据类型，主要有整型、浮点型、布尔型、复数型和字符串等，具体的基本数据类型如表4-1所示。

表4-1 NumPy基本数据类型

NumPy数据类型	类型分类	类型描述
bool	布尔型	字节的布尔值(True或False)
int8	整型	字节(－128～127)
int16		整数(－32 768～32 767)
int32		整数(－2 147 483 648～2 147 483 647)
int64		整数(－9 223 372 036 854 775 808～9 223 372 036 854 775 807)

续表

NumPy 数据类型	类型分类	类型描述
uint8	无符号整型	无符号整型(0～255)
uint16		无符号整型(0～65 535)
uint32		无符号整型(0～4 294 967 295)
uint64		无符号整型(0～18 446 744 073 709 551 615)
float_	浮点型	默认的浮点数类型，一般是 float64
float16		半精度浮点型，包含符号位，5 位指数，10 位位数
float32		单精度浮点型，包含符号位，8 位指数，23 位位数
float64		双精度浮点型，包含符号位，11 位指数，52 位位数
complex_	复数型	默认的复数型，一般是 complex128
complex64		复数，表示双 32 位浮点数(实数部分和虚数部分)
complex128		复数，表示双 64 位浮点数(实数部分和虚数部分)

本章以下内容需要使用 NumPy 库、Matploblit 库和 Pillow 库，在笔记本中需要先导入上述 3 个库，代码如下：

```
#导入 NumPy 库和 Matplotlib 库
import matplotlib.pyplot as plt
import numpy as np
from PIL import Image
```

注意：本章需要的 NumPy 库和 Matplotlib 库，在使用 Jupyter Notebook 时，只需在程序最开始导入，后续代码可直接使用库函数，无须重复导入。同时为了方便，调用后续 NumPy 或者 matplotlib. pyplot 中的库函数时，直接使用 np 或者 plt。

数组的数据类型实际上是 dtype 对象的实例。数据类型对象(np. dtype)用来规定数组中所有数据的类型，是每个数组在创建时必须提供的，也是每个数组所必须有的属性。dtype 对象的语法构造如下：

```
np.dtype(object,align,copy)
```

(1) object：要创建的数据类型对象，可以是一个数组，也可以是表 4-1 中 NumPy 数据类型中的字符串。

(2) align：如果值为 True，则填充字段，使其类似 C 的结构体。

(3) copy：复制 dtype 对象，如果值为 False，则是对内置数据类型对象的引用。

创建和获取数据类型的示例代码如下：

```
#第 4 章/NumPy 数组和图像.ipynb
#创建 8 位无符号整数类型
arrtype=np.dtype('uint8')
print(arrtype)
#获取数组的数据类型
arr=np.float32(3.0)
```

```
arr2type=np.dtype(arr)
print(arr2type)
```

运行代码,结果如下:

```
uint8
float32
```

需要说明的是,数组的数据类型与数字图像密切相关,一般 uint8 类型的数组可表示灰度图像和彩色图像,能够直接使用 Pillow 库导出为图像文件,可以说此种类型的数组与图像是等价的,但是在图像处理中为了保证精度会以 float32 类型进行运算,得到 float32 的数组,此时,就需要通过数据范围缩放和使用数组的 astype()方法,将数据类型转换为 uint8 类型后才可保存为图像文件,然而,Matplotlib 库中的 imshow()函数提供了自动的转换方法,从而支持其他类型的数组进行显示,这为图像处理时中间结果的显示带来了方便,但有时也会造成困扰。

数组在转换为图像时因数据类型转换所导致的失败,代码如下:

```
#创建一个值为 128.0 的 100×200 的数组
arr=np.full((100,256),128.0)
#显示数据类型
print(arr.dtype)
#数组生成图像对象时出错
Image.fromarray(arr)
```

以上代码创建了一个值为 128.0 的二维数组,表示高为 100、宽为 256 像素的纯灰度图像,随后使用 Image.fromarray()方法转换为图像,但转换失败,显示的输出和错误信息如下:

```
float64
---------------------------------------------------------------------------
KeyError                  Traceback (most recent call last)
File /opt/conda/envs/python35-paddle120-env/lib/python3.10/site-packages/PIL/
PngImagePlugin.py:1277, in _save(im, fp, filename, chunk, save_all)
   1276 try:
->1277     rawmode, mode = _OUTMODES[mode]
   1278 except KeyError as e:

KeyError: 'F'

The above exception was the direct cause of the following exception:
```

上述错误就是由于数据类型错误引发的,生成的数据 arr 是 float64 类型,不符合生成图像的 uint8 类型,正确的做法是在生成图像前使用数组的 astype()方法将数据类型转换为 uint8,代码如下:

```
Image.fromarray(arr.astype('uint8'))
```

总之，数组在表示为图像时，数据类型十分重要，在保存图像时，应当检查数据类型，保证数据类型为 uint8。

4.1.2 数组创建

常用的 NumPy 库数组创建方式主要可以归结为 3 种：将其他数据类型转换为数组、NumPy 原生数组创建和使用特殊库函数创建。本节将对涉及数组创建的 NumPy 库函数进行介绍，并通过示例展示这些函数的用法。

1. 将其他类型数据转换为数组

在 Python 中，具有 array-like 结构的数据可以通过 array()函数转换为数组，例如列表和元组。

使用 NumPy 库函数 array()将列表转换为数组的代码如下：

```
#第 4 章/NumPy 数组和图像.ipynb
#使用 array 函数将列表转换为数组
ar=np.array([1,2,3])                     #将列表转换为数组
print(ar)#输出数组
```

运行代码，结果如下：

```
[1 2 3]
```

使用 NumPy 库函数 array()将元组转换为数组，代码如下：

```
#第 4 章/NumPy 数组和图像.ipynb
#使用 array 函数将元组转换成数组
ar=np.array((1,2,3))                    #将元组转换为数组
print("ar=", ar)                        #输出数组
arr=np.array(([1,2],[3,4]))             #将嵌套数据元组转换为数组
print("arr=", arr)                      #输出数组
```

运行代码，结果如下：

```
ar= [1 2 3]
arr= [[1 2]
 [3 4]]
```

注意：在使用 array()函数将嵌套的多维数据转换成数组时，要保证同维数据的数据个数一致。另外，在描述数组时，通常将一维数组类比为一维空间，数组只有一个轴(axis)，也就是 0 轴；二维数组可类比为二维空间，数字有两个轴，通常表示为行和列，行方向为 0 轴，列方向为 1 轴；三维数组可类比为三维空间，数组有 3 个轴，通常用行、列和层表示，行方向为 0 轴，列方向为 1 轴，层方向为 2 轴。

除此以外，array()还能够直接将 Pillow 库中的 Image 对象转换为数组，示例代码如下：

```
#第 4 章/NumPy 数组和图像.ipynb
#将图像转换为数组
```

```
img=Image.open('../images/lena.png')
imgar=np.array(img)
print(imgar)
```

运行代码,结果如下:

```
[[[226 137 126]
  [223 137 129]
  [226 134 119]
  ...
#输出过长删除部分
...
  [167  70  84]
  [178  69  79]
  [183  72  81]]]
```

至此,通过 NumPy 库中的 array()函数完成了图像到数组的转换,这和 Pillow 库中的 Image.fromarray()方法完成数组到图像的转换为两种互逆的操作,可以看出在一定条件下数组和图像是等价的。

2. NumPy 原生数组创建

NumPy 提供了多种便捷生成特定数组的函数,以下将介绍几种常用数组创建方法。

使用 empty()函数创建指定形状的空数组,按照数组类型和尺寸只分配内存,对内存中的数据不设置,表现为数组内部元素的值不定。

使用 empty()函数创建指定维度的空数组,函数的用法如下:

```
np.empty(shape,dtype=float,order='C')
```

(1) shape: 数组的形状,可以是整数或元组,表示生成的数组的维度。

(2) dtype: 数组元素的数据类型,默认为 float,也可以指定数组元素类型,如 dtype='uint8'。

(3) order: 数组在内存中的存储顺序,默认为'C',表示按行存储,也可以指定'F',表示按列存储。

使用 empty()函数创建指定维度的空数组的示例代码如下:

```
#第 4 章/NumPy 数组和图像.ipynb
#创建空数组,数据类型为 uint8
ar=np.empty((50,256),dtype="uint8")                    #创建空多维数组,50 行 256 列
print("ar=",ar)                                        #输出数组
plt.imshow(ar,cmap="gray",vmax=255,vmin=0)             #将二维数组显示为灰度图像
plt.show()                                             #图像显示
```

运行代码,结果如下:

```
ar=[[  0  32   0 ... 127   0   0]
[  3   0   0 ...  86   0   0]
[120 127 106 ...  86   0   0]
...
```

```
[115 104 101 ... 121 116 104]
[111 110 32 ... 99   99 111]
[109 112 108 ... 32   98 101]]
```

数组对应的图像显示如图 4-1 所示，由此可以看出，50 行 256 列的二维数组可以表示一幅尺寸为 50×256 的灰度图。举例而言，二维数组元第 1 行第 1 列的元素 ar[0][0]=0，其对应灰度图像左上角的像素值，即该处的像素值为 0；二维数组元第 49 行第 255 列的元素 ar[48][254]=101，则对应灰度图像右下角的像素值为 101。在使用 Matplotlib 库函数进行图像的显示时，考虑到图像灰度值的范围[0,255]，设定了函数参数 vmax 和 vmin 的值。

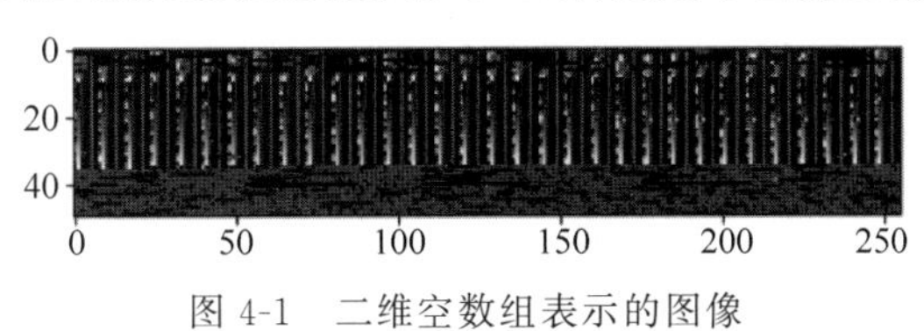

图 4-1 二维空数组表示的图像

注意：数字图像可用数组表示，如图 4-1 所示的灰度图像，灰度图像的所有像素就构成了一个二维数组，数组的行对应图像的高（单位为像素），数组的列对应图像的宽（单位为像素），数组的元素对应图像的像素，而数组元素值就表示像素的灰度值。

接下来创建三维空数组，并将三维空数组对应的图像显示出来，示例代码如下：

```
#第 4 章/NumPy 数组和图像.ipynb
#空三维数组，显示为彩色图像
ar=np.empty((50,256,3),dtype=np.uint8)
print(ar.shape)
print(ar)
plt.imshow(ar,cmap='gray',vmax=255,vmin=0)   #将三维数组显示为灰度图像，注意表示通
                                             #道的在最后一维
plt.show()                                   #图像显示
```

分别展示数组的形状和数组的具体信息，代码的运行结果如下：

```
(50, 256, 3)
[[[216  18 196]
[103  21 127]
  [  0    0 216]
...
#删除过长的输出
...
[  1    1    1]
  [  1    1    1]
  [  1    1    1]]]
```

运行代码后生成的彩色图像如图 4-2 所示。

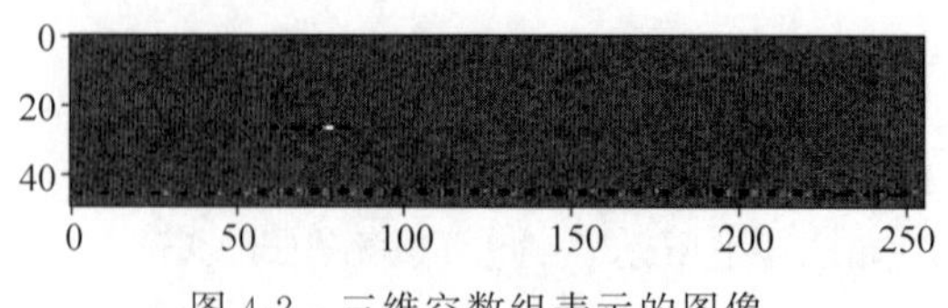

图 4-2　三维空数组表示的图像

从图 4-2 可以看出,三维数组可以表示一幅彩色图像。针对上述 50×256×3 的三维数组,则对应彩色图像的高、宽和通道个数,三维数组的第一维表示图像的行数,即图像中包含 50 行像素;第二维表示每行像素的个数,即图像中每行包含 256 像素;第三维表示每个像素的信息,即每个像素用 3 个值来表示,分别为 R、G、B 分量的取值。为了便于理解,举例说明,该数组的第 1 像素值为(216,18,196),表示对应图像左上角第 1 像素 R、G、B 分量的取值分别为 216、18 和 196。

注意:使用 plt.imshow()函数显示由数组表示的图像时,只接受尺寸为 $m \times n$、$m \times n \times 3$ 或 $m \times n \times 4$ 的数组。

使用 zeros()函数可以创建特定形状的数组,数组中的所有元素会被置为 0,数据类型默认为 float64,函数的用法如下:

```
np.zeros(shape,dtype=float,order='C')
```

(1) shape:数组的形状,可以是整数或元组,表示生成的数组的维度。

(2) dtype:数组元素的数据类型,默认为 float,也可以指定数组元素类型,如 dtype='uint8'。

(3) order:数组在内存中的存储顺序,默认为'C',表示按行存储,也可以指定'F',表示按列存储。

创建 zeros()函数所表示图像的示例代码如下:

```
#第 4 章/NumPy 数组和图像.ipynb
#创建全 0 数组
ar=np.zeros((50,256))                    #数据类型默认为 float64
print("ar=", ar)                         #输出数组
#将类型转换为 uint8,输出对应图像
arr=ar.astype('uint8')
plt.imshow(arr,cmap='gray',vmax=255,vmin=0)
plt.show()
```

运行代码,结果如下:

```
ar= [[0. 0. 0. ... 0. 0. 0.]
[0. 0. 0. ... 0. 0. 0.]
[0. 0. 0. ... 0. 0. 0.]
...
```

```
[0. 0. 0. … 0. 0. 0.]
[0. 0. 0. … 0. 0. 0.]
[0. 0. 0. … 0. 0. 0.]]
```

运行代码后生成的灰度图像如图 4-3 所示。

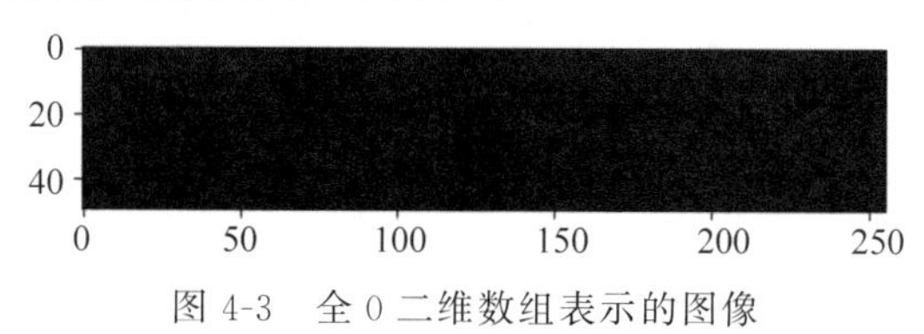

图 4-3 全 0 二维数组表示的图像

使用 ones()函数可以创建特定形状的数组,数组元素的默认值为 1,数据类型默认为 float64,函数的用法如下:

```
np.ones(shape,dtype=float,order='C')
```

(1) shape: 数组的形状,可以是整数或元组,表示生成的数组的维度。

(2) dtype: 数组元素的数据类型,默认为 float64,也可以指定数组元素类型,如 dtype='uint8'。

(3) order: 数组在内存中的存储顺序,默认为'C',表示按行存储,也可以指定'F',表示按列存储。

创建 ones()函数所表示图像的示例代码如下:

```
#第 4 章/NumPy 数组和图像.ipynb
#创建全 1 数组
ar=np.ones((50,256))                    #数据类型默认为 float
print("ar=", ar)                        #输出数组
#将类型转换为 uint8,输出对应图像
arr=ar.astype('uint8')
plt.imshow(arr,cmap='gray',vmax=1,vmin=0)
plt.show()
```

运行代码,结果如下:

```
ar=[[1. 1. 1. ... 1. 1. 1.]
[1. 1. 1. ... 1. 1. 1.]
[1. 1. 1. ... 1. 1. 1.]
...
[1. 1. 1. ... 1. 1. 1.]
[1. 1. 1. ... 1. 1. 1.]
[1. 1. 1. ... 1. 1. 1.]]
```

运行代码后生成的图像如图 4-4 所示,由于设置了 plt.imshow()函数中的参量 cmap='gray',表示图像对应的颜色映射选取灰度颜色映射,vmax=1,vimi=0,也就是将大于或等于 1 的值以白色着色,将小于或等于 0 的值以黑色着色。由于二维数组元素为 1,可以得到白色图像。

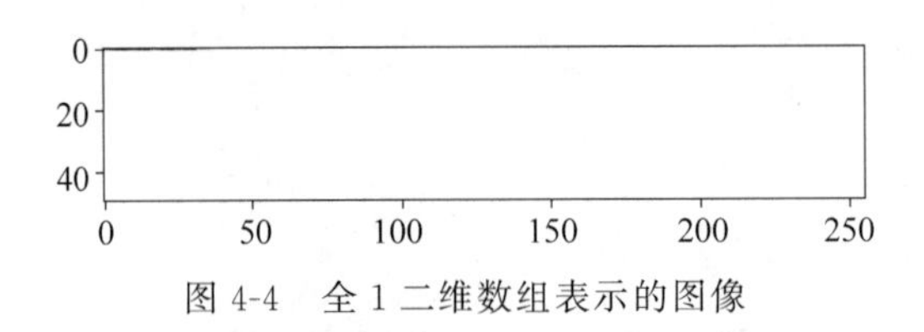

图 4-4　全 1 二维数组表示的图像

注意：上述值为 1 的数组在使用 plt.imshow()函数显示时，呈现白色，当使用 Pillow 库将数组保存为图像时，则会呈现黑色，这是由 imshow()函数内部根据参数对输入的数组进行转换后显示的结果，而非数组表示的真实图像，这在使用时需要特别注意，否则会出现使用 imshow()函数显示的效果与最终输出的图像不一致的情况。

使用 full()函数创建形状、数据类型和填充值确定的数组，用法如下：

```
np.full(shape,fill_value,dtype=None,order='C')
```

(1) shape：数组的形状，可以是整数或元组，表示生成的数组的维度。

(2) fill_value：填充值，数组中的所有元素的值。

(3) dtype：数组元素的数据类型，默认为 None，即使用默认的数据类型。

(4) order：数组在内存中的存储顺序，'C'表示按行存储，'F'表示按列存储。

创建 full()函数所表示图像的示例代码如下：

```
#第 4 章/NumPy 数组和图像.ipynb
#创建指定值的数组
ar=np.full((50,256),fill_value=128)
print("ar=", ar)                    #输出数组
#创建指定值的数组，纯色图像
arr=ar.astype('uint8')
plt.imshow(arr,cmap='gray',vmax=255,vmin=0)
plt.show()
```

运行代码，结果如下：

```
ar=[[128 128 128 ... 128 128 128]
[128 128 128 ... 128 128 128]
[128 128 128 ... 128 128 128]
...
[128 128 128 ... 128 128 128]
[128 128 128 ... 128 128 128]
[128 128 128 ... 128 128 128]]
```

运行代码后生成的图像如图 4-5 所示。plt.imshow()函数中的参量 cmap='gray'表示图像对应的颜色映射选取灰度颜色映射，vmax=255，vimi=0，也就是将大于或等于 255 的值以白色着色，将小于或等于 0 的值以黑色着色。如果二维数组元素值都为 128，则对应图像颜色介于黑色和白色之间。

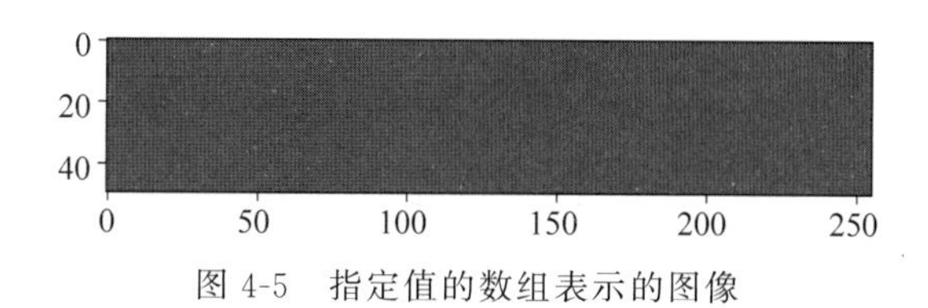

图 4-5　指定值的数组表示的图像

注意：正如前面的例子中看到的，使用 plt.imshow()函数在将数组显示为图像时，vmin 和 vmax 参数的设置会改变实际图像的显示效果，从而引发歧义。在不了解其内部逻辑前，最稳妥的做法是将两个参数设置为 vmin=0，vmax=255。

在第 3 章中，我们知道 RGB 彩色图像就是由 3 个通道的灰度图像组合而成的，同样，彩色图像也可以由 3 个二维数组合并得到。下面将以表示红色图像的数组的创建为例，说明二维数组与三维数组，以及彩色图像与三维数组的联系。在介绍代码之前，先介绍一个 NumPy 库函数 dstack()，该函数将相同尺寸的数组在第 3 个轴（深度轴）进行拼接，函数的说明如下：

```
np.dstack(tup)
```

（1）tup：由多个要拼接的 array 序列组成，每个 array 数组除第 3 个轴之外的其他轴的尺寸要一致。

（2）返回值是合并得到的新数组。

由于 RGB 图像有 3 个通道，所以为了显示为红色，只需将 R 通道像素值设置成 255，将 G 和 B 通道像素值设置成 0。通过数组和彩色图像的对应，可以设计 3 个尺寸相同的二维数组，然后在第 3 个轴（对应图像的通道）方向上进行拼接即可。具体的示例代码如下：

```
#第 4 章/NumPy 数组和图像.ipynb
#生成表示 R、G、B 3 个通道图像的数组
r=np.full((50,256),fill_value=255,dtype=np.uint8)
g=np.full((50,256),fill_value=0,dtype=np.uint8)
b=np.zeros((50,256),dtype=np.uint8)
red=np.dstack([r,g,b])  #注意 dstack 的用法，将多个大小相同的二维数组沿通道方向合并
plt.imshow(red,cmap='gray',vmax=255,vmin=0)
plt.show()
```

生成的红色图像如图 4-6 所示。

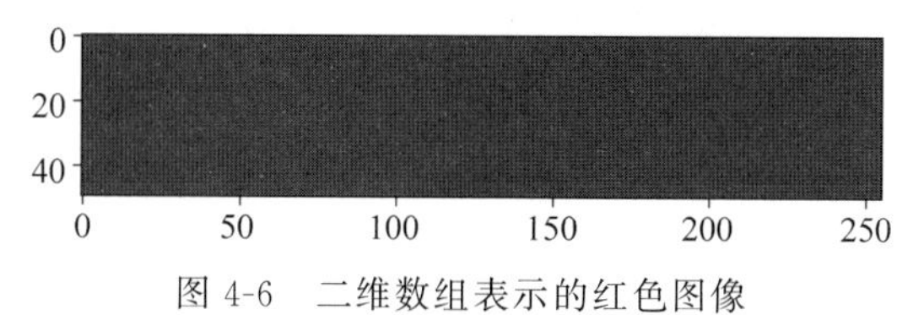

图 4-6　二维数组表示的红色图像

注意：在创建数组时，设置数据类型 dtype 参数时，既可以使用字符串，如'uint8'、'float32'等，也可以使用 NumPy 下内置的 dtype 对象，如 np.uint8、np.float32 等，两者是等价的。

除了 np.dstack()函数外，还有 np.stack()、np.vstack()和 np.hstack()等相似的数组合并函数，具体可参考相关函数的使用说明。

使用 arange()函数创建一个有起点和终点且步长固定的一维数组，与 Python 中的 range()函数相似。arange()函数的用法如下：

```
np.arange(start=0,stop,step=1,dtype=None)
```

(1) start：数组起点值，可忽略不写，默认从 0 开始。

(2) stop：数组终点值，生成数组的元素中不包括结束值。

(3) step：数组步长，可忽略不写，默认步长为 1。

(4) dtype：数组元素类型，默认为 None，设置数组元素的数据类型。

不同参数个数情况的介绍如下。

(1) 当有一个参数时，参数值为终点值，起点取默认值 0，步长取默认值 1。

(2) 当有两个参数时，第 1 个参数为起点值，第 2 个参数为终点值，步长取默认值 1。

(3) 当有 3 个参数时，第 1 个参数为起点值，第 2 个参数为终点值，第 3 个参数为步长，步长可以为小数。

示例代码如下：

```
#第 4 章/NumPy 数组和图像.ipynb
#使用 arange 函数创建数组
ar=np.arange(4)                        #默认起始为 0,终点为 4,step 为 1
print("ar=", ar)                       #输出数组
arr=np.arange(0,4)                     #起始为 0,终点为 4,step 为 1
print("arr=", arr)                     #输出数组
art=np.arange(0,4,0.5)                 #起始为 0,终点为 4,step 为 0.5
print("art=", art)                     #输出数组
```

运行代码，结果如下：

```
ar=[0 1 2 3]
arr=[0 1 2 3]
art=[0. 0.5 1. 1.5 2. 2.5 3. 3.5]
```

函数 arange()创建得到的是一维数组，与图像所示的二维或三维数组形状不同，因此在显示为图像前需转换为二维数组，函数 reshape()就是一种方法。reshape()函数的功能是改变数组或者矩阵的形状，具体的用法如下：

```
np.reshape(a,newshape,order='C')
```

(1) a：需要处理的数组对象。

(2) newshape：新的数组形状，该值为整数或者整型数组。如(3,4)表示新的数组为 3

行 4 列，新数组中元素个数要和原来数组 a 中的元素数量一致。如果该值为整数，则将数组 a 展成一维数组，此种情况可以直接设置为－1，由 NumPy 根据数组的元素数量自行决定最终的形状；如果这是由整数构成的元组或列表，则其中一个数据可以为－1，该维度的元素个数可以根据元素总数进行推断。

（3）order：可选参数，表示读取 a 中元素的索引顺序，默认为'C'。'C'表示用类 C 的索引顺序存取元素；'F'表示用 FORTRAN 的索引顺序存取元素；'A'表示生成的新数组使用和原数组 a 相同的存储方式。

接下来基于上述 reshape()函数，展示使用 arange()函数创建的数组所表示的图像，示例代码如下：

```
#第 4 章/NumPy 数组和图像.ipynb
#创建一个序列 arange([start,] stop[, step,][, dtype, like])
ar=np.arange(0,255,1,dtype=np.uint8)                    #起始为 0,终点为 255,step 为 1
print(ar.shape)
ar=np.reshape(ar,(1,-1))                                #将维度调整为二维
print(ar.shape)
plt.axis('off')
plt.imshow(ar,cmap='gray',vmax=255,vmin=0)
plt.show()
```

运行代码，效果如下：

```
(255,)
(1,255)
```

数组对应的图像如图 4-7 所示，显示为高度为 1 像素的渐变图像。

图 4-7　递增一维数组表示的图像

注意：在上述示例中，既可以使用 np.reshape()函数完成数组形状的变换，也可以使用数组对象的 reshape()方法直接对该数组的形状进行变换：ar.reshape(1,－1)。这种 NumPy 函数与数组对象方法重名，但功能相同的现象非常普遍，可以根据个人习惯选择，以及不再进行区分。

使用 linspace()函数创建起点和终点已知、元素数量固定且间隔相等的数组。linspace()函数的用法如下：

```
np.linspace(start,stop,num=50,endpoint=True,retstep=False,dtype=None)
```

（1）start：数组起点值。

（2）stop：数组终点值。当 endpoint＝True 时，数组包括结束值；当 endpoint＝False 时，数组包括结束值。

（3）num：数组元素的个数，默认为 50，必须非负。

(4) endpoint：布尔类型。默认值为 True，当 endpoint=True 时，数组包括结束值；当 endpoint=False 时，数组不包括结束值。

(5) retstep：布尔类型。默认值为 False，若为 True，则返回数组和固定间隔；若为 False，则仅返回数组。

(6) dtype：数组元素类型，默认为 None，用于设置显示元素的数据类型。

示例代码如下：

```
#第 4 章/NumPy 数组和图像.ipynb
#使用 linspace 创建数组
ar=np.linspace(0,4)                         #起始为 0，终点为 4
print("ar=", ar)                            #输出数组
arr=np.linspace(0,4,5)                      #起始为 0，终点为 4，元素数量为 5
print("arr=", arr)                          #输出数组
art=np.linspace(0,4,5,endpoint=False)       #起始为 0，终点不为 4，元素数量为 5
print("art=", art)                          #输出数组
```

运行代码，结果如下：

```
ar=[0.         0.08163265 0.16326531 0.24489796 0.32653061 0.40816327
0.48979592 0.57142857 0.65306122 0.73469388 0.81632653 0.89795918
0.97959184 1.06122449 1.14285714 1.2244898  1.30612245 1.3877551
1.46938776 1.55102041 1.63265306 1.71428571 1.79591837 1.87755102
1.95918367 2.04081633 2.12244898 2.20408163 2.28571429 2.36734694
2.44897959 2.53061224 2.6122449  2.69387755 2.7755102  2.85714286
2.93877551 3.02040816 3.10204082 3.18367347 3.26530612 3.34693878
3.42857143 3.51020408 3.59183673 3.67346939 3.75510204 3.83673469
3.91836735 4.        ]
arr=[0. 1. 2. 3. 4.]
art=[0. 0.8 1.6 2.4 3.2]
```

接下来介绍可以同时生成多维网格的函数 np. mgrid，np. mgrid 函数的用法如下：

np. mgrid[第一维，第二维，…]，生成的第 1 个数组是依照列表中第 1 个元素生成的，对列进行扩展重复；另外一个数组是根据列表中第 2 个元素生成的，对行进行扩展重复。以此类推，其中数组部分的构建需要传入一个列表，例如[a:b:step]，a 表示起点，b 表示终点，step 为步长。如果 step 为复数，则步长表示点数，并且起点和终点都可以取到，即左闭右闭；如果 step 为实数，则表示间隔，则起点能取到，终点取不到，即左闭右开。

利用函数 np. mgrid 可以方便地生成表示渐变图像的有序二维数组，使用的示例代码如下：

```
#第 4 章/NumPy 数组和图像.ipynb
#创建规则格网
y,x=np.mgrid[255:0:256j,0:255:256j]  #y 的起点，终点，插入的点数，x 的起点，终点，插入
                                     #的点数
print('x.shape=',x.shape)
print('x=',x)
print('y.shape=',y.shape)
print('y=',y)
```

```
plt.imshow(x,cmap='gray',vmax=255,vmin=0)
plt.show()
plt.imshow(y,cmap='gray',vmax=255,vmin=0)
plt.show()
plt.imshow(x,cmap='coolwarm',vmax=255,vmin=0)        #不同的 cmap 查看显示的效果
plt.show()
plt.imshow(y,cmap='Spectral',vmax=255,vmin=0)
plt.show()
```

运行代码,结果如下:

```
x.shape=(256, 256)
x=[[ 0. 1. 2. ... 253. 254. 255.]
[ 0. 1. 2. ... 253. 254. 255.]
[ 0. 1. 2. ... 253. 254. 255.]
...
[ 0. 1. 2. ... 253. 254. 255.]
[ 0. 1. 2. ... 253. 254. 255.]
[ 0. 1. 2. ... 253. 254. 255.]]
y.shape=(256, 256)
y=[[255. 255. 255. ... 255. 255. 255.]
[254. 254. 254. ... 254. 254. 254.]
[253. 253. 253. ... 253. 253. 253.]
...
[ 2. 2. 2. ... 2. 2. 2.]
[ 1. 1. 1. ... 1. 1. 1.]
[ 0. 0. 0. ... 0. 0. 0.]]
```

对应生成的 4 个效果图如图 4-8 所示。

此外,在 NumPy 中还包括一个 meshgrid()函数,可以将多个数组生成格网,便捷地生成格网数组。使用 meshgrid()函数生成图 4-8 的示例代码如下:

```
#第 4 章/NumPy 数组和图像.ipynb
#创建规则格网
xids=np.arange(0,256)
yids=np.arange(255,-1,-1)
y,x=np.meshgrid(yids,xids,indexing='ij')
plt.imshow(x,cmap='gray',vmax=255,vmin=0)
plt.show()
plt.imshow(y,cmap='gray',vmax=255,vmin=0)
plt.show()
plt.imshow(x,cmap='coolwarm',vmax=255,vmin=0)        #尝试不同的 cmap 查看显示的效果
plt.show()
plt.imshow(y,cmap='Spectral',vmax=255,vmin=0)
plt.show()
```

在前面使用 np.dstack()函数进行多个数组的合并时,其中有个必要条件就是待合并的所有数组必须在非合并维的尺寸相同。当不满足此条件时,需要将待合并的数组调整为相同的尺寸,其中一种方法就是通过边界填充。np.pad()函数提供了对数组沿边界进行填充

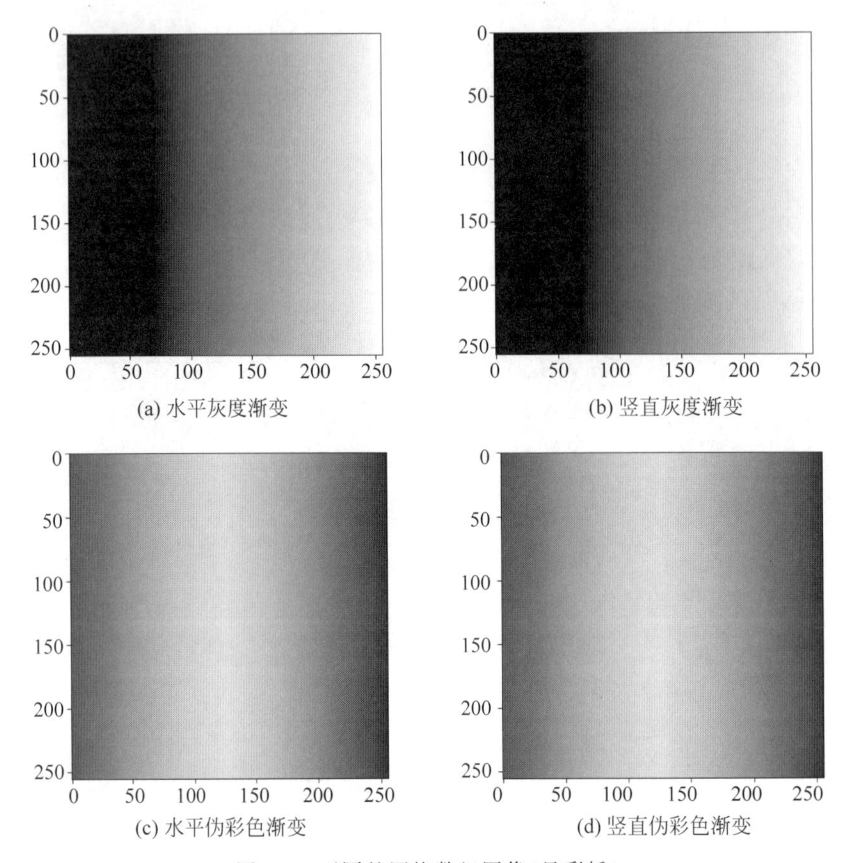

图 4-8　不同的网格数组图像(见彩插)

或者扩展的功能，np. pad()函数的用法如下：

```
np.pad(array,pad_width,mode='constant')
```

(1) array：要填充的数组。

(2) pad_width：指定每个轴的边缘需要填充的元素个数。该参数可以是整型、元组和数组等类型。例如要填充二维数组，第 1 个轴的前后分别填充 1 个和 2 个元素，第 2 个轴的前后分别填充 3 个和 4 个元素，则该参数取值为((1,2),(3,4))。

(3) mode：填充模式，默认为'constant'，即为模式参数分配一个常量值，使用常量进行填充。当使用 constant 进行填充时，该参数之后需要设置 constant_value 的值，示例代码如下：

```
y = np.pad(x, (3, 2), 'constant', constant_values=(-4, 5))
```

除此之外，需要为 mode 参数设置以下的值。

① edge：使用数组的边缘值对数组进行填充。

② linear_ramp：使用边缘值和最终值之间的线性渐变进行边缘填充。在使用该填充模式时，还需要在填充模式之后，赋值最终值(end_value)。例如，以前后各 2 个和 3 个元素

填充数组，填充模式为 linear_ramp，并且最终值为(−4，5)，则代码如下：

```
y=np.pad(x, (3, 2), 'linear_ramp', end_values=(-4, 5))
```

③ maximum：使用数组每个轴的最大值进行填充。

④ mean：使用数组每个轴的平均值进行填充。

⑤ median：使用数组每个轴的中值进行填充。

⑥ minimum：使用数组每个轴的最小值进行填充。

⑦ reflect：可选参数 even 或者 odd，默认为 even，使用数组每个轴的第 1 个和最后一个值的反向镜像值进行填充，也叫对称填充。如果选取 odd，则通过从边缘值的两倍减去反射值的结果进行填充。

⑧ symmetric：可选参数 even 或 odd。参数意义同上，使用数组的边缘镜像值进行填充。

⑨ wrap：用数组后面的值填充前面的值，用数组前面的值填充后面的值。

下面结合 np. mgrid()函数，使用 np. pad()函数进行数组填充，示例代码如下：

```
#第 4 章/NumPy 数组和图像.ipynb
#填充操作
y,x=np.mgrid[255:0:256j,0:255:256j]
#常数扩充
ar1=np.pad(x,((30,30),(50,50)),mode='constant',constant_values=200)
print('x.shape=',x.shape)
print('x=',x)
print('ar1.shape=',ar1.shape)
print('ar1=',ar1)
plt.imshow(ar1,cmap='gray',vmax=255,vmin=0)
plt.show()
ar2=np.pad(x,((30,30),(50,50)),mode='reflect')          #反射填充
print('ar2=',ar2)
plt.imshow(ar2,cmap='gray',vmax=255,vmin=0)
plt.show()
ar3=np.pad(x,((30,30),(50,50)),mode='edge')             #复制边缘填充
print('ar3=',ar3)
plt.imshow(ar3,cmap='gray',vmax=255,vmin=0)
plt.show()
ar4=np.pad(x,((30,30),(50,50)),mode='maximum')          #最大值填充
print('ar4=',ar4)
plt.imshow(ar4,cmap='gray',vmax=255,vmin=0)
plt.show()
```

运行代码，结果如下：

```
x.shape=(256, 256)
x=[[ 0. 1. 2. ... 253. 254. 255.]
[ 0. 1. 2. ... 253. 254. 255.]
[ 0. 1. 2. ... 253. 254. 255.]
...
```

```
[ 0. 1. 2. ... 253. 254. 255.]
[ 0. 1. 2. ... 253. 254. 255.]
[ 0. 1. 2. ... 253. 254. 255.]]
ar1.shape=(316, 356)
ar1= [[200. 200. 200. ... 200. 200. 200.]
[200. 200. 200. ... 200. 200. 200.]
[200. 200. 200. ... 200. 200. 200.]
...
[200. 200. 200. ... 200. 200. 200.]
[200. 200. 200. ... 200. 200. 200.]
[200. 200. 200. ... 200. 200. 200.]]

ar2= [[ 50. 49. 48. ... 207. 206. 205.]
[ 50. 49. 48. ... 207. 206. 205.]
[ 50. 49. 48. ... 207. 206. 205.]
...
[ 50. 49. 48. ... 207. 206. 205.]
[ 50. 49. 48. ... 207. 206. 205.]
[ 50. 49. 48. ... 207. 206. 205.]]

ar3= [[ 0. 0. 0. ... 255. 255. 255.]
[ 0. 0. 0. ... 255. 255. 255.]
[ 0. 0. 0. ... 255. 255. 255.]
...
[ 0. 0. 0. ... 255. 255. 255.]
[ 0. 0. 0. ... 255. 255. 255.]
[ 0. 0. 0. ... 255. 255. 255.]]

ar4= [[255. 255. 255. ... 255. 255. 255.]
[255. 255. 255. ... 255. 255. 255.]
[255. 255. 255. ... 255. 255. 255.]
...
[255. 255. 255. ... 255. 255. 255.]
[255. 255. 255. ... 255. 255. 255.]
[255. 255. 255. ... 255. 255. 255.]]
```

通过不同的边缘填充方式，可以得到不同的数组，从而可以表示不同的图像，尤其是数组的填充部分对应的图像边缘会有差异。上述 4 种不同的填充方式得到的新的数组表示的图像如图 4-9 所示。

3．使用特殊库函数创建

对比 Python 中的 random 模块实现各种分布的伪随机数生成器，NumPy 库中也有随机数模块 random，能够用于生成符合多种随机分布的数据，并且采样产生指定形状的数组。下面介绍使用 NumPy 库的随机函数模块 random 中相关函数创建数组的方法。

np. random. random()函数：在一个 0～1 均匀分布的函数上采样生成指定形状的数组。使用 random()库函数创建数组，并对所表示的图像进行显示的示例代码如下：

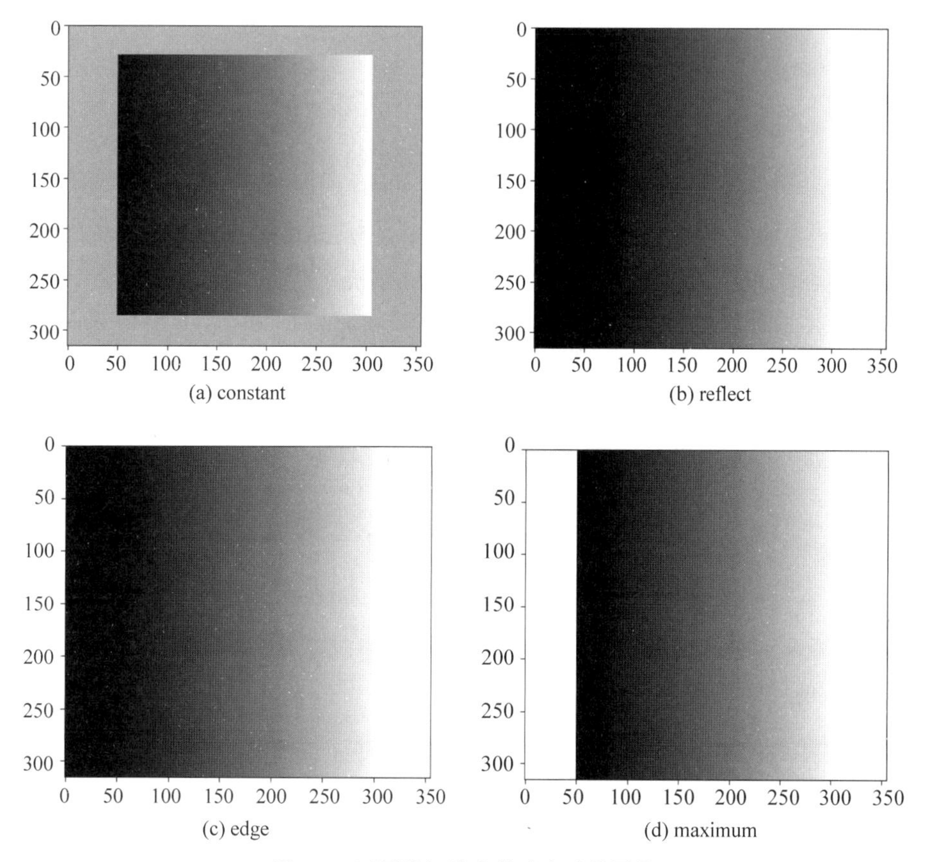

图 4-9 不同数组填充模式生成的图像

```
#第 4 章/NumPy 数组和图像.ipynb
#创建随机数组，产生 0~1 的 m×n 维浮点型数组
ar=np.random.random((50,256))              #0~1 的数组
print("ar=", ar)                           #输出数组
#创建随机数组，产生 0~1 的尺寸为 50×256 的数组
ar=np.random.random((50,256))*255          #要把 0~1 的数组缩放到 0~255
ar=ar.astype(np.uint8)                     #要把数据类型转换为 np.uint8 无符号的字节
plt.imshow(ar,cmap='gray',vmax=255,vmin=0)
plt.show()
```

运行代码，结果如下：

```
ar= [[116.74241858  48.72042437  61.72261616 ... 194.83686521  78.60903759
   22.44412755]
 [149.77226594 197.51176333 197.00191756 ...  31.47535972  63.77652298
  225.89812116]
 [  8.94410353 240.47404471  30.93784093 ... 224.56117691 141.82387485
  248.49344505]
...
```

```
[167.84292253  20.64233164 184.81816125 ... 170.5429784 224.08823773
   72.78956011]
[171.06999636 212.16365388   3.58299537 ... 92.07791169 88.99750775
   61.28138013]
[  9.45042204 166.56561973 132.51035656 ... 43.49179079 64.71057166
   42.94105581]]
```

考虑到随机数组产生的数组元素为[0,1]的浮点数,而图像的像素值一般为 np. uint8 无符号的字节类型,取值范围一般为[0,255],因此,在使用随机数组函数生成图像时,通过乘法运算将数组元素的范围从[0,1]缩放至[0,255],然后将元素类型转换为 np. uint8 类型。

示例代码生成的图像如图 4-10 所示。

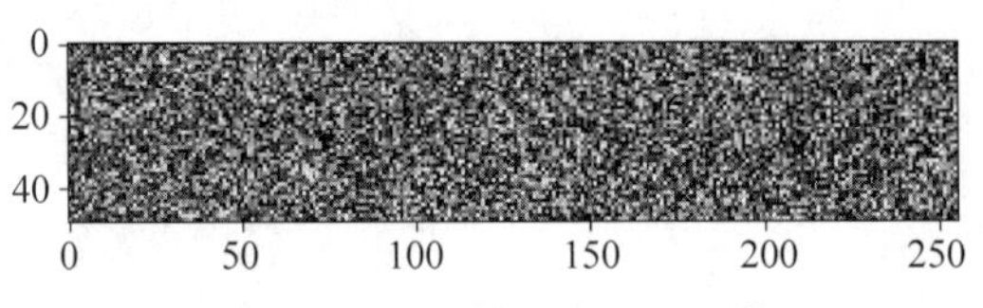

图 4-10　随机数组表示的图像

np. random. randint()函数使用一个整数范围内随机采样的函数创建一个指定形状的整型数组,函数的使用方法如下:

```
np.random.randint(low,high=None,size=None,dtype='int')
```

(1) low: 数组的最小值。

(2) high: 数组的最大值的上界,结果不含此值。

(3) size: 数组维度大小。

(4) dtype: 数组数据类型,默认的数据类型是 int。

使用 randint()库函数创建数组,并对所表示的图像进行显示的示例代码如下:

```
#第 4 章/NumPy 数组和图像.ipynb
#创建随机数组,产生 0~255 的尺寸为 50×256×3 的数组
art=np.random.randint(0,256,(50,256,3))
print("art=", art)                #输出数组
#显示随机数组对应的图像
ar=np.random.randint(0,256,(50,256,3),dtype=np.uint8)
plt.imshow(ar,cmap='gray',vmax=255,vmin=0)
plt.show()
```

运行代码,结果如下:

```
art=[[[146  194  212]
  [ 21  38  38]
  [229  219  67]
  ...
  [ 53  97  154]
  [176  245  164]
```

```
 [133 204  17]]
 ...
 [153  33 104]
 [192  84  26]
 [ 28  80  60]]]
```

从代码的运行结果可以看出，构建了一个大小为(50,256,3)的三维数组，数组元素的取值范围为[0,255]。

示例代码生成的图像如图 4-11 所示。

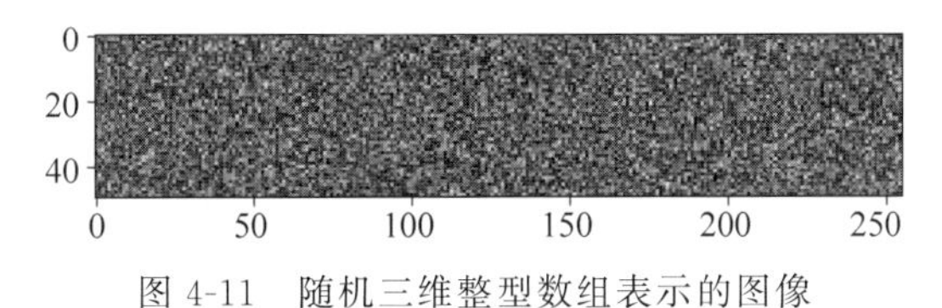

图 4-11　随机三维整型数组表示的图像

从图像可以看出，随机三维整型数组可以表示彩色图像，数组的 3 个维度的大小对应的图像的高、宽和通道数分别为 50、256、3。

random 模块的其他常用库函数，如 np. random. standard_normal(size=None)函数和 np. random. rand()函数，用法如下。

np. random. rand(size=None)函数：用于生成一个 0 到 1 的随机浮点数：0≤n<1.0。当不设置函数的参数时，默认产生一个随机浮点数。

np. random. standard_normal(size=None)函数：从标准正态分布中获取随机样本。当不设置函数的参数时，默认产生一个随机浮点数。

举例说明使用 rand()函数和 standard_normal()函数创建数组，并对所表示的图像进行显示的示例代码如下：

```
#第 4 章/NumPy 数组和图像.ipynb
#创建随机数组，产生[0,1)的浮点数或 N 维浮点数组
ar=np.random.rand(3)                        #三维浮点数组
print("ar=", ar)                            #输出数组
#创建一个浮点数或 N 维浮点数组，取数范围：标准正态分布随机样本
arr=np.random.standard_normal(5)
print("arr=", arr)                          #输出数组
```

运行代码，结果如下：

```
ar= [0.50705138 0.11599628 0.83630963]
arr= [-0.98363635 -1.68268961 -0.71454118 -0.29149906 -0.37289029]
```

4.1.3　数组属性

NumPy 数组的属性可以反映数组的基本信息和性质。通过查看数组的属性，对于使用数组有很大帮助。本节将介绍 NumPy 数组的基本属性及其对应的含义。

首先，为了后续对数组进行操作，对数组的一些基本属性进行解释，常用的数组的基本

属性如表 4-2 所示。

秩(ndim)：NumPy 数组的维数称为秩，即数组的轴数量或数组的维度。例如，一维数组的秩为 1，二维数组的秩为 2，以此类推，NumPy 约定标量的秩为 0。

轴(axis)：NumPy 数组的轴也称为维度，每个线性的数组就是一个轴。例如，一维数组只有一个线性的数组，即有一个轴；二维数组相当于包含两个方向上的一维数组，即有两个轴。轴是有顺序的，以数字 0 开始命名，由外而内，分别是 0 轴、1 轴……

表 4-2　NumPy 数组的基本属性

基本属性	描　　述
nadrray. shape	数组的形状
nadrray. ndim	秩，即数组轴的数量或者维度的数量
nadrray. size	数组元素的个数
nadrray. dtype	数组元素的类型
nadrray. itemsize	数组元素的大小，以字节为单位
nadrray. real	数组元素的实部
nadrray. imag	数组元素的虚部

查询数组基本属性的示例代码如下：

```
#第 4 章/NumPy 数组和图像.ipynb
#数组属性查询
ar=np.random.random((3,4))*255
print('ar=', ar)                    #数组元素打印
print('ndim:',ar.ndim)              #查询数组的维度，可以用来判断是否为灰度图像
print('shape:',ar.shape)            #查询数组的形状，联合 ndim 可以用来判断是否为彩色图像
print('dtype:',ar.dtype)            #查询数组元素的数据类型，用于判断是否为图像类型
print('size:',ar.size)              #查询数组中元素的总数
print('itemsize:',ar.itemsize) #查询数组元素大小，以字节为单位
```

数组属性的查询结果如下：

```
ar= [[ 70.57216023 226.71099425  92.10130839 214.54387505]
[191.55280529  86.26937096 186.38275061 125.35380485]
[ 46.95039473 100.00213629  52.30567042 115.70760606]]
ndim: 2
shape: (3, 4)
dtype: float64
size: 12
itemsize: 8
```

从运行结果可以看出，使用 random()函数创建的数组维度为二维，从数组维度可以判定数组表示的图像为灰度图像。数组形状为 3 行 4 列，即对应的灰度图像的高为 3、宽为 4。数组元素的总数为行数×列数，即 12。数组元素的默认数据类型为 float64，数组中每个数据元素占据的空间大小为 8 字节。

4.2 数组运算

NumPy 库的强大之处就在于定义了数组类型和支持丰富的数组运算。以下就选取 NumPy 库中与图像处理相关的一些典型运算进行介绍,并就部分运算在图像处理上的作用进行展示和说明。

4.2.1 数组索引和切片

数组对象的访问和修改可以通过索引和切片的方式来操作。数组对象可以基于下标进行直接索引,而切片则可以通过内置的 slice()函数进行,切片后将得到一个新的数组对象。

索引的顺序和列表顺序一致,索引分为正向索引和反向索引,其索引方向如图 4-12 所示,正向索引的初始从 0 开始,并且从数组的第 1 个元素开始,按顺序对数组元素进行访问。反向索引的初始从−1 开始,而且索引从数组最后一个元素开始,按倒序对数组元素进行访问。

正向索引	0	1	2	3	4	5	6	7	8	9
数组	[0	1	2	3	4	5	6	7	8	9]
反向索引	−10	−9	−8	−7	−6	−5	−4	−3	−2	−1

图 4-12 数组索引顺序

数组的索引方式包含 3 种:逗号运算符、省略号运算符和冒号运算符。如果要索引的数组为二维及以上的数组,则可以通过分别使用中括号的方式,并采用逗号运算符来区分维度,如 a[1,2]等价于 a[1][2]。如果要访问二维数组的某一行(某一列)数据或者访问某一区域的数据,则可以采用省略号或者冒号实现,如访问数组第 2 列的元素,可用 a[…,2]或者 a[:,2]。对于一维数组,数组索引和切片比较简单,规则与 Python 原生的列表类型相似,直接通过设置索引数值访问数组即可,如 a[3],a[1:],a[1:4]。

注意:数组元素访问中冒号":"的解释:如果只使用一个参数,如[2],将返回与该索引对应的单个元素,如果为[2:],则表示访问从该索引开始的以后的所有数组元素。如果使用了两个参数,如[2:7],则将访问两个索引之间的数组元素,不包含终止索引所对应的数组元素。

一维数组的索引和切片,示例代码如下:

```
#第 4 章/NumPy 数组和图像.ipynb
#一维数组的索引和切片
arr=np.arange(10) #[0 1 2 3 4 5 6 7 8 9]  #索引与切片
print('arr[4]=',arr[4])                    #索引,正向索引,值为 4
print('arr[-6]=',arr[-6])                  #索引,反向索引,值为 4
print('arr[2:9]=',arr[2:9])                #切片:终止索引取不到,值为[2 3 4 5 6 7 8]
print('arr[2:]=',arr[2:])                  #切片:[2 3 4 5 6 7 8 9]
print('arr[-8:-1]=',arr[-8:-1])            #切片:终止索引取不到,[2 3 4 5 6 7 8]
```

运行代码,结果如下:

```
arr[4]=4
arr[-6]=4
arr[2:9]=[2 3 4 5 6 7 8]
arr[2:]=[2 3 4 5 6 7 8 9]
arr[-8:-1]=[2 3 4 5 6 7 8]
```

从运行结果可以看出,访问数组的同一个元素可以采用正向和反向索引两种方式,根据需要可以选择合适的索引方式。同时在进行数组切片时,如果设置了起始索引和终止索引,则终止索引对应的值是取不到的,即左闭右开。

除了可以直接设置数组的索引实现数组切片之外,通过内置的 slice()函数也可以实现数组切片。slice()函数需要传递 3 个参数值:start(起始索引)、stop(终止索引)和 step(步长),通过它可以实现从原数组上切割出一个新数组,新数组不包含终止索引的值。使用 slice()函数进行数组切片的示例代码如下:

```
#第 4 章/NumPy 数组和图像.ipynb
#使用 slice()函数进行数组切片
a=np.arange(10)                    #创建数组
print('a=',a)                      #打印原始数组
s1=slice(2,7,2) #slice(start: stop: step)函数进行切片,参数分别表示起始索引、终止
                #索引和步长
print('a[s1]=',a[s1])
s2=slice(0,8,2) #slice(start: stop: step)函数进行切片,参数分别表示起始索引、终止
                #索引和步长,不包含终止索引的值
print('a[s2]=',a[s2])
```

示例代码的运行结果如下:

```
a=[0 1 2 3 4 5 6 7 8 9]
a[s1]=[2 4 6]
a[s2]=[0 2 4 6]
```

从运行结果可以看出,采用内置函数 slice()函数可以构造数组切片对象。同直接进行数组切片原理一样,终止索引对应的数组元素都不包含在新数组中。

不同于一维数组索引和切片,只需设置一个维度的索引值,二维数组的索引和切片涉及两个维度的索引值设置。如果[]内只设置一个元素,则访问的结果则是一个一维数组。如果想要得到数组元素,则需要设置两个[][]或单个[]内包含两个逗号隔开的索引设置(分别表示行索引和列索引),例如,a[2][2]和 a[2,2]是等价的。另外,也可以通过只设置索引步长访问数组,如 a[::2,::1],表示从 0 行 0 列开始,每隔 2 行访问,每隔 1 列访问。

注意:切片还可以包括省略号'…',从而使选择元组的长度与数组的维度相同。如果在行位置使用省略号,则将返回包含行中所有数组的元素。

二维数组的索引和切片，示例代码如下：

```
#第 4 章/NumPy 数组和图像.ipynb
#二维数组的索引和切片
arr=np.array([[1, 2, 3],[4, 5, 6],[7, 8, 9]])          #索引和切片
print('arr=', arr)
#索引行
print('arr[0]=', arr[0])                                #索引行[1 2 3]
print('arr[0,:]=', arr[0,:])                            #索引行[1 2 3]
print('arr[0,...]=', arr[0,...])                        #索引行[1 2 3]
#索引列
print('arr[1]=', arr[1])                                #索引列[2 5 8]
print('arr[:,1]=', arr[:,1])                            #索引列[2 5 8]
print('arr[...,1]=', arr[... ,1])                       #索引列[2 5 8]
#取得一个二维数组
print('arr[0:2,1:2]=', arr[0:2,1:2])                    #注意左闭右开
'''
[[2][5]]
'''
#设置步长的索引
print('arr[::2,::2]=', arr[::2,::2])                    #将步长设置为 2
'''
[[1 3][7 9]]
'''
#取值
print('arr[1,2]=', arr[1,2])                            #索引取值 6
print('arr[1][2]=',arr[1][2])                           #索引取值 6
```

运行代码，结果如下：

```
arr= [[1 2 3]
 [4 5 6]
 [7 8 9]]
arr[0]= [1 2 3]
arr[0,:]= [1 2 3]
arr[0, ...]= [1 2 3]
arr[1]= [4 5 6]
arr[:,1]= [2 5 8]
arr[... , 1]= [2 5 8]
arr[0:2,1:2]= [[2]
 [5]]
arr[::2,::2]= [[1 3]
 [7 9]]
arr[1,2]= 6
arr[1][2]= 6
```

从运行效果可以看出，如果要访问二维数组中的某个元素，则需要同时设置行索引和列索引。如果要对二维数组进行切片，则有多种方式：起始索引值设置、使用省略号或设置索引步长，根据需要可以选取合适的方式。

多维数组的索引和切片与二维数组索引和切片的原理一样。通过设置每个维度的索引值访问多维数组，对多维数组索引和切片的示例代码如下：

```
#第 4 章/NumPy 数组和图像.ipynb
#多维数组的索引和切片
a=np.arange(24).reshape((2, 3, 4))   #三维数组，可以通过设置每个维度的参数访问数组
                                     #元素
print('a=',a)
#多维数组索引
print('a[1, 2, 3]=',a[1, 2, 3])      #数组索引，第一维度为 1，第二维度为 3，第三维度为 3，
                                     #也就是访问数组第 2 个数组，第 3 行、第 4 列的元素
print('a[0, 1, 2]=',a[0, 1, 2])      #数组索引，第一维度为 1，第二维度为 1，第三维度为 2，
                                     #也就是访问数组第 1 个数组，第 2 行、第 3 列的元素
#多维数组切片
print('a[..., 2, 3]=',a[..., 2, 3])  #数组切片，第二维度为 2，第三维度为 3，也就是访问数
                                     #组第 3 行、第 4 列的所有元素
print('a[0, 1:, 2:]=',a[0, 1:, 2:])#数组切片，第一维度为 0，第二维度为 1:，第三维度为
                                     #2:，也就是访问第 1 个数组，第 2 行到最后一行，第
                                     #3 列到最后一列的所有元素
```

示例代码的运行结果如下：

```
a= [[[ 0  1  2  3]
  [ 4  5  6  7]
  [ 8  9 10 11]]

 [[12 13 14 15]
  [16 17 18 19]
  [20 21 22 23]]]
a[1, 2, 3]=23
a[0, 1, 2]=6
a[..., 2, 3]= [11 23]
a[0, 1:, 2:]= [[6  7]
 [10 11]]
```

数组切片在图像处理中能够起到一些作用，例如给定一幅图像，如果想得到某个区域范围内的部分图像，则可以使用数组切片达到图像裁剪的目的，同时可以使用数组切片进行通道分离，得到单通道的图像。甚至，通过设置切片的步长还能达到缩放图像的效果。

使用数组切片实现图像裁剪的示例代码如下：

```
#第 4 章/NumPy 数组和图像.ipynb
#数组切片实现图像裁剪
y,ar=np.mgrid[255:0:256j,0:255:256j]
```

```
plt.imshow(ar,cmap='gray',vmin=0,vmax=255)
plt.show()
#数组切片
plt.imshow(ar[:30,:100].astype(np.uint8),cmap='gray',vmax=255,vmin=0)#左上角区
#域,前 30 行,前 100 列的图像区域
plt.show()
plt.imshow(ar[:30,-100:].astype(np.uint8),cmap='gray',vmax=255,vmin=0)#右上角区
#域,前 30 行,后 100 列的图像区域
plt.show()
```

图像裁剪结果如图 4-13 所示,图 4-13(a)为构建的数组表示的图像,图 4-13(b)为使用切片获取数组前 30 行、前 100 列的数组元素,对应于得到图像左上角前 30 行、前 100 列的区域图像。图 4-13(c)为使用切片获取数组前 30 行、后 100 列的数组元素,对应于得到图像右上角前 30 行、后 100 列的区域图像。

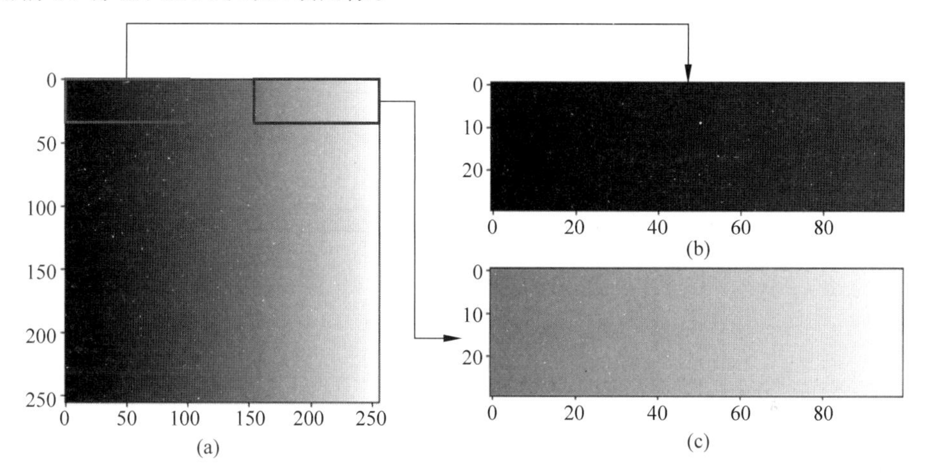

图 4-13　图像裁剪

使用数组切片实现图像通道分离的示例代码如下:

```
#第 4 章/NumPy 数组和图像.ipynb
#对通道进行切片,实现通道分离
ar=np.random.random((50,256,3))*255
r,g,b=(ar[:,:,i] for i in range(3))      #使用数组切片实现通道分离
#r,g,b=np.split(ar,3,2)                  #可直接使用通道分离函数进行通道分离
print(r.shape)
plt.imshow(ar.astype(np.uint8),cmap='gray',vmax=255,vmin=0)
plt.show()
plt.imshow(r.astype(np.uint8),cmap='gray',vmax=255,vmin=0)
plt.show()
plt.imshow(g.astype(np.uint8),cmap='gray',vmax=255,vmin=0)
```

```
plt.show()
plt.imshow(b.astype(np.uint8),cmap='gray',vmax=255,vmin=0)
plt.show()
```

运行代码后生成的图像如图 4-14 所示。从运行效果可以看出,对于数组表示的图 4-14(a) RGB 彩色图像,通过在数组第 3 个维度进行切片,可对应得到所表示图像的单通道的图像,即图 4-14(b)～图 4-14(d)所示的图像。

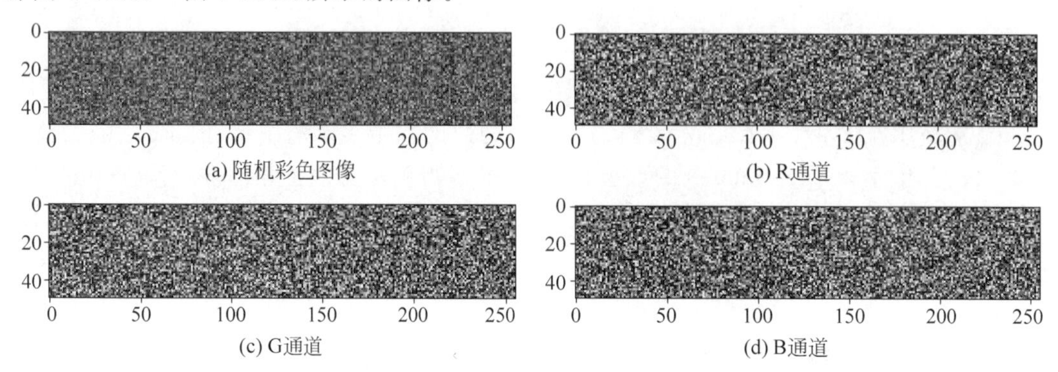

图 4-14　数组切片实现通道分离(见彩插)

使用数组切片实现图像缩小的示例代码如下:

```
#第 4 章/NumPy 数组和图像.ipynb
#数组切片实现图像缩放
img=Image.open('../images/lena.png')
ar=np.array(img)                    #256×256×3
plt.imshow(ar,cmap='gray',vmin=0,vmax=255)
plt.show()
#数组切片
s1=ar[::2,::2]
s2=ar[::2,1::2]
s3=ar[1::2,::2]
s4=ar[1::2,1::2]
#绘制
plt.subplot(2,2,1)
plt.imshow(s1,cmap='gray',vmin=0,vmax=255)
plt.subplot(2,2,2)
plt.imshow(s2,cmap='gray',vmin=0,vmax=255)
plt.subplot(2,2,3)
plt.imshow(s3,cmap='gray',vmin=0,vmax=255)
plt.subplot(2,2,4)
plt.imshow(s4,cmap='gray',vmin=0,vmax=255)
plt.show()
```

代码的运行效果如图 4-15 所示,通过在数组的前两个维度设置间隔为 2 的切片,可以由切片起点的不同得到 4 个数组,并且每个数组都可以看作将原图像缩小 1/2 后的结果。需要注意的是,使用切片进行图像(数组)缩小的方法在现代深度学习中是一种常用的处理手段,用于数据增强和特征图的缩小。

图 4-15 数组切片缩小图像

4.2.2 数值运算

数组的数值运算主要包括算术运算、乘方开方运算、三角函数运算、截断运算等,只涉及单个元素的运算,并且在运算前后数组的形状不发生改变。在需要两个操作数参与的运算中,如果两个操作数都是数组,则一般需要这两个数组的维数相同,并对两个数组对应位置的元素进行运算;如果两个数组形状不同,或一个是数组而另一个是标量,则 NumPy 会尝试使用广播(Broadcast)机制尝试完成,如果成功,则返回结果,如果失败,则抛出异常。

1. 算术运算

数组的算术运算主要是指数组的加、减、乘、除运算,运算符与 Python 默认的运算符相同。

以下通过给一个数组加 4 的例子说明数组的算术运算在不同操作数下的规则,示例代码如下:

```
#第 4 章/NumPy 数组和图像.ipynb
#两运算数组形状相同
a=np.random.random((3,4))
b=np.full((3,4),4)
print(a+b)
#两运算数组行不同,列相同
c=np.full((1,4),4)
print(a+c)
#数组与标量运算
d=4
print(a+d)
```

运行代码后得到3个相同的结果,结果如下:

```
[[4.69473579 4.4137431  4.52498558 4.42528982]
 [4.79973746 4.77673506 4.62837371 4.75970459]
 [4.69425632 4.80372981 4.25221534 4.65958747]]
[[4.69473579 4.4137431  4.52498558 4.42528982]
 [4.79973746 4.77673506 4.62837371 4.75970459]
 [4.69425632 4.80372981 4.25221534 4.65958747]]
[[4.69473579 4.4137431  4.52498558 4.42528982]
 [4.79973746 4.77673506 4.62837371 4.75970459]
 [4.69425632 4.80372981 4.25221534 4.65958747]]
```

对于图像处理中的反色变换,可以借助算术运算直接完成,示例代码如下:

```
#第4章/NumPy数组和图像.ipynb
#数组的加减算术运算
y,ar=np.mgrid[0:50:51j,0:255:256j]
plt.imshow(ar,cmap='gray',vmin=0,vmax=255)
plt.show()
#减法
nar=255-ar
plt.imshow(nar,cmap='gray',vmin=0,vmax=255)
plt.show()
```

代码的运行结果如图4-16所示,图4-16(a)为初始两个数组ar对应的图像,通过减法运算计算的结果如图4-16(b)所示,效果上实现了图像的反色。

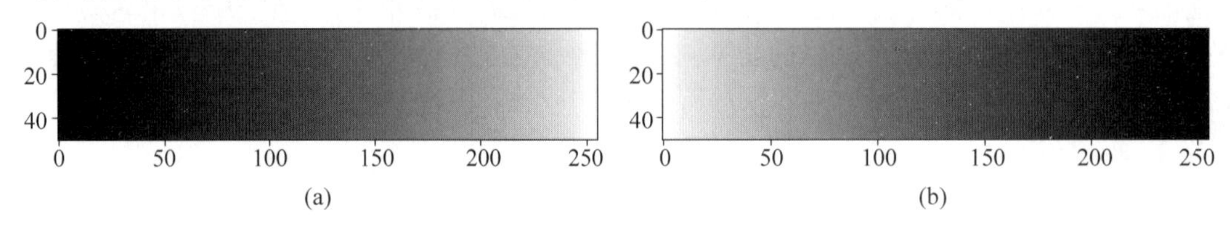

图4-16 数组减法运算与图像反色

2. 乘方开方运算

NumPy提供了两种进行乘方与开方运算的方法,一种是使用power()函数,另一种是使用乘方运算符"**"。此外,对于平方和开方运算NumPy提供了square()函数和sqrt()函数。乘方开方运算的使用,示例代码如下:

```
#第4章/NumPy数组和图像.ipynb
#乘方开方
a=np.random.random((3,4))
print(a)
#使用power()函数计算a的2次方
print(np.power(a,2))
#使用乘方运算,计算a的2次方
print(a**2)
#平方运算
print(np.square(a))
```

```
#开方运算
print(np.sqrt(a))
```

运行代码，结果如下：

```
[[[0.89005902 0.40627508 0.48438401 0.7617574 ]
  [0.32026292 0.62894333 0.36792356 0.10331404]
  [0.60522103 0.49871323 0.18750087 0.49817576]]
 [[0.79220505 0.16505944 0.23462787 0.58027434]
  [0.10256834 0.39556972 0.13536774 0.01067379]
  [0.3662925  0.24871488 0.03515658 0.24817909]]
 [[0.79220505 0.16505944 0.23462787 0.58027434]
  [0.10256834 0.39556972 0.13536774 0.01067379]
  [0.3662925  0.24871488 0.03515658 0.24817909]]
 [[0.79220505 0.16505944 0.23462787 0.58027434]
  [0.10256834 0.39556972 0.13536774 0.01067379]
  [0.3662925  0.24871488 0.03515658 0.24817909]]
 [[0.94342939 0.63739711 0.69597702 0.87278715]
  [0.56591777 0.79305948 0.60656703 0.32142502]
  [0.77795953 0.70619631 0.43301371 0.70581567]]]
```

乘方和开方运算在图像中常被于图像的非线性变换，其中图像处理中的 gamma 校正可以使用数组的乘方和开方运算完成。图像的 gamma 校正是一种重要的非线性变换，其是对图像的灰度值进行指数变换，从而达到调节图像亮度的效果。一般而言，当 gamma 值大于 1 时，图像低灰度区域的动态值变小，高灰度区域的动态值变大，由此降低了低灰度区域图像的对比度，提高了高灰度区域图像的对比度，图像整体变暗。当 gamma 的值小于 1 时，低灰度区域的动态值变大，高灰度区域动态值变小，进而图像对比度增强，图像整体变亮。图像 gamma 校正的示例代码如下：

```
#第 4 章/NumPy 数组和图像.ipynb
y,ar=np.mgrid[0:50:51j,0:255:256j]
plt.plot(ar[0])
plt.show()
plt.imshow(ar,cmap='gray',vmin=0,vmax=255)
plt.show()
#gamma 校正,gamma<1
ar1=(ar/255)**0.3*255
plt.plot(ar1[0])
plt.show()
plt.imshow(ar1,cmap='gray',vmin=0,vmax=255)
plt.show()
#gamma 校正, gamma>1
ar2=(ar/255)**2*255
plt.plot(ar2[0])
plt.show()
plt.imshow(ar2,cmap='gray',vmin=0,vmax=255)
plt.show()
```

示例代码的运行结果如图 4-17 所示，图 4-17(a)为构建数组对应的原始灰度图，其灰度沿水平方向从灰度 0 逐渐增加到灰度值 255，灰度变化是线性的。图 4-17(b)和图 4-17(c)

为对原始灰度图的灰度进行 gamma 校正后的图，其中，图 4-17(b)为 gamma<1 的校正图像，从图可以看出灰度图的整体亮度提高，图像高灰度区域的灰度范围变小。图 4-17(c)为 gamma>1 的校正图像，从图可以看出灰度图的整体亮度降低，图像低灰度区域的灰度范围变小。

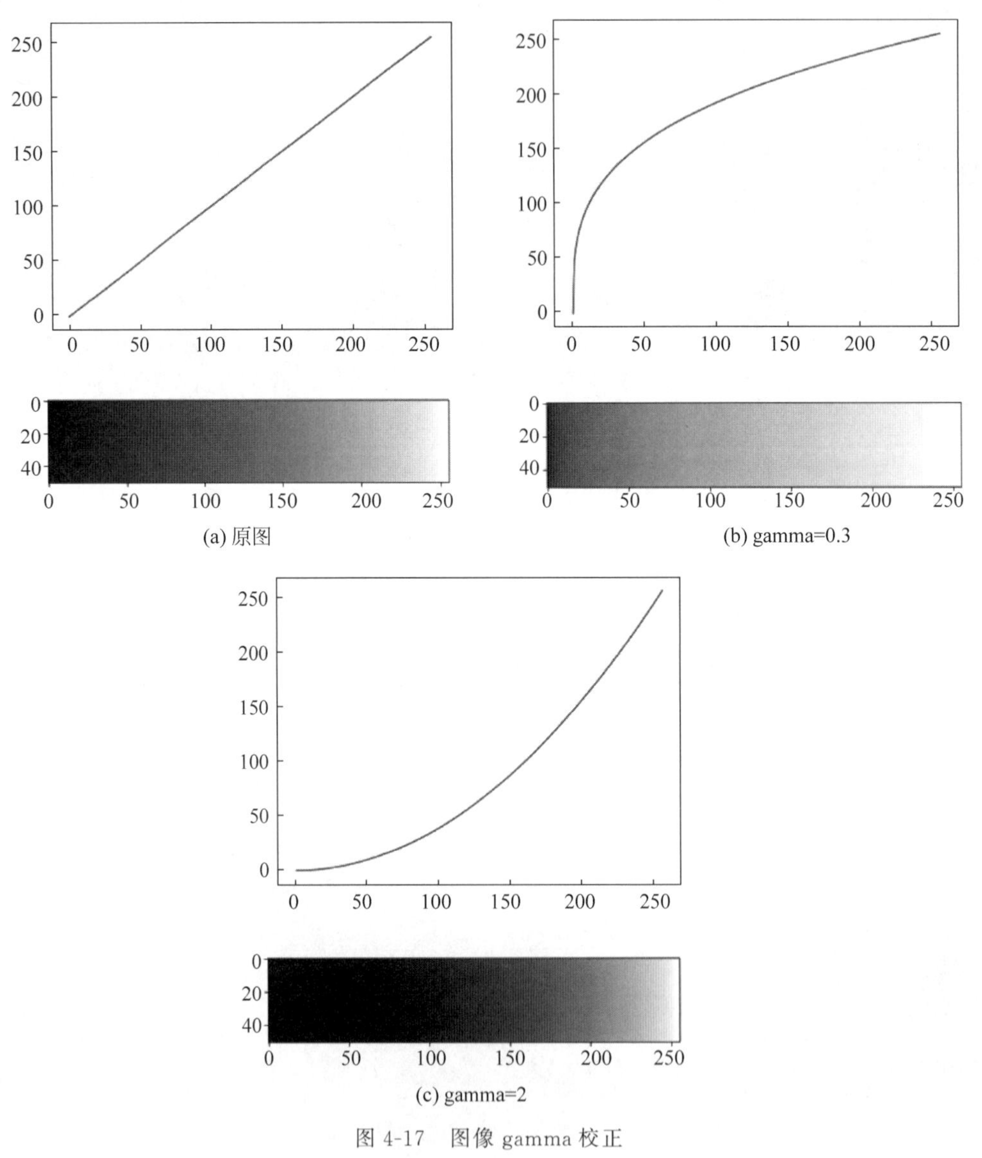

(a) 原图

(b) gamma=0.3

(c) gamma=2

图 4-17　图像 gamma 校正

注意：在上述示例代码中，为了满足 gamma 变换时像素范围须在 0～1 的情况，在进行变换前先使用算术运算对数组除以 255，将数组元素的范围调整为 0～1，再计算，完成后再乘以 255，以便将数组元素的范围恢复为 0～255。

---

3. 三角函数运算

NumPy 支持全部的三角函数运算,表 4-3 列出了 3 种常见的三角函数及弧度与角度的转换函数。

表 4-3　三角函数

函数名	描述
sin	正弦函数,接受角度的单位是弧度
cos	余弦函数,接受角度的单位是弧度
tan	正切函数,接受角度的单位是弧度
arcsin	反正弦函数,返回角度的单位是弧度
arccos	反余弦函数,返回角度的单位是弧度
arctan	反正切函数,返回角度的单位是弧度
arctan2	反正切函数 2,返回象限正确的角度,单位是弧度
deg2rad	将角度转换为弧度
rad2deg	将弧度转换为角度

三角函数的使用方法,代码如下:

```
#第 4 章/NumPy 数组和图像.ipynb
#角度转弧度
degs=np.arange(0,360,30)
rads=np.deg2rad(degs)
print(degs)
#计算正弦、余弦、正切
sa=np.sin(rads)
ca=np.cos(rads)
ta=np.tan(rads)
print('sin(rads)=',sa)
print('cos(rads)=',ca)
print('tan(rads)=',ta)
#计算反正弦、反余弦、反正切
rads1=np.arcsin(sa)
rads2=np.arccos(ca)
rads3=np.arctan(ta)
#将反三角函数的结果从弧度转换为角度
degs1=np.rad2deg(rads1)
degs2=np.rad2deg(rads2)
degs3=np.rad2deg(rads3)
print('arcsin=',degs3.round())          #round()方法表示四舍五入
print('arccos=',degs2.round())
print('arctan=',degs3.round())
```

运行代码,结果如下:

```
[  0  30  60  90 120 150 180 210 240 270 300 330]
sin(rads)=[ 0.00000000e+00  5.00000000e-01  8.66025404e-01  1.00000000e+00
  8.66025404e-01  5.00000000e-01  1.22464680e-16 -5.00000000e-01
-8.66025404e-01 -1.00000000e+00 -8.66025404e-01 -5.00000000e-01]
```

```
cos(rads)=[ 1.00000000e+00  8.66025404e-01  5.00000000e-01  6.12323400e-17
-5.00000000e-01 -8.66025404e-01 -1.00000000e+00 -8.66025404e-01
-5.00000000e-01 -1.83697020e-16  5.00000000e-01  8.66025404e-01]
tan(rads)=[ 0.00000000e+00  5.77350269e-01  1.73205081e+00  1.63312394e+16
-1.73205081e+00 -5.77350269e-01 -1.22464680e-16 5.77350269e-01
  1.73205081e+00  5.44374645e+15 -1.73205081e+00 -5.77350269e-01]
arcsin=[  0.   30.   60.   90. -60. -30.  -0.  30.   60.   90. -60. -30.]
arccos=[  0.   30.   60.   90. 120. 150. 180. 150. 120.   90.   60.   30.]
arctan=[  0.   30.   60.   90. -60. -30. -0.   30.   60.   90. -60. -30.]
```

在上述示例代码中，定义了一个表示角度的数组，随后使用三角函数和反三角函数进行了计算，但是由于三角函数不是一一映射的，造成反三角函数在部分值上并不可以得到与输入相同的结果，这会在需要真实角度的情况下造成错误。

为了解决上述问题，函数 arctan2()在计算后能够返回正确的角度，其使用三角形的两条直角边作为参数，返回角度正确的 y/x 的反正切值，函数的使用方法如下：

```
np.arctan2(x1,x2)
```

(1) x1：y 坐标。

(2) x2：x 坐标。

(3) 返回值的单位为弧度，范围为[－pi,pi]。

函数 arctan2 的使用，示例代码如下：

```
#第 4 章/NumPy 数组和图像.ipynb
x=np.array([1,-1,-1,1])
y=np.array([1,1,-1,-1])
rads=np.arctan2(y,x)
degs=np.rad2deg(rads)
degs
```

运行代码，结果如下：

```
array([45., 135., -135., -45.])
```

从上述代码的运行结果可以看出，函数 arctan2()能够正确地返回 y/x 所对应的角度值。一般在计算图像边缘的角度时会使用该函数。

4. 舍入与截断运算

舍入与截断运算是一系列便捷的方法，用于调整数组中元素的分布方式或范围。舍入运算中最常使用的是四舍五入，其实根据实际情况还会存在向上舍入、向下舍入、向整数舍入等运算。截断运算主要包括截断整数部分和小数部分、以特定值向上或向下截断、以区间进行截断。

对于舍入运算和截断运算的使用方法，代码如下：

```
#第 4 章/NumPy 数组和图像.ipynb
arr=np.array([-5,-3.333,-1.667,0,1.667,3.333,5.])
```

```
print('arr=',arr)
#保留一位小数的四舍五入
print('round=',np.round(arr,1))
#四舍五入到整数
print('rint=',np.rint(arr))
#舍入到与 0 最近的整数
print('fix=',np.fix(arr))
#舍入到小于该数的最大整数
print('floor=',np.floor(arr))
#舍入到大于该数的最小整数
print('ceil=',np.ceil(arr))
#舍去小数部分
print('trunc=',np.trunc(arr))
#按照[-1,3]的区间进行截断
print('clip=',np.clip(arr,-1,3))
```

运行代码,结果如下:

```
arr=[-5.    -3.333 -1.667  0.     1.667  3.333  5.   ]
round=[-5.  -3.3 -1.7  0.   1.7  3.3 5. ]
rint=[-5. -3. -2.  0.  2.  3.  5.]
fix=[-5. -3. -1.  0.  1.  3.  5.]
floor=[-5. -4. -2.  0.  1.  3.  5.]
ceil=[-5. -3. -1.  0.  2.  4.  5.]
trunc=[-5. -3. -1.  0.  1.  3.  5.]
clip=[-1.    -1.    -1.     0.     1.667  3.     3.   ]
```

舍入与截断运算在图像处理中用于限制像素值的分布范围,以及图像保存时从浮点数到整数像素的变换。在前面的内容中使用 plt.imshow()函数显示图像时,函数根据设置的 vmin 和 vmax 两个参数对输入的数组进行截断运算。

5. 任意数值运算

虽然利用以上的数值运算能够实现许多图像处理算法,但是无法完成任意的数值运算。NumPy 提供了一种数组向量化的方法,能够实现任意数值运算。当然,代价就是牺牲了一定的效率。

数组的向量化主要通过自定义对数组操作的函数,然后通过函数向量化,间接实现对数组向量化操作的过程。函数的向量化可以通过 NumPy 库提供的 vectorize()函数实现,该函数的用法如下:

```
vectorize(pyfunc,otypes=None,doc=None,excluded=None,cache=False,signature=
None)
```

(1) pyfunc:表示可调用的自定义函数。

(2) otypes:表示输出数据类型,如 str 或者表 4-1 中给出的数据类型等,可选参数。

(3) doc:表示函数的文档字符串,可选参数。

(4) excluded:表示函数不会被向量化的位置或者关键字参数的字符串等,可选参数。

(5) cache:表示是否将第 1 个函数调用保存。可选参数,默认值为 False,不进行缓存。

(6) signature：表示通用函数签名，可选参数，默认为 None，函数假设将标量作为输入和输出。

(7) 返回值：可以调用的向量化的函数。

通过函数向量化实现数组向量化的示例代码如下：

```
#第 4 章/NumPy 数组和图像.ipynb
#vectorize 数组的向量化操作
#自定义函数
def thresh(x,a=100,b=200):
    #这里实现对数组单个元素 x 进行的运算
    if x<a or x>b:
       return 0
    return 255
#函数向量化
vthresh=np.vectorize(thresh,otypes=(np.uint8,),Exceluded=('a','b'))
y,ar=np.mgrid[0:50:51j,0:255:256j]
thar=vthresh(ar,50,100)                #调整图像部分区域的灰度值
#图像绘制
plt.plot(thar[0])
plt.show()
plt.imshow(thar,cmap='gray',vmin=0,vmax=255)
plt.show()
```

示例代码中首先定义了一个函数，函数的功能是根据输入数值 x 的取值返回不同的值，当 x 不在[a,b]之间时，函数返回 0；当 x 在[a,b]之间时，函数返回 255。同时示例代码将定义的函数进行了向量化处理，得到向量化的函数 vthresh()。接着将数组输入向量化的函数中，得到数组的向量化结果。最后通过直观的图像对其进行展示，如图 4-18 所示。

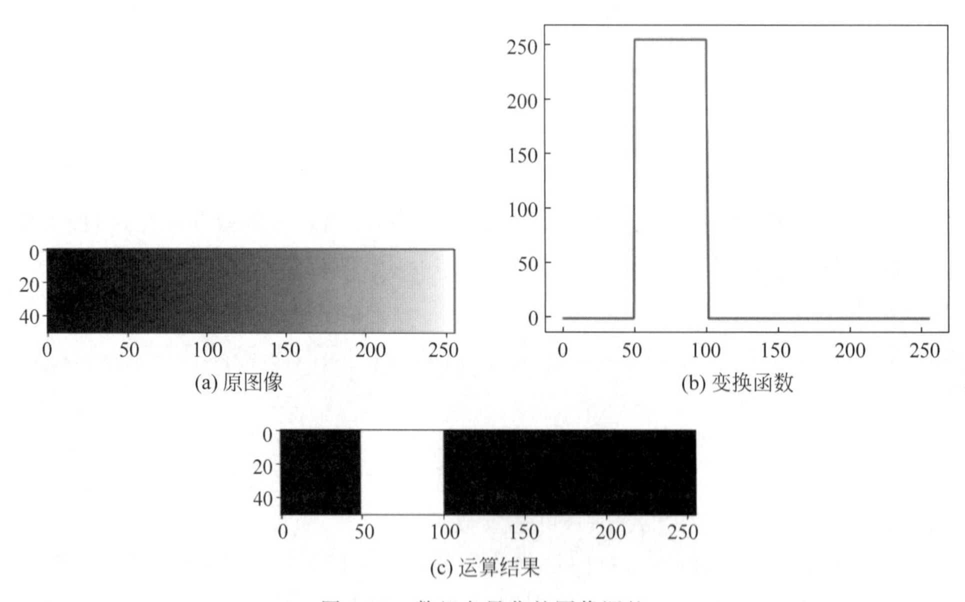

图 4-18　数组向量化的图像调整

4.2.3 矩阵运算

在数值运算中,数组在运算时是以元素为单位的。在数学上,对于二维数组常被称为矩阵,并且定义了矩阵运算。矩阵运算的加、减法与数组运算相同,但是矩阵运算中的乘法运算规则特殊,并且在图像处理中经常使用,如用于卷积运算。如果没有矩阵运算,则图像处理难度和事件将大大提高。除了典型的 MATLAB 软件支持强大的矩阵运算之外,NumPy 库也提供了对矩阵的乘法运算,并且这种矩阵的乘法运算是一种拓展了的运算。

注意:在本书中,向量是矩阵的特例,当二维矩阵的一个维度为 1 时,可以称为向量。如 $n\times 1$ 的矩阵可称为列向量,$1\times n$ 的矩阵可称为行向量。

---

1. 矩阵乘法

矩阵乘法一般可以分为三类:常规矩阵乘法(Matrix Multiplication,也称矩阵叉乘)、对应元素的乘法(Multiplication by Element-wise)、向量和矩阵的乘法。常规矩阵乘法要求前一个矩阵的最后一个维度的维数要等于后一个矩阵第 1 个维度的维数,如矩阵 $\boldsymbol{A}\in\boldsymbol{R}^{m\times n}\times\boldsymbol{B}\in\boldsymbol{R}^{n\times p}$,得到一个 $\boldsymbol{m}\times\boldsymbol{p}$ 的矩阵。NumPy 库提供了 3 种实现方式:①np.ndarray 对象的实例方法 dot();②库函数 np.dot();③运算符@。下面通过代码展示这 3 种实现,示例代码如下:

```
#第 4 章/NumPy 数组和图像.ipynb
#常规矩阵乘法
A=np.array([[2,3,4],[5,6,7]])
B=np.array([[8,9,10],[6,5,3],[2,7,5]])
print(A.shape)
print(B.shape)
C1=A.dot(B)                    #实例方法 dot(),顺序不能调整
print('C1=',C1)
C2=np.dot(A,B)                 #库函数 dot(),顺序不能调整
print('C2=',C2)
C3=A @B                        #运算符@,顺序不能调整
print('C3=',C3)
```

示例代码的运行结果如下:

```
(2, 3)
(3, 3)
C1= [[ 42  61  49]
[ 90 124 103]]
C2= [[ 42  61  49]
[ 90 124 103]]
C3= [[ 42  61  49]
[ 90 124 103]]
```

在 NumPy 中两个矩阵能进行矩阵乘法的前提是:前一个矩阵的最后一个维度和后一

个矩阵的第1个维度的维数相同，即示例代码中矩阵 **A** 列维数和矩阵 **B** 行维数要相同。从运行结果可以看出，3种实现常规矩阵乘法的方式是等价的。

对应元素乘法要求两个矩阵的形状相同或者符合广播机制，进行逐元素乘法。NumPy库提供了两种实现方式：操作符“*”和库函数 multiply()。下面通过代码展示这两种实现方式，示例代码如下：

```
#第4章/NumPy数组和图像.ipynb
#逐元素乘法
A=np.array([[2,3,4],[5,6,7],[7,5,4]])
B=np.array([[8,9,10],[6,5,3],[2,7,5]])
print(A.shape)
print(B.shape)
C1=A *B                          #操作符*,顺序可以调整
print('C1=',C1)
C2=np.multiply(A,B)              #库函数 multiply(),顺序可以调整
print('C2=',C2)
```

示例代码的运行结果如下：

```
(3, 3)
(3, 3)
C1= [[16 27 40]
[30 30 21]
[14 35 20]]
C2= [[16 27 40]
[30 30 21]
[14 35 20]]
```

从运行结果来看，矩阵逐元素乘法的两种实现方式得到了一致的结果。

向量作为特殊的矩阵，向量和矩阵乘法其实是常规矩阵乘法的特例。NumPy库提供了用于向量运算的“@”运算符。按照元素顺序不同，向量和矩阵乘法可以进一步细分成向量和向量的乘法、向量和矩阵的乘法(向量在前和向量在后)。下面结合代码来进一步理解每种方式的意义。

向量和向量的乘法，即两个向量的内积，结果为标量，示例代码如下：

```
#向量和向量的乘法
a=np.array([2,3,4])
b=np.array([8,9,10])
c=a @b
print('c=',c)
```

运行代码，结果如下：

```
c=83
```

向量和矩阵的乘法涉及单个向量和单个矩阵相乘，包含向量在前矩阵在后、向量在后矩阵在前两种方式。在使用运算符@进行向量和矩阵的乘法时，NumPy做了规定：如果向量

放在运算符@的左边，则该向量将被当作行向量处理；如果向量放在运算符@的右边，则该向量将被当作列向量处理。

向量和矩阵乘法的示例代码如下：

```
#第 4 章/NumPy 数组和图像.ipynb
#向量和矩阵乘法
a=np.array([2,3,4])
B=np.array([[8,9,10],[6,5,3],[2,7,5]])
c=a @B                #如果向量在@的左边，则运算过程将该向量作为行向量处理
print('c=',c)
c1=B @a               #如果向量在@的右边，则运算过程将该向量作为列向量处理
print('c1=',c1)
```

运行代码，结果如下：

```
c=[42 61 49]
c1=[83 39 45]
```

从运行结果可以看出，向量和矩阵乘法的两种方式得到的结果不同。原因就在于向量在运算符@的左边和在运算符@的右边，NumPy 库计算的原理不同。

2. 多维数组的矩阵乘法

对于常规矩阵乘法，在前面的例子中按照数学上的定义使用的是二维数组。NumPy 通过对二维矩阵乘法的拓展，使在多维数组中也可以使用矩阵乘法运算。多维数组的矩阵乘法的条件是两个多维数组 A 和 B，在 A 乘 B 时，A 的最后一维的长度必须与 B 的第一维的长度相同。为了便于理解，以下示例代码给出成功和失败的例子：

```
#第 4 章/NumPy 数组和图像.ipynb
#多维数组的矩阵乘法
arr=np.random.random((1,1,3))
arrb=np.random.random((3,1))
arrc=np.random.random((2,1))
print(arr@arrb)
print(arr@arrc)
```

运行代码，结果如下：

```
[[[0.81594315]]]
---------------------------------------------------------------------------
ValueError Traceback (most recent call last)
Cell In[60], line 6
      4 arrc=np.random.random((2,1))
      5 print(arr@arrb)
---->6 print(arr@arrc)

ValueError: matmul: Input operand 1 has a mismatch in its core dimension 0, with
gufunc signature (n?,k),(k,m?)->(n?,m?) (size 2 is different from 3)
```

在上述代码中，创建了 3 个数组 arr、arrb 和 arrc，arr 的最后一维和 arrb 的第一维的长

度都为 3,因此,可以完成矩阵运算,但是 arr 和 arrc 的最后一维的长度分别是 3 和 2,不相等,因此运算出错。

下面通过一个将彩色图像转换为灰度图像的例子,说明矩阵运算在图像处理中的使用方法和效果,示例代码如下:

```
#第 4 章/NumPy 数组和图像.ipynb
imgar=np.array(Image.open('../images/lena.png'))
w1=np.array([0.3,0.5,0.2])
w2=np.array([0.7,0.3,0])
gray1=imgar@w1
gray2=imgar@w2
plt.figure(layout='tight')
plt.subplot(1,3,1)
plt.imshow(imgar,cmap='gray',vmin=0,vmax=255)
plt.subplot(1,3,2)
plt.imshow(gray1,cmap='gray',vmin=0,vmax=255)
plt.subplot(1,3,3)
plt.imshow(gray2,cmap='gray',vmin=0,vmax=255)
plt.show()
```

在上述代码中,先打开一幅彩色图像并转换为三维数组 imgar,创建了两个长度为 3 的数组 w1 和 w2,使用 imgar 分别和 w1 和 w2 进行矩阵乘法运算,相当于对彩色像素的 3 个通道进行加权求和,最后使用 plt.imshow()对原图和两个不同加权求和的结果进行显示。

代码的运行结果如图 4-19 所示,图 4-19(a)为原图,图 4-19(b)为原图与 w1 相乘后得到的结果 gray1,图 4-19(c)为原图与 w2 相乘后得到的结果 gray2,从而可以看出,彩色图像到灰度图像可以通过彩色像素的加权求和得到,并且不同的权重会得到不同效果的灰度图像。

图 4-19 矩阵运算与彩色图像灰度化(见彩插)

4.2.4 聚合运算

聚合运算主要针对单个数组进行特征的统计,既可以针对全体数组,也可以沿着一个或多个维度进行计算。常用的聚合运算有求和、求积、求均值、求中位数、求标准差和方差等。

NumPy 中的聚合运算在不设定参数 axis 给定计算维度时会对整个数组中的所有元素进行计算,例如,使用求和和求积运算作用于数组会求取整个数组所有元素的和和整个数组所有元素的乘积，示例代码如下：

```
a=np.array([[2,3],[4,5]])
np.sum(a),np.prod(a)
```

运行代码，结果如下：

```
(14, 120)
```

对于数组全体元素的聚合运算可用于获取数组的整体统计特征，但是在图像处理中以某一维度进行统计具有更显著的图像处理含义，可借助该方法实现常用的图像处理功能，因此，以下将主要详细介绍按某一维度统计的聚合运算，并且在最后给出沿某一维度的任意运算的实现方法。

1. 求和与求积

元素和按维度统计就是沿指定维度方向将元素数值加起来。元素和按维度统计之后，原始数组的维度的数量减少。元素和按维度统计的示例代码如下：

```
#第 4 章/NumPy 数组和图像.ipynb
#元素和按维度进行元素和统计
arr = np.random.randint(1, 10, (3, 4))
print('arr=',arr)
#统计每列的合计值,即沿轴 0 方向进行统计
arrR=np.sum(arr, axis=0)
print('arrR=',arrR)
#统计每行的合计值,即沿轴 1 方向进行统计
arrC=np.sum(arr, axis=1)
print('arrC=',arrC)
```

运行代码，结果如下：

```
arr= [[3 9 3 6]
 [3 9 3 2]
 [9 5 7 1]]
arrR= [15 23 13 9]
arrC= [21 17 22]
```

对于给定的二维数组 arr，形状为(3,4)，数组 arr 轴 0 的尺寸为 3，数组 arr 轴 1 的尺寸为 4。按照沿轴 0 方向统计之后，得到形状为(4,)的元素和数组 arrR，按照沿轴 1 方向统计之后，得到形状为(3,)的元素和数组 arrC。从运行可以看出，通过直接调用库函数 sum()，并且设置好 axis 轴参数，便可以实现数组按照维度方向求和，并且数组维度会降低。

元素积按维度统计就是沿指定维度方向将元素数值相乘。元素积按维度统计的示例代码如下：

```
#第 4 章/NumPy 数组和图像.ipynb
#元素积按维度进行元素相乘统计
arr = np.random.randint(1, 10, (3, 4))
#统计每列的元素乘积值,即沿轴 0 方向进行统计
```

```
arrR=np.prod(arr, axis=0)
print('arrP=',arrR)
#统计每行的元素乘积值,即沿轴 1 方向进行统计
arrC=np.prod(arr, axis=1)
print('arrC=',arrC)
```

运行代码,结果如下:

```
arr= [[1 6 2 6]
[7 1 9 3]
[5 4 9 2]]
arrP= [ 35  24 162  36]
arrC= [ 72 189 360]
```

同元素和的运算原理相同,通过直接调用库函数 prod(),设置需要操作的轴,可以实现按维度方向统计元素积。

2. 均值与中值

元素均值按维度统计就是沿指定维度方向将元素数值加起来后除以该维度的长度,可以直接调用 mean()函数。元素均值按维度统计之后,原始数组的维度的数量减少。元素均值按维度统计的示例代码如下:

```
#第 4 章/NumPy 数组和图像.ipynb
#元素均值——按维度进行元素均值统计
arr=np.random.randint(1, 10, (3, 4))
print('arr=',arr)
#统计每列的均值,即沿轴 0 方向进行统计
arrR=np.mean(arr, axis=0)
print('arrR=',arrR)
#统计每行的均值,即沿轴 1 方向进行统计
arrC=np.mean(arr, axis=1)
print('arrC=',arrC)
```

运行代码,结果如下:

```
arr= [[9 7 6 2]
 [4 3 4 3]
 [4 8 3 2]]
arrR= [5.66666667 6.          4.33333333 2.33333333]
arrC= [6. 3.5 4.25]
```

对于给定的二维数组 arr,形状为(3,4),数组 arr 轴 0 的尺寸为 3,数组 arr 轴 1 的尺寸为 4。按照沿轴 0 方向计算均值之后,得到形状(4,)的元素均值数组 arrR,按照沿轴 1 方向计算均值之后,得到形状为(3,)的元素均值数组 arrC。从运行结果可以看出,通过直接调用库函数 mean(),并且设置好 axis 轴参数,便可以实现数组按照维度方向的均值,并且数组维度会降低。

元素中值按维度统计就是沿指定维度方向统计元素中值。元素中值按维度统计的示例代码如下:

```
#第 4 章/NumPy 数组和图像.ipynb
#元素中值——按维度进行元素中值统计
arr=np.random.randint(1, 10, (3, 4))
print('arr=',arr)
#统计每列的元素中值,即沿轴 0 方向进行统计
arrR=np.median(arr, axis=0)
print('arrR=',arrR)
#统计每行的元素中值,即沿轴 1 方向进行统计
arrC=np.median(arr, axis=1)
print('arrC=',arrC)
```

运行代码,结果如下:

```
arr=[[8 6 3 4]
 [3 6 8 5]
 [7 8 2 9]]
arrR=[7. 6. 3. 5.]
arrC=[5. 5.5 7.5]
```

从以上结果可以看出,当计算中值的维度是奇数时,只有一个中值,返回该值即可;当计算中值的维度为偶数时会将中间的两个数值的均值作为结果返回。可以看出,库函数median()在运行时设置需要操作的轴,可以在维度方向实现统计元素中值。

3. 方差与标准差

按维度方向的数组元素标准差和方差作为重要的统计特征,可以直接通过调用std()和var()函数实现。沿不同轴方向统计数组标准差和方差的示例代码如下:

```
#第 4 章/NumPy 数组和图像.ipynb
#元素的标准差和方差
arr=np.random.randint(1, 10, (3, 4))
print('arr=',arr)
#按列统计标准差
arrCSTD=np.std(arr, axis=0)
print('arrCSTD=',arrCSTD)
#按行统计标准差
arrRSTD=np.std(arr, axis=1)
print('arrRSTD=',arrRSTD)
#按列统计方差
arrCVAR=np.var(arr, axis=0)
print('arrCVAR=',arrCVAR)
#按行统计方差
arrRVAR=np.var(arr, axis=1)
print('arrRVAR=',arrRVAR)
```

运行代码,结果如下:

```
arr=[[5 3 4 4]
 [9 3 6 5]
 [6 9 1 6]]
arrCSTD=[1.69967317 2.82842712 2.05480467 0.81649658]
```

```
arrRSTD=[0.70710678 2.16506351 2.87228132]
arrCVAR=[2.88888889 8.         4.22222222 0.66666667]
arrRVAR=[0.5 4.6875 8.25 ]
```

4. 最大值与最小值

按维度方向的数组元素最大值和最小值作为重要的统计特征，可以直接通过调用 max()和 min()函数实现。沿不同轴方向统计数组最大值和最小值的示例代码如下：

```
#第 4 章/NumPy 数组和图像.ipynb
#元素的最大值和最小值
arr=np.random.randint(1, 10, (3, 4))
print('arr=',arr)
#按列统计最大值
arr0max=np.max(arr, axis=0)
print('arr0max=',arr0max)
#按行统计最大值
arr1max=np.max(arr, axis=1)
print('arr1max=',arr1max)
#按列统计最小值
arr0min=np.min(arr, axis=0)
print('arr0min=',arr0min)
#按行统计最小值
arr1min=np.min(arr, axis=1)
print('arr1min=',arr1min)
```

运行代码，结果如下：

```
arr=[[7 1 4 7]
 [5 3 9 8]
 [2 8 1 8]]
arr0max=[7 8 9 8]
arr1max=[7 9 8]
arr0min=[2 1 1 7]
arr1min=[1 3 1]
```

5. 任意聚合运算

以上介绍的几种聚合运算都调用 NumPy 中预定义的函数，虽然可对全体数组、某个或多个维度进行聚合运算，适用场景较广泛，但是聚合运算的种类较少，不够丰富。在图像处理中，大量使用针对某一维度上的聚合运算，不需要很广的适用范围，但是需要种类更丰富的计算方法。在 NumPy 中 apply_along_axis()函数提供了沿数组某一维度进行聚合运算的功能，可用于实现任意聚合运算。该函数的用法如下：

```
apply_along_axis(func1d,axis,arr)
```

(1) func1d：表示可调用的自定义函数，该函数需要接收 1 个参数，该参数的类型是 1 个一维数组。

(2) axis：表示运算的维度。

(3) arr：表示进行聚合运算的数组。

apply_along_axis()函数会将数组 arr 沿着维度 axis 切片得到多个一维数组，将多个一维数组分别送入函数 func1d 进行计算并返回结果。

以下示例定义了一个自定义的聚合函数，实现沿轴方向上的运算，展示了 np.apply_along_axis()函数的使用，代码如下：

```
#第 4 章/NumPy 数组和图像.ipynb
#自定义聚合函数，参数为一个一维数组
def func(ar):
    return ar[0]*3-ar[1]*2
#定义一个二维数组
arr=np.array([[1,3],
              [2,6]])
#沿着维度 1 进行计算
np.apply_along_axis(func,axis=1,arr=arr)
```

运行代码，结果如下：

```
array([-3, -6])
```

在以上代码中，先自定义了一个聚合运算的函数 func，该函数会将传入数组的第 0 个元素乘以 3，将第 1 个元素乘以 2，然后将二者的差返回，接着创建了一个二维数组，并使用 apply_along_axis()函数沿二维数组的维度 1 进行聚合运算，运算过程为 $1\times3-3\times2=-3$，$2\times3-6\times2=-6$。

在以上聚合运算的介绍中主要以二维数组为例说明了其工作原理，但是在实际的图像处理中聚合运算一般应用于三维数组，计算维度也通常是在表示通道的第三维。在后边的章节中就会看到经过简单变换后，图像的中值滤波、形态学运算、局部二值模式和元胞自动机等都可以使用聚合运算完成。

下面先给出一个聚合运算在图像上的示例，在示例中将彩色图像转换为三维数组，在这个表示图像的三维数组的第三维（通道维度）上执行一个自定义的聚合运算，该聚合运算的功能是将彩色图像的前两个通道相乘，然后除以第 3 个通道与 1 的和，示例代码如下：

```
#第 4 章/NumPy 数组和图像.ipynb
#自定义聚合函数
def rg_b(ar):
    return 1.0*ar[0]*ar[1]/(ar[2]+1)
#打开图像
imgarr=np.array(Image.open('../images/lena.png'))
#自定义聚合运算
oimgarr=np.apply_along_axis(rg_b,axis=2,arr=imgarr)
#显示原图与结果
plt.figure(layout='tight')
plt.subplot(1,2,1)
plt.imshow(imgarr,cmap='gray',vmin=0,vmax=255)
plt.subplot(1,2,2)
```

```
plt.imshow(oimgarr,cmap='gray',vmin=0,vmax=255)
plt.show()
```

示例代码的运行结果如图 4-20 所示，即原图像经过自定义的聚合运算后产生的结果显示为图像后的效果。

(a) 原图像

(b) 聚合运算结果

图 4-20 聚合运算

4.2.5 数组映射

在数学中最简单的函数是一元函数，一元函数实际上是一种简单的映射关系，把一个值 x 按照映射规则 f，映射成为一个值 y，即 $y=f(x)$。如果从上述函数映射的角度来理解数组，就可以将数组的索引看作自变量 x，而该索引所对应的数组元素的值就是因变量 y，这样对于一个确定的数组就可以看作一个函数，而在 NumPy 中通过数组的索引能够完成这种映射，代码如下：

```
mapfunc=np.random.randint(0,10,(10))
mapfunc[2]
```

在上述代码中，创建了一个 0～9 的整数随机数组，通过数组索引的方式建立了一个索引值与数组元素的映射规则。

NumPy 的数组索引除支持单个索引值的索引外，还支持以数组为索引值的索引方法，从而可以一次性完成多个元素的索引，代码如下：

```
#第 4 章/NumPy 数组和图像.ipynb
mapfunc=np.random.randint(0,10,(10))
print('x=',np.arange(0,10))
print('y=',mapfunc)
img=np.array([[3,4,5,1,0],[1,3,4,9,8]])
print('原数组(x):\n',img)
print('映射后的结果(y): \n',mapfunc[img])
```

运行代码，结果如下：

```
x= [0 1 2 3 4 5 6 7 8 9]
y= [4 7 1 7 4 9 6 5 5 1]
```

```
原数组(x):
 [[3 4 5 1 0]
[1 3 4 9 8]]
映射后的结果(y):
 [[7 4 9 7 4]
 [7 7 4 1 5]]
```

在上述示例代码中，先创建了一个0～10的随机数组，作为映射规则，具体规则是将运行结果中的x(数组的索引值)，映射为运行结果中的y(数组的元素值)，然后创建了一个表示索引的数组，使用数组索引的方式求取了映射后的结果。

以下通过一个数组映射在图像处理上的例子，说明数组映射的使用方法，示例代码如下：

```
#第4章/NumPy数组和图像.ipynb
#打开图像
imgarr=np.array(Image.open('../images/lena.png').convert('L'))
#定义映射规则
mapfunc=np.linspace(0,1,256)**2*256
#进行映射
oimgarr=mapfunc[imgarr]
#显示映射规则曲线
plt.plot(mapfunc)
plt.show()
#显示映射前后的结果
plt.figure(layout='tight')
plt.subplot(1,3,1)

plt.imshow(imgarr,cmap='gray',vmin=0,vmax=255)
plt.subplot(1,3,2)
plt.imshow(oimgarr.astype('uint8'),cmap='gray',vmin=0,vmax=255)
plt.show()
```

以上示例代码，先将图像转换为二维灰度数组，然后定义了一个gamma＝2的映射规则，最后使用映射规则对二维数组进行映射，并显示原图、映射规则和映射后的结果。

示例代码的运行结果如图4-21所示，图4-21(a)为原图像，作为索引值，是映射规则的输入，图4-21(b)为映射规则，横轴表示索引值，纵轴表示索引值对应的元素的值，图4-21(c)为经过数组映射后的结果。

相对于其他数组运算中需要逐元素的计算，特别是对于相同的元素也要进行重复运算，数组映射只需进行一次映射规则的建立，在映射时实际上进行的是数组元素的搬运，因此，数组映射在一定条件下具有极高的效率。此外，通过理解数组映射为接下来的图像处理构建了良好的基础。

注意：在数组映射时，由于数组的索引值必须是整数，因此要确保进行索引的数组的数据类型是整数类型。

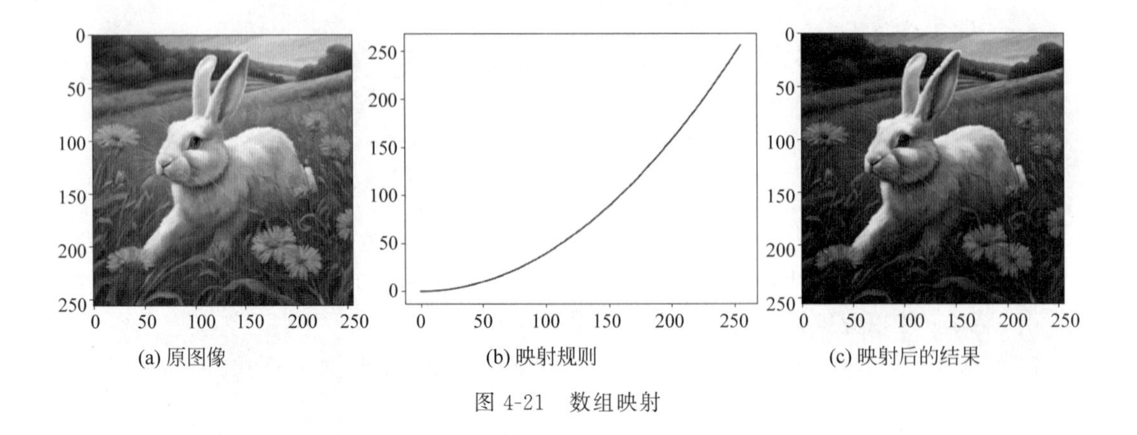

(a) 原图像 (b) 映射规则 (c) 映射后的结果

图 4-21 数组映射

4.3 本章小结

本章以 NumPy 数组为核心，紧紧围绕图像这个中心，介绍了数组与图像的关系、数组的创建、数组的数值运算、矩阵运算、聚合运算和数组映射等内容。通过详细的原理介绍，丰富的示例代码，以及真实的图像处理效果，对 NumPy 数组在图像处理上使用的方法和实践进行了充分介绍。特别是函数 vectorize()、函数 apply_along_axis()和数组映射等内容是本章的难点，充分理解和掌握这些知识对后续图像处理的学习和理解具有重要意义。

第 5 章

CHAPTER 5

图像点运算

在经典的图像处理中，最显著的一个特点就是图像处理前后像素值会发生改变。如果观察单像素的处理过程，则可以根据原图像上参与运算的像素的数量和范围，从运算方式的角度对图像处理进行分类。本书将图像处理分为图像点运算、图像邻域运算和图像全局运算共三类。

图像点运算是图像上任意像素的处理结果的运算，只与该像素在原图像上相同位置像素的像素值有关，而与图像上其他像素的像素值无关。图像点运算的特点是图像处理结果只与该像素的灰度值和运算规则有关，像素的位置不发生变化、图像尺寸不变。图像邻域运算是图像上任意像素的处理结果的运算，不仅与该像素在原图像上相同位置的像素有关，而且与该像素一定邻域内的其他像素有关，即参与运算的像素数量多于一个。图像邻域操作的特点是一像素的处理结果由图像中邻域像素和规定的数学运算决定，处理后的图像像素的位置和图像尺寸有可能会发生变化。图像全局运算是以整幅图像作为邻域进行数学运算的图像处理。图像全局运算可看作图像邻域运算的特例，在经过全局运算后图像尺寸、像素位置一般会发生变化。

本书将通过图像点运算、图像邻域运算和图像全局运算展开介绍数字图像处理的重点内容，并通过接下来的 3 章内容详细介绍图像的这 3 种运算。本章将介绍图像点运算和点运算的应用，如图像线性灰度变换、图像分段线性灰度变换、图像非线性灰度变换、图像其他灰度变换及图像点运算应用等；第 6 章将介绍图像邻域运算和邻域运算的典型应用，如卷积运算和形态学处理；第 7 章将介绍图像全局运算和全局运算的典型应用，如仿射变换和傅里叶变换。

5.1 图像点运算概述

对于一幅输入图像，设其灰度为 $f(x,y)$，经过图像点运算得到输出图像的灰度表示 $g(x,y)$，则图像点运算可以表示为

$$g(x,y)=T(f(x,y)) \tag{5-1}$$

其中，$T()$是对输入图像在像素(x,y)处的一种数学运算，x 和 y 表示像素在图像上的坐标。

图像点运算是一种像素的逐个运算，是输入图像灰度到输出图像灰度的映射过程，如图 5-1 所示，一般将 $T()$称为灰度变换函数。图像点运算常常用于改变图像的灰度范围及其分布，不同的灰度变换函数处理得到的效果不同。按照灰度变换函数 $T()$的性质，可以进一步地对图像点运算进行划分，如图 5-2 所示。

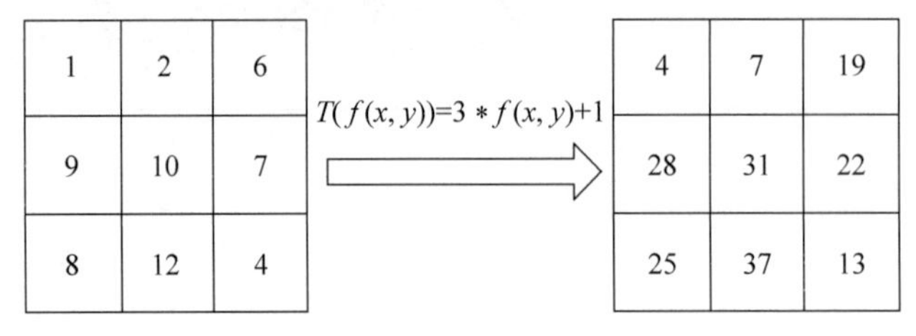

图 5-1　图像点运算操作

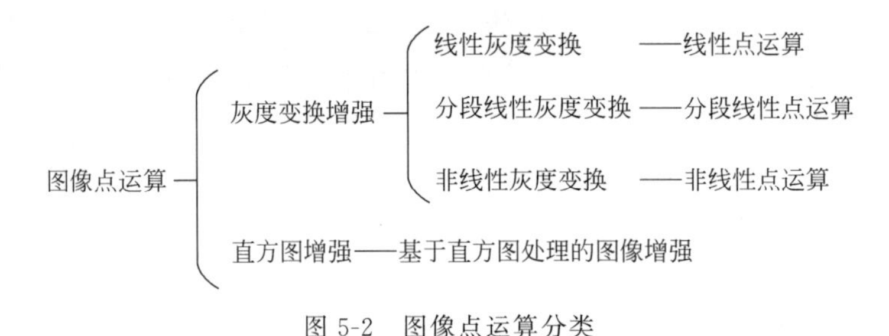

图 5-2　图像点运算分类

为了统一和便于理解，首先导入本章代码运行所需要的库，代码如下：

```
from PIL import Image
import numpy as np
from matplotlib import pyplot as plt
from pydicom import dcmread
from ipywidgets import interact
```

5.2　图像线性灰度变换

图像线性灰度变换是指灰度变换函数为线性函数，即用如下的线性方程描述：

$$g(x,y)=a*f(x,y)+b \tag{5-2}$$

其中，a 和 b 为线性灰度变换的参数，其决定灰度变换的效果。a 和 b 的不同取值对应的线性灰度变换如图 5-3 所示，不同的取值图像处理的效果不同。

(1) $a=1,b=0$ 对应图 5-3 的黑线，线性灰度变换的结果是输出图像灰度不变。

(2) $0<a<1,b=0$ 对应图 5-3 的红线，线性灰度变换的结果是输出灰度压缩，整体变暗。

(3) $0<a<1,b>0$ 对应图 5-3 的亮蓝线，线性灰度变换的结果是输出灰度压缩。

(4) $a>1,b=0$ 对应图 5-3 的蓝灰线，线性灰度变换的结果是输出灰度扩展，整体变亮。

特别地，当 $a=-1,b=255$ 时，称为图像的反色，对应图像反色变换的函数表示如下：

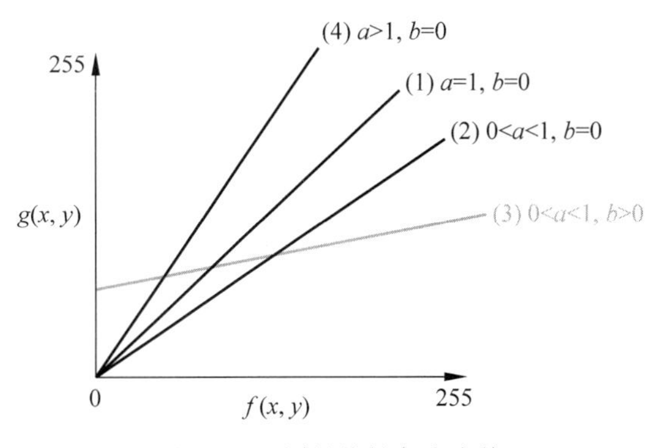

图 5-3　不同的线性灰度变换

$$g(x,y)=-f(x,y)+255 \tag{5-3}$$

下面通过示例进一步说明图像线性灰度变换在不同参数下对图像的影响，示例代码如下：

```
#第 5 章/图像的点运算.ipynb
#图像线性灰度变换
img=Image.open('../images/lena.tif').convert('L')              #打开图像
imgar=np.array(img)                                              #得到表示图像的数组
print(f"图像的高是{imgar.shape[0]},宽是{imgar.shape[1]},数据类型是{imgar.dtype}")
image1=imgar *2.0                       #输出灰度扩展,整体变亮
image2=imgar *0.5                       #输出灰度压缩,整体变暗
image3=-imgar+255                       #反色变换
#图像显示
plt.imshow(imgar,cmap='gray')           #输出灰度不变
plt.show()
plt.imshow(image1,cmap='gray',vmin=0,vmax=255)
plt.show()
plt.imshow(image2,cmap='gray',vmin=0,vmax=255)
plt.show()
plt.imshow(image3,cmap='gray',vmin=0,vmax=255)
plt.show()
```

运行代码，结果如下：

```
图像的高是 512,宽是 512,数据类型是 uint8
```

运行代码后产生的图像如图 5-4 所示，其中图 5-4(a)为原始的灰度图像，图 5-4(b)为原始图像的灰度范围扩展之后的效果图，图 5-4(c)为原始图像灰度范围压缩之后的效果图，图 5-4(d)为反色图。对比图 5-4(a)和图 5-4(b)可以看出，当图像线性变换的比例系数 $a>1$ 时，可以使输出图像整体变亮，图像的对比度增大；对比图 5-4(a)和图 5-4(c)可以看出，当图像线性变换的比例系数 $a<1$ 时，可以使输出图像整体变暗，图像对比度减小；对比图 5-4(a)和图 5-4(d)可以看出，图像进行反色变换后，原始图像的暗区域变亮，而原始图像的亮区域将变暗，图像的反色一般用于增强嵌入暗色图像中的白色细节。

图 5-4 图像线性灰度变换效果图

注意：图像线性灰度变换的参数 b 对变换图像的影响可以参考参数 a 的影响效果，例如，当 $b>0$ 时，变换图像的整体将变亮；当 $b<0$ 时，变换图像的整体将变暗。

图像的最大值最小值变换作为特殊的图像线性变换，其常被用于将非图像形式的数据以图像显示。具体来讲，通过最大值最小值变换，就能够将不在像素范围内的数值变换到像素范围内，从而将数据可视化为图像。图像的最大值最小值变换公式如下：

$$g(x,y)=\frac{f(x,y)-\min(f(x,y))}{\max(f(x,y))-\min(f(x,y))} \tag{5-4}$$

其中，max()和 min()分别表示取最大值和最小值的函数。对原始数据进行最大值最小值变换处理之后，数据的范围将被缩放到[0,1]。

有时会将图像的最大值最小值变换处理如下，由此将变换后的图像灰度缩放到[0,255]。

$$g(x,y)=255.0\times\frac{f(x,y)-\min(f(x,y))}{\max(f(x,y))-\min(f(x,y))} \tag{5-5}$$

实际上将数据用上述两种变换公式得到的图像显示效果，与直接使用 plt.imshow()函数进行显示时，效果是一致的，因为在 plt.imshow()函数不指定 vmin 和 vmax 参数时会自动对数据进行最大值最小值变换。

最大值最小值变换在遥感影像处理和医学影像处理图像中使用广泛，常用于数据的初步可视化。下面以CT影像为例说明最大值最小值变换，示例代码如下：

```
#第5章/图像的点运算.ipynb
#打开CT影像
dcmimg=dcmread('../images/IMG00157.dcm')
#得到表示图像的数组
imgar=np.copy(dcmimg.pixel_array)
print(f"图像的高是{imgar.shape[0]}，宽是{imgar.shape[1]}，数据类型是{imgar.dtype}")
#求最大值和最小值
min_value=imgar.min()
max_value=imgar.max()
print(f'CT影像的最大值是{max_value}，最小值是{min_value}')
```

运行代码，结果如下：

```
CT影像的最大值是3651，最小值是-2000
```

从运行结果可以看出，CT影像的最大值和最小值超出了范围[0,255]，而一般的灰度图的灰度值范围为[0,255]。下面对CT影像进行最大值最小值变换，将CT影像的灰度范围缩放到[0,255]。利用NumPy数组与数值在四则运算上的广播机制，定义图像最大值最小值变换函数，代码如下：

```
#图像最大值最小值变换
def minmax(x):
    min_value=x.min()                #求数组的最小值
    max_value=x.max()                #求数组的最大值
    return (x-min_value)/(max_value-min_value)*255.0
```

注意：上述定义的minmax()函数没有考虑数组中元素的值都相同的情况，当用作生产时需要进一步完善。

最后，对图像进行最大值最小值变换，并对原始图像和经过最大值最小值变换后的图像进行显示，代码如下：

```
#第5章/图像的点运算.ipynb
#图像最大值最小值处理和显示
minmax_imgar=minmax(imgar)
plt.imshow(imgar,cmap='gray')          #显示原始图
plt.show()
plt.imshow(minmax_imgar,cmap='gray') #显示最大值最小值变换图
plt.show()
```

代码的运行效果如图5-5所示，其中图5-5(a)为原始图像，图5-5(b)为进行最大值最小值处理后的图。从运行结果可以看出，在使用plt.imshow()函数显示图像时，与进行最大值最小值变换图像效果一致，由此说明，plt.imshow()函数在将数组显示为图像时，其内部

对数据进行了最大值最小值变换，将数据映射到可以显示的范围。

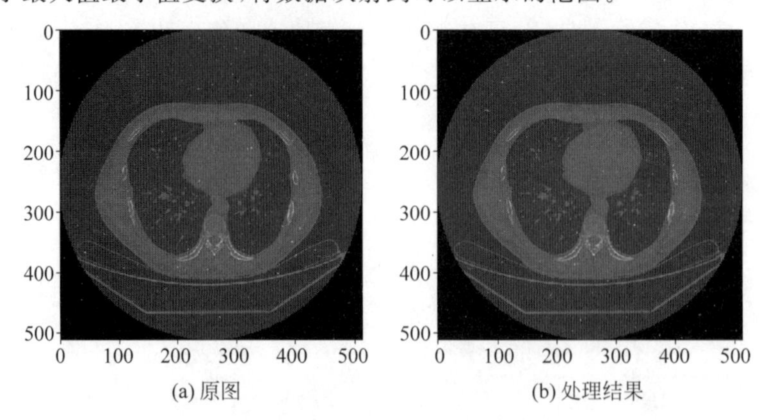

图 5-5 最大值最小值变换的效果

由于点运算只针对单像素，与图像的其他性质无关，因此，可以构造一个表示像素值的顺序序列，并使用点运算计算不同像素值变换后的结果，通过绘制前后的值就可以得到像素值变换的函数图像。根据 CT 影像数据的范围和灰度图像的范围，对应上述 CT 影像的最大值最小值变换绘制曲线，代码如下：

```
#第 5 章/图像的点运算.ipynb
#上述的最大值最小值变换的变换曲线
in_value=np.arange(min_value,max_value,50)
out_value=minmax(in_value)
plt.plot(in_value,out_value)                    #绘制变换曲线
plt.show()
```

由此得到 CT 影像的最大值最小值变换曲线如图 5-6 所示，其中曲线的横轴表示 CT 影像数据的原始取值范围，纵轴表示 CT 影像数据在变换后的取值范围，变换曲线上点的横坐标和纵坐标分别表示原 CT 影像值和变换后得到的灰度值。

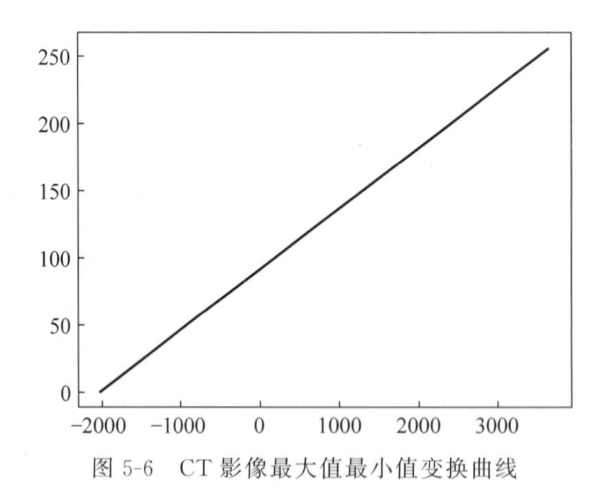

图 5-6 CT 影像最大值最小值变换曲线

注意：对图像的点运算来讲，将点运算绘制为变换曲线，从而直观且形象地展示变换，是一种广泛使用的方法。

5.3　图像分段线性灰度变换

图像分段线性灰度变换就是对不同灰度范围的图像进行不同的线性灰度变换，从而可以根据需要对感兴趣的灰度范围进行线性增强，而抑制不感兴趣的灰度区域。最典型的图像分段线性灰度变换为图像区间缩放，即指定一个数值区间[th1，th2]，将原始图像做如下处理：

$$g(x,y)=\begin{cases}0, & f(x,y)<\mathrm{th1}\\ \dfrac{f(x,y)-\mathrm{th1}}{\mathrm{th2}-\mathrm{th1}}\times 255 & \mathrm{th1}\leqslant f(x,y)\leqslant \mathrm{th2}\\ 255, & f(x,y)>\mathrm{th2}\end{cases} \tag{5-6}$$

下面通过图像分段线性灰度变换示例对CT影像数据进行处理。具体的处理步骤为先将CT影像数据范围由[－2000，3651]限制到[－50，1700]，然后通过缩放，进一步将CT影像数据范围由[－50，1700]变换到[0，255]进行图像显示，示例代码如下：

```
#第 5 章/图像的点运算.ipynb
#自定义图像分段线性变换函数
def span(x,th1=-50,th2=1700):
    z=np.clip(x,th1,th2)                    #数据分段处理
    return (z-th1)/(th2-th1)*255.0          #将数据变换到[0,255]
#自定义函数调用,处理后 CT 影像显示
simg=span(imgar,-50,1700)
plt.imshow(simg,cmap='gray',vmin=0,vmax=255)
plt.show()
```

代码的运行效果如图5-7所示。从图5-7可以看出，CT影像中肺实际上与外部人体组织的边缘信息和部分组织细节显示更清晰，由此说明，通过设置图像分段线性灰度变换的参数，能够突出图像中特定的细节。

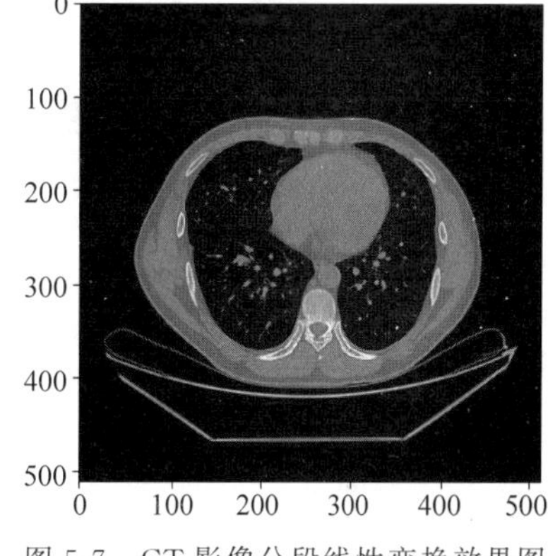

图5-7　CT影像分段线性变换效果图

注意：自定义图像分段线性变换函数span()在后面会被直接调用。

考虑到图像数据实际上就是数组，由此可以直接使用数组向量化完成图像分段线性灰度变换，首先定义数组向量化操作的函数，然后对CT影像进行向量化操作，示例代码如下：

```
#第 5 章/图像的点运算.ipynb
#数组向量化实现数据缩放,将数据缩放到 0~255,超出范围的数值作为最大值和最小值
def spanpixel(x,th1=-50,th2=1700):
    if x<th1:
        return 0
    if x>th2:
        return 255
    return (x-th1)/(th2-th1)*255
#将上述函数向量化
vspan=np.vectorize(spanpixel, Exceluded=('th1','th2'))
#使用向量化后的函数进行变换
simg=vspan(imgar,-50,1700)
plt.imshow(simg,cmap='gray',vmin=0,vmax=255)
plt.show()
#分段线性变化曲线显示
plt.plot(in_value,vspan(in_value,-50,1700))
plt.show()
```

示例代码定义了数组向量化函数,该函数能将小于 th1 的影像数据映射到 0,将大于 th2 的影像数据映射到 255,然后将[th1,th2]的数据线性映射到[0,255]。最后,对分段线性灰度变换的图像进行显示,并将变换曲线进行了可视化,如图 5-8 所示。对比直接定义分段线性函数和使用数组向量化的方式得到的结果,如图 5-7 和图 5-8(a)所示,可以看出两种方式实现图像灰度变换的效果一样,由此说明,通过对数组进行操作,可以实现图像的变换处理。相较于第 1 种方法,使用数组向量化的方法更具有一般性,只需定义单像素的变换函数,就可通过向量化应用于整幅图像。

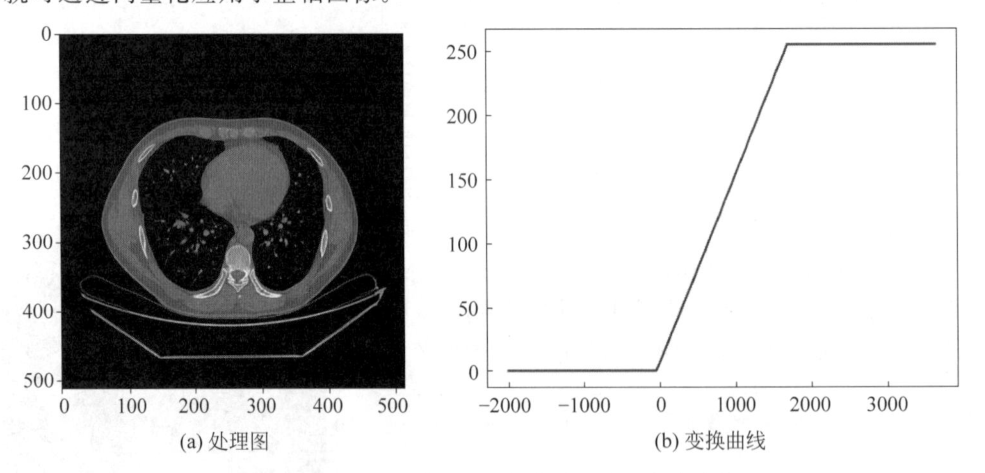

图 5-8　数组向量化的 CT 影像分段线性灰度变换

注意:对于数组的向量化操作 np.vectorize()函数的使用,可参见第 4 章中数组的向量化操作内容。

需要说明的是，在 plt.imshow()函数中，通过设置 vmin 和 vmax 两个值，实现数据的分段线性灰度变换，可达到上述分段线性灰度变换相同的效果。

在数组向量化的基础上，通过交互式功能实现数值区间[th1,th2]的手动调节，示例代码如下：

```
#第 5 章/图像的点运算.ipynb
#通过交互式功能提供区间缩放
def tmp2(high=0,low=-2400):
    #回调函数
    r=span(imgar,low,high)
    plt.imshow(r,cmap='gray',vmin=0,vmax=255)
    plt.show()
    o=span(in_value,low,high)
    plt.plot(in_value,o)
    plt.show()

#可以利用动态交互工具来实时调节不同范围，寻找最优阈值
t=interact(tmp2, high=(0,2000,10),low=(-2400,0,10))                    #控件
```

示例代码将 th1 的可变范围设定为[−2400,0]，th2 的可变范围为[0,2000]。通过交互式功能调节 th1 和 th2，可以调整分段线性灰度变换范围，从而得到不同的图像处理效果，如图 5-9 所示。从图 5-9 可以看出，设置不同的范围，可以得到不同的效果。参数 th1 和参数 th2 影响变换曲线的拐点范围，在参数 th2 保持不变时，参数 th1 越小，原始 CT 影像的数据压缩越大，图像的对比度越低，图像清晰度降低；参数 th1 越大，原始 CT 影像的数据压缩越小，图像的对比度越强，图像的纹理细节越清晰。在参数 th1 保持不变时，参数 th2 越小，原始 CT 影像的数据压缩越小，图像的对比度增强，图像的纹理细节越清晰；参数 th2 越大，原始 CT 影像的数据压缩越大，图像的对比度越低，图像清晰度降低。

由于 CT 影像的范围特别大，使用最大值最小值变换对肺部组织的显示不够清晰，不利用疾病的诊断。CT 影像记录了肺部组织对 X 射线的吸收高低，而不同的组织具有不同的吸收量，单位是 HU，例如水的 HU 值为 0。直接打开 DICOM 影像并转换为数组后，数组内元素值的单位并非是 HU，需要根据 DICOM 中记录的元数据信息，进行简单的线性变换，将元素值转换为 HU 值，代码如下：

```
#第 5 章/图像的点运算.ipynb
#将 CT 影像的值根据 CT 影像原始数组转换为 HU 值
#数组元素值和 CT 值的转换斜率
print(dcmimg.RescaleSlope)
#数组元素值和 CT 值的截距
print(dcmimg.RescaleIntercept)
#利用截距和斜率转换为 HU 值
huar=dcmimg.RescaleSlope * imgar + dcmimg.RescaleIntercept
```

为了方便观察不同组织和病变，在 CT 影像中使用窗位 c 和窗宽 w 来限制显示 HU 值的范围，实际上就是区间变换：$th1=c-w/2$，$th2=c+w/2$，因此，通过对上述的 span()和

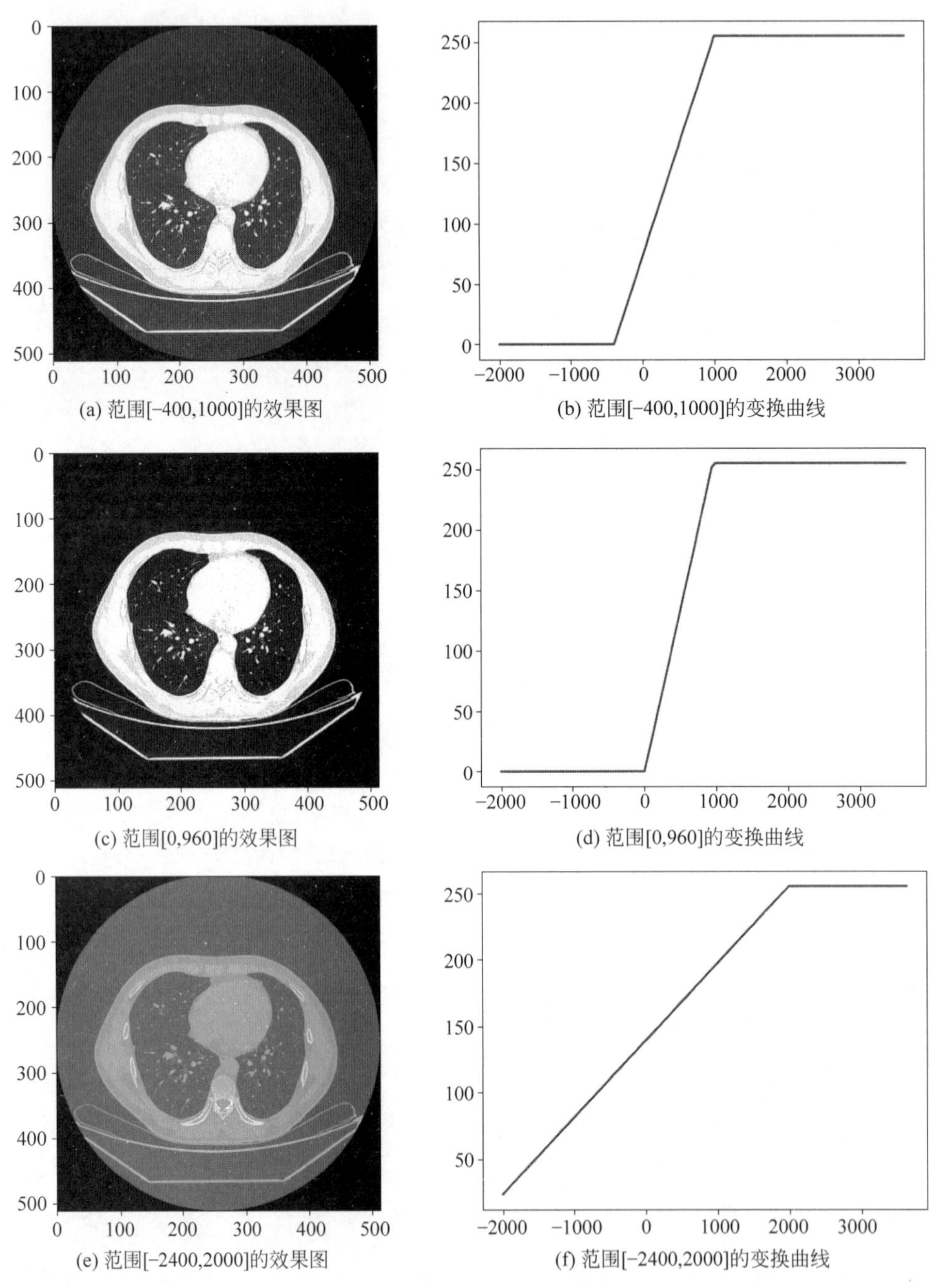

(a) 范围[−400,1000]的效果图
(b) 范围[−400,1000]的变换曲线
(c) 范围[0,960]的效果图
(d) 范围[0,960]的变换曲线
(e) 范围[−2400,2000]的效果图
(f) 范围[−2400,2000]的变换曲线

图 5-9　不同阈值范围的效果

vspan()函数的参数进行调整，就可以得到CT影像处理中常用的窗位窗宽变换。在胸部CT影像中，肺窗和纵膈窗窗宽和窗位分别为(1)肺窗窗宽SW=[1200,2000]HU，肺窗窗位SW=[−450,−600]HU，(2)纵膈窗窗宽SW=[250,350]HU，纵膈窗窗位SW=[30,50]HU。

下面根据肺窗的窗宽和窗位，通过3种方式增强显示肺部影像。

(1) 使用clip()函数进行CT影像数据截断，然后使用最大值最小值变换进行处理。

(2) 使用数组向量化vectorize()函数进行向量化。

(3) 直接设置imshow()函数的vmin和vmax参数进行设置。

3种方式的示例代码如下：

```
#第5章/图像的点运算.ipynb
#方法一：先使用 clip 再使用最大值最小值变换
def ctwindow(x,center=-600.0,windowwidth=1200):
    halfwidth=windowwidth/2
    th1=center-halfwidth
    th2=center+halfwidth
    return span(x,th1,th2)

lungimg=ctwindow(huar,-600,1200)
plt.imshow(lungimg,cmap='gray',vmin=0,vmax=255)
plt.show()

#方法二：使用 vectorize 进行向量化
def ctwindowpixel(x,center=-600.0,windowwidth=1200):
    #数据缩放的点运算，将数据缩放到 0~255，超出范围的数值作为最大值和最小值
    halfwidth=windowwidth/2
    th1=center-halfwidth
    th2=center+halfwidth
    return spanpixel(x,th1,th2)

vctwindow=np.vectorize(ctwindowpixel, Exceluded=('center','windowwidth'))
lungimg=vctwindow(huar,-600,1200)
plt.imshow(lungimg,cmap='gray',vmin=0,vmax=255)
plt.show()

#方法三：利用 imshow 的 vmin 和 vmax 参数
c=-600
w=1200
plt.imshow(huar,cmap='gray',vmin=c-w/2,vmax=c+w/2)
plt.show()
```

3种实现方式得到的效果如图5-10所示，从结果可以看出，3种实现方式都可以得到清晰的肺部影像。通过直接使用plt.imshow()函数可以实现与图像最大值最小值变换一样的效果，而且plt.imshow()函数的参数vmin和vmax就是指定区间缩放变换的下限和上限。

接下来，根据纵膈窗的参数和区间变换参数的关系，通过方式(1)增强显示肺部纵膈窗的影像，示例代码如下：

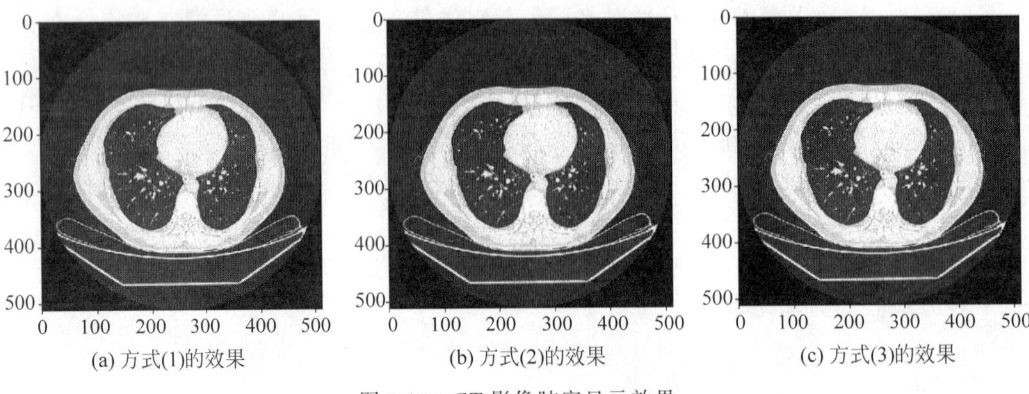

图 5-10 CT影像肺窗显示效果

```
#第 5 章/图像的点运算.ipynb
#纵膈窗
def ctwindow(x,center=-600.0,windowwidth=1200):
    halfwidth=windowwidth/2
    th1=center-halfwidth
    th2=center+halfwidth
    return span(x,th1,th2)

zgwin=ctwindow(imgar,40, 300)
plt.imshow(zgwin,cmap='gray',vmax=255,vmin=0)
plt.show()

trans=ctwindow(in_value,40, 300)
plt.plot(in_value,trans)
plt.show()
```

示例代码的运行结果如图 5-11 所示，图 5-11(a)为 CT 影像增强纵膈窗的效果图，从图像可以看出比较清晰的纵膈窗和其纹理，图 5-11(b)为 CT 影像增强纵膈窗的变换曲线。

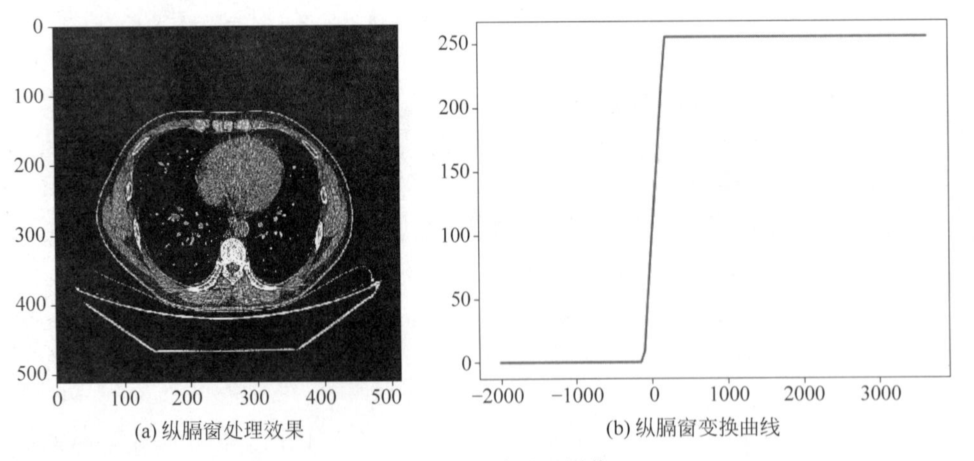

图 5-11 纵膈窗增强影像

在医学影像和遥感影像等领域,为了更好地显示感兴趣区域的数据,图像分段线性灰度变换被广泛应用。

5.4 图像非线性灰度变换

非线性点运算是指图像中像素的输出灰度级和输入灰度级呈非线性关系的变换。最常见的非线性灰度变换包含对数变换和伽马变换。引入非线性点运算主要是考虑到在成像时,可能由于成像设备本身的非线性失衡,需要对其进行校正,或者强化部分灰度区域的信息。

5.4.1 图像对数变换

图像对数变换是指灰度变换函数为对数函数,即用如下的对数方程描述:

$$g(x,y)=a*\log_{k+1}(k*f(x,y)+1) \tag{5-7}$$

其中,k 为对数变换参数,决定变换后的效果,a 为缩放系数,一般取常数 255。图像对数变换实现的代码如下:

```
#第 5 章/图像的点运算.ipynb
def logtr(imgar,k=10):
    norm=imgar/255.0
    return np.log(1+k *norm)/np.log(k+1)*255.0
```

在以上代码中,先对图像数组进行归一化,而后使用换底公式完成对数变换的运算,在缩放到 0～255 后返回对数变换结果。

图像对数变换可将输入图像中范围较窄的低灰度值映射为输出图像中范围较宽的灰度值,或将输入图像中范围较宽的高灰度值映射为输出图像中范围较窄的灰度值。一般使用这种类型的变换扩展图像中的暗像素值,同时压缩更高灰度级的值。

通过示例展示图像对数变换,示例代码如下:

```
#第 5 章/图像的点运算.ipynb
#打开图像
img=Image.open('../images/lena.tif').convert('L')
lenagar=np.array(img)                    #得到表示图像的数组
#显示原图
plt.imshow(lenagar,cmap='gray',vmin=0,vmax=255)
plt.show()
#图像对数变换
#对数变换参数 k=200
loga20=logtr(lenagar,200)
plt.imshow(loga20,cmap='gray',vmin=0,vmax=255)  #显示对数变换图,k=200
plt.show()
#绘制 k=200 时的对数变换曲线
ix=np.arange(0,256)
```

```
iy=logtr(ix,200)
plt.plot(ix,iy)
plt.show()
#对数变换参数 k=10
loga2=logtr(lenagar,10)
plt.imshow(loga2,cmap='gray',vmin=0,vmax=255)
plt.show()
#绘制 k=10 时的对数变换曲线
ix=np.arange(0,256) #显示对数变换图,k=10
iy=logtr(ix,10)
plt.plot(ix,iy)
plt.show()
```

代码的运行结果如图 5-12 所示。图 5-12(a)为原始图像,图 5-12(b)为 $k=200$ 时的图像对数变换图,图 5-12(c)为 $k=10$ 时的图像对数变换图,图 5-12(d)为 $k=200$ 时的对数变换曲线,图 5-12(e)为 $k=10$ 时的对数变换曲线。从对数变换后的图可以看出图像高灰度区域被压缩,而图像的低灰度区域被扩展。

(a) 原图　(b) k=200时的图像对数变换图　(c) k=10时的图像对数变换图

(d) k=200时的对数变换曲线　(e) k=10时的对数变换曲线

图 5-12　图像对数变换效果图

5.4.2 图像伽马变换

图像伽马变换又称为指数变换或幂次变换，该变换将输入图像中范围较窄的低灰度值映射为输出图像中范围较宽的灰度值，或将范围较宽的高灰度值映射为输出中范围较窄的灰度值。

伽马变换的表达式如下：

$$g(x,y)=C*f(x,y)^{\gamma} \tag{5-8}$$

其中，C 为比例系数，γ 为幂次参数。

γ 是图像伽马变换中非常重要的参数，根据其不同取值可以增强低灰度区域的对比度或者增强高灰度区域的对比度。

(1) $\gamma>1$，增强图像的高灰度区域的对比度，降低图像低灰度区域的对比度，图像整体变暗。

(2) $\gamma<1$，增强图像的低灰度区域的对比度，降低图像高灰度区域的对比度，图像整体变亮。

注意：在图像伽马变换中，需要将输入图像灰度值缩放到[0,1]，然后进行图像指数变换，变换完成后再映射到[0,255]进行图像展示。

图像伽马变换的示例代码如下：

```
#第 5 章/图像的点运算.ipynb
#定义伽马变换函数
def gamma(imgar,gamma=0.1):
    return (imgar/255.0)**gamma *255

#图像伽马变换及图像显示
#gamma=0.3
image1=gamma(lenagar,0.3)
plt.imshow(image1,cmap='gray',vmin=0,vmax=255)
plt.show()
#绘制 gamma 变换曲线
ix=np.arange(0,256)
iy=gamma(ix,0.3)
plt.plot(ix,iy)
plt.show()
#gamma=3
imag3=gamma(lenagar,3)
plt.imshow(imag3,cmap='gray',vmin=0,vmax=255)
plt.show()
#绘制 gamma 变换曲线
ix=np.arange(0,256)
iy=gamma(ix,3)
plt.plot(ix,iy)
plt.show()
```

代码的运行效果如图 5-13 所示，图 5-13(a)为 $\gamma=0.3$ 变换后的图像，图 5-13(b)为 $\gamma=0.3$ 变换曲线，图 5-13(c)为 $\gamma=3$ 变换后的图像，图 5-13(d)为 $\gamma=3$ 变换曲线。对比图 5-12(a)原始图像和 $\gamma=0.3$ 变换后的图像图 5-13(a)，可以看出图像高灰度区域被扩展，图像低灰度区域被压缩，图像变亮；对比图 5-12(a)原始图像和 $\gamma=3$ 变换后的图像图 5-13(c)，可以看出图像低灰度区域被扩展，图像高灰度区域被压缩，图像变暗。

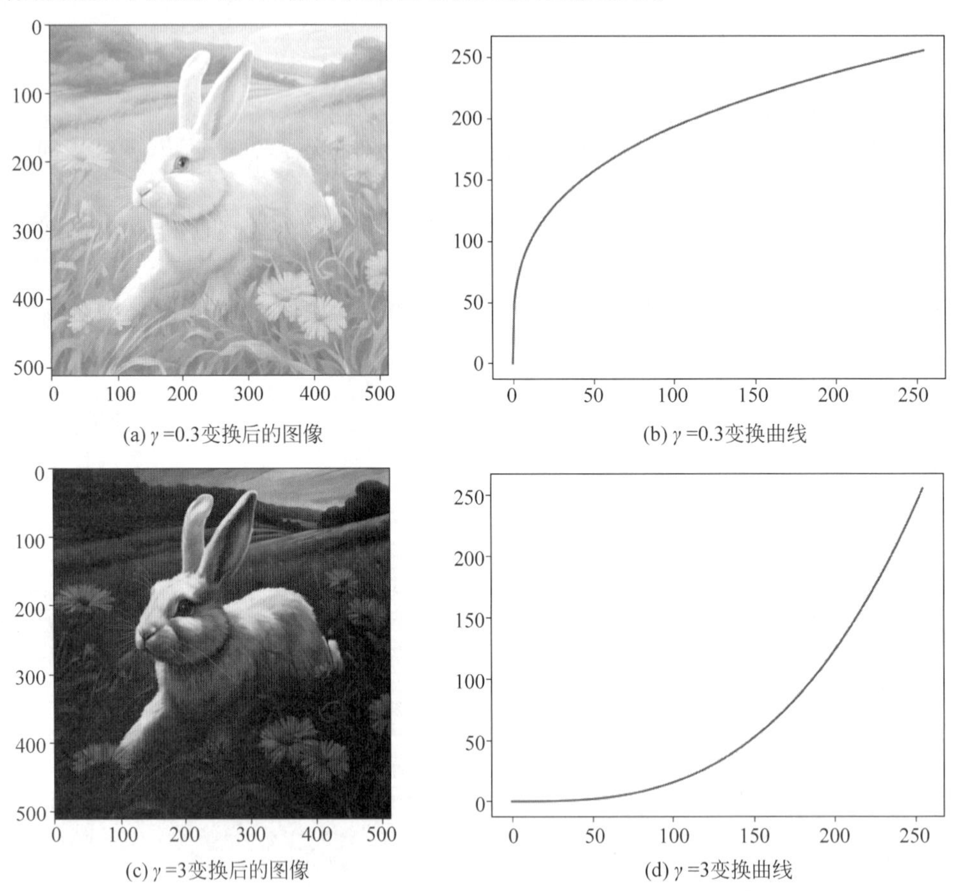

图 5-13 图像伽马变换效果图

5.4.3 图像比特平面切片

图像中像素的值是由比特组成的数字所表示的。例如，在 256 级灰度图像中，每个像素的灰度是由 8 位(1 字节)组成的。如图 5-14 所示，一幅 8 位图像按照 8 位所在位置，可以表示成 8 个 1 位的平面，其中平面 1 包含图像中所有像素的最低阶位，而平面 8 包含图像中各像素的最高阶位。

位平面本质上是原图像通过某个函数(或者某种映射关系)变换得来的，也就是位平面 $F(\mathrm{Bn})=T(r)$，r 为原图像，T 表示映射关系，$T(r)$表示映射之后的像素值。

位平面切片就是将图像按照位平面进行分层展示，又称为位平面分层。以一幅 8 位图像为例，其图像可以用 8 位平面表示，第 $n(0\leqslant n<7)$ 个位平面可以通过将图像像素值先转换成二进制数，然后与各位平面的值 2^n（n 为位面的序号）进行位与操作，判断该像素值在该位面是否存在，即该位是否为 1，如果存在，则进行二值化并将该像素值所在位赋值为 255，以便突出显示该位的核心，否则赋值 0。例如，如果想得到 8 位图像的第 3 位平面，则首先将图像的每个像素转换成 8 位二进制数，然后每个像素的二进制数分别与 0000 1000 进行位与操作，这样就可以得到第 3 位平面的二进制表示的灰度值，再转换成十进制。

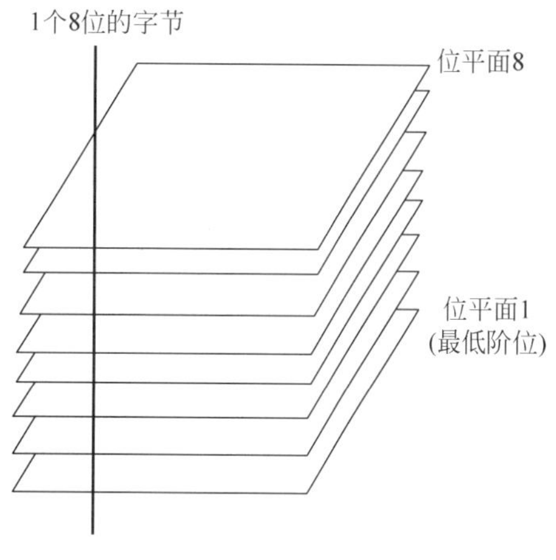

图 5-14　位平面

获取图像位平面的代码如下：

```
#第 5 章/图像的点运算.ipynb
#位平面的计算
def bitplane(x,level=0):
    return (x//(2**level)) %2*255

vbitplane=np.vectorize(bitplane, Exceluded=('level'))
ix=np.arange(0,256)
#使用循环计算图像的 8 位平面
for k in range(8):
    plt.plot(ix,vbitplane(ix,level=k))
    plt.show()
    bitp=vbitplane(imgar,level=k)
    plt.imshow(bitp,cmap='gray')
    plt.show()
```

示例代码使用数组向量化操作对图像元素进行位平面映射，然后使用循环函数获取图像的 8 位平面，得到的 8 位平面如图 5-15 所示，位平面切片实际上就是对图像进行变换，在此针对每个位平面的切片，得到了对应的图像变换关系图。

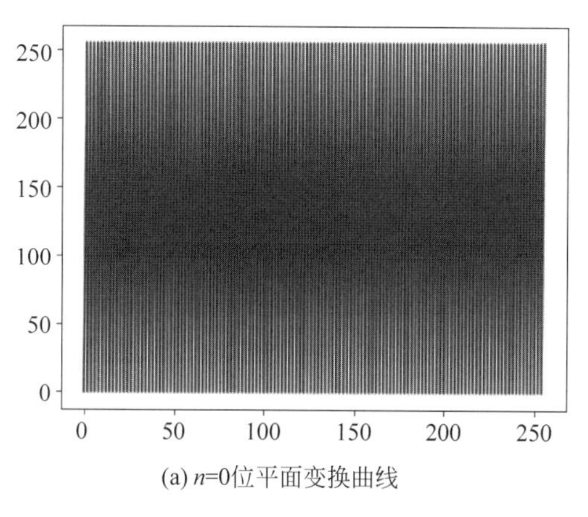

(a) n=0位平面变换曲线

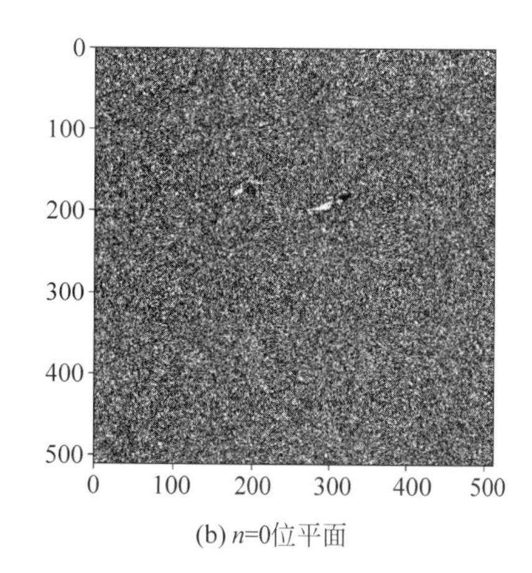

(b) n=0位平面

图 5-15　图像位平面切片

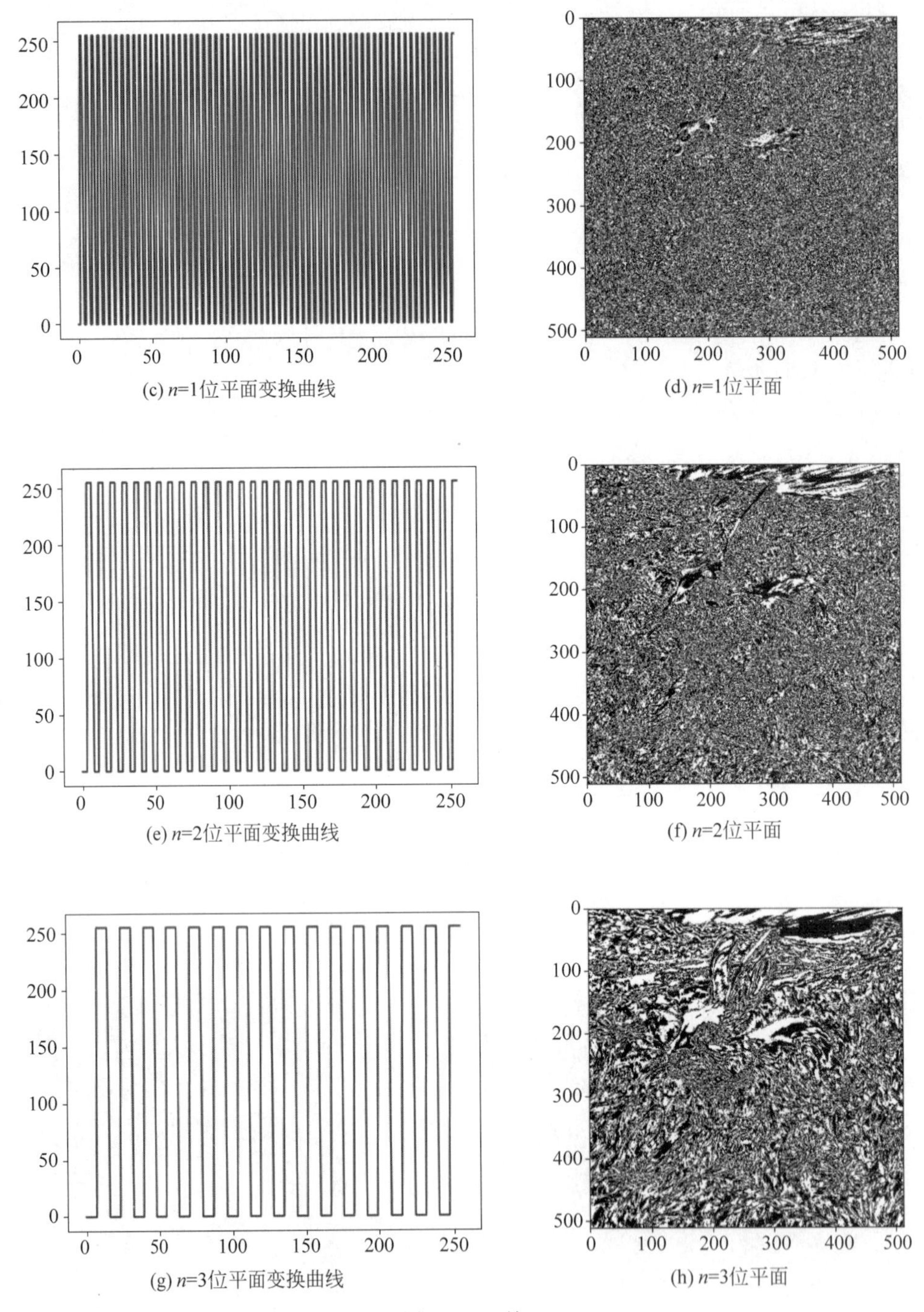

(c) n=1位平面变换曲线

(d) n=1位平面

(e) n=2位平面变换曲线

(f) n=2位平面

(g) n=3位平面变换曲线

(h) n=3位平面

图 5-15 （续）

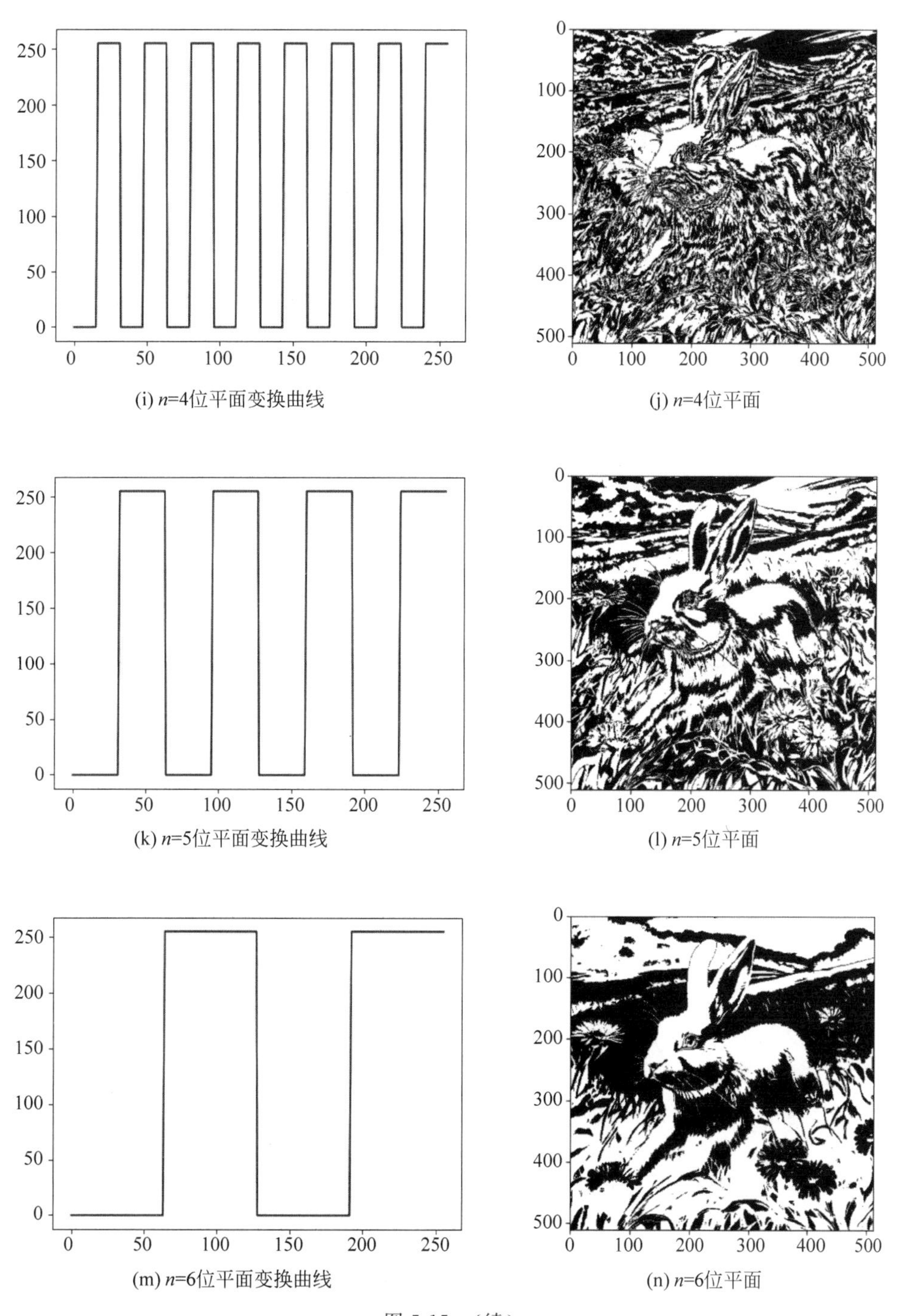

(i) n=4位平面变换曲线　(j) n=4位平面

(k) n=5位平面变换曲线　(l) n=5位平面

(m) n=6位平面变换曲线　(n) n=6位平面

图 5-15 （续）

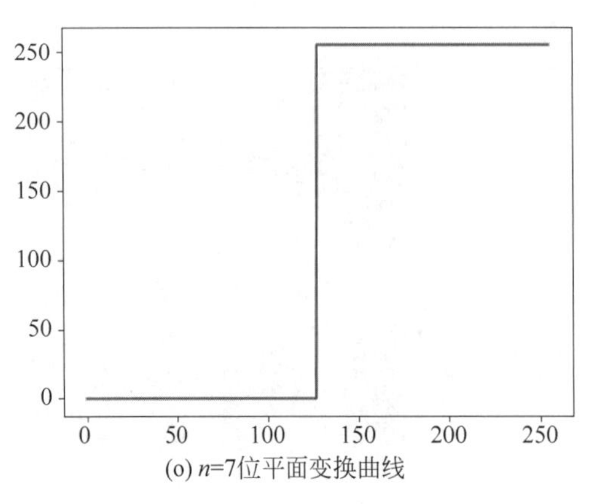

(o) n=7位平面变换曲线

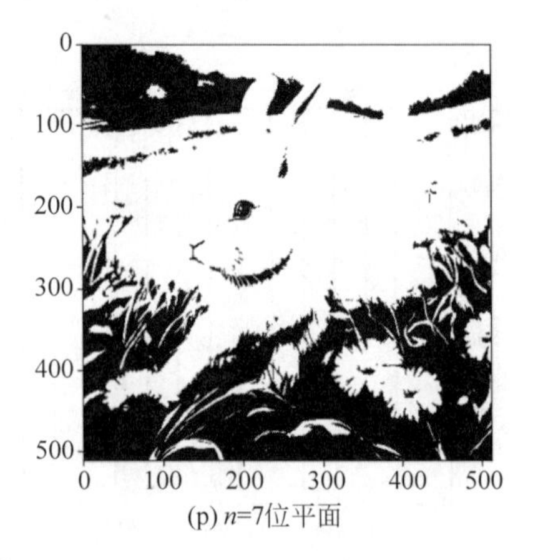

(p) n=7位平面

图 5-15 (续)

图像切片一般用于图像的压缩,在图像压缩中,一些低层级的位平面被丢弃。高层级的位平面一般包含大多数视觉的重要信息,而图像低层级的位平面包含丰富的微小细节信息。从上面的位平面切片结果来看,只需高阶的几层位平面就能够重建原图像,这也意味着可以使用比原来更少的位平面来构建原图。例如,使用 $n=4$、$n=5$、$n=6$、$n=7$ 共 4 层位平面构建原图,由此可以减少 50%的存储量。

5.4.4 图像二值化

图像二值化属于图像非线性灰度变换,就是将图像像素的灰度值设置为 0 或者 255,使整个图像包含两种状态,在显示时呈现出黑与白两种颜色。图像二值化能大大减少图像的数据量,凸显图像中感兴趣目标所在的区域。此外,图像二值化作为一种简单的图像处理技术,一般需要将图像二值化与其他图像处理算法相结合,作为其他图像处理算法的输入。例如,二维码解码,需要先对图像进行二值化,转换为黑与白,再进行图像分割。

在介绍二值化之前,首先引入阈值概念,阈值是在图像分割时作为区分目标与背景像素的门限,大于或等于阈值的像素属于目标,而剩余像素属于背景。这种方法对于在目标与背景之间存在明显差别的目标分割十分有效。本节将介绍 5 种基本的二值化处理方法:阈值二值化、阈值反二值化、阈值截断、阈值取零和阈值反取零。实际上,除了上述基本的二值化阈值处理方法,在实际的图像处理系统中,为了有效地分割目标与背景,寻找和求解最优的阈值,提出了全局阈值、自适应阈值等自动化的图像二值化方法。

注意:图像在二值化处理之前需要进行灰度变换。当给定彩色图像时,或者先将彩色图像灰度化,再进行二值化处理,或者对各通道分别进行二值化处理。

阈值二值化就是将大于或等于阈值的像素灰度值设定为 255(对于 8 位灰度图像来讲),将灰度值小于阈值的像素灰度值设定为 0。阈值二值化处理的表达式如下:

$$g(x,y)=\begin{cases}255, & f(x,y)\geqslant th\\0, & f(x,y)<th\end{cases} \tag{5-9}$$

其中,th 为设定的阈值。

下面通过示例展示图像阈值二值化处理效果,示例代码如下:

```
#第 5 章/图像的点运算.ipynb
#图像阈值二值化处理
#自定义阈值二值化处理函数
def bth(a,thresh=128):
    if a>=thresh:
        return 255
    else:
        return 0
#数组向量化
vbth=np.vectorize(bth,exceluded=['thresh'])
#图像阈值二值化处理
thresh=120              #设置不同的阈值,观察效果
bimg=vbth(imgar,thresh)
plt.imshow(bimg,cmap='gray',vmin=0,vmax=255)
plt.show()
#显示变换曲线
ix=np.arange(0,256)
r=vbth(ix,thresh)
plt.plot(ix,r)
plt.show()
```

示例代码首先定义了阈值二值化处理函数,然后基于数组向量化操作对图像进行了阈值二值化处理,其中阈值为 120,也就是图像灰度值不小于 120 的像素经过阈值二值化处理后灰度值为 255,图像呈现白色,图像灰度值小于 120 的像素经过阈值二值化处理后灰度值为 0,图像呈现黑色。代码的运行结果如图 5-16 所示,图 5-16(a)为阈值二值化处理后的图像,图 5-16(b)为阈值二值化变换曲线。从此图可以看出,经过阈值二值化处理的图像呈现黑白效果,可以实现粗略的高亮度区域的提取。

注意:在上述实现阈值二值化的代码中借助于 NumPy 的函数向量化功能 np.vectorize()函数完成,优点是代码结构清晰,容易理解,并且用同样的方法可以实现其他 4 种图像二值化处理,但缺点是效率较低,可以使用 np.where()或数组映射等方法提升效率。

反阈值二值化就是将大于或等于阈值的像素灰度值设定为 0(对于 8 位灰度图像来讲),将灰度值小于阈值的像素灰度值设定为 255。反阈值二值化处理的表达式如下:

$$g(x,y)=\begin{cases}255, & f(x,y)<th\\0, & f(x,y)\geqslant th\end{cases} \tag{5-10}$$

其中,th 为设定的阈值。

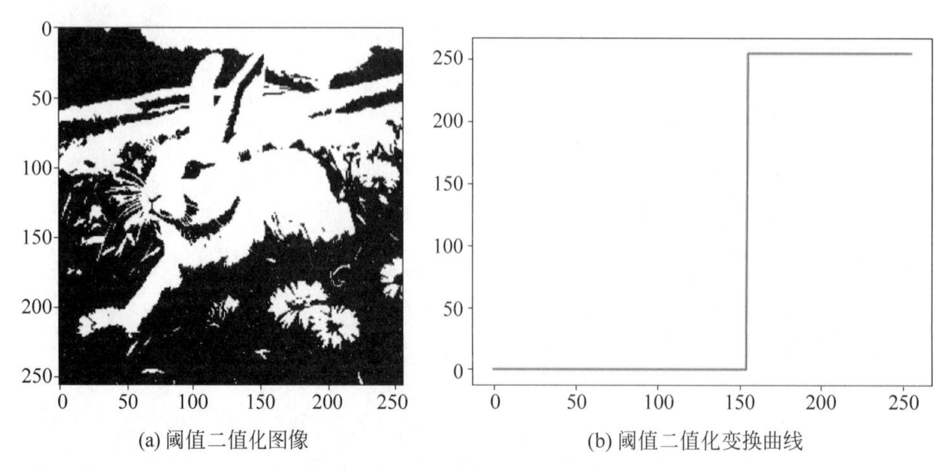

(a) 阈值二值化图像

(b) 阈值二值化变换曲线

图 5-16　图像阈值二值化处理

下面通过示例展示图像反阈值二值化处理效果，示例代码如下：

```
#第 5 章/图像的点运算.ipynb
#图像反阈值二值化处理
#反阈值二值化函数
def invbth(a,thresh=128):
    if a>=thresh:
        return 0
    else:
        return 255
#数组向量化
vinvbth=np.vectorize(invbth,Exceluded=['thresh'])
#设定域值
thresh=128
#图像反阈值二值化处理
invbimg=vinvbth(imgar,thresh)
plt.imshow(invbimg,cmap='gray',vmin=0,vmax=255)
plt.show()
#显示变换曲线
ix=np.arange(0,256)
r=vinvbth(ix,thresh)
plt.plot(ix,r)
plt.show()
```

示例代码首先定义了反阈值二值化处理函数，然后基于数组向量化操作对图像进行了反阈值二值化处理，其中阈值为 128，也就是图像灰度值小于 128 的像素经过阈值二值化处理后灰度值为 255，图像呈现白色，图像灰度值不小于 128 的像素经过反阈值二值化处理后灰度值为 0，图像呈现黑色。代码的运行结果如图 5-17 所示，图 5-17(a)为反阈值二值化处理后的图像，图 5-17(b)为反阈值二值化变换曲线。从此图可以看出，经过反阈值二值化处理的图像呈现黑白效果，可以实现粗略的低亮度区域提取。

图像阈值截断就是将小于阈值的像素灰度值保持不变，将灰度值大于或等于阈值的像

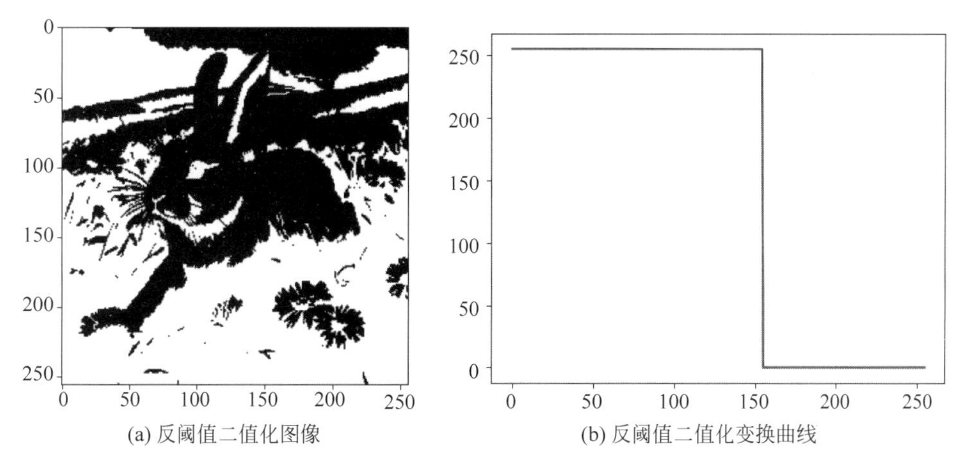

图 5-17　图像反阈值二值化处理

素灰度值设定为该阈值。阈值截断处理的表达式如下：

$$g(x,y)=\begin{cases} f(x,y), & f(x,y)<\text{th} \\ \text{th}, & f(x,y)\geqslant \text{th} \end{cases} \tag{5-11}$$

其中，th 为设定的阈值。

下面通过示例展示图像阈值截断处理效果，示例代码如下：

```
#第 5 章/图像的点运算.ipynb
#图像截断处理
#阈值截断处理函数
def th(a,thresh=128):
    if a>=thresh:
        return thresh
    else:
        return a
#数组向量化
vth=np.vectorize(th,Exceluded=['thresh'])
thresh=100#设置不同的阈值,观察效果
vimg=vth(imgar,100)
plt.imshow(vimg,cmap='gray',vmin=0,vmax=255)
plt.show()
#显示变换曲线
ix=np.arange(0,256)
r=vth(ix,thresh)
plt.plot(ix,r)
plt.show()
```

示例代码首先定义了阈值截断处理函数，然后基于数组向量化操作对图像进行了截断阈值化处理，其中阈值为 100，也就是图像灰度值小于 100 的像素灰度值保持不变，将图像灰度值大于 100 的像素设置为阈值 100。代码的运行结果如图 5-18 所示，图 5-18(a)为阈值截断处理后的图像，图 5-18(b)为阈值截断变换曲线。

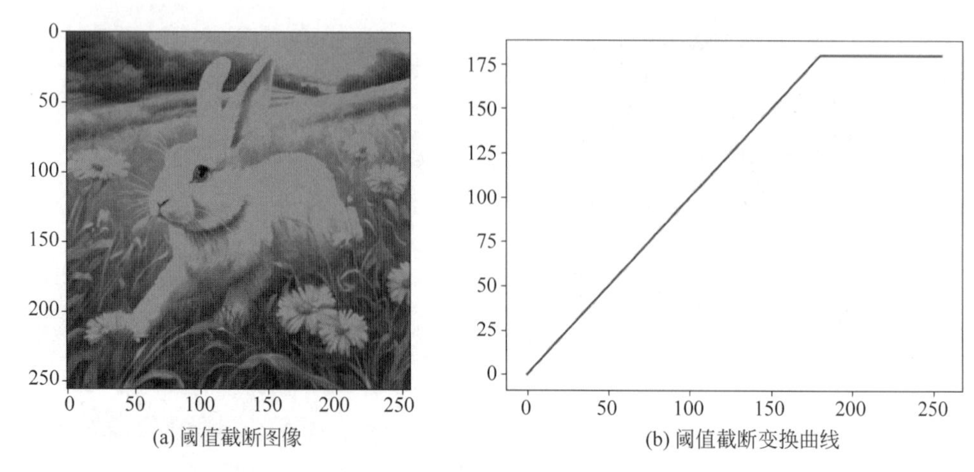

(a) 阈值截断图像

(b) 阈值截断变换曲线

图 5-18　图像阈值截断处理

图像阈值取零就是将小于阈值的像素灰度值设定为 0，将灰度值大于或等于阈值的像素灰度值保持不变。阈值取零处理的表达式如下：

$$g(x,y)=\begin{cases}0, & f(x,y)<\mathrm{th}\\ f(x,y), & f(x,y)\geqslant \mathrm{th}\end{cases} \tag{5-12}$$

其中，th 为设定的阈值。

下面通过示例展示图像阈值取零处理效果，示例代码如下：

```
#第 5 章/图像的点运算.ipynb
#图像阈值取零
#自定义阈值取零函数
def th0(a,thresh=128):
    if a>=thresh:
        return a
    else:
        return 0
#数组向量化
vth0=np.vectorize(th0,Exceluded=['thresh'])
thresh=100                      #阈值
#图像阈值取零调用
invimg=vth0(imgar,thresh)       #设置不同的阈值,观察效果
plt.imshow(invimg,cmap='gray',vmin=0,vmax=255)
plt.show()
#显示变换曲线
ix=np.arange(0,256)
r=vth0(ix,thresh)
plt.plot(ix,r)
plt.show()
```

示例代码首先定义了阈值取零处理函数，然后基于数组向量化操作对图像进行了阈值取零化处理，其中阈值为 100，也就是将图像灰度值小于 100 的像素灰度值设置为 0，图像灰

度值大于 100 的像素保持不变。代码的运行结果如图 5-19 所示，图 5-19(a)为阈值取零处理后的图像，图 5-19(b)为阈值取零变换曲线。

(a) 阈值取零图像

(b) 阈值取零变换曲线

图 5-19　图像阈值取零处理

图像阈值反取零就是将小于阈值的像素灰度值保持不变，将大于或等于阈值的像素灰度值设定为 0。阈值反取零处理的表达式如下：

$$g(x,y)=\begin{cases}f(x,y), & f(x,y)<\text{th}\\0, & f(x,y)\geqslant \text{th}\end{cases} \tag{5-13}$$

其中，th 为设定的阈值。

下面通过示例展示图像阈值反取零处理效果，示例代码如下：

```
#第 5 章/图像的点运算.ipynb
#图像阈值反取零
#自定义阈值反取零函数
def invth0(a,thresh=128):
    if a>=thresh:
        return 0
    else:
        return a
#数组向量化
vinvth0=np.vectorize(invth0,Exceluded=['thresh'])
thresh=100                  #阈值
#图像阈值反取零调用
invimg=vinvth0(imgar,thresh)
plt.imshow(invimg,cmap='gray',vmin=0,vmax=255)
plt.show()
#显示变换曲线
ix=np.arange(0,256)
r=vinvth0(ix,thresh)
plt.plot(ix,r)
plt.show()
```

示例代码首先定义了阈值反取零处理函数，然后基于数组向量化操作对图像进行了阈值反取零处理,其中阈值为100,也就是图像灰度值小于100的像素灰度值保持不变,将图像灰度值大于100的像素设置为0。代码的运行结果如图5-20所示,图5-20(a)为阈值反取零处理后的图像,图5-20(b)为阈值反取零变换曲线。

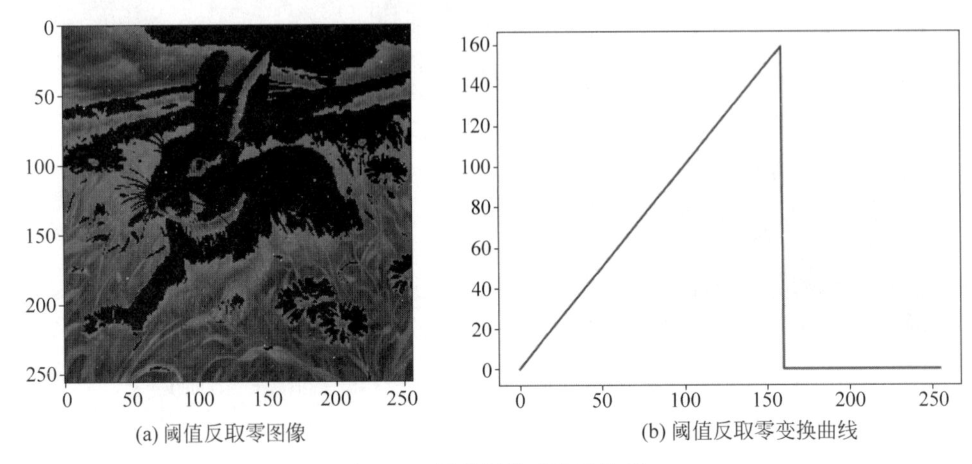

(a) 阈值反取零图像　(b) 阈值反取零变换曲线

图5-20　图像阈值反取零处理

5.5　图像其他灰度变换

本节将主要讲述灰度级压缩及灰度级切分。在图像处理过程中,进行灰度级压缩可以减小图像的存储空间,提高图像处理效率,而对图像灰度级进行切分,可以提取感兴趣的灰度范围。

5.5.1　灰度级压缩

图像灰度级压缩就是将图像的灰度级数目减少。例如,将256灰度级压缩到64灰度级,其作为一种基础的图像处理方法,可以减小图像数据的存储空间和传输带宽,提高图像的处理效率。

通过示例代码展示图像灰度级压缩,代码如下:

```
#第5章/图像的点运算.ipynb
#压缩灰度级
def grayk(imgar,k=4):
    step=256//k
    return imgar//step*step
scale=16                    #灰度级压缩比例
z=grayk(imgar,scale)
plt.imshow(z,cmap='gray',vmin=0,vmax=255)
plt.show()
scale=4                     #灰度级压缩比例
z=grayk(imgar,scale)
```

```
plt.imshow(z,cmap='gray',vmin=0,vmax=255)
plt.show()
```

代码中设置了两个不同的灰度级压缩比例，将灰度级为256的图像进行了压缩，得到的灰度级压缩后的效果如图5-21所示，图5-21(a)为压缩为16级灰度后的效果，理论上存储1像素只需半字节，即4位，图5-21(b)为原图到图5-21(a)的变换曲线，图5-21(c)为压缩为4级灰度后的效果，理论上存储1像素只需2位，图5-21(d)为原图到图5-21(c)的变换曲线。

图5-21 图像灰度级压缩效果

5.5.2 灰度级切片

图像灰度级切片其实就是图像分段线性灰度变换的特殊案例，主要通过将感兴趣区域的灰度级进行处理，实际有两种处理方式，如图5-22所示，第1种方式，突出灰度范围[a,b]的区域，将其他灰度区域的灰度级降低到一个更低的级别；第2种方式，突出灰度范围[a,b]的区域，将其他灰度区域的灰度级保持不变。

针对第1种灰度级切片图像处理方法，示例代码如下：

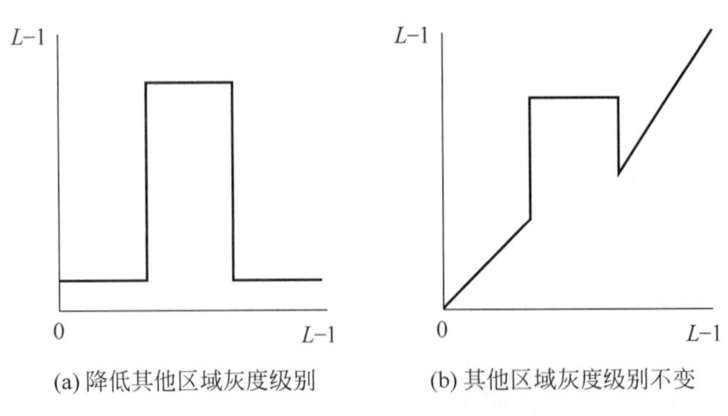

(a) 降低其他区域灰度级别　　(b) 其他区域灰度级别不变

图 5-22　图像灰度级切分

```
#第 5 章/图像的点运算.ipynb
#灰度级切分(1)
def graytrans(x,a,b,low=0,high=255):
    if a<x<b:
        return high
    else:
        return low

vgraytrans=np.vectorize(graytrans,Exceluded=['a','b','low','high'])
#数组向量化
invimg=vgraytrans(imgar,100,170,0,255) #设置不同的阈值,观察效果
plt.imshow(invimg,cmap='gray',vmin=0,vmax=255)
plt.show()
#显示变换曲线
ix=np.arange(0,256)
r=vgraytrans(ix,100,170,0,255)
plt.plot(ix,r)
plt.show()
```

代码中设置了灰度级区域[100,170],对该区域的灰度级进行了突出,而对于其他区域的灰度级降低到 0。代码的运行效果如图 5-23 所示。图 5-23(a)为灰度级切片后的图像,

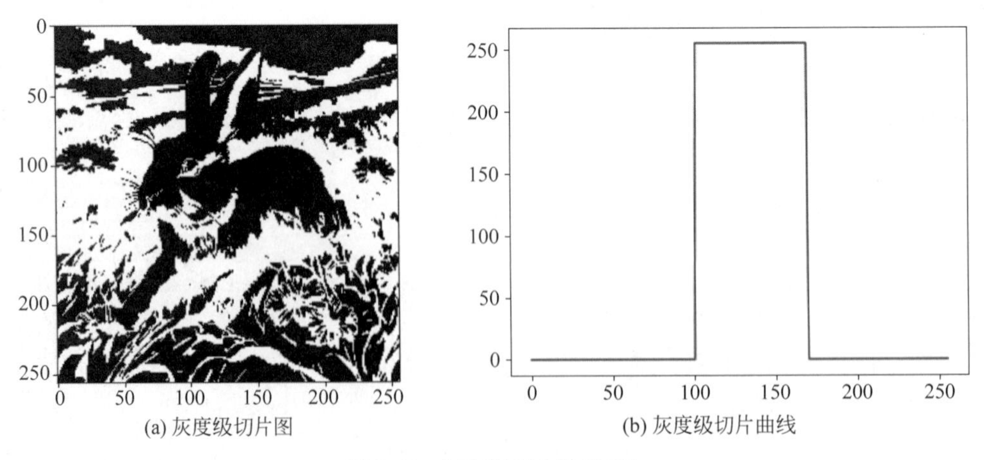

(a) 灰度级切片图　　(b) 灰度级切片曲线

图 5-23　灰度级切片效果(1)

图 5-23(b)为灰度级切片曲线。从效果图可以看出，灰度级在[100,170]内的像素灰度值被变换到 255，图像呈现白色，而灰度级不在此范围的像素灰度值被降低为 0，图像呈现黑色。

针对第 2 种灰度级切片图像处理方法，示例代码如下：

```
#第 5 章/图像的点运算.ipynb
#灰度级切片(2)
def graytrans2(x,a,b,th=192):
    if a<x<b:
        return th
    else:
        return x
#数组向量化
vgraytrans2=np.vectorize(graytrans2,exceluded=['a','b','low','high'])
invimg=vgraytrans2(imgar,100,170,255)                #设置不同的阈值，观察效果
plt.imshow(invimg,cmap='gray',vmin=0,vmax=255)
plt.show()
#显示变换曲线
ix=np.arange(0,256)
r=vgraytrans2(ix,100,170,255)
plt.plot(ix,r)
plt.show()
```

代码中设置了灰度级区域[100,170]，对于该区域的灰度级进行了突出，而对于其他区域的灰度级不做处理。代码的运行效果如图 5-24 所示。图 5-24(a)为灰度级切片后的图像，图 5-24(b)为灰度级切片曲线。从效果图可以看出，灰度级在[100,170]内的像素灰度值被变换到 255，图像呈现白色，而灰度级不在此范围的像素灰度值保持不变。

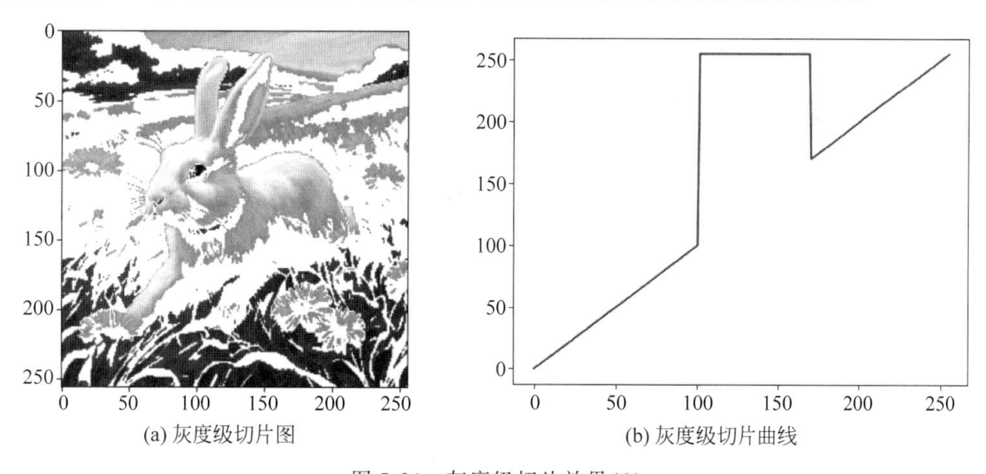

(a) 灰度级切片图　　(b) 灰度级切片曲线

图 5-24　灰度级切片效果(2)

5.6　图像点运算应用

5.6.1　案例：图像混合

图像混合是指将两个不同的图像按照一定的权重进行相加，使之成为一幅新的图像。

图像混合的前提是图像的尺寸一致,如果要混合的图像尺寸不一致,则需要先调整图像的尺寸,使它们的尺寸一致,再进行处理。调整图像尺寸的方法有两种:一种是图像缩放;另一种是图像扩边。

下面通过示例展示图像混合的过程,示例代码如下:

```
#第 5 章/图像的点运算.ipynb
#图像混合
#1.图像读取
img=Image.open('../images/1.jpg').convert('L')
imgar=np.array(img)
plt.imshow(imgar,cmap='gray',vmin=0,vmax=255)
plt.show()
img2=Image.open('../images/1.webp').convert('L')
imgar2=np.array(img2)
plt.imshow(imgar2,cmap='gray',vmin=0,vmax=255)
plt.show()
#2.图像尺寸调整
#2.1 计算较小图像需要 pad 的大小
h,w=imgar.shape
hb,wb=imgar2.shape
print(h,w,hb,wb)
print((h-hb)/2,(w-wb)/2)                    #计算扩边的尺寸
#2.2 通过扩边使两张图像大小相同
imgar2pad=np.pad(imgar2,((433,434),(193,193)),mode='constant',constant_values=0)
print(imgar2pad.shape)
plt.imshow(imgar2pad,cmap='gray',vmin=0,vmax=255)
plt.show()

#3.图像混合
#3.1 定义混合的函数
def merge(a,b,ratio=0.3):
    return ratio *a+(1-ratio)*b
#3.2 将混合函数向量化
vmerge=np.vectorize(merge,Exceluded='ratio')
#3.3 图像混合处理
mergedimg=vmerge(imgar,imgar2pad,0.7)
plt.imshow(mergedimg,cmap='gray',vmin=0,vmax=255)
plt.show()
```

代码的运行结果如图 5-25 所示,图 5-25(a)和图 5-25(b)为两幅待混合的图像,二者尺寸不同,图 5-25(c)为将图 5-25(b)使用扩边操作进行尺寸调整后的图像,图 5-25(d)为图 5-25(a)和图 5-25(c)按照 7∶3 的比例混合后生成的图像。由于示例中两幅图像的尺寸不一致,首先对图像尺寸进行调整,然后进行了图像混合。代码通过三步实现:图像尺寸的读取、图像尺寸的调整和图像混合。在图像尺寸调整时,使用了图像边缘补 0 的扩边运算,在图像混合时,设置了比例系数 ratio,用于调整图像混合过程中每幅图像的权重。

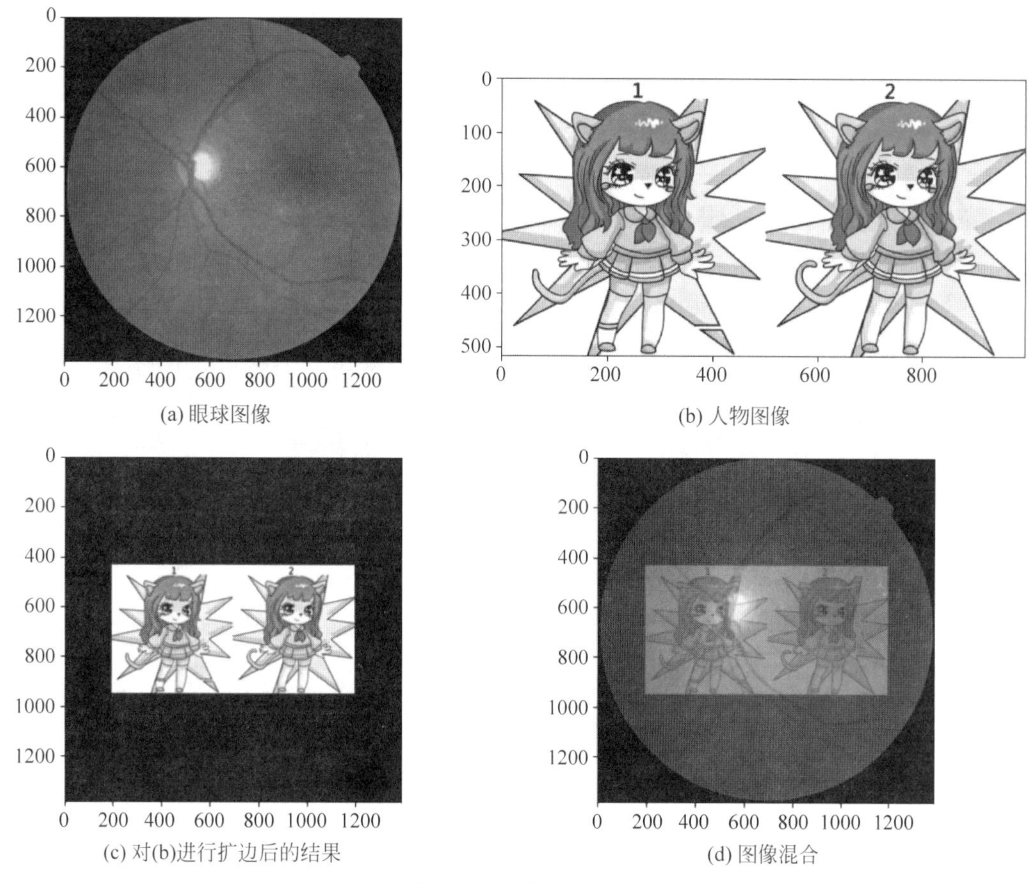

(a) 眼球图像　(b) 人物图像　(c) 对(b)进行扩边后的结果　(d) 图像混合

图 5-25　图像混合运用

以上两幅图像的混合使用了固定的比例系数作为权重，此外也可以对每个像素使用不同的比例系数，最常见的就是使用渐变的权重，可以使两幅图像产生逐渐过渡的效果。下面通过示例展示如何使用渐变权重进行图像混合，示例代码如下：

```
#第 5 章/图像的点运算.ipynb
#渐变混合
#产生渐变的权重
weights,_=np.mgrid[0:1383:1384j,0:1385:1386j]
weights=span(weights,440,940)
weights/=weights.max()
weights.max()
plt.imshow(weights,cmap='gray')
plt.show()

#定义渐变混合函数
def mergegradient(a,b,weights):
    return weights*a+(1-weights)*b
#将渐变混合函数向量化
```

```
vmergegradient=np.vectorize(mergegradient)
#图像渐变混合处理
mergegraidentimg=vmergegradient(imgar,imgar2pad,weights)
plt.imshow(mergegraidentimg,cmap='gray',vmin=0,vmax=255)
plt.show()
```

代码的运行结果如图 5-26 所示，图 5-26(a)为两幅图像混合权重的可视化，权重沿着 y 轴的方向逐渐变大，图 5-26(b)为使用图 5-26(a)作为权重进行两幅图像混合后的结果，使两幅图像在混合时过渡自然。

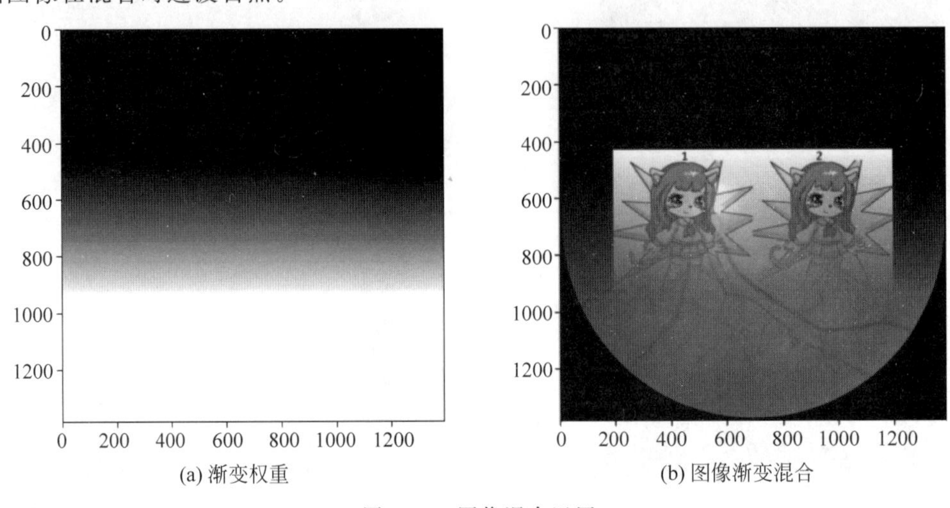

(a) 渐变权重　(b) 图像渐变混合

图 5-26　图像混合运用

5.6.2　案例：图像掩模

图像掩模就是将黑白二值图像作为掩模，作用于原图像，使二值图像黑色部分对应的原图像中的部分变成黑色(透明)，其他部分不变，从而可以提取原图像中感兴趣的区域。图像掩模实际上就是数组乘法处理，要求掩模尺寸和原图像尺寸一致。

图像掩模的示例如下：

```
#第 5 章/图像的点运算.ipynb
#创建一个圆形的掩模
y,x=np.mgrid[0:1383:1384j,0:1385:1386j]
z=np.sqrt((x-690)**2+(y-690)**2)                    #计算各点到中心的距离
mask=vinvbth(z,300)                                 #利用二值化函数生成掩模
plt.imshow(mask,cmap='gray',vmin=0,vmax=255)
plt.show()
#图像掩模
clipedimg=imgar*(mask/255)
plt.imshow(clipedimg,cmap='gray',vmin=0,vmax=255)
plt.show()
```

代码的运行效果如图 5-27 所示，图 5-27(a)为二值掩模的模板，图 5-27(b)为图像掩模后结果。在此建立了一个圆形的掩模，掩模的圆形部分为白色，其余为黑色，然后将掩模作用于眼球图像，由此可以得到圆形区域可见但其余区域全黑的图像。

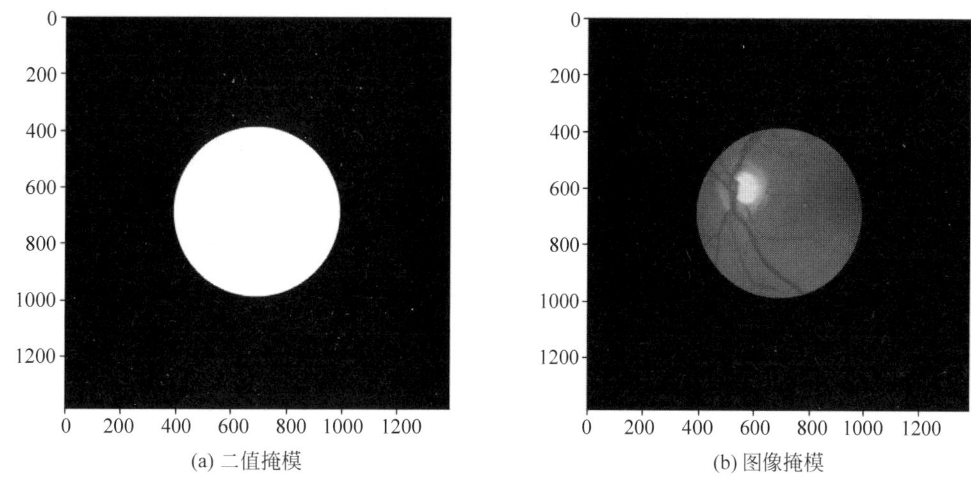

图 5-27　图像掩模效果

注意： 在使用乘法进行掩模运算时，二值掩模中像素值必须为 0 或 1。

5.6.3　案例：图像求差

图像求差就是两幅图像对应元素使用减法运算，得到两幅图像的不同之处，从而对图像简单地进行对比。图像求差时要注意保证参与运算的两幅图像具有一致的尺寸。以下通过找不同的游戏来说明图像求差的应用，示例代码如下：

```
#第 5 章/图像的点运算.ipynb
#将图像分成左右两部分
floatimg=imgar2.astype(np.float32)
leftimg=floatimg[:,:500]
rightimg=floatimg[:,500:]
plt.imshow(leftimg,cmap='gray',vmin=0,vmax=255)
plt.show()
plt.imshow(rightimg,cmap='gray',vmin=0,vmax=255)
plt.show()
#图像求差
res=leftimg-rightimg
plt.imshow(res,cmap='gray')
plt.show()
```

示例代码的运行效果如图 5-28 所示，图 5-28(a)和图 5-28(b)为两幅原图像，图 5-28(c)为图像求差的效果图，从效果图可知两幅图像间的差异被增强，很快就能找到两幅图像的差异。

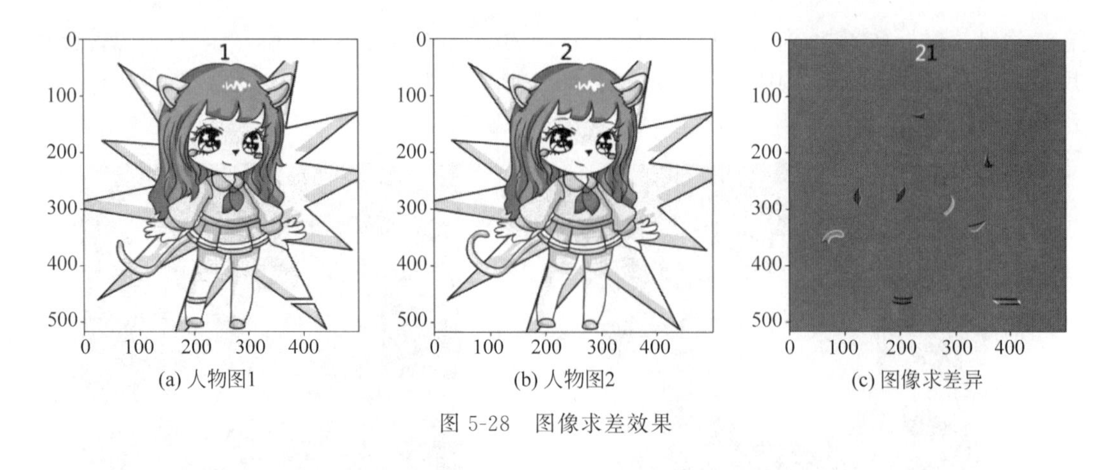

(a) 人物图1　　(b) 人物图2　　(c) 图像求差异

图 5-28　图像求差效果

注意：在求差结束后，两幅图像间的不同要么是比较大的正值，要么是比较小的负值，需要进一步求取绝对值、去除噪声和二值化等处理后才能完成对两幅图像不同区域的提取和识别。

5.6.4　案例：植被指数

在遥感影像处理中，进行地表覆盖类型的分类是一项常见的任务，其中对于植被的识别尤其重要。根据植被在遥感影像中的成像特点：植物叶面在可见光的红光波段具有很强的吸收特性，在近红外波段有很强的反射特性。利用上述特点，对红光波段和近红外波段进行一定的运算，就能够得到反映植被覆盖和生长状况的特征，称为植被指数。

目前存在多种植被指数，NDVI(归一化植被指数)使用最广泛，其计算公式为

$$\mathrm{NDVI}=\frac{\mathrm{NIR}-R}{\mathrm{NIR}+R} \tag{5-14}$$

其中，NIR 是近红波段的影像，R 是红光波段的影像，NDVI 是计算得到的归一化植被指数，范围在$-1\sim1$，当其值大于 0 时，值越大表示植被覆盖越大，当小于或等于 0 时表示非植被。

在遥感影像中，一方面波段(通道)数较多，另一方面数值的范围远超 0～255，因此在存储上使用专门的格式，如 GeoTiff。Pillow 等普通图像处理库不支持存取遥感影像数据，需要使用 GDAL 库。GDAL 库的安装方式如下：

```
%pip install ./GDAL-3.4.3-cp38-cp38-win_amd64.whl
```

注意：GDAL 库的安装使用了本地安装包安装的方式，安装包在本书附赠的资源包中，安装包只支持 Python 3.8。对于其他 Python 版本的 GDAL 可通过网络搜索下载和安装。

使用 GDAL 打开遥感影像并转换为 NumPy 数组的代码如下：

```
#第 5 章/图像的点运算.ipynb
#导入 GDAL 库
```

```
from osgeo import gdal
#打开遥感影像
rs=gdal.Open('../images/landsat5.tiff')
#获取影像波段数并打印
num_bands=rs.RasterCount
print(num_bands)
#以数组的形式读取影像,并通过乘法转换为浮点数类型,方便后续的运算
rsarr=rs.ReadAsArray()*1.0
#显示遥感数据的尺寸
print(rsarr.shape)                    #按照 C×H×W 排列
```

执行代码,结果如下:

```
7
(7, 547, 1082)
```

以上使用 GDAL 库打开了一幅 Landsat 5 TM 遥感影像,该遥感影像具有 7 个波段(通道),在转换为 NumPy 数组后,获取并打印了遥感影像的尺寸:高为 547,宽为 1082,排列方式为 $C\times H\times W$。

接下来,对遥感影像的 R、G 和 B 3 个波段进行最大值和最小值缩放后,以真彩色方式进行重建并显示,代码如下:

```
#第 5 章/图像的点运算.ipynb
#读取影像中的蓝波段,并进行最大值和最小值缩放处理
b=minmax(rsarr[0])
#读取影像中的绿波段,并进行最大值和最小值缩放处理
g=minmax(rsarr[1])
#读取影像中的红波段,并进行最大值和最小值缩放处理
r=minmax(rsarr[2])
#将 R、G、B 3 个通道进行叠加
rgb=np.dstack([r,g,b])
print(rgb.max(),rgb.min())
#以真彩色显示遥感影像
plt.imshow(rgb.astype(int))
plt.show()
```

上述示例代码的运行效果如图 5-29 所示,对遥感影像中的 R、G 和 B 3 个通道合成真彩色图像,图中植被以暗绿色显示,但并不明显。

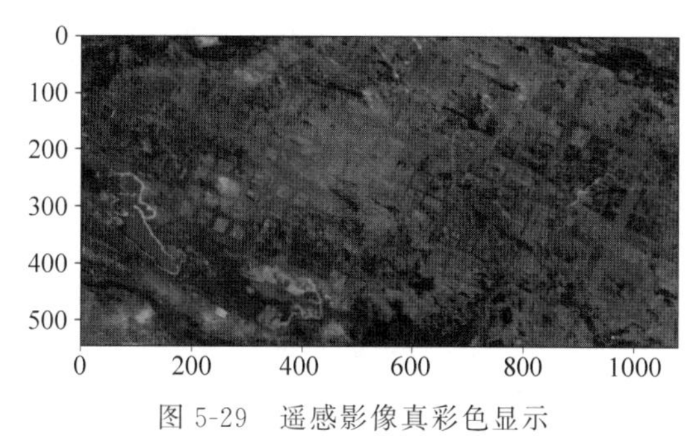

图 5-29　遥感影像真彩色显示

最后根据公式计算 NDVI 并显示结果,代码如下:

```
#第 5 章/图像的点运算.ipynb
#植被指数计算函数
def ndvi(nir,r):
    #计算 NDVI 植被指数
    return (nir-r)/(nir+r)
#获取遥感影像的近红外波段
nir=rsarr[3]
#获取遥感影像的红光波段
r=rsarr[2]
#计算 NDVI 植被指数
ndviarr=ndvi(nir,r)
plt.imshow(ndviarr,cmap='PiYG')
plt.show()
```

在上述示代码中,定义了一个函数 ndvi(),用于计算植被指数,并使用该函数对遥感影像的近红外和红光波段进行了 NDVI 的计算。图 5-30 对计算得到的 NDVI 进行了可视化显示,可以看出植被得到显著增强,与非植被具有较大的差异。

图 5-30　NDVI 可视化效果(见彩插)

5.6.5　案例:色彩空间变换

在表示色彩时,最常用的是使用红(R)、绿(G)和蓝(B)三原色的方式对颜色进行描述。如果将 R、G 和 B 看作坐标轴,则构成了一个三维的空间,不同的颜色就是这个空间的一个点,因为这个空间以 RGB 为基,所以称为 RGB 空间。实际上,除了 RGB 空间外,对于颜色的描述还存在多种方式,早在 1931 年国际照明委员会就提出了统一的颜色描述 CIE XYZ 系统。CIE XYZ 系统是一种采用想象的 X、Y 和 Z 3 种基色,与可见颜色不相对应,不能直接用于颜色的显示,但提供了对所有的颜色的表示。此外,根据实际的应用,常见的色彩空间还有 HSV、Lab、CMYK 等。

HSV 色彩空间将颜色分解为 Hue(色调)、Saturation(饱和度)和 Value(亮度)3 部分。相比于 RGB 空间,HSV 空间更接近人们对彩色的感知经验,非常直观地表达了颜色的色调、鲜艳程度和明暗程度,方便进行颜色的对比。将颜色从 RGB 空间变换到 HSV 空间的计算公式如下:

$$V = \mathrm{MAX}(R, G, B) \tag{5-15}$$

$$S = \begin{cases} V - \mathrm{MIN}(R, G, B), & V > 0 \\ 0, & V = 0 \end{cases} \tag{5-16}$$

$$H' = \begin{cases} 60 \times (G - B)/(V - \mathrm{MIN}(R, G, B)), & V = R \\ 120 + 60 \times (B - R)/(V - \mathrm{MIN}(R, G, B)), & V = G \\ 240 + 60 \times (R - G)/(V - \mathrm{MIN}(R, G, B)), & V = B \end{cases}$$

$$H = \begin{cases} H', & H' \geqslant 0 \\ H' + 360, & H' < 0 \end{cases} \tag{5-17}$$

其中,MAX()为求最大值函数；MIN()为求最小值函数；R、G、B 为待转换颜色的 RGB 值；V 为转换后的亮度值,范围为 0～255；S 为转换后的饱和度值,范围为 0～1；H 为转换后的色调值,范围为 0～360。

从计算上来看,从 RGB 空间到 HSV 空间的变换,可以看作 3 个通道间的点运算,因此,可以利用 NumPy 的 alpply_along_axis()函数实现,代码如下：

```
#第 5 章/图像的点运算.ipynb
#RGB 到 HSV
def rgb2hsv(x):
#输入的 x 为一个表示 RGB 颜色的长度为 3 的数组
#输出是一个长度为 3 的数组表示输入颜色的 H、S、V 值
    x=x * 1.0
    mi=x.min()
    mx=x.max()
    r=x[0]
    g=x[1]
    b=x[2]
    s= 0.0 if mx==0 else (1-mi/mx)
    h=60
    if mx==mi:
        h=0
    elif mx==r and g>=b:
        h=h * (g-b) / (mx-mi) +0
    elif mx==r and g<b:
        h=h * (g-b) / (mx-mi) +360
    elif mx==g:
        h=h * (b-r) / (mx-mi) +120
    elif mx==b:
        h=h * (r-g) / (mx-mi) +240
    else:
        print('wrong')
    v=mx
    return np.array([h,s,v])
#打开图像
img=Image.open('../images/1.webp')
#转换为数组
```

```
imgar=np.array(img)
#沿着数组 2 轴,即表示通道的轴,在像素的 RGB 位置进行计算
hsvimg=np.apply_along_axis(rgb2hsv,2,imgar)
#取出 HSV 通道
h,s,v=np.dsplit(hsvimg,3)
#显示原图
plt.imshow(imgar)
plt.show()
#显示色调 H
plt.imshow(h,vmin=0,vmax=360,cmap='hsv')
plt.show()
#显示饱和度 S
plt.imshow(s,vmin=0,vmax=1,cmap='gray')
plt.show()
#显示亮度 V
plt.imshow(v,vmin=0,vmax=255,cmap='gray')
plt.show()
```

示例代码的运行结果如图 5-31 所示,图 5-31(a)为 RGB 显示的原图,图 5-31(b)为使用假色显示的色调图,图 5-31(c)为饱和度图,图 5-31(d)为亮度图。

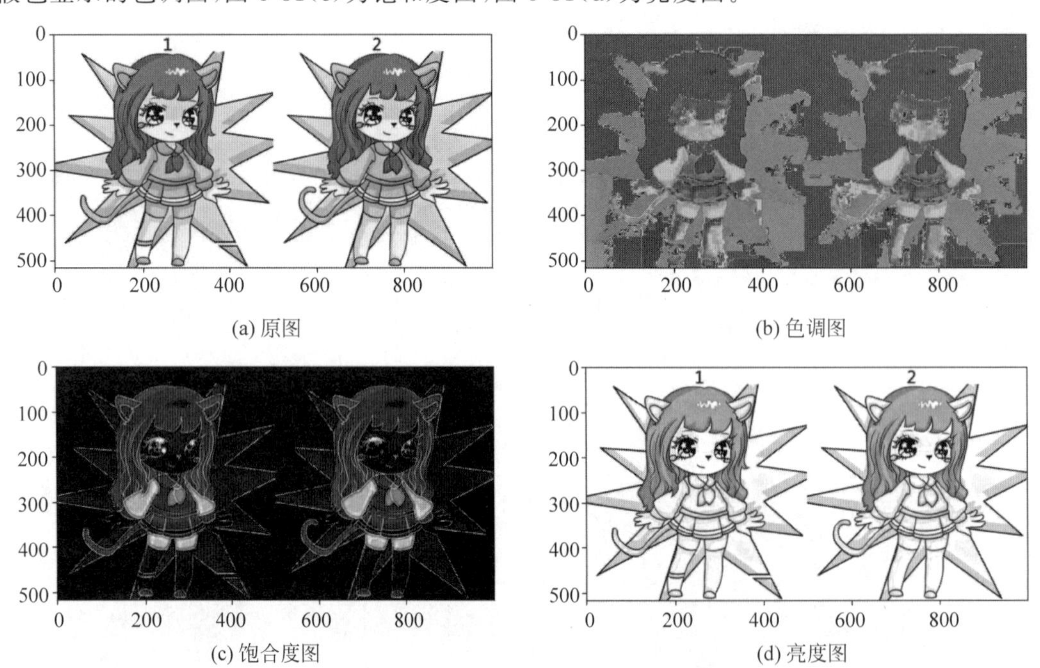

(a) 原图　(b) 色调图　(c) 饱合度图　(d) 亮度图

图 5-31　RGB 空间转 HSV 空间(见彩插)

5.6.6　案例：肤色识别

肤色识别是长期以来经典图像处理解决的主要问题之一,是进行手势识别、人脸检测、皮肤提取等应用的前提。一种简单的肤色识别的方法是基于单像素的颜色设定相关阈值完

成的。这种简单的肤色识别方法实际就是通过图像的点运算完成的，下面以一个点运算实现肤色识别为例进行说明，示例代码如下：

```
#第 5 章/图像的点运算.ipynb
#打开图像
img=Image.open('../images/hand.png')
#转换为数组
imgar=np.array(img)
mtx=np.array([
    [0.299,0.587,0.114],
    [0.596,-0.275,-0.321],
    [0.212,-0.523,-0.311]
])
#转换到 YIQ 空间
yiq=imgar @mtx.T
#定义肤色二值化函数
def isskin(x):
    y=x[0]
    i=x[1]
    z=(i/58)**2+((y-142)/104)**2
    if y<235 and i>12 and z<1:
        return 255
    else:
        return 0
#在 YIQ 空间上对 YIQ 空间中的像素逐像素进行判断
bskin=np.apply_along_axis(isskin,2,yiq)
plt.imshow(imgar)
plt.show()
plt.imshow(bskin,cmap='gray',vmin=0,vmax=255)
plt.show()
```

在上述示例代码中，实现了一个在 YIQ 空间中利用自定义阈值法进行肤色识别的图像处理方法，首先，打开图像并转换为数组，其次，利用广义矩阵乘法运算将原图像从 RGB 空间转到 YIQ 空间，最后，定义了一个在 YIQ 空间上进行肤色识别的 isskin()函数，并使用该函数完成了肤色的识别。图 5-32 显示了肤色识别，图 5-32(a)为原图，图 5-32(b)为使用上

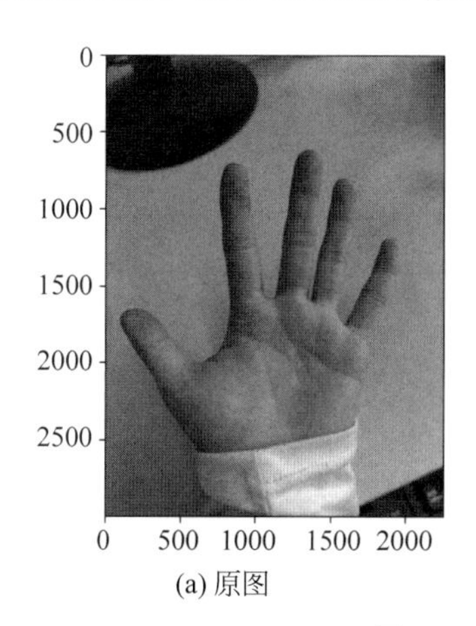

(a) 原图

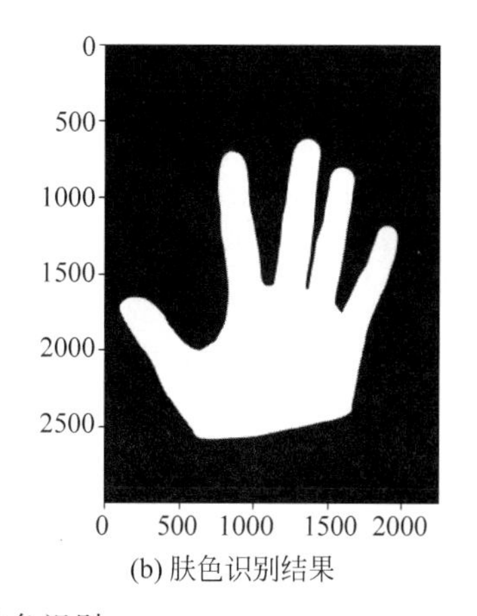

(b) 肤色识别结果

图 5-32　肤色识别

述方法进行肤色识别的结果，从肤色识别结果上可以看出，在以上代码中的方法准确地将肤色与肤色进行了区分，为接下来的手势识别等去除了背景可能带来的影响。

5.7 本章小结

本章节主要介绍了图像点运算，介绍了图像的基本灰度变换：图像线性灰度变换、图像分段线性灰度变换、图像非线性灰度变换及图像其他灰度变换，在此基础上介绍了图像点运算的几个实际应用，加深读者对于图像点运算的理解和应用。

第 6 章

CHAPTER 6

图像邻域运算

39min

第 5 章讲述了图像的点运算，图像的点运算是对图像的每个像素进行运算，其运行效果不会影响到其他像素。本章将讲解图像运算的另一种主要运算形式——图像邻域运算，通过图像邻域运算概念、邻域生成方法、图像邻域的典型应用等方面详细讲述图像邻域运算。

6.1 图像邻域简介

6.1.1 图像邻域

图像的邻域表示图像像素之间的连接关系，邻域是具有某些特定尺寸和形状的区域，通常，邻域是小于图像自身的区域，如图 6-1 所示，4 邻域、对角邻域、8 邻域等。假设像素 p 的位置可表示为(x,y)，则其上、下、左、右的 4 像素就是像素 p 的 4 邻域，可用 $N_4(p)$表示；则其左上、右下、左下、右上的 4 像素就是像素 p 的对角邻域，可用 $N_d(p)$表示；而其上、下、左、右、左上、右下、左下、右上的 8 像素就是像素 p 的 8 邻域，可用 $N_8(p)$表示。

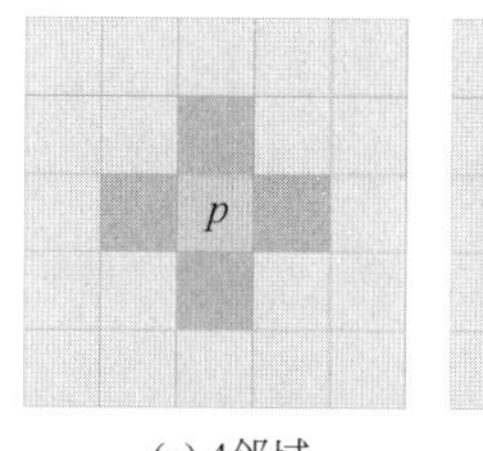

(a) 4邻域

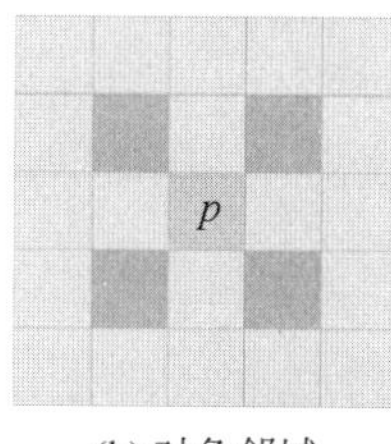

(b) 对角邻域

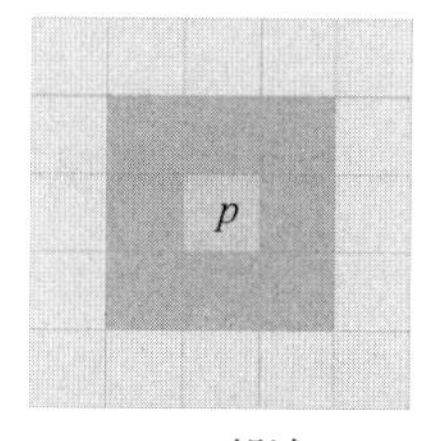

(c) 8邻域

图 6-1 图像邻域

像素 p 的 4 邻域、对角邻域、8 邻域的像素分别为

$$N_d(p)=(x+1,y+1)、(x-1,y-1)、(x-1,y+1)、(x+1,y-1)$$

$$N_4(p)=(x+1,y)、(x-1,y)、(x,y+1)、(x,y-1)$$

$$N_8(p)=(x+1,y+1)、(x-1,y-1)、(x-1,y+1)、$$
$$(x+1,y-1)、(x+1,y)、(x-1,y)、(x,y+1)、(x,y-1)$$

从上面的定义可以得到 $N_8(p)=N_4(p)+N_d(p)$，即像素的 8 邻域由 4 邻域和对角邻

域构成的。像素邻域性为后续图像的卷积操作奠定了基础。

仿照上述邻域的定义方式,通过扩大邻域范围,可以构成更大的邻域,对更大的邻域一般使用邻域的尺寸表示。例如,对于上述的8邻域,一般也称为3×3邻域,常用的邻域还有5×5邻域、7×7邻域、9×9邻域等。邻域的尺寸通常是奇数,以便确定中心。

6.1.2 像素连通性

像素邻接性质表示像素之间的邻接关系,对于图像中的任意两像素 p 和 q,像素之间的连通性需满足两个必要条件。

(1) 两像素的位置是否相邻(是否满足4邻域、8邻域或对角邻域)。

(2) 两像素的颜色或者灰度值是否满足特定的相似性准则。

根据像素的相邻性,可以将像素的连通关系分为4连通、8连通和对角连通。对于具有相同灰度值的两像素 p 和 q,如果 $q \in N_4(p)$,则两点是4连通;对于具有相同灰度值的两像素 p 和 q,如果 $q \in N_8(p)$,则两点是8连通;对于具有相同灰度值的两像素 p 和 q,如果 $q \in N_4(p)$ 且 $q \in N_{\mathrm{d}}(p)$,并且 $N_4(p) \cap N_{\mathrm{d}}(p)=\phi$,则两点是 m 连通,如图6-2所示。

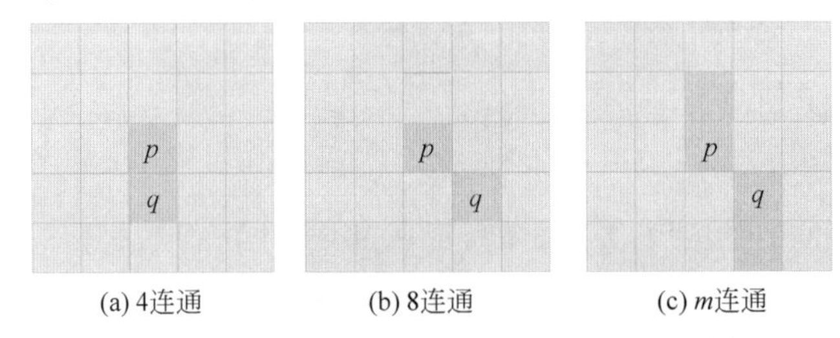

(a) 4连通　(b) 8连通　(c) m连通

图6-2 图像连通性

通过像素的连通性,可以进行图像中连通区域的检测。图像连通性可以用来检测图像中的物体,也可以用来分割图像。图像连通性分割是指将图像分割成多个连通的区域,每个区域对应一个物体。图像连通性检测和分割是图像处理中的重要技术,在图像识别、图像分割、图像处理等领域都有应用。

6.1.3 像素距离

像素距离通常是直接通过像素之间的坐标进行计算的,表示两像素之间的距离。两像素 $p(x,y)$ 和 $q(s,t)$,可以定义它们之间不同的距离。

欧氏距离:直接根据像素坐标位姿计算的二维平面上的距离,公式如下:

$$D_e(p,q)=\sqrt{(x-s)^2+(y-t)^2} \tag{6-1}$$

D_4 距离(街区距离):在 X 和 Y 两个方向上的距离和,公式如下:

$$D_4(p,q)=|x-s|+|y-t| \tag{6-2}$$

D_8 距离(棋盘格距离):在 X 和 Y 两个方向上距离最长的距离,公式如下:

$$D_8(p,q)=\max(|x-s|,|y-t|) \tag{6-3}$$

6.2 图像邻域运算

6.2.1 邻域运算表示

图像邻域运算是指输出图像中的每个像素都由对应的输入像素及其一个邻域内的像素共同决定的图像运算。图像的邻域运算不仅与该像素有关，而且与该像素的邻域有关，如图 6-3 所示。在图 6-3 中，左图中以一像素的 3×3 邻域内的所有像素经过计算后得到该像素的计算结果，对图像中所有像素进行相同的运行即可完成整幅图像的邻域运算。在实际的图像处理中图像邻域运算应用广泛，是现代图像处理中的一种重要运算。

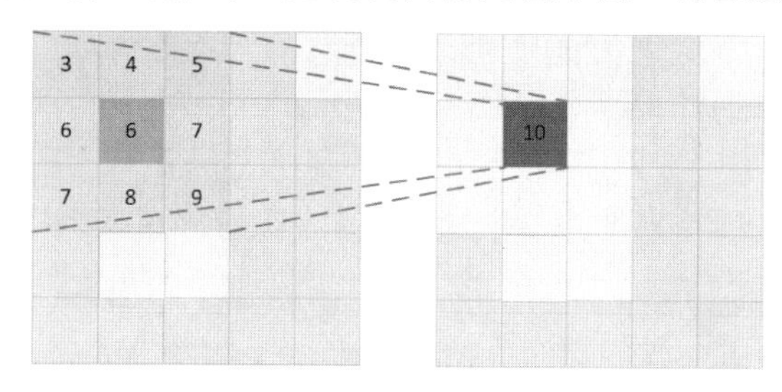

图 6-3 图像邻域运算

图像的邻域运算可以表示如下：

$$x' = f(x, x_1, \cdots, x_k) \tag{6-4}$$

其中，x'为邻域运算后的结果，x 为输入像素的灰度值，x_1、x_2、x_k 为输入像素的邻域像素值，$f()$为图像邻域运算函数。

如果邻域运算函数 $f()$是线性运算，则可以表示为

$$x' = w * x + w_1 * x_1 + \cdots + w_k * x_k + b \tag{6-5}$$

其中，$w, w_1, \cdots, w_k$ 为权重，b 为偏置。上述线性的邻域运算被称为卷积运算，可以构成多种经典的图像邻域运算方法，也是构成深度学习中卷积神经网最重要的运算之一。

图像的邻域运算既可以是线性运算，也可以是非线性运算。非线性的邻域运算往往具有特定的用途，例如图像的形态学处理。从现代模式识别和机器学习的观点来看，将邻域作为上下文，与对应的中心像素构成特征向量，邻域运算的作用就是进行特征提取和构造。

6.2.2 邻域生成

邻域生成是邻域运算的前提。一般情况下，嵌套循环是得到邻域的一种常用方法，但是嵌套循环生成邻域的过程比较烦琐，不能充分地利用 CPU 的性能。利用数组的特点，可以按照 img2col 的方法快速生成邻域。以 3×3 尺寸的 8 邻域为例，具体方法是，图像的 8 邻域包含 8 像素，分为其上、下、左、右、左上、右下、左下和右上的像素，以左上像素的邻域生成为例，介绍生成过程，如图 6-4 所示。图 6-4(a)为输入图像，图 6-4(b)中箭头指向了各像素的左上邻域像素，图 6-4(c)标记了输入图像的左上邻域像素，图 6-4(d)为得到的左上邻域移动到所在邻域的中心位置，即中心对齐的左上邻域点。

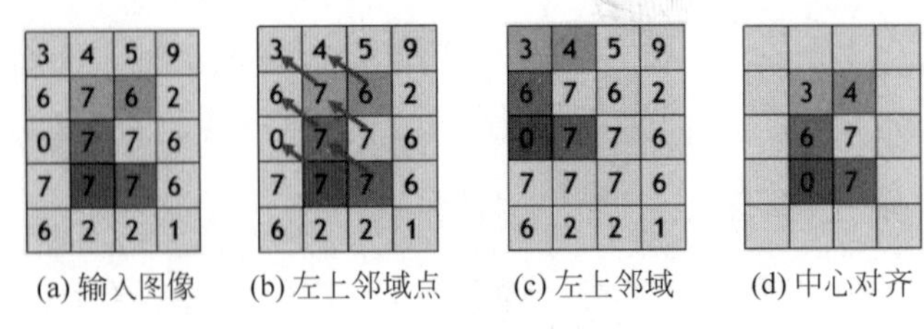

(a) 输入图像　(b) 左上邻域点　(c) 左上邻域　(d) 中心对齐

图 6-4　图像邻域过程(见彩插)

对于输入图像上的 6 像素,其左上邻域像素可以根据图 6-4 的过程确定。在此基础上,可以得到输入像素的 8 邻域,如图 6-5 所示。图 6-5(e)为输入图像,图 6-5 其余子图为输入图像的 8 邻域图。

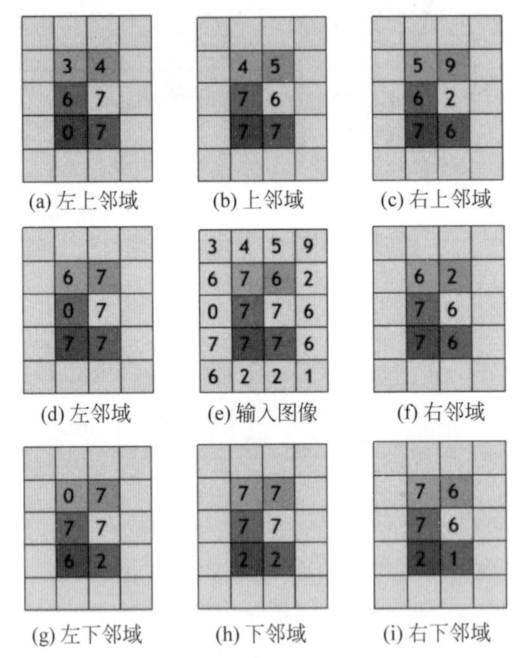

(a) 左上邻域　(b) 上邻域　(c) 右上邻域

(d) 左邻域　(e) 输入图像　(f) 右邻域

(g) 左下邻域　(h) 下邻域　(i) 右下邻域

图 6-5　8 邻域生成(见彩插)

将上述图 6-5 的子图进行叠加,如图 6-6 所示。沿着叠加轴的方向来看,在"图像"的相同位置刚好是中心输入像素的邻域展开。对图 6-5 的 9 个子图进行复合运算(线性的、非线性的),实际上就是在邻域上进行操作。进一步,将叠加的数组看作多通道的"图像",则图像的邻域运算就转换成了通道间的点运算。

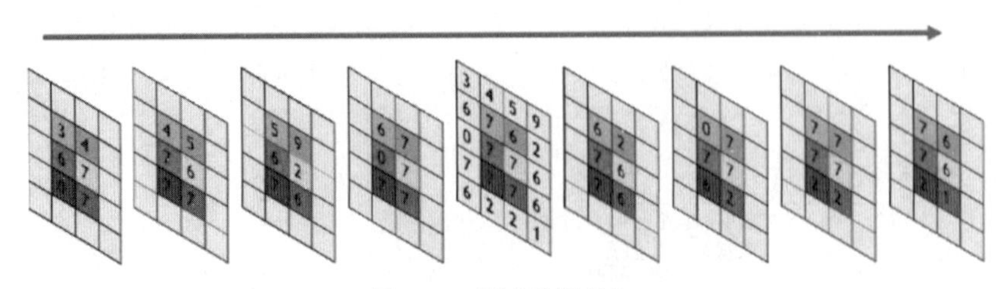

图 6-6　邻域子图叠加

在图像邻域生成中，通常为了使得到的叠加“图像”尺寸不变，一般需要将图像先进行边缘扩充，然后展开，使其成为“多通道的邻域图像”，下面通过示例代码展示图像邻域生成。首先，导入本章需要的库，代码如下：

```
#导入本章需要的库
%matplotlib inline
import numpy as np
from PIL import Image
from matplotlib import pyplot as plt
```

自定义邻域生成函数，代码如下：

```
#第 6 章/图像邻域运算.ipynb
#简单的邻域生成方法
def make_neibor_simple(imgar,kernel_size=3,pad_value=0):
    #对 mxn 的数组以大小为 kernel_size 的邻域展开，以 pad_value 进行边缘填充
    #imgar 表示图像的 m×n 的数组
    #kernel_size 表示宽和高相同的邻域大小，为奇数，默认为 3×3 邻域
    #pad_value 表示填充的值，用于保证展开前后数组尺寸相同，默认为 0
    assert kernel_size%2==1
    assert imgar.ndim==2
    k=kernel_size//2
    h,w=imgar.shape[:2]
    padar=np.pad(imgar,pad_width=((k,k),(k,k)),mode='constant',constant_values=
pad_value)
    neighbors=[padar[i:i+h,j:j+w] for i in range(kernel_size) for j in
range(kernel_size)]
    return np.dstack(neighbors)
```

上述代码实现了图像指定尺寸的邻域生成。具体过程是，为了使图像在邻域展开后的结果和原始图像的尺寸一致，使用 np.pad()函数进行边缘填充，填充值由参数 pad_value 确定，默认以 0 填充，填充区域的尺寸根据邻域的尺寸 kernel_size 参数确定，通常是一个奇数，默认为 3，表示 3×3 邻域展开，即方形的 8 邻域。在邻域生成时，通过 i 和 j 两个变量来指定窗口的左上角位置，并通过切片操作 padar[i：i + h,j：j + w]获取某个方向上的邻域数组，并存储在一个列表 neighbors 中。最终，该函数将所有邻域数组按照深度方向叠加起来，生成一个三维的数组，其中，该三维数组最后一维的大小为 kernel_size^2，表示每个像素周围的邻域区域都被展开成了一个长度为 kernel_size^2 的向量。

下面通过示例展示对简单图像进行 8 邻域生成，代码如下：

```
#第 6 章/图像邻域运算.ipynb
#8 邻域邻域生成示例
imgar=np.array([[1,2,3],
                [4,5,6],
                [7,8,9]])                    #输入图像
nbar=make_neibor_simple(imgar,kernel_size=3)#图像邻域生成调用
nbar.shape #展开后尺寸不变，邻域展开的结果作为通道
```

```
nbar#观察 8 邻域展开的结果，注意验证
#观察 imgar 在像素(0,0)处的展开结果，注意观察 pad(填充)的效果
nbar[0,0]
#观察 imgar 在像素(1,1)和(1,2)处的展开结果
nbar[1,1]
nbar[1,2]
print("nbar=",nbar)
print("nbar[0,0]=",nbar[0,0])
print("nbar[1,1]=",nbar[1,1])
print("nbar[1,2]=",nbar[1,2])
```

示例代码的运行结果如下：

```
nbar=[[[0 0 0 0 1 2 0 4 5]
  [0 0 0 1 2 3 4 5 6]
  [0 0 0 2 3 0 5 6 0]]

 [[0 1 2 0 4 5 0 7 8]
  [1 2 3 4 5 6 7 8 9]
  [2 3 0 5 6 0 8 9 0]]

 [[0 4 5 0 7 8 0 0 0]
  [4 5 6 7 8 9 0 0 0]
  [5 6 0 8 9 0 0 0 0]]]
nbar[0,0]=[0 0 0 0 1 2 0 4 5]
nbar[1,1]=[1 2 3 4 5 6 7 8 9]
nbar[1,2]=[2 3 0 5 6 0 8 9 0]
```

从得到的输入图像和其 8 邻域生成的结果 nbar 可以看出，为了和原始图像尺寸保持一致，在图像邻域生成时采用了边缘补零操作，总共可以得到 9 个通道的子图像，每个通道的尺寸均为 3×3。

除了上述简单的邻域展开外，在部分情况下需要按照 4 邻域或对角线邻域等其他模式展开，以进行其他类型的邻域运算，如图像的形态学运算等。对上述邻域展开的代码进行修改，完善后的邻域生成代码如下：

```
#第 6 章/图像邻域运算.ipynb
def make_neibor(imgar,kernel_sizes=3,pattern=None,pad_value=0):
    #对 m×n 大小的数组以 kernel_sizes 大小的邻域展开，kernel_size 可以是一个奇数，表
#示方形邻域，也可以是包含两个奇数元素的元组
    #pattern 为一个 kernel_sizes 大小的 0~12 维数组，表示邻域的形状，pattern 的优先
#级大于 kernel_sizes，如果都设置了，则以 pattern 为主
    #带有常数值填充的
    if isinstance(pattern,np.ndarray) and pattern.ndim==2:
        kernel_sizes=pattern.shape
    else:
        if isinstance(kernel_sizes, int):
            kernel_sizes=kernel_sizes,kernel_sizes
            pattern=np.ones(kernel_sizes,dtype=np.uint8)
        elif isinstance(kernel_sizes,tuple) and len(kernel_sizes)==2:
```

```
            pattern=np.ones(kernel_sizes,dtype=np.uint8)
        else:
            raise Exception('wrong kernel type, kernel should be a int type or a tuple of two int value')
    for k in kernel_sizes:#检查展开邻域是否为奇数
        assert k%2==1
    pady=kernel_sizes[0]//2
    padx=kernel_sizes[1]//2

    h,w=imgar.shape[:2]
    if imgar.ndim==3:
        padar=np.pad(imgar,pad_width=((pady,pady),(padx,padx),(0,0)),mode='constant',constant_values=pad_value)
    else: #=2
        padar=np.pad(imgar,pad_width=((pady,pady),(padx,padx)),mode='constant',constant_values=pad_value)
    r,c=kernel_sizes
    neighbors=[padar[y:y+h,x:x+w]for y in range(r) for x in range(c) if pattern[y,x]>0.5]
    return np.dstack(neighbors)
```

在上述示例代码中，定义了一个表示邻域模板的 pattern 变量，其是一个由 0 或 1 构成的二维数组，以表示邻域的形状，pattern 变量值的优先级大于 kernel_sizes 值。基于上述定义的图像邻域生成算法，求取图像 8 邻域，示例代码如下：

```
#第 6 章/图像邻域运算.ipynb
#按照 8 邻域模式
imgar=np.array([[1,2,3],
                [4,5,6],
                [7,8,9]])
nbar=make_neibor(imgar,kernel_sizes=3)
nbar.shape                    #展开后尺寸不变，邻域展开的结果作为通道
#展开
nbar
print("nbar.shape=",nbar.shape)
print("nbar=",nbar)
```

运行代码，结果如下：

```
nbar.shape = (3, 3, 9)
nbar= [[[0 0 0 0 1 2 0 4 5]
  [0 0 0 1 2 3 4 5 6]
  [0 0 0 2 3 0 5 6 0]]

[[0 1 2 0 4 5 0 7 8]
  [1 2 3 4 5 6 7 8 9]
  [2 3 0 5 6 0 8 9 0]]

[[0 4 5 0 7 8 0 0 0]
  [4 5 6 7 8 9 0 0 0]
  [5 6 0 8 9 0 0 0 0]]]
```

从输出结果可以看出,使用上述方法得到的图像尺寸不变,唯一改变的是图像的通道个数,由原来的 1 变为 9。下面通过设置 pattern 变量,实现指定邻域运算,示例代码如下:

```
#第 6 章/图像邻域运算.ipynb
#按照指定模式展开
imgar=np.array([[1,2,3],
                [4,5,6],
                [7,8,9]])
#创建一个十字形邻域模式
pt=np.array([[0,1,0],
             [1,1,1],
            [0,1,0]])
nbar=make_neibor(imgar,pattern=pt)
#注意观察最后一维,其长度为 5,表示结构元素 mask 中标示的元素
print("nbar.shape=",nbar.shape)
print("nbar=",nbar)
```

运行代码,结果如下:

```
nbar.shape= (3, 3, 5)
nbar= [[[0 0 1 2 4]
  [0 1 2 3 5]
  [0 2 3 0 6]]

 [[1 0 4 5 7]
  [2 4 5 6 8]
  [3 5 6 0 9]]

 [[4 0 7 8 0]
  [5 7 8 9 0]
  [6 8 9 0 0]]]
```

从运行结果可以看出,使用“十字”形的邻域展开后,数组的通道数由一维变成五维,表示由模板所确定的邻域。经过邻域展开,原数组中各元素的邻域分布在新数组中的通道维上,对新数组上沿着通道维进行的运算就是邻域运算。也就是说,在经过邻域展开后,邻域运算就可以以点运算完成,即将原本的邻域运算转换为点运算。下面几节将基于本节定义的图像邻域生成函数 make_neibor()结合相关的点运算实现图像滤波、边缘检测、形态学运算等图像的邻域运算。

6.3 图像滤波

图像实际上是一种二维信号,因而图像在采集、传输和处理过程中常常会引入噪声,使图像变得模糊,掩盖了一些细微的特征,从而造成图像处理的复杂性。图像滤波可以消除图像噪声,起到平滑图像的作用。

通常情况下,对图像的滤波是通过图像邻域运算实现的,既可以是线性的均值或高斯滤

波，也可以是非线性的中值滤波。对于线性的滤波是给定的二维图像和二维的滤波器（卷积核），对于图像中的每个像素，不断地移动卷积核，计算其邻域像素和卷积核对应元素的乘积，然后累加，作为新的像素值。卷积运算可以表示为

$$v' = w_1 v_1 + w_2 v_2 + \cdots + w_d v_d \tag{6-6}$$

其中，v'为卷积运算后的结果值，w_0、w_1、w_d 为卷积核参数，v_0、v_1、v_d 为邻域像素值。

利用邻域生成的数组，卷积运算可以表示成数组通道间的线性组合，也就是邻域的加权和。许多不同用途的邻域运算就是由不同卷积核所确定的。卷积运算在现代图像处理中具有非常重要的作用，是深度学习中卷积神经网络的关键运算。基于生成邻域的图像卷积运算如图 6-7 所示。

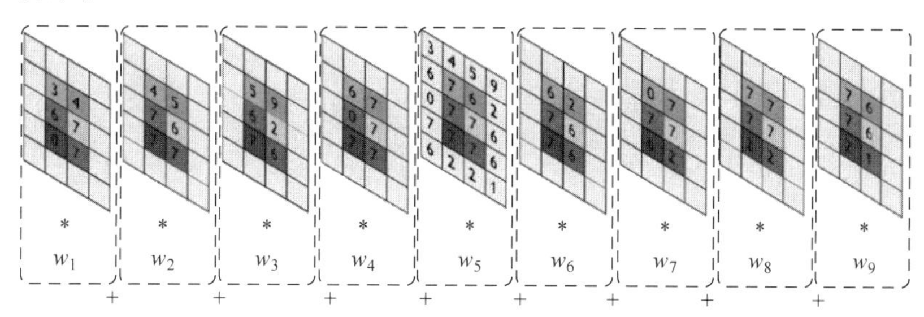

图 6-7 图像卷积运算

根据上述对卷积运算的介绍及运算原理，可以实现卷积运算函数，代码如下：

```
#第 6 章/图像邻域运算.ipynb
#定义一个卷积运算函数
def conv2d(grayimg,kernel):
    #卷积运算函数，对灰度图像完成卷积运算
    kernel_size=kernel.shape
    nbar=make_neibor(grayimg,kernel_sizes=kernel_size)
    return nbar.dot(kernel.flat)
```

在上述代码中，卷积运算函数 cov2d()的输入为单通道的数组和卷积核，卷积核的尺寸为奇数。在函数内部，先根据卷积核得到卷积的尺寸 kernel_size，然后基于以上设计的邻域生成函数 make_neibor()对输入数组按照邻域尺寸进行展开生成邻域数组 nbar，最后使用扩展的矩阵乘法运算，对邻域数组 nbar 的最后一维和展开后的卷积核进行运算，得到卷积结果。

以下通过一个数组求 3×3 邻域内和的运算说明卷积函数 conv2d()的用法，代码如下：

```
#第 6 章/图像邻域运算.ipynb
imgar=np.array([[1,2,3],
               [4,5,6],
               [7,8,9]])
#构造一个 3×3 且元素为 1 的卷积核
kernel=np.ones((3,3))
#进行卷积运算，含义是求 3×3 邻域内元素的和
conv2d(imgar,kernel)
```

运行代码，结果如下：

```
array([[12., 21., 16.],
       [27., 45., 33.],
       [24., 39., 28.]])
```

在上述代码中，定义了一个数组 imgar，以及元素全为 1 的 3×3 大小的卷积核 kernel，使用卷积核对数组卷积后，得到的新数组中的元素的值为原数组元素 3×3 邻域内的加权和。

6.3.1 均值滤波

均值滤波其实就是对目标像素及其一定邻域内像素计算平均值的滤波方法。均值滤波的计算公式如下：

$$v' = \frac{v_0 + v_1 + \cdots + v_d}{d} \tag{6-7}$$

其中，d 为卷积核中元素的个数，由卷积核的尺寸确定，例如 3×3 的卷积核，$d=9$，如图 6-8 所示。

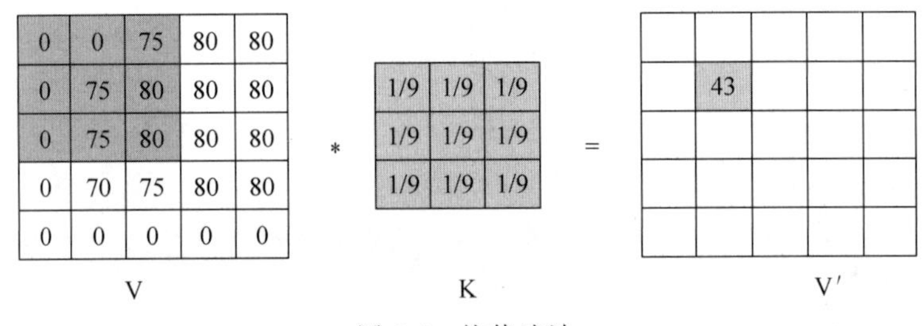

图 6-8 均值滤波

根据均值滤波的定义，均值滤波的实现代码如下：

```
#第 6 章/图像邻域运算.ipynb
#均值滤波函数
def mean(imgar,size=3):
    nbar=make_neibor(imgar,size)
    return np.mean(nbar,axis=2,keepdims=False)
```

自定义的滤波函数 mean()具有两个参数，imgar 表示待滤波的数组，size 表示滤波卷积核的尺寸，默认为 3。在函数内部，通过调用邻域生成函数 make_neibor()根据输入图像和卷积核尺寸，生成邻域数组 nbar，然后沿通道方向上(第 3 个轴方向上)进行均值计算，实现均值滤波的效果。

下面通过示例展示均值滤波的实现，代码如下：

```
#第 6 章/图像邻域运算.ipynb
#均值滤波，使用自定义均值滤波函数，11×11 邻域模板
#打开图像
img=Image.open('../images/1.jpg').convert('L')
```

```
imgar=np.array(img)[400:800,400:800]                    #截取一个区域
#自定义均值滤波函数
m11ar=mean(imgar,size=11)
#显示原图
plt.imshow(imgar,cmap='gray',vmin=0,vmax=255)
plt.show()
#均值滤波结果
plt.imshow(m11ar,cmap='gray',vmin=0,vmax=255)
plt.show()
```

首先，读入彩色图像并转换为灰度图像，随后将图像转换成数组并截取其中一部分，最后使用定义的均值滤波函数，以 11×11 尺寸的邻域进行滤波，并显示原图和滤波后的结果，如图 6-9 所示。图 6-9(a)为原始灰度图像，图 6-9(b)为使用 11×11 卷积核进行均值滤波后的效果图对比图，可以看出原始图像经过均值滤波后，图像变得平滑和模糊了。

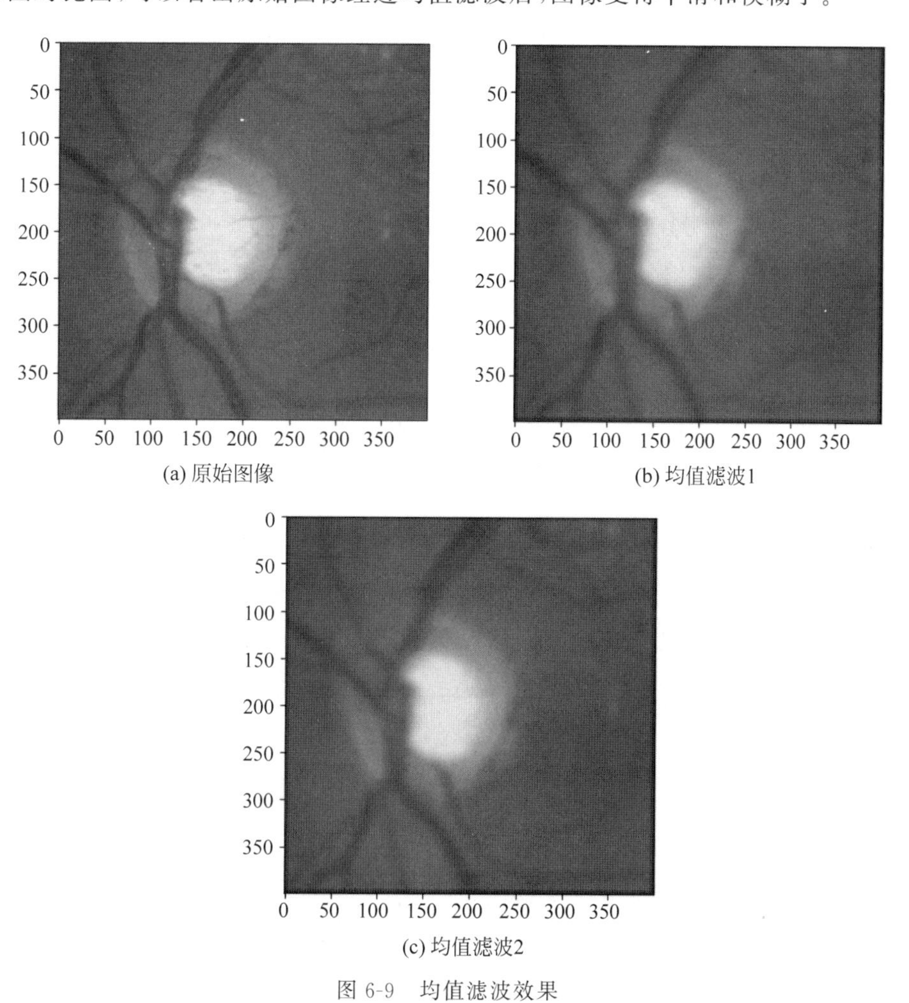

图 6-9　均值滤波效果

对于均值滤波也可以通过卷积运算完成，代码如下：

```
#第 6 章/图像邻域运算.ipynb
#使用卷积完成 11×11 均值滤波
#构造一个均值滤波卷积核
kernel=np.full((11,11),1/121)
#进行卷积运算
img11x11=conv2d(imgar,kernel)
#显示结果
plt.imshow(img11x11,cmap='gray',vmin=0,vmax=255)
plt.show()
```

使用卷积操作实现均值滤波的效果如图 6-9(c)所示。对比直接使用邻域生成对图像进行均值滤波图 6-9(b)和使用卷积操作实现均值滤波的效果图 6-9(c)，可以看出两者效果一致。

下面对比不同尺寸卷积核均值滤波效果，卷积核尺寸分别是 5×5、9×9 和 13×13，示例代码如下：

```
#第 6 章/图像邻域运算.ipynb
#观察不同尺寸的邻域下的均值滤波效果
m5ar=mean(imgar,5)                #卷积核 5×5
plt.title(f'5x5')
plt.imshow(m5ar,cmap='gray',vmin=0,vmax=255)
plt.show()
m7ar=mean(imgar,9)                #卷积核 9×9
plt.title(f'9x9')
plt.imshow(m7ar,cmap='gray',vmin=0,vmax=255)
plt.show()
m11ar=mean(imgar,15)              #卷积核 15×15
plt.title(f'15x15')
plt.imshow(m11ar,cmap='gray',vmin=0,vmax=255)
plt.show()
```

上述代码的运行结果如图 6-10 所示，图 6-10(a)为卷积核尺寸为 5×5 的均值滤波，

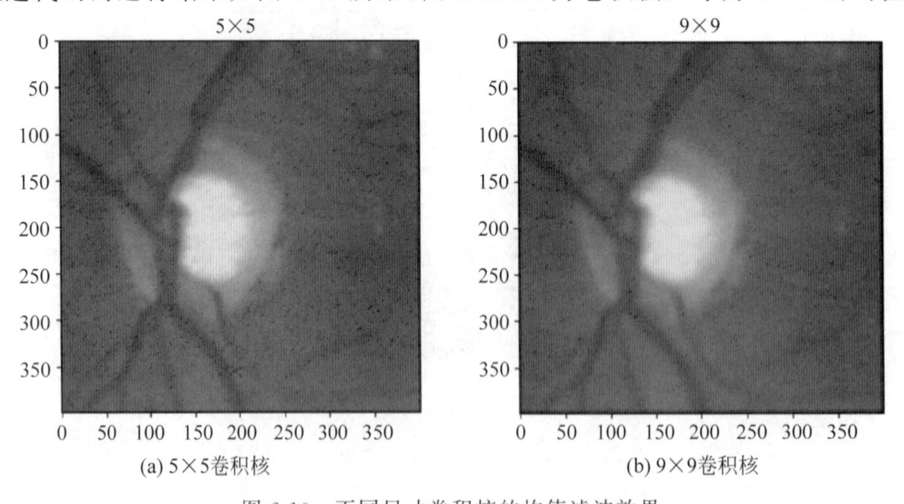

(a) 5×5卷积核　　(b) 9×9卷积核

图 6-10　不同尺寸卷积核的均值滤波效果

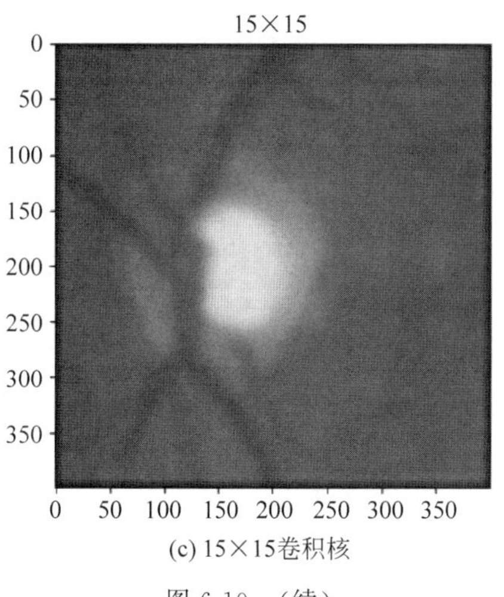

(c) 15×15卷积核

图 6-10 （续）

图 6-10(b)为卷积核尺寸为 9×9 的均值滤波，图 6-10(c)为卷积核尺寸为 13×13 的均值滤波。对比图 6-10 不同尺寸卷积核均值滤波后的效果图，可以看出，当卷积核尺寸越大时，图像滤波效果越好，即图像的噪声滤除效果好，但是卷积核尺寸变大后，图像的细节会被破坏，图像变得更模糊。在实际应用中，均值滤波卷积核的具体尺寸要在噪声滤除和图像模糊间进行权衡。

6.3.2 高斯滤波

高斯滤波也叫高斯模糊，是一种线性平滑滤波，适用于消除高斯噪声，是另一种广泛应用的噪声滤除图像处理方法。具体来讲，高斯滤波基于二维高斯核函数，用二维高斯函数生成的卷积模板扫描图像中的每个像素，然后用模板确定的邻域内像素的加权平均灰度值替换邻域中心像素的值。

一维高斯函数可表示如下：

$$f(x)=\frac{1}{\sqrt{2\pi}}\mathrm{e}^{-\frac{x^2}{\sigma^2}} \tag{6-8}$$

其中，σ 为高斯函数的标准差。不同的方差会引起高斯函数分布不同。

二维高斯函数可表示如下：

$$f(x,y)=\frac{1}{\sqrt{2\pi}}\mathrm{e}^{-\frac{x^2+y^2}{\sigma^2}} \tag{6-9}$$

二维高斯函数的图像如图 6-11 所示。

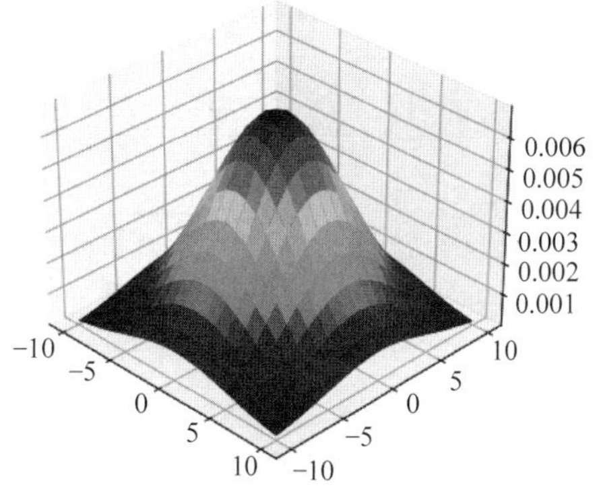

图 6-11 二维高斯函数

高斯滤波具有在保持细节的条件下进行噪声滤波的能力，因此可以被广泛地应用于图像降噪中，但其效率比均值滤波稍低。

自定义高斯滤波核函数的代码如下：

```
#第 6 章/图像邻域运算.ipynb
#高斯滤波核函数
def gaussian_kernel(ksize=3,sigma=1):
    d=ksize//2
    pos=np.linspace(-d,d,ksize)
    x,y=np.meshgrid(pos,pos,indexing='xy')
    kernel=np.exp((x*x+y*y)/(-2*sigma*sigma))/(2*np.pi*sigma*sigma)
    #归一化
    kernel=kernel/kernel.sum()
    return kernel
```

上述函数可用于生成高斯滤波卷积核，利用 Matplotlib 可对高斯卷积核进行可视化，代码如下：

```
#第 6 章/图像邻域运算.ipynb
#生成一个 21×21 大小且标准差为 5 的高斯卷积核
gausskernel=gaussian_kernel(21,5)
#对高斯卷积核可视化
from mpl_toolkits.mplot3d import Axes3D
x=np.arange(-10,11,1)
y=np.arange(-10,11,1)
X,Y=np.meshgrid(x,y)
fig, ax=plt.subplots(subplot_kw={"projection": "3d"})
ax.view_init(elev=30,azim=-45,roll=0)
ax.plot_surface(X,Y,gausskernel, cmap='jet')
plt.show()
```

上述代码运行后可得到图 6-11 所示的效果，可以看出，高斯卷积核的特点是中心的数值大，远离卷积核中心的数值变小。

参照均值滤波的卷积运算实现方法，只需将卷积核替换为高斯滤波卷积核，以下通过卷积操作实现图像的高斯滤波处理，示例代码如下：

```
#第 6 章/图像邻域运算.ipynb
#高斯滤波实现——基于卷积操作
img=Image.open('../images/1.jpg').convert('L')
imgar=np.array(img)[400:800,400:800]                    #截取一个区域

#高斯核 5×5
gaussk5=gaussian_kernel(5,2)
print('gaussk5x5=',gaussk5)

#高斯核 9×9
gaussk9=gaussian_kernel(9,3)
print('gaussk9x9=',gaussk9)

#通过卷积实现高斯滤波
gauimgar5=conv2d(imgar,gaussk5)
```

```
gauimgar9=conv2d(imgar,gaussk9)

#显示高斯卷积图像
plt.title('original image')
plt.imshow(imgar,cmap='gray',vmin=0,vmax=255)
plt.show()

plt.title('5x5 sigma=2')
plt.imshow(gauimgar5,cmap='gray',vmin=0,vmax=255)
plt.show()

plt.title('9x9 sigma=3')
plt.imshow(gauimgar9,cmap='gray',vmin=0,vmax=255)
plt.show()
```

在上述代码中，首先读入原始彩色图像，将图像转换成灰度图，并通过数组切片获取部分图像，然后利用高斯滤波核生成函数，生成标准差为 2 且尺寸为 5×5 的高斯核和标准差为 3 且尺寸为 9×9 的高斯核，最后利用卷积函数对图像分别进行高斯滤波运算，完成图像的高斯滤波。上述代码运行后，输出了两个高斯卷积核的值：

```
gaussk5x5=[[0.02324684 0.03382395 0.03832756 0.03382395 0.02324684]
[0.03382395 0.04921356 0.05576627 0.04921356 0.03382395]
[0.03832756 0.05576627 0.06319146 0.05576627 0.03832756]
[0.03382395 0.04921356 0.05576627 0.04921356 0.03382395]
[0.02324684 0.03382395 0.03832756 0.03382395 0.02324684]]
gaussk9x9=[[0.00396525 0.00585009 0.00772325 0.00912394 0.00964517 0.00912394
0.00772325 0.00585009 0.00396525]
[0.00585009 0.00863087 0.01139442 0.01346091 0.01422991 0.01346091
  0.01139442 0.00863087 0.00585009]
[0.00772325 0.01139442 0.01504283 0.017771   0.01878622 0.017771
  0.01504283 0.01139442 0.00772325]
[0.00912394 0.01346091 0.017771   0.02099396 0.0221933  0.02099396
  0.017771 0.01346091 0.00912394]
[0.00964517 0.01422991 0.01878622 0.0221933 0.02346115 0.0221933
  0.01878622 0.01422991 0.00964517]
[0.00912394 0.01346091 0.017771   0.02099396 0.0221933 0.02099396
  0.017771   0.01346091 0.00912394]
[0.00772325 0.01139442 0.01504283 0.017771   0.01878622 0.017771
  0.01504283 0.01139442 0.00772325]
[0.00585009 0.00863087 0.01139442 0.01346091 0.01422991 0.01346091
  0.01139442 0.00863087 0.00585009]
[0.00396525 0.00585009 0.00772325 0.00912394 0.00964517 0.00912394
  0.00772325 0.00585009 0.00396525]]
```

上述代码的运行效果如图 6-12 所示。图 6-12(a)为截取的原始部分图像，图 6-12(b)和图 6-12(c)分别是 5×5 和 9×9 的高斯核滤波后的图像。对比原始图和滤波后的图像，可以看出，原图像经过高斯滤波后图像变得更为平滑，而且高斯核尺寸越大，滤波效果越好。高斯滤波在进行图像滤波时，计算速度快，可以实时处理，但是高斯滤波容易使图像的边缘和细节变得模糊，影响图像清晰度。此外，高斯滤波函数的标准差对滤波效果影响很大，需要合理设置。

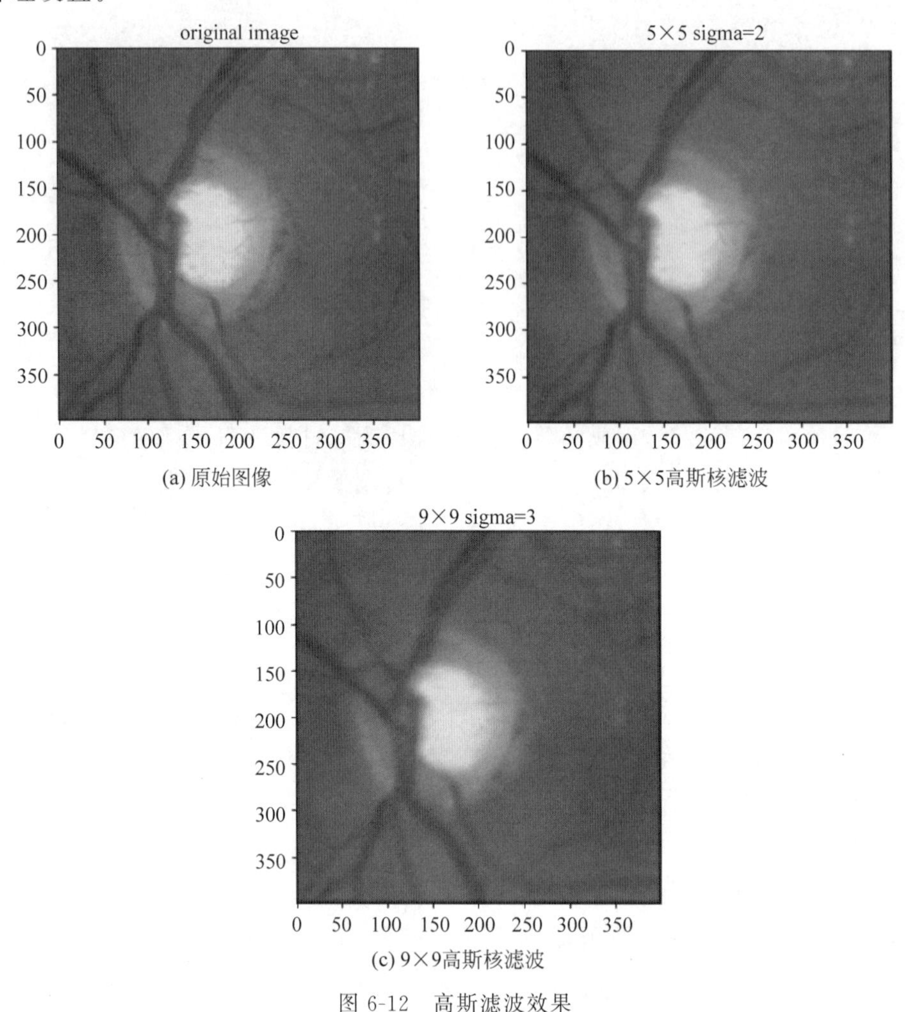

(a) 原始图像

(b) 5×5高斯核滤波

(c) 9×9高斯核滤波

图 6-12 高斯滤波效果

6.3.3 中值滤波

均值滤波和高斯滤波均属于线性滤波，而中值滤波是一种非线性滤波方法。中值滤波的原理是将图像中各像素的灰度值设置为该像素邻域窗口内的所有像素灰度值的中值。一般而言，中值滤波首先获取指定邻域对应图像中的像素及其周围临近像素的像素值，然后将像素值按从小到大的顺序进行排序，将中间的像素值作为当前像素的像素值，如图 6-13 所示。在图 6-13 中，展示了对左图中像素值为 22 的像素进行中值滤波的计算过程，对该像素指定邻域内的所有像素进行排序，将位于中间的值 32 作为该像素的中值，滤波后输出结果，对所有像素计算后得到右图的中值滤波结果。

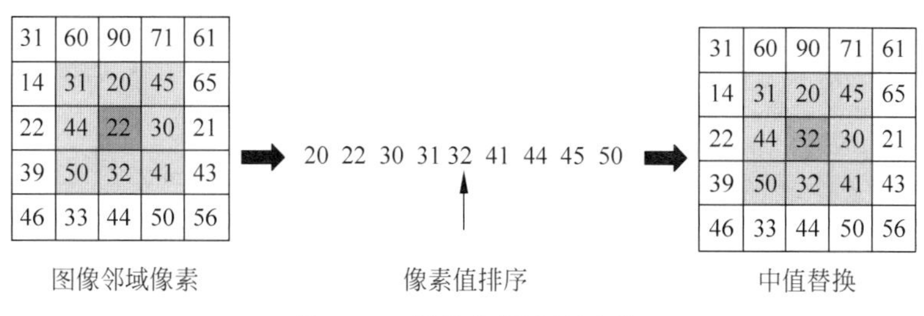

图 6-13　图像中值滤波过程

在实现上，中值滤波是非线性的运算，无法利用线性的卷积运算，但可对邻域展开后的数组使用 NumPy 数组的中值滤波聚合函数，沿着通道维度求取中值。下面通过定义中值滤波函数，实现中值滤波，代码如下：

```
#第 6 章/图像邻域运算.ipynb
#定义中值滤波函数
def median(ar,kernel_sizes=3):
    #中值滤波
    nb=make_neibor(ar,kernel_sizes=kernel_sizes)
    return np.median(nb,axis=2)
```

在上述代码中，定义了一个中值滤波函数，在函数内部先使用前面定义的邻域生成函数，生成邻域数组，然后使用 NumPy 库中的中值运算函数 median()沿轴 2 通道维度上计算中值，完成中值滤波。下面通过椒盐噪声的去除，展示中值滤波函数的用法，代码如下：

```
#第 6 章/图像邻域运算.ipynb
#实现图像的中值滤波
img=Image.open('../images/1.jpg').convert('L')
imgar=np.array(img)[400:800,400:800]                     #截取一个区域

#生成 3%的椒盐噪声,并添加到原图像上
pepernoise=np.random.random(imgar.shape)>0.97
nimgar=imgar.copy()
nimgar[pepernoise]=255                                   #将噪声加入图像
plt.imshow(nimgar,cmap='gray',vmax=255,vmin=0)           #噪声图像显示
plt.show()

#使用邻域大小为 3 的中值滤波
medianimg=median(nimgar,kernel_sizes=3)
plt.imshow(medianimg,cmap='gray',vmax=255,vmin=0)        #中值滤波后图像显示
plt.show()
#使用邻域大小为 7 的中值滤波
medianimg=median(nimgar,kernel_sizes=7)
plt.imshow(medianimg,cmap='gray',vmax=255,vmin=0)
plt.show()
```

在上述进行中值滤波的代码中，首先将图像转换成灰度图，并截取图像部分区域。接着在图像上添加 3%的椒盐噪声。椒盐噪声又称为脉冲噪声，一般是由图像传感器、传输信道

及解码处理等产生的孤立的异常大值或异常小值,这些异常值呈现在图像上就是黑色或白色杂点。中值滤波通常对椒盐噪声具有较好的滤除效果。添加椒盐噪声的图像和滤波后的效果如图 6-14 所示,图 6-14(a)为添加椒盐噪声的图像,可以看出图中有许多呈"椒盐"分布的亮点噪声,图 6-14(b)和图 6-14(c)分别为不同邻域大小的中值滤波效果图,从中值滤波效果图可以看出,两种尺寸的中值滤波都能实现较好的椒盐噪声去除效果,并且邻域尺寸越大,滤波后的图像越平滑。

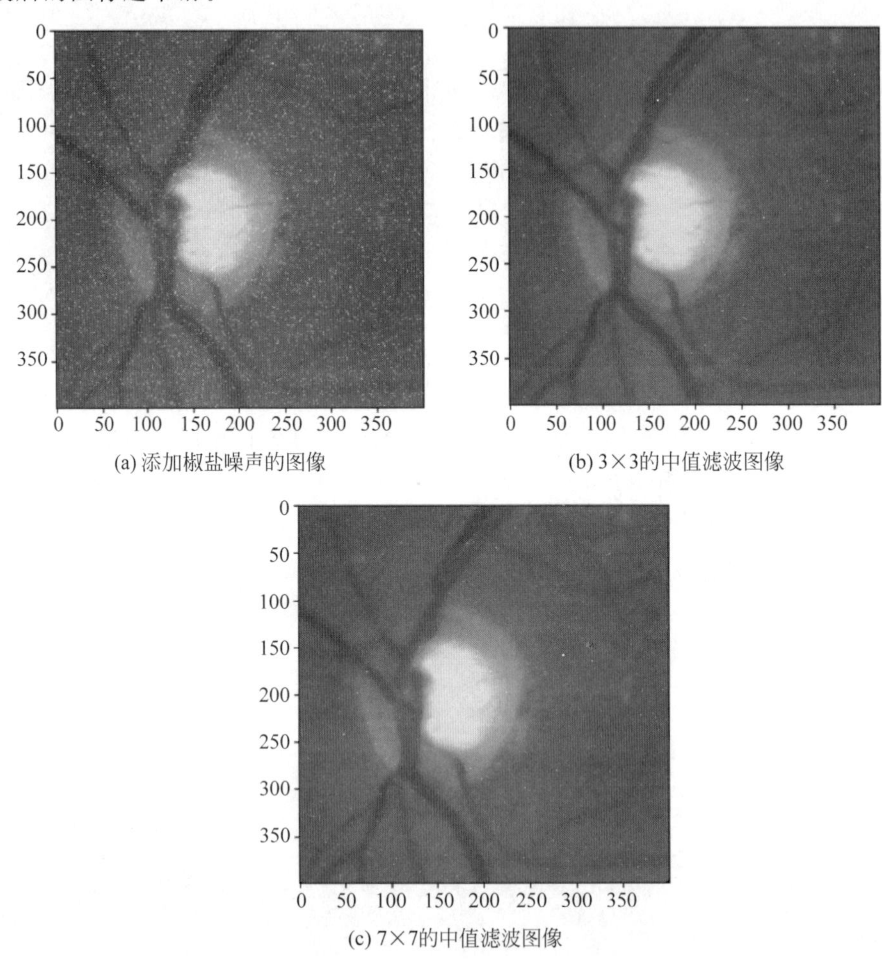

图 6-14　中值滤除椒盐噪声的效果

下面对比均值滤波和高斯滤波对椒盐噪声的滤除效果,代码如下:

```
#第 6 章/图像邻域运算.ipynb
#对比均值滤波和高斯滤波对椒盐噪声的滤除效果
#均值滤波对椒盐噪声的滤除效果
mimgar=mean(nimgar,size=5)
plt.imshow(mimgar,cmap='gray',vmax=255,vmin=0)
plt.show()
```

```
#高斯滤波对椒盐噪声的滤除效果
gaussk3=gaussian_kernel(5,2)
gauimgar3=conv2d(nimgar,gaussk3)
plt.imshow(gauimgar3,cmap='gray',vmax=255,vmin=0)
plt.show()
```

均值滤波和高斯滤波的效果如图 6-15 所示,图 6-15(a)为 5×5 均值滤波后的效果图,图 6-15(b)为 5×5 高斯滤波后的效果图。对比图 6-14(b)和图 6-14(c)的两个中值滤波效果图和图 6-15,可以看出,均值滤波和高斯滤波均对椒盐噪声的滤除效果较差。线性的均值和高斯滤波不适用于椒盐噪声的滤除,而非线性的中值滤波的效果较好。

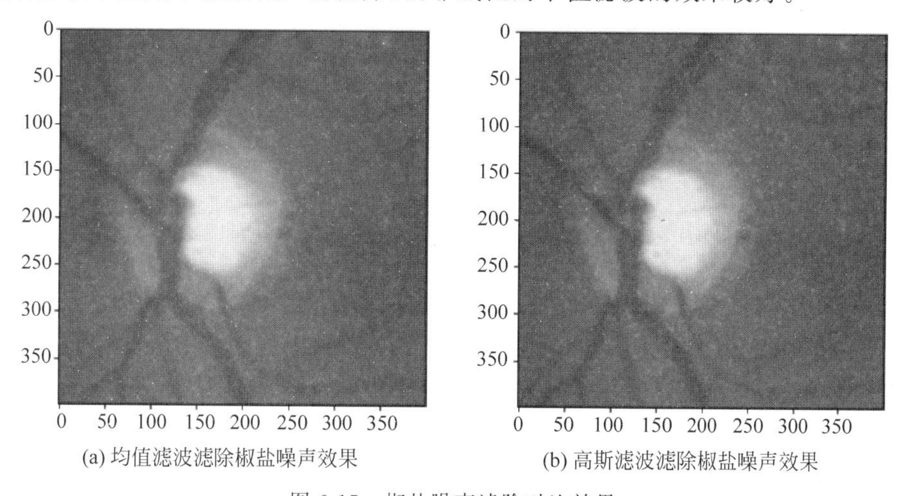

(a) 均值滤波滤除椒盐噪声效果　　(b) 高斯滤波滤除椒盐噪声效果

图 6-15　椒盐噪声滤除对比效果

以上介绍了 3 种常用的图像的滤波方法,其中均值滤波和高斯滤波属于线性的邻域运算,中值滤波属于非线性的邻域运算,三者在一定程度上都能够起到去除噪声和平滑图像的效果。特别是,中值滤波对去除椒盐噪声非常有效,并且在去除噪声的同时又能保护图像的边缘,是一种非常有效的图像去噪方法。

从邻域运算实现的角度来看,通过对上述 3 种邻域运算的实现,为一般的线性和非线性邻域运算的实现提供了思路。

6.4 边缘检测

图像边缘是指图像中灰度值变化比较剧烈的区域。在图像中,产生边缘的原因很多,如物体的轮廓、表面方向上的不连续、深度上的不连续、颜色的变化或者场景亮度的变化等。一般图像中的边缘表现如图 6-16 所示,可分为 3 种不同的边缘模型。如果将表示图像的二维数组描述成一个关于灰度值的函数,则图像的边缘就是对应灰度值函数值变化大的区域。实际上当函数值变化比较大时,对应灰度值函数的导数比较大,而函数值变化比较平缓时,对应灰度值函数的导数值比较小,因此,可利用导数对边缘进行描述。

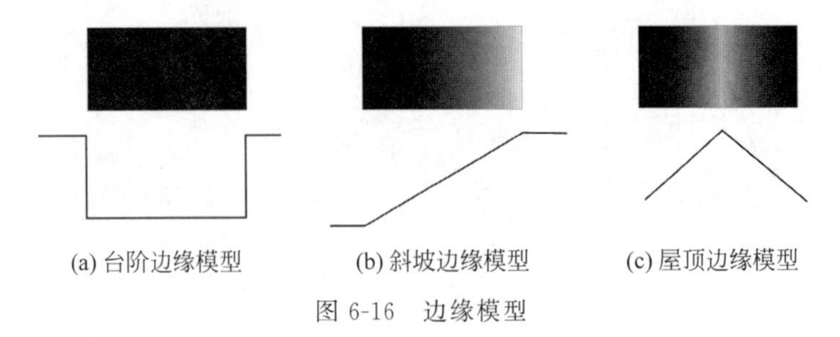

图 6-16　边缘模型

边缘检测作为图像处理与计算机视觉中特别重要的一种图像处理方法，通常用于提取和检测边缘特征。边缘检测算法的基本原理就是根据图像上像素值变化的大小，利用边缘检测算子在图像中寻找像素值发生明显变化的区域。通常边缘检测算法包含以下几个步骤。

(1) 图像预处理：将图像转换成灰度图像，便于对像素值进行处理和分析。

(2) 图像滤波：通过选取合适的图像滤波算法对灰度图像做平滑处理，减少噪声对边缘检测的影响，一般可使用 6.3 节介绍的均值滤波、高斯滤波和中值滤波等。

(3) 计算图像梯度：图像边缘检测是基于图像的像素值梯度来检测边缘，因此需要计算图像中所有像素的梯度值。常用的梯度计算算法包含 Sobel 算子、Prewitt 算子、Robert 算子和 Laplacian 算子等。

(4) 非极大值抑制：根据上述计算得到的梯度值，为了检测单像素宽的边缘，需要进行非极大抑制，只保留梯度值极大的点。

(5) 双阈值处理：对于得到的极大值点，使用双阈值方法将梯度值划分为高阈值和低阈值。高于高阈值的梯度值被认为是强边缘点，低于低阈值的梯度值被认为是非边缘点。

(6) 边缘连接：将强边缘点和相邻中间阈值点相连接，得到最后的图像边缘。

从以上边缘检测的步骤可以看出，梯度的计算是图像边缘检测的重要过程。梯度反映了函数的变化速度，是一个有方向和大小的向量。对于表示图像的二元函数的梯度计算如下：

$$\nabla f(x,y)=\begin{bmatrix} g_x \\ g_y \end{bmatrix}=\begin{bmatrix} \dfrac{\partial f}{\partial x} \\ \dfrac{\partial f}{\partial y} \end{bmatrix}\approx\begin{bmatrix} f(x+1,y)-f(x-1,y) \\ f(x,y+1)-f(x,y-1) \end{bmatrix} \tag{6-10}$$

其中，$f(x,y)$表示图像灰度值的二元函数，(x,y)表示图像的平面坐标。

图像梯度的幅值计算如下：

$$g(x,y)=\mathrm{mag}(\nabla f(x,y))=\sqrt{\frac{\partial^2 f}{\partial x^2}+\frac{\partial^2 f}{\partial y^2}} \tag{6-11}$$

图像梯度的方向角如下：

$$\phi(x,y)=\arctan\left|\frac{\dfrac{\partial f}{\partial y}}{\dfrac{\partial f}{\partial x}}\right| \tag{6-12}$$

注意：在计算梯度时，由于数字图像的非连续性，不能精确地求解梯度，只能用邻近像素进行近似计算。

基本的图像梯度以像素周围直接相邻的 4 像素进行计算，而常用的扩展版图像梯度则基于像素邻域的 8 像素进行计算，常用的图像梯度计算方法包含一阶的 Sobel 算子、Scharr 算子、Prewitt 算子和二阶的 Laplacian 算子。下面将详细介绍常用的边缘检测算子。

6.4.1　Sobel 算子

Sobel 算子主要由两个 3×3 的矩阵组成，分别用于计算图像在水平和竖直方向上的梯度。这两个矩阵称为 Sobel 算子模板或者卷积核。

水平方向 Sobel 算子模板为

$$G_x = \begin{bmatrix} -1 & 0 & 1 \\ -2 & 0 & 2 \\ -1 & 0 & 1 \end{bmatrix} \tag{6-13}$$

竖直方向 Sobel 算子模板为

$$G_y = \begin{bmatrix} -1 & -2 & -1 \\ 0 & 0 & 0 \\ 1 & 2 & 1 \end{bmatrix} \tag{6-14}$$

使用 Sobel 算子进行边缘检测的过程如下。

(1) 将水平和竖直两个 Sobel 算子模板分别与图像进行卷积运算，对卷积结果取绝对值，得到竖直和水平的梯度幅值。

(2) 计算每个像素的梯度。在获得每个像素在水平和竖直方向上的梯度幅值后，通过式(6-11)计算每个像素梯度的幅值。

(3) 根据梯度幅值进行边缘检测。一般而言，梯度幅值越大的像素，图像边缘点的概率越大。

下面通过示例展示 Sobel 算子边缘检测效果，代码如下：

```
#第 6 章/图像邻域运算.ipynb
#Sobel 算子进行边缘检测
img=Image.open('../images/1.jpg').convert('L')
imgar=np.array(img)[400:800,400:800]                #截取一个区域
#Sobel 算子模板
sobelx_k=np.array([
    [-1,0,1],
    [-2,0,2],
    [-1,0,1],
])
sobely_k=np.array([
    [-1,-2,-1],
    [0,0,0],
```

```
    [1,2,1],
])
#使用 Sobel 算子卷积计算水平和竖直梯度
gx=conv2d(imgar,sobelx_k)
gy=conv2d(imgar,sobely_k)
#计算水平和竖直方向梯度幅值
agx=np.abs(gx)
agy=np.abs(gy)
#计算梯度幅值
gd=(gx **2+gy **2) **0.5
#显示图像梯度,即边缘检测效果
#边缘检测效果显示
plt.imshow(agx,cmap='gray',vmax=128,vmin=0)        #水平方向边缘检测效果
plt.title('$|Gx|$')
plt.show()
#
plt.imshow(agy,cmap='gray',vmax=128,vmin=0)        #水平方向边缘检测效果
plt.title('$|Gy|$')
plt.show()
#
plt.imshow(gd,cmap='gray',vmax=128,vmin=0)
plt.title('$Gd=\sqrt{Gx^2+Gy^2}$')
plt.show()
```

在上述代码中，先读取图像，将图像转换成灰度图，并截取部分图像，然后使用 Sobel 算子水平方向模板和垂直方向模板及卷积运算，分别计算图像水平方向和垂直方向的梯度，并计算整个图像的梯度幅值。最后，对不同的边缘检测结果进行显示，如图 6-17 所示。图 6-17(a)表示水平 Sobel 算子计算得到的水平梯度幅值效果图，水平梯度幅值能够较好地反映竖直方向的边缘，竖直方向的边缘在图中亮度高；图 6-17(b)表示竖直 Sobel 算子计算得到的水平方向梯度幅值效果图，竖直梯度幅值能够较好地反映水平方向的边缘，水平

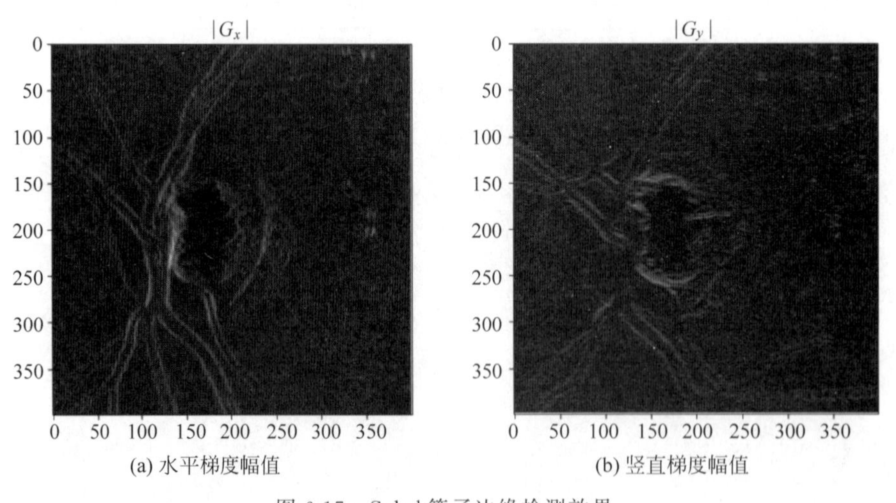

(a) 水平梯度幅值　(b) 竖直梯度幅值

图 6-17　Sobel 算子边缘检测效果

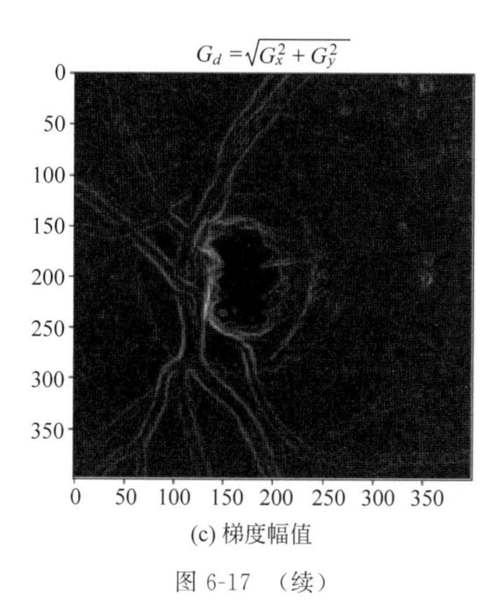

(c) 梯度幅值

图 6-17 （续）

方向的边缘在图中亮度高；图 6-17(c)表示图像梯度幅值的效果图，由水平梯度和竖直梯度计算得到，从而对任意方向的边缘都有较好的检测效果。

6.4.2 Scharr 算子

Scharr 算子的设计思想和 Sobel 算子十分相似，只是计算梯度的卷积核进行了改进。Scharr 算子是 Sobel 算子的增强和改进，因此两者在检测图像边缘的原理和使用方式上基本相同，检测效果也相似。Scharr 算子的边缘检测滤波的尺寸为 3×3，也称为 Scharr 滤波器。Scharr 算子将滤波器中的权重系数放大，以此来增大像素值间的差异，从而弥补 Sobel 算子对图像中较弱的边缘提取效果较差的缺点，因此，Scharr 算子在提取边缘时更加灵敏，能提取到更细小的边缘。

水平方向 Scharr 算子模板为

$$G_x=\begin{bmatrix}-3 & 0 & 3\\-10 & 0 & 10\\-3 & 0 & 3\end{bmatrix}\tag{6-15}$$

竖直方向 Scharr 算子模板为

$$G_y=\begin{bmatrix}-3 & -10 & -3\\0 & 0 & 0\\3 & 10 & 3\end{bmatrix}\tag{6-16}$$

与 Sobel 算子边缘检测示例类似，下面通过示例展示 Scharr 算子边缘检测效果，代码如下：

```
#第 6 章/图像邻域运算.ipynb
#Scharr 算子边缘检测
img=Image.open('../images/1.jpg').convert('L')
```

```
imgar=np.array(img)[400:800,400:800]                  #截取一个区域
#Scharr 算子模板
scharrx_k=np.array([
    [-3,0,3],
    [-10,0,10],
    [-3,0,3],
])
scharry_k=np.array([
    [-3,-10,-3],
    [0,0,0],
    [3,10,3],
])
#使用 Scharr 算子卷积计算水平和竖直梯度
gx=conv2d(imgar,scharrx_k)
gy=conv2d(imgar,scharry_k)
#计算水平和竖直方向梯度幅值
agx=np.abs(gx)
agy=np.abs(gy)
#计算梯度幅值
gd=(gx**2+gy**2)**0.5
#显示图像梯度,即边缘检测效果
#水平方向检测效果
plt.imshow(agx,cmap='gray',vmax=255,vmin=0)
plt.title('$|Gx|$')
plt.show()
#垂直方向检测效果
plt.imshow(agy,cmap='gray',vmax=255,vmin=0)
plt.title('$|Gy|$')
plt.show()
#整体边缘检测效果
plt.imshow(gd,cmap='gray',vmax=255,vmin=0)
plt.title('$Gd=\sqrt{Gx^?2+Gy^2}$')
plt.show()
```

上述 Scharr 算子边缘检测的效果如图 6-18 所示,图 6-18(a)表示 Scharr 算子水平方向边缘检测效果图,图 6-18(b)表示 Scharr 算子竖直方向边缘检测效果图,图 6-18(c)表示 Scharr 算子边缘检测效果图。从图 6-18(a)可以看出水平方向的 Scharr 算子可以较好地检测出沿竖直方向的边缘,而对于水平方向的边缘检测效果不佳,从图 6-18(b)可以看出竖直方向的 Scharr 算子可以较好地检测出水平方向的边缘,而对于竖直方向的边缘检测效果不佳。从图 6-18(c)可以看出经过水平和竖直梯度综合后 Scharr 算子能较好地检测图像的水平和竖直方向的边缘。对比图 6-17 和图 6-18,可以看出 Scharr 算子能够计算出更小的梯度变化,使边缘的响应更强。原因在于 Scharr 算子模板临近像素权值比 Sobel 算子模板临近像素权值大,因此邻域像素对中心像素的影响大,从而能够检测更精细的边缘差异,但是图像中的噪声在一定程度上也得到了增强。

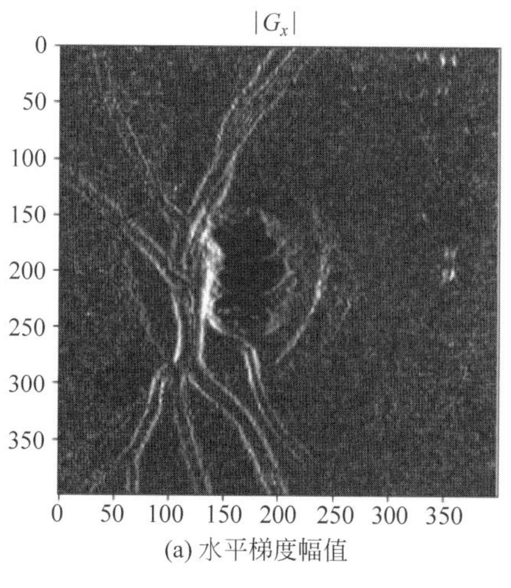

(a) 水平梯度幅值

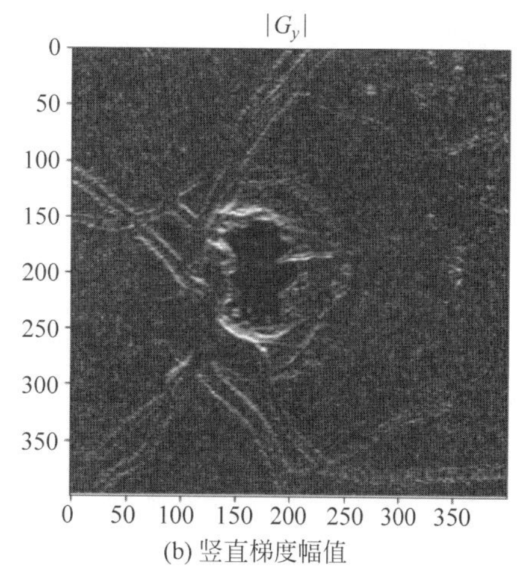

(b) 竖直梯度幅值

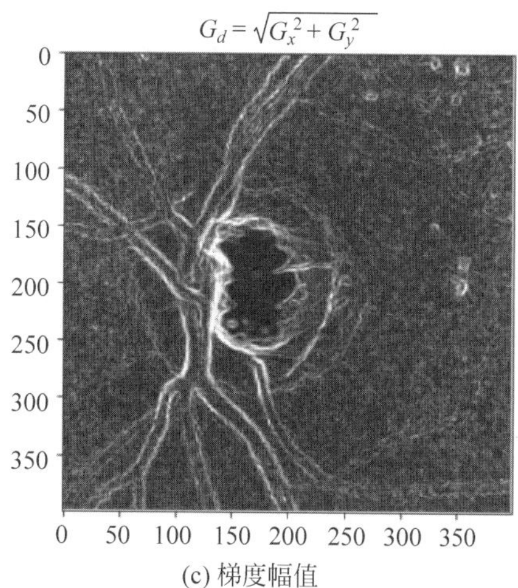

(c) 梯度幅值

图 6-18　Scharr 算子边缘检测效果

6.4.3　Prewitt 算子

Prewitt 算子是一种图像边缘检测的微分算子，主要利用特定区域内像素上下、左右邻点的灰度差，可以在边缘处达到极值，并去掉部分伪边缘，对噪声具有平滑作用。Prewitt 算子边缘检测原理是在图像上利用两个方向模板与图像进行邻域卷积来完成的，这两个方向模板一个用于检测水平边缘，另一个用于检测竖直边缘。与 Sobel 算子和 Scharr 算子相比，Prewitt 算子使用了下面的卷积核模板。

水平方向 Prewitt 算子模板为

$$G_x=\begin{bmatrix}-1 & 0 & 1\\-1 & 0 & 1\\-1 & 0 & 1\end{bmatrix} \tag{6-17}$$

竖直方向 Prewitt 算子模板为

$$G_y = \begin{bmatrix} -1 & -1 & -1 \\ 0 & 0 & 0 \\ 1 & 1 & 1 \end{bmatrix} \tag{6-18}$$

下面使用 Prewitt 算子实现边缘检测，示例代码如下：

```
#第 6 章/图像邻域运算.ipynb
#Prewitt 算子进行边缘检测
img=Image.open('../images/1.jpg').convert('L')
imgar=np.array(img)[400:800,400:800]                    #截取一个区域
#Scharr 算子
prewwitx_k=np.array([
    [-1,0,1],
    [-1,0,1],
    [-1,0,1],
])
prewwity_k=np.array([
    [-1,-1,-1],
    [0,0,0],
    [1,1,1],
])
#使用 Prewitt 算子卷积计算水平和竖直梯度
gx=conv2d(imgar,prewwitx_k)
gy=conv2d(imgar,prewwity_k)
#计算水平和竖直方向梯度幅值
agx=np.abs(gx)
agy=np.abs(gy)
#计算梯度幅值
gd=(gx**2+gy**2)**0.5
#显示图像梯度，即边缘检测效果
#显示在水平方向的图像梯度
plt.imshow(agx,cmap='gray',vmax=100,vmin=0)
plt.title('$|Gx|$')
plt.show()
#显示在竖直方向的图像梯度
plt.imshow(agy,cmap='gray',vmax=100,vmin=0)
plt.title('$|Gy|$')
plt.show()
#图像梯度
plt.imshow(gd,cmap='gray',vmax=100,vmin=0)
plt.title('$Gd=\sqrt{Gx^2+Gy^2}$')
plt.show()
```

上述 Prewitt 算子边缘检测的效果如图 6-19 所示，图 6-19(a)表示 Prewitt 算子水平方向边缘检测效果图，图 6-19(b)表示 Prewitt 算子垂直方向边缘检测效果图，图 6-19(c)表示水平和竖直 Prewitt 算子经过综合后的边缘检测效果图。从效果图可以看出，图像与水平方向 Prewitt 算子卷积后，可以检测图像的竖直边缘。图像与竖直方向 Prewitt 算子卷积后，可以检测图像的水平边缘。水平和竖直 Prewitt 算子经过综合后，能够检测各方向的边缘。

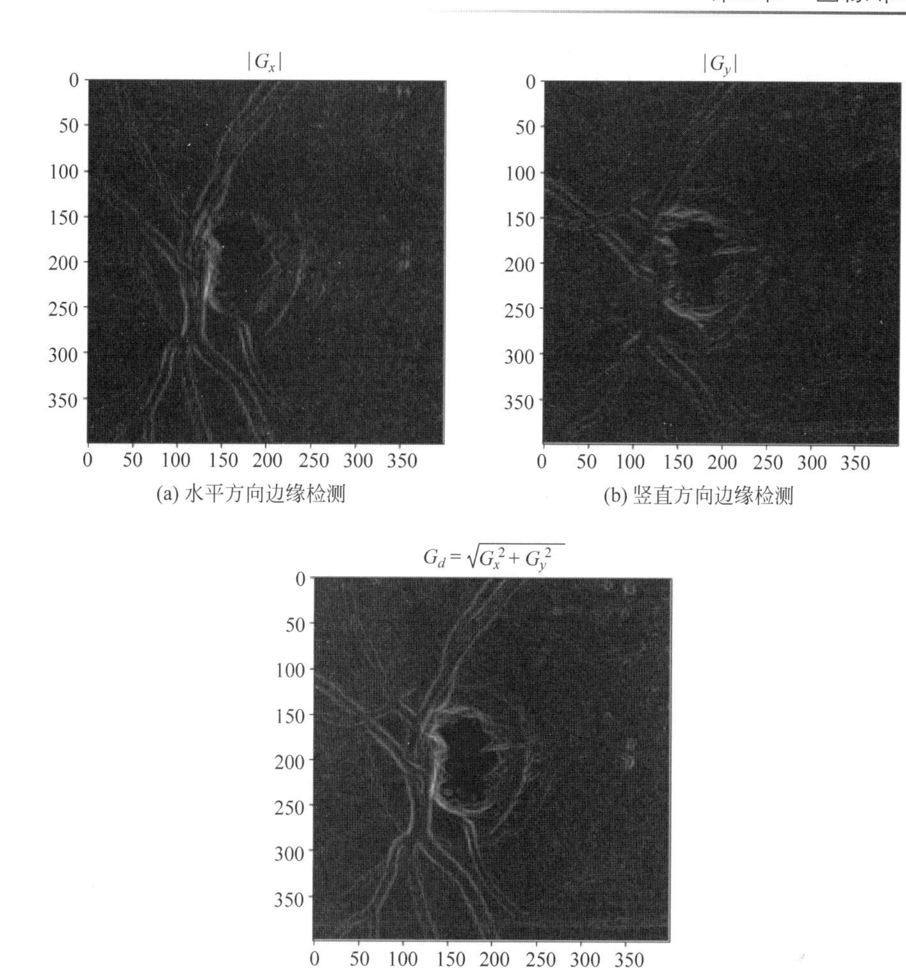

图 6-19　Prewitt 算子边缘检测效果

6.4.4　Laplacian 算子

以上几节介绍的 Sobel、Scharr 和 Prewitt 3 种边缘检测算子都是一阶导数的边缘检测算子，而且具有方向性，因此需要分别求取水平方向和垂直方向的图像边缘，然后将两个方向的边缘整合后得到图像的整体边缘。Laplacian 算子是一种二阶导数的算子，具有各方向同性的特点(或者称为旋转不变性)，利用边缘在二阶导入上的规律实现图像各方向的边缘检测，因此在使用 Laplacian 算子检测边缘时，不需要分别检测水平方向和垂直方向的图像边缘，只需一次边缘检测。

Laplacian 算子模板的算子系数之和为 0，其通用模板表示如下：

$$L=\begin{bmatrix} l_{11} & l_{12} & l_{13} \\ l_{21} & l_{22} & l_{23} \\ l_{31} & l_{32} & l_{33} \end{bmatrix} \tag{6-19}$$

其中,模板系数满足 $l_{11}+l_{12}+l_{13}+l_{21}+l_{23}+l_{31}+l_{32}+l_{33}-n\times l_{22}=0$,$n$ 表示除去模板中心之外的非零系数个数。

当 $n=4$ 时,有 4 个非零系数,称为 Laplacian 算子的 4 邻域模板:

$$L=\begin{bmatrix}0 & -1 & 0\\ -1 & 4 & -1\\ 0 & -1 & 0\end{bmatrix} \tag{6-20}$$

当 $n=8$ 时,有 8 个非零系数,Laplacian 算子的 8 邻域模板:

$$L=\begin{bmatrix}-1 & -1 & -1\\ -1 & 8 & -1\\ -1 & -1 & -1\end{bmatrix} \tag{6-21}$$

通过观察模板可以知道,两种 Laplacian 算子模板的和均为 0。下面通过示例详解 Laplacian 算子的边缘检测效果,示例代码如下:

```
#第 6 章/图像邻域运算.ipynb
#Laplacian 算子边缘检测
img=Image.open('../images/1.jpg').convert('L')
imgar=np.array(img)[400:800,400:800]                    #截取一个区域
#Laplacian 算子模板
la4=np.array([
    [0,-1,0],
    [-1,4,-1],
    [0,-1,0],
])
la8=np.array([
    [-1,-1,-1],
    [-1,8,-1],
    [-1,-1,-1],
])
#将算子作用到图像
gla4=conv2d(imgar,la4)
gla8=conv2d(imgar,la8)

#边缘检测效果展示
plt.imshow(gla4,cmap='gray',vmin=-40,vmax=40)
plt.title('$laplacian 4 neighbor$')
plt.show()
plt.imshow(gla4,cmap='gray',vmin=-40,vmax=40)
plt.title('$laplacian 8 neighbor$')
plt.show()
```

使用标准 Laplacian 算子进行边缘检测的流程和一阶微分的边缘检测算子的流程大致相同,唯一差异在于 Laplacian 算子只使用一个模板即可实现边缘检测。示例代码中分别使用 4 邻域和 8 邻域两种 Laplacian 算子对图像进行边缘检测。由于 Laplacian 算子是二阶微分算子,边缘特征在效果上与一阶微算子的效果具有显著差异,因此,在显示 Laplacian 算

子边缘检测效果时，设置了灰度显示范围为[−40,40]。两种 Laplacian 算子进行边缘检测的效果如图 6-20 所示，图 6-20(a)为 Laplacian 算子 4 邻域模板边缘检测的效果，图 6-20(b)为 Laplacian 算子 8 邻域模板边缘检测的效果。

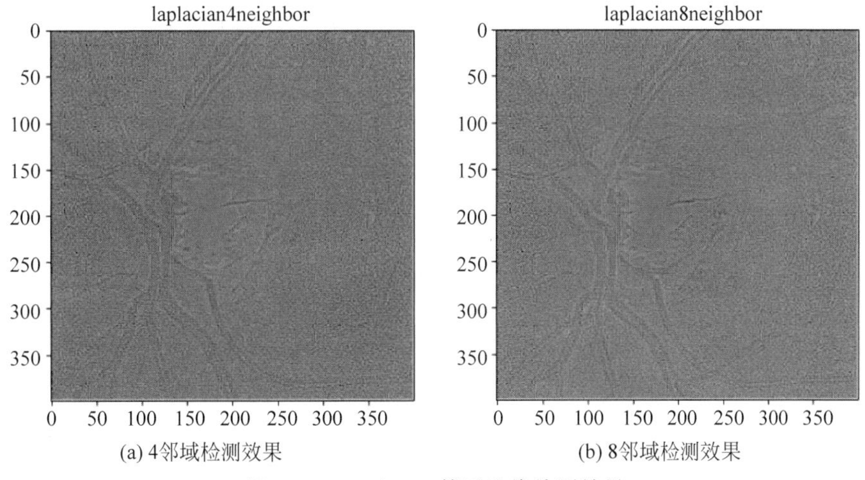

(a) 4邻域检测效果　　(b) 8邻域检测效果

图 6-20　Laplacian 算子边缘检测效果

Laplacian 算子的一个重要用途是对图像边缘进行增强，实现图像锐化的效果。具体做法是将上述 4 邻域或 8 邻域的 Laplacian 算子运算结果与原图像进行相加，从而增大图像边缘处的差异，起到增强边缘的效果。在计算上，可以将 Laplacian 算子运算与原图像相加，即将两个运算合并为一个卷积运算。

对于图像边缘增强的 Laplacian 4 邻域模板为

$$L=\begin{bmatrix}0 & -1 & 0\\ -1 & 5 & -1\\ 0 & -1 & 0\end{bmatrix} \tag{6-22}$$

对于图像边缘增强的 Laplacian 8 邻域模板为

$$L=\begin{bmatrix}-1 & -1 & -1\\ -1 & 9 & -1\\ -1 & -1 & -1\end{bmatrix} \tag{6-23}$$

下面将图像边缘增强的 Laplacian 增强算子模板用于图像的边缘增强，示例代码如下：

```
#第 6 章/图像邻域运算.ipynb
#使用图像边缘增强的 Laplacian 增强算子对边缘进行增强
img=Image.open('../images/1.jpg').convert('L')
imgar=np.array(img)[400:800,400:800]                    #截取一个区域
#Laplacian 算子模板
la4=np.array([
    [0,-1,0],
    [-1,5,-1],
    [0,-1,0],
])
```

```
la8=np.array([
    [-1,-1,-1],
    [-1,9,-1],
    [-1,-1,-1],
])
#将算子作用到图像
gla4=conv2d(imgar,la4)
gla8=conv2d(imgar,la8)
#图像显示
plt.imshow(imgar,cmap='gray',vmin=0,vmax=255)
plt.show()
plt.imshow(gla4,cmap='gray',vmin=0,vmax=255)
plt.show()
plt.imshow(gla8,cmap='gray',vmin=0,vmax=255)
plt.show()
```

上述代码的功能是将 Laplacian 增强算子模板应用到图像边缘检测，运行结果如图 6-21 所示。图 6-21(a)为原图，图 6-21(b)为 Laplacian 增强算子 4 邻域边缘检测效果图，

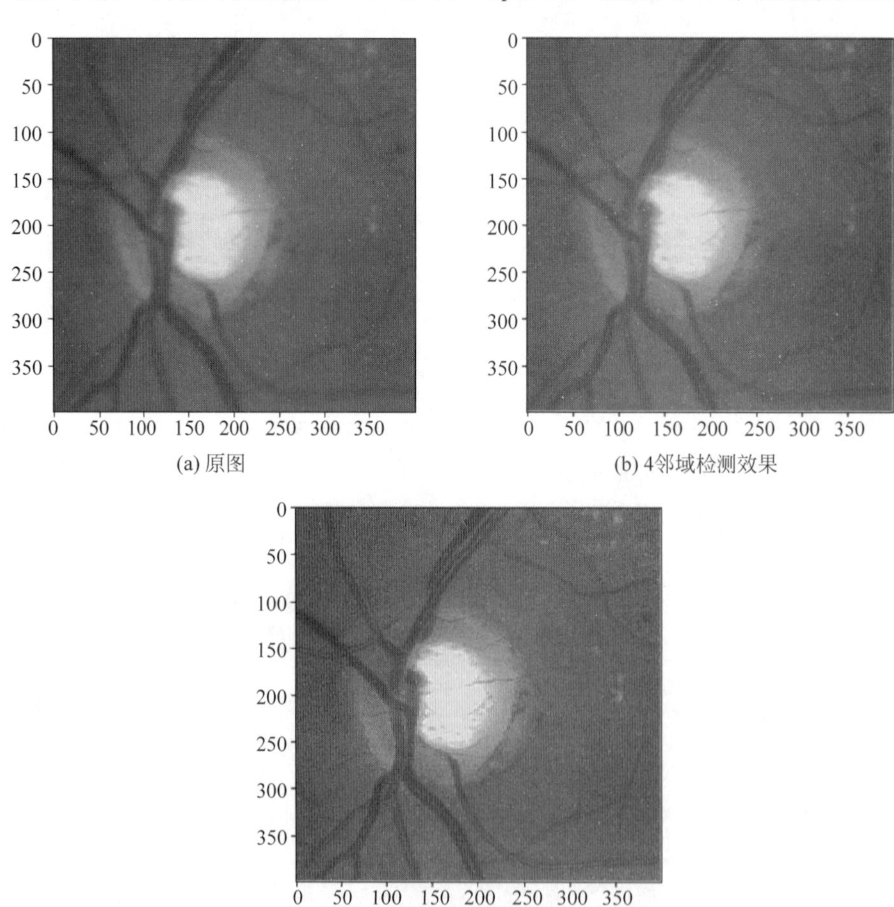

图 6-21　Laplacian 增强算子图像边缘增强

图 6-21(c)为 Laplacian 增强算子 8 邻域边缘检测效果图。比较原图与经过 Laplacian 增强算子增强后的图像,可以看出,使用 Laplacian 增强算子能够使图像锐化,说明 Laplacian 增强算子具有突出图像中的边缘的功能。

6.5 形态学运算

形态学,即数学形态学,形态学运算需要利用特定形状的结构元素作为模板,然后与图像进行特定的非线性运算,以此来改变图像的形态和特征。形态学运算在图像处理中应用广泛,用于提取图像中的特征、滤除噪声、改变图像形状等。典型的形态学运算包含基本形态学运算和高级形态学运算,其中基本形态学运算包含腐蚀、膨胀、开操作和闭操作等运算,高级形态学运算包含顶帽、黑帽等运算。以下将对图像的各类形态学运算进行详细介绍。

6.5.1 膨胀和腐蚀

图像的膨胀和腐蚀是针对图像的白色部分(或称高亮部分)来讲的。膨胀就是对图像中的高亮部分进行扩大,使图像拥有比原图更大的高亮区域;腐蚀则是对图像中高亮部分进行缩小,使图像拥有比原图更小的高亮区域。

膨胀运算:对于二值图像,只要图像在结构元素范围内的像素中存在 1 个 1 值,图像形态学运算的中心所对应的像素就输出 1,如图 6-22 所示。膨胀运算可以看作结构元素在图像上滑动,结构元素中心处的结果是以结构元素形状在图像覆盖区域内的所有像素中只要存在 1 值时结果就为 1,只有全部为 0 时,膨胀运算的结果才为 0。对于二值图像的膨胀运算可以看作二值图像上在结构元素范围内的像素进行逻辑或运算。

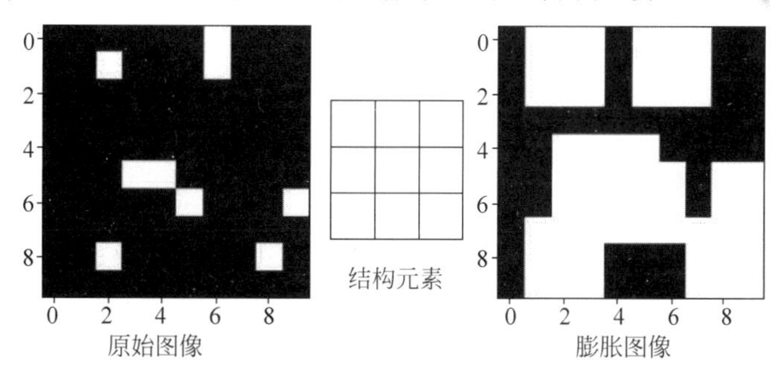

图 6-22 二值图像膨胀

腐蚀运算:对于二值图像,只有图像在结构元素范围内的像素全部是 1 值时,图像形态学运算的中心所对应的像素才输出 1,如图 6-23 所示。腐蚀运算可以看作结构元素在图像上滑动,结构元素中心所处的结果是以结构元素形状在图像覆盖区域内的所有像素中全部是 1 值时就为 1,只要有一个值为 0,图像腐蚀运算结果则为 0。对于二值图像的膨胀运算可以看作二值图像上在结构元素范围内的像素进行逻辑与运算。

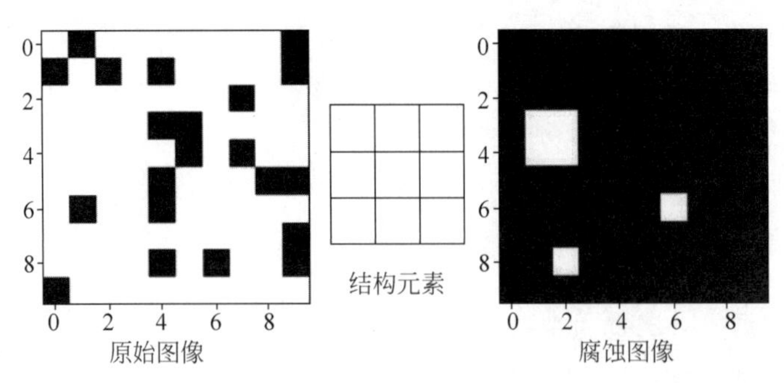

图 6-23　二值图像腐蚀

对于灰度图像的膨胀和腐蚀运算则不能直接使用以上二值图像的膨胀与腐蚀方法，因此，在涉及灰度图像的膨胀和腐蚀运算时需要使用其他方式进行定义，并且要能拓展到二值图像的膨胀和腐蚀运算，得到相同的结果。如果将膨胀看作图像在结构元素范围内像素的最大值，将腐蚀看作图像在结构元素范围内像素的最小值，则可满足上述条件，得到同时适用于二值图像和灰度图像的形态学运算。

注意：如果取形态学元素为矩形，则对于上述取邻域最大值计算膨胀的方法，与深度学习中最大值池化的计算方法相同，二者本质上是一致的。结合前面介绍的卷积运算，这两者构成了深度学习中的最主要的两种运算。

在形态学运算中，结构元素决定了图像上参与运算的像素范围。结构元素一般表示为元素值为 0 或 1 的二维数组，当元素值为 0 时表示该位置处的像素不参与形态学运算，当元素值为 1 时表示该位置处的像素参与形态学运算。结构元素的形状可以是圆形、矩形、正方形、十字形和八角形结构等，根据需要可以选取不同的结构元素。

根据膨胀和腐蚀运算的定义，利用邻域展开和 NumPy 的聚合运算可实现形态学的膨胀和腐蚀运算，实现代码如下：

```
#第 6 章/图像邻域运算.ipynb
#实现膨胀和腐蚀运算
#膨胀运算
def dilate(imgar,pattern=None):
    pattern=np.ones((3,3)) if pattern is None else pattern
    nb=make_neibor(imgar,pattern=pattern)
    return nb.any(axis=2) if imgar.dtype==bool else nb.max(axis=2)
#腐蚀运算
def erosion(imgar,pattern=None):
    pattern=np.ones((3,3)) if pattern is None else pattern
    nb=make_neibor(imgar,pattern=pattern)
    return nb.all(axis=2) if imgar.dtype==bool else nb.min(axis=2)
```

以上代码定义了膨胀运算和腐蚀运算两个自定义函数。两个函数都接收两个参数，一个是表示图像的数组 imgar，另一个是表示结构元素的数组 pattern，默认值为 None。在函数内，首先，如果参数 pattern 为 None，则生成一个 3×3 的正方形结构元素，结构元素内的值全部为 1，然后通过邻域生成函数按照结构元素指定的邻域形状展开，最后，根据二值图像或灰度图像分别完成形态学运算并输出结果。对于膨胀运算使用了求最大值的方法，而对于腐蚀运算则使用了求最小值的方法。

下面通过实例说明上述膨胀和腐蚀运算对二值图像的使用方法，示例代码如下：

```
#第 6 章/图像邻域运算.ipynb
#二值图像膨胀运算
#生成一幅二值图像
bar=np.random.random((16,16))>0.65
plt.imshow(bar,cmap='gray',vmax=1,vmin=0)
plt.show()
#膨胀运算结构元素
pt=np.array([
    [0,1,0],
    [0,1,0],
    [0,1,0]
])
#膨胀运算
dar=dilate(bar,pattern=pt)
plt.imshow(dar,cmap='gray',vmax=1,vmin=0)
plt.show()
#腐蚀运算结构元素
pt=np.array([
    [0,1,0],
    [0,1,1],
    [0,0,0]
])
#腐蚀运算
ear=erosion(bar,pattern=pt)
plt.imshow(ear,cmap='gray',vmax=1,vmin=0)
plt.show()
```

在上述代码中，定义了一个尺寸为 16×16 的二值图像，然后定义了一个竖直形的膨胀结构元素和右上十字形的腐蚀结构元素，将两者分别作用于二值图像，并将二值图像和经过膨胀和腐蚀处理后的二值图像进行显示，如图 6-24 所示。图 6-24(a)为二值图像，图 6-24(b)为二值图像膨胀处理结果，图 6-24(c)为二值图像腐蚀处理结果。从图 6-24 可以看出，二值图像经过膨胀处理后，图像高亮区域变大；二值图像经过腐蚀处理后，图像高亮区域变小。

注意：对于二值图像的形态学腐蚀运算除了可以使高亮区域变小外，还有图像模板匹配的功效，即腐蚀结果图上的高亮区域表示二值图像在该位置与结构元素的形状一致。二值图像特有的击中-击不中变换就利用了腐蚀运算的图像模板匹配功效。

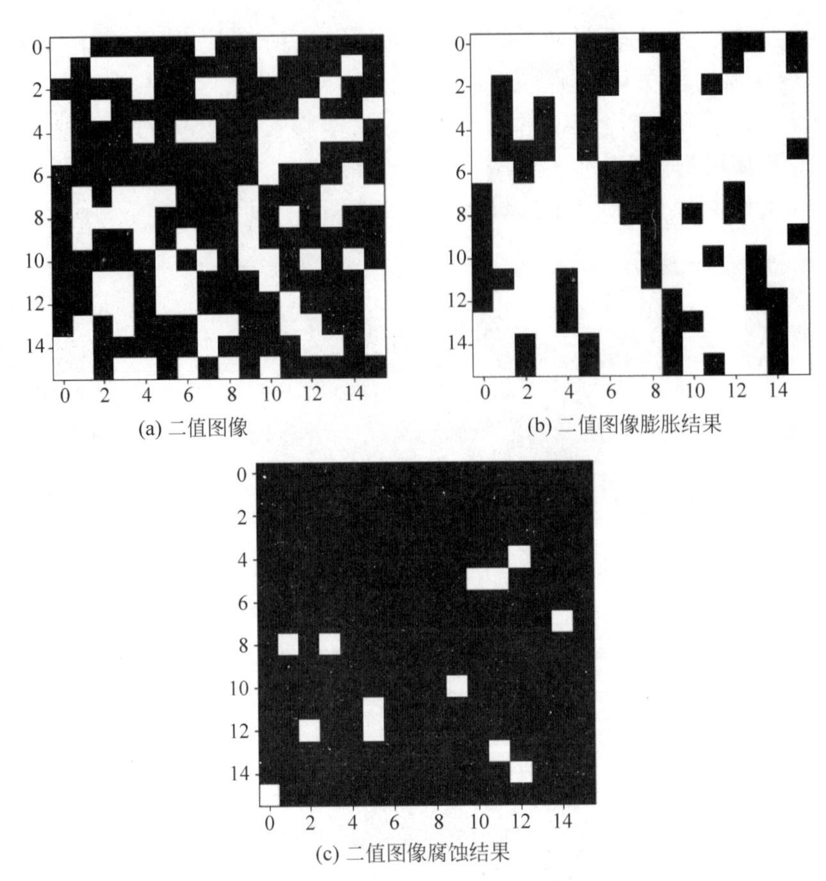

(a) 二值图像

(b) 二值图像膨胀结果

(c) 二值图像腐蚀结果

图 6-24 二值图像膨胀和腐蚀结果

此外,对于灰度图像也可以进行膨胀和腐蚀运算,示例代码如下:

```
#第 6 章/图像邻域运算.ipynb
#灰度图像的膨胀和腐蚀运算
img=Image.open('../images/1.jpg')
imgar=np.array(img.convert('L'))[400:800,400:800]
plt.imshow(imgar,cmap='gray',vmax=255,vmin=0)
plt.show()
#灰度图像膨胀
pt=np.ones((17,17))                    #结构元素为 17×17 的矩形
dimg=dilate(imgar,pt)
plt.imshow(dimg,cmap='gray',vmax=255,vmin=0)
plt.show()
#灰度图像腐蚀
dimg=erosion(dimg,pt)                  #进行一次 17×17 的膨胀运算
plt.imshow(dimg,cmap='gray',vmax=255,vmin=0)
plt.show()
```

在上述代码中,首先将读入的彩色图像转换成灰度图像,然后构建了 17×17 的矩形结构元素,并使用该结构元素对灰度图像进行膨胀和腐蚀运算,最后将运算结果进行展示,如

图 6-25 所示。图 6-25(a)为待处理的灰度图像，图 6-25(b)为灰度图像的膨胀结果，图 6-25(c)为灰度图像的腐蚀结果。对比原始灰度图和膨胀运算后的结果，可以看出灰度图像高亮区域的范围扩大了；对比原始灰度图和腐蚀运算后的结果，可以看出灰度图像高亮区域的范围缩小了，一些细微的高量区域被消除。

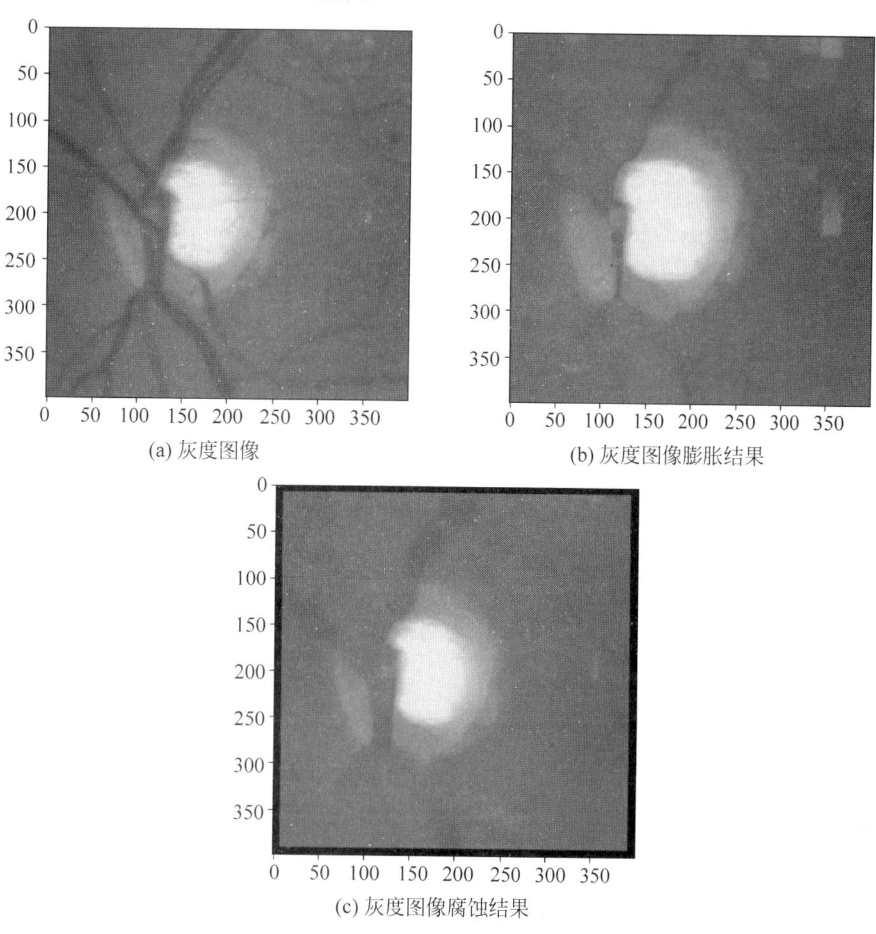

(a) 灰度图像

(b) 灰度图像膨胀结果

(c) 灰度图像腐蚀结果

图 6-25 灰度图像的膨胀和腐蚀

一般在进行膨胀和腐蚀等形态运算时，使用非矩形的结构元素。下面通过自定义一个圆形的结构元素，对灰度图像进行膨胀和腐蚀，示例代码如下：

```
#第 6 章/图像邻域运算.ipynb
#对圆形结构元素进行膨胀和腐蚀
#生成一个圆形的结构元素
y,x=np.mgrid[-7:7:15j,-7:7:15j]
pt=(x**2+y**2)<50
plt.imshow(pt,cmap='gray',vmax=1,vmin=0)
plt.show()
```

```
#使用上述结构元素对图像进行膨胀
dimg=dilate(imgar,pt)
plt.imshow(dimg,cmap='gray',vmax=255,vmin=0)
plt.show()
#使用上述结构元素对图像进行腐蚀
eimg=erosion(imgar,pt)
plt.imshow(eimg,cmap='gray',vmax=255,vmin=0)
plt.show()
```

本示例代码通过调用 NumPy 库中的 mgrid()函数生成了一个圆形结构元素,然后将此圆形结构元素对灰度图像进行膨胀和腐蚀,结果如图 6-26 所示,图 6-26(a)为圆形结构元素,图 6-26(b)为灰度图像的膨胀结果,图 6-26(c)为灰度图像的腐蚀结果。通过对比图 6-25 所用的矩形结构元素,可以看出,结构元素的形状会影响图像的膨胀和腐蚀效果。尤其是在对图像进行腐蚀处理时,圆形结构元素的腐蚀效果更强。

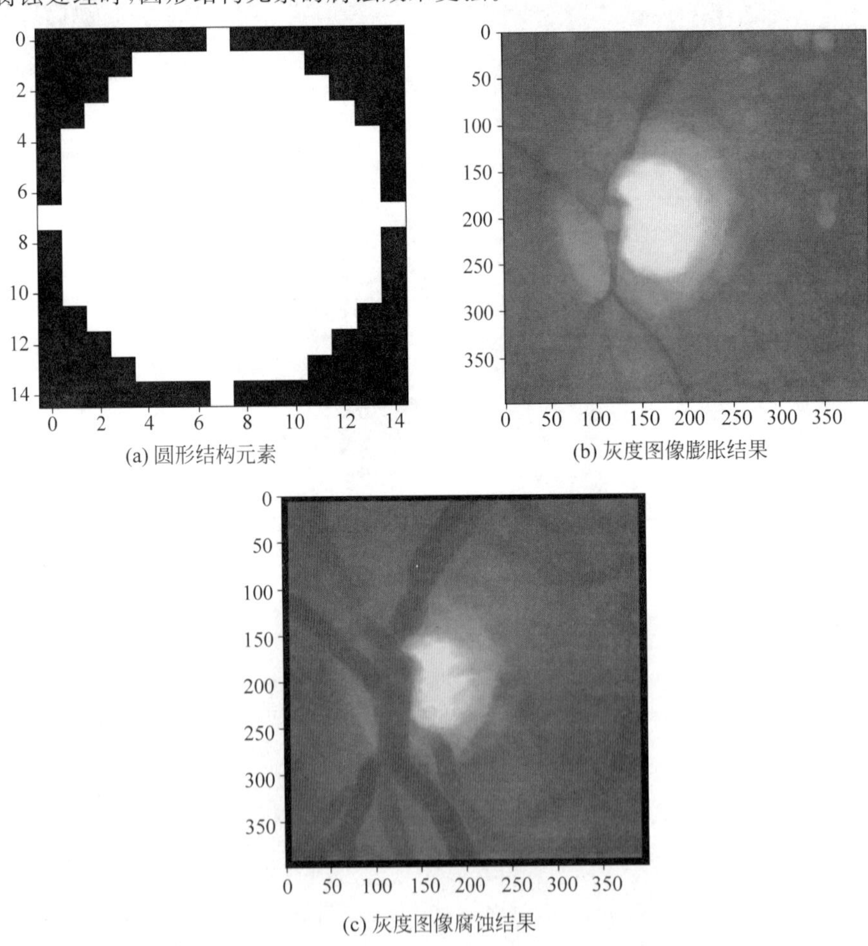

图 6-26 圆形结构元素对灰度图像膨胀和腐蚀结果

注意：在图 6-26 中，虽然 3 个图像显示大小相同，但图像的真实尺寸在图像边缘处的坐标轴上进行了标识。

6.5.2　形态学梯度

形态学梯度是一种利用形态学运算计算图像梯度的方法，从而对图像中的边缘进行检测。与 Sobel 算子等线性的边缘检测方法相比，形态学梯度是一种非线性的边缘检测方法。在计算上，形态学梯度是对膨胀图像、腐蚀图像与原图之间组合做差完成的。根据组合的不同，形态学梯度包含基本梯度、内部梯度、外部梯度和方向梯度。

形态学基本梯度被定义为膨胀图像和腐蚀图像之差，内部梯度被定义为原始图像和腐蚀图像之差，外部梯度被定义为膨胀图像和原始图像之差，方向梯度是指使用特定的线性结构元素处理图像后得到的结果，如使用十字形结构元素对原始图像做膨胀或腐蚀后得到的图像。

基本梯度可以将黑白区域的边缘轮廓突出出来，是最常用的一种形态学梯度。以基本梯度为例介绍图像形态学梯度的实现方法，其他梯度的计算可参照基本梯度实现。形态学基本梯度的数学表达式为

$$\text{dst} = \text{dilate}(\text{src}, \text{pattern}) - \text{erode}(\text{src}, \text{pattern}) \tag{6-24}$$

其中，src 表示原始图像，如灰度图像或二值图像，pattern 为结构元素，dilate()函数表示膨胀运算，erode()函数表示腐蚀运算。dst 表示经过形态学基本梯度处理后的图像。

根据形态学基本梯度的定义，其实现代码如下：

```
#第 6 章/图像邻域运算.ipynb
#图像形态学基本梯度函数
def mgradient(ar,pattern=None):
    #形态学梯度膨胀-腐蚀
    pattern=np.ones((3,3)) if pattern is None else pattern
    dar=dilate(ar,pattern)
    ear=erosion(ar,pattern)
    return dar^ear if dar.dtype==bool else dar-ear
```

在上述代码中，定义了一个名为 mgradient 的函数，用于计算图像基本梯度，在函数内部首先生成结构元素，然后对图像分别使用结构元素进行腐蚀和膨胀运算，得到膨胀图像和腐蚀图像，最后对膨胀图像和腐蚀图像进行运算，从而得到图像的基本梯度。

通过示例代码展示灰度图像形态学基本梯度的实现，代码如下：

```
#第 6 章/图像邻域运算.ipynb
#灰度图像的形态学基本梯度
img=Image.open('../images/1.jpg')
imgar=np.array(img.convert('L'))[400:800,400:800]
pt=np.ones((5,5))
mgimg=mgradient(imgar,pt)
```

```
print(mgimg.min(),mgimg.max())
plt.imshow(imgar,cmap='gray',vmax=255,vmin=0)
plt.show()
plt.imshow(mgimg,cmap='gray',vmax=127,vmin=0)
plt.show()
```

在上述代码中，首先加载图像，作为输入图像，然后定义了一个 5×5 的矩形结构元素，最后使用自定义的 mgradient()函数完成图像基本梯度的计算。原始图像和图像基本梯度的结果如图 6-27 所示，图 6-27(a)为原始图像，图 6-27(b)为图像基本梯度。从图像基本梯度效果可以看出，图像的基本梯度可以很好地检测物体的边缘轮廓。

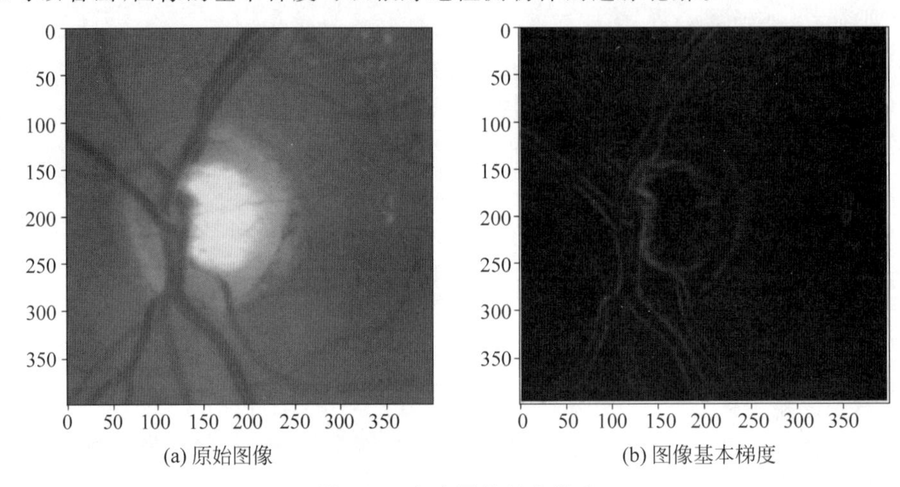

(a) 原始图像　　(b) 图像基本梯度

图 6-27　灰度图像基本梯度

对于二值图像，同样可使用上述定义的基本梯度函数，代码如下：

```
#第 6 章/图像邻域运算.ipynb
#二值图像的形态学基本梯度
y,x=np.mgrid[-17:17:35j,-17:17:35j]
bar=(x **2+y **2)<36
plt.imshow(bar,cmap='gray',vmax=1,vmin=0)
plt.show()
mgar=mgradient(bar)
plt.imshow(mgar,cmap='gray',vmax=1,vmin=0)
plt.show()
```

在上述代码中，首先基于 NumPy 数组定义了呈圆形的数组，表示二值图像。随后，使用默认的 3×3 的矩形结构元素对二值图像进行基本梯度运算。最后，对二值原图像和基本梯度进行显示，如图 6-28 所示。图 6-28(a)为原始二值图像，图 6-28(b)为二值图像的基本梯度，从结果可以看出，二值图像的基本梯度能很好地将原二值图像中圆形区域的轮廓边缘提取出来。

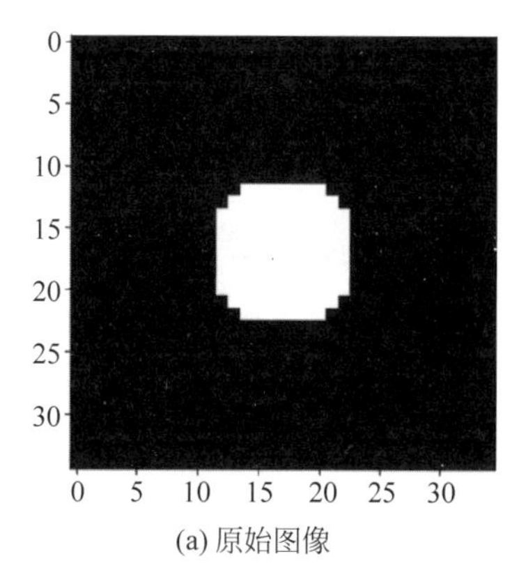

(a) 原始图像

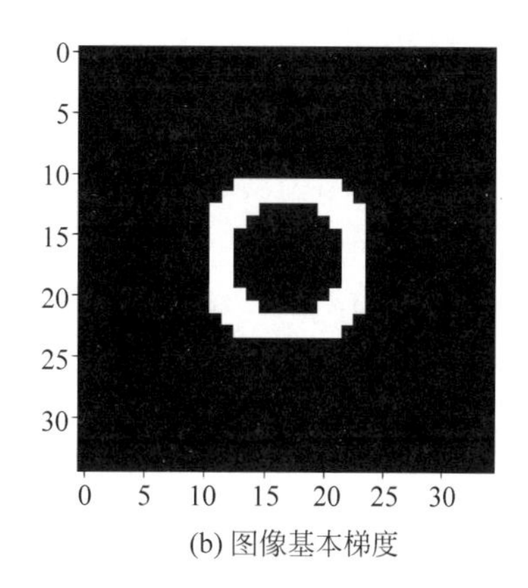

(b) 图像基本梯度

图 6-28 二值图像基本梯度

6.5.3 开运算和闭运算

图像开运算就是将图像先经过腐蚀再经过膨胀处理的过程。开运算可以用来消除微小目标，在细微点处分离不同目标、平滑较大目标的边缘的同时并不明显改变其基本轮廓。开运算的数学表达式为

$$\text{dst} = \text{dilate}(\text{erode}(\text{src}, \text{pattern}), \text{pattern}) \tag{6-25}$$

图像闭运算就是将图像先经过膨胀再经过腐蚀处理的过程。闭运算能够滤除图像中微小的细长的黑色区域和黑色空洞区域，起到平滑轮廓的作用。闭运算的数学表达式为

$$\text{dst} = \text{erode}(\text{dilate}(\text{src}, \text{pattern}), \text{pattern}) \tag{6-26}$$

根据开运算的定义，其函数实现需要先调用腐蚀函数，然后调用膨胀函数。根据闭运算的定义，其函数实现需要先调用膨胀函数，然后调用腐蚀函数。以上两种运算的具体实现代码如下：

```
#第 6 章/图像邻域运算.ipynb
#定义形态学开运算和闭运算
#开运算
def mopen(ar,pattern=None):
    pattern=np.ones((3,3))  if pattern is None else pattern
    ear=erosion(ar,pattern)
    return dilate(ear,pattern)
#闭运算
def mclose(ar,pattern=None):
    pattern=np.ones((3,3))  if pattern is None else pattern
    dar=dilate(ar,pattern)
    return erosion(dar,pattern)
```

在上述代码中定义了计算开运算和闭运算的两个函数。在开运算 mopen()函数中，针对传入的结构元素，对原始图像先使用腐蚀运算，再对腐蚀后的结果进行膨胀运算。在闭运算 mclose()函数中，针对传入的结构元素，对原始图像先使用膨胀运算，再对膨胀后的结果进行腐蚀运算。

接下来,使用自定义的开运算函数 mopen()和闭运算函数 mclose()对灰度图像进行形态学处理,示例代码如下:

```
#第 6 章/图像邻域运算.ipynb
#灰度图像开运算处理
img=Image.open('../images/1.jpg')
imgar=np.array(img.convert('L'))[400:800,400:800]
pt=np.ones((15,15))
mgimg=mopen(imgar,pt)
plt.imshow(mgimg,cmap='gray',vmax=255,vmin=0)
plt.show()
#灰度图像闭运算处理
pt=np.ones((15,15))
mgimg=mclose(imgar,pt)
plt.imshow(mgimg,cmap='gray',vmax=255,vmin=0)
plt.show()
```

在上述代码中,在开运算和闭运算中,使用了 15×15 的矩形结构元素,其运行结果如图 6-29 所示,图 6-29(a)表示图像开运算后的效果,图 6-29(b)表示图像闭运算后的效果。图 6-29(a)与图 6-27(a)原始图像对比,可以发现开运算的图像微小的高亮区域被消除。图 6-29(b)与图 6-27(a)原始图像对比,可以发现闭运算的图像微小的暗色区域被消除,图像的边缘轮廓被平滑。

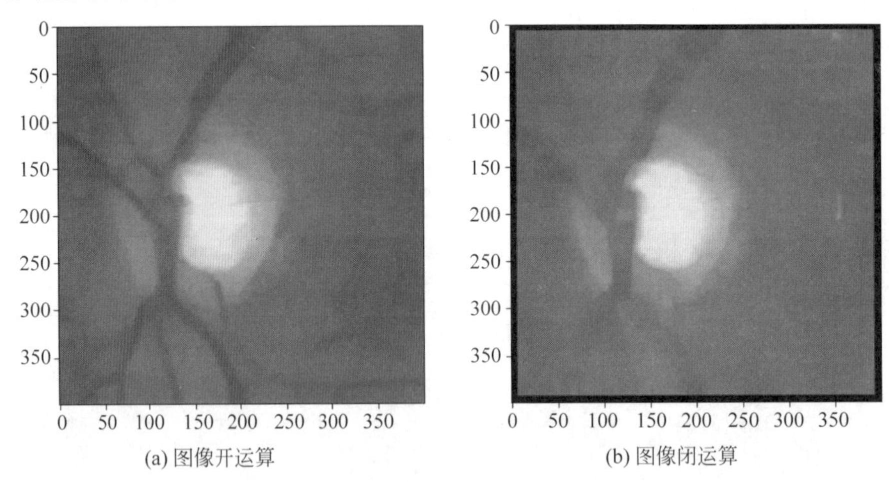

(a) 图像开运算　　(b) 图像闭运算

图 6-29　灰度图像开运算和闭运算

同样,对二值图像也可进行开运算和闭运算处理,示例代码如下:

```
#第 6 章/图像邻域运算.ipynb
#二值图像开运算和闭运算操作
#生成二值图像
bar=np.random.random((32,32))>0.6
plt.imshow(bar,cmap='gray',vmax=1,vmin=0)
plt.show()
```

```
#二值图像开运算
pt=np.array([
    [0,1,0],
    [0,1,0],
    [1,1,1]
])
oar=mopen(bar,pt)
plt.imshow(oar,cmap='gray',vmax=1,vmin=0)
plt.title('open')
plt.show()
#二值图像闭运算
pt=np.array([
    [0,1,0],
    [0,1,0],
    [1,0,0]
])
car=mclose(bar,pt)
plt.imshow(car,cmap='gray',vmax=1,vmin=0)
plt.title('close')
plt.show()
```

在上述代码中,对于开运算,首先,定义了一个 32×32 的二维数组来表示二值图像,然后,自定义了一个倒 T 形的结构元素,并使用该结构元素对二值图像进行开运算;最后,显示开运算的结果。对于闭运算,在自定义了一个特殊形状的结构元素后,对二值图像使用该结构元素进行闭运算;最后,显示闭运算的结果。运行结果如图 6-30 所示,图 6-30(a)为二值图像,图 6-30(b)为二值图像的开运算效果,图 6-30(c)为二值图像的闭运算效果。从效果图可以看出,开运算后,二值图像细微白色区域被消除,图像的黑色区域扩大;闭运算后,二值图像的细微黑色区域被压缩,图像的亮色区域扩大。

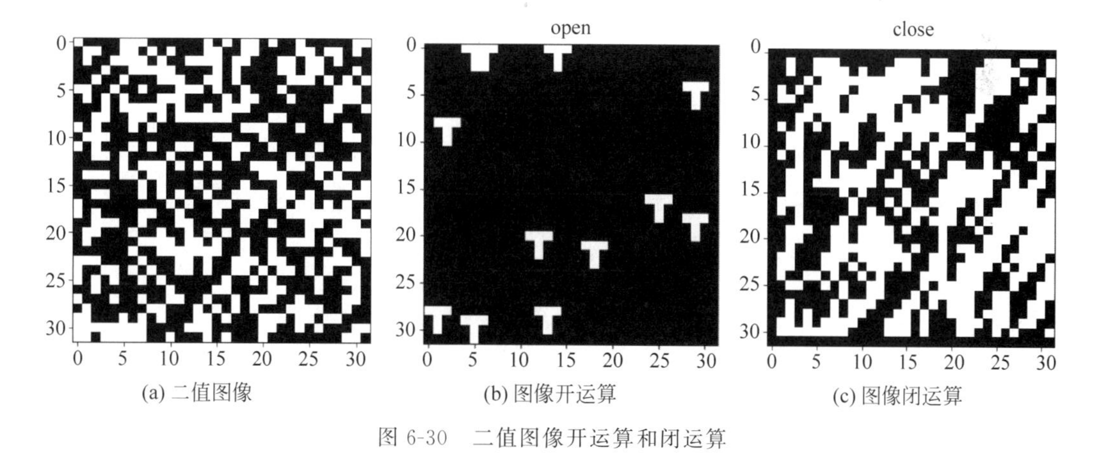

图 6-30　二值图像开运算和闭运算

6.5.4　顶帽和黑帽运算

顶帽运算(Top Hat)是指原始图像与该图像的开运算之差,它用来提取图像中的小亮区域，即图像中比周围区域更亮的部分。顶帽运算可以帮助检测图像中的细小的特征或噪声，并用于图像增强、特征提取等应用。顶帽运算的数学表达式为

$$dst = src - open(src, pattern) \tag{6-27}$$

黑帽运算(Black Hat)是指原始图像的闭运算与原始图像之差，它用来提取图像中的小暗区域，即提取图像中比周围区域更暗的部分。黑帽运算通常用于检测图像中的细小的暗部特征或噪声，以及用于图像增强、特征提取等。

黑帽运算就是闭运算图像与原始图像之差。黑帽运算的数学表达式为

$$dst = close(src, pattern) - src \tag{6-28}$$

根据顶帽和黑帽运算的定义，实现两者的代码如下：

```
#第 6 章/图像邻域运算.ipynb
#定义顶帽运算和黑帽运算
 #顶帽运算
def tophat(ar,pattern=None):
    pattern=np.ones((3,3))  if pattern is None else pattern
    ear=erosion(ar,pattern)
    return ar ^ ear if ar.dtype==bool else ar-ear
#黑帽运算
def blackhat(ar,pattern=None):
    pattern=np.ones((3,3))  if pattern is None else pattern
    dar=dilate(ar,pattern)
    return ar ^ dar  if ar.dtype==bool else dar-ar
```

同上述开运算和闭运算的示例代码，灰度图像的顶帽和黑帽运算的代码如下：

```
#第 6 章/图像邻域运算.ipynb
#灰度图像的顶帽运算和黑帽运算
img=Image.open('../images/1.jpg')
imgar=np.array(img.convert('L'))[400:800,400:800]
#顶帽运算
tar=tophat(imgar)
plt.imshow(tar,cmap='gray',vmax=38,vmin=0)
plt.title('tophat')
plt.show()
#黑帽运算
bar=blackhat(imgar)
plt.imshow(bar,cmap='gray',vmax=38,vmin=0)
plt.title('blackhat')
plt.show()
```

代码的运行效果如图 6-31 所示，图 6-31(a)为顶帽运算后的灰度图像，图 6-31(b)为黑帽运算后的灰度图像。从效果图可以看出，图像中比周围亮的区域边界被很好地提取到，这是因为图像顶帽运算使用一个结构元素通过开运算从原图像中删除目标，由此可以消除暗背景中的高亮目标，从而可以提取到细线状的区域或噪声，而图像的黑帽运算能更好地提取到图像内部的小孔或前景中的黑点，原因在于图像黑帽运算通过闭运算后的图像减去原图

像，由此可以更好地展示比周围更暗的边缘。由于灰度图像上边缘两侧分属高亮和低亮区域，因此，在图6-31中两者在显示效果上相似，但实际值是有差异的。

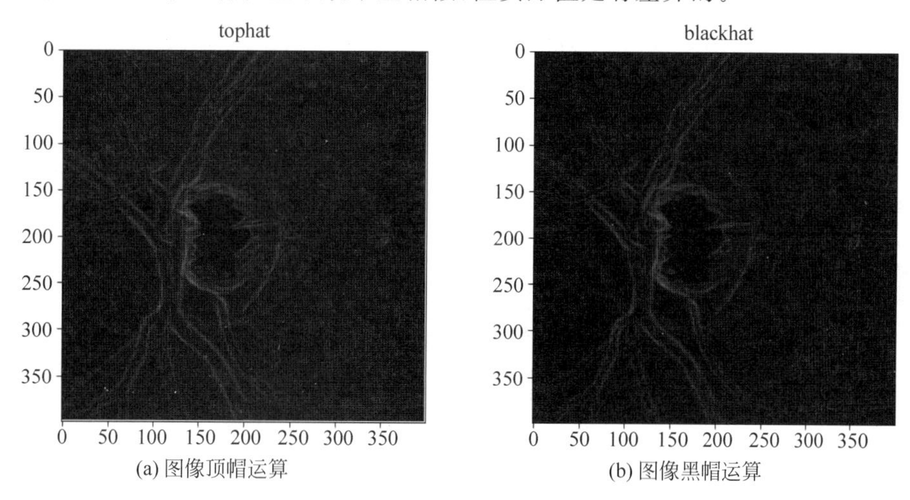

(a) 图像顶帽运算　(b) 图像黑帽运算

图6-31　灰度图像顶帽和黑帽运算

同样，对二值图像也可进行顶帽运算和黑帽运算处理，示例代码如下：

```
#第6章/图像邻域运算.ipynb
#二值图像顶帽运算和黑帽运算操作
#生成结构元素
pt=np.array([
    [0,1,0],
    [0,1,0],
    [1,1,1]
])
#生成二值图像
y,x=np.mgrid[-17:17:35j,-17:17:35j]
bar=(x**2+y**2)<100
plt.imshow(bar,cmap='gray',vmax=1,vmin=0)
plt.show()
#二值图像顶帽运算
oar=tophat(bar,pt)
plt.imshow(oar,cmap='gray',vmax=1,vmin=0)
plt.title('tophat')
plt.show()
#二值图像黑帽运算
car=blackhat(bar,pt)
plt.imshow(car,cmap='gray',vmax=1,vmin=0)
plt.title('blackhat')
plt.show()
```

在上述代码中，首先，定义了一个32×32的二维数组来表示二值图像，然后，自定义了一个倒T形的结构元素，并使用该结构元素对二值图像进行顶帽运算和黑帽运算；最后，显示顶帽和黑帽运算的结果，如图6-32所示。图6-32(a)为二值图像，图6-32(b)为二值图像的顶帽运算效果,图 6-32(c)为二值图像的黑帽运算效果。从效果图可以看出,顶帽运算对原二值图像上位于边缘处的高亮部分进行了提取,而黑帽运算对原二值图像上位于边缘处的低亮部分进行了提取。

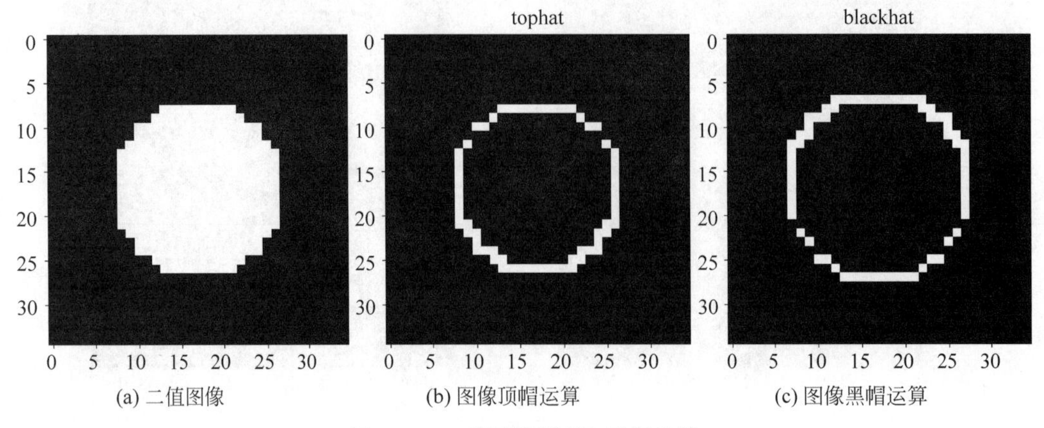

图 6-32　二值图像顶帽和黑帽运算

6.6　本章小结

本章主要讲述图像邻域运算,包含基础部分和高级应用部分,其中,基础部分包含图像邻域的概念和图像邻域运算,高级应用部分包含图像滤波、边缘检测和形态学运算。图像邻域生成是本章的难点和重点,邻域生成是图像邻域高级应用的基础。图像滤波部分针对 3 种典型的滤波:均值滤波、高斯滤波和中值滤波进行展开,边缘检测以典型的边缘检测算子为基础,分别讲述了一阶导数和二阶导数的微分算子的边缘检测,形态学运算介绍了膨胀和腐蚀、形态学梯度、开运算和闭运算及顶帽和黑帽运算。

第7章 图像全局运算

CHAPTER 7

第5章和第6章分别讲述了图像点运算和图像邻域运算，本章在此基础上引入图像处理中非常重要的一类运算——图像全局运算。图像全局运算就是整幅图像的像素参与到运算过程，得到的运算结果不仅与该像素的值和位置有关，还与整幅图像的其他像素有关系，可以看作邻域运算中将邻域扩展到整幅图像。本章将以图像仿射变换和图像频域滤波等内容详细介绍图像全局运算。

本章需要调用的函数库在此统一列出，后续代码在运行时需要引入这些库，代码如下：

```
#导入相关库
from PIL import Image
import numpy as np
from matplotlib import pyplot as plt
from pydicom import dcmread
import math
```

7.1 仿射变换基础

仿射变换又称仿射映射，如图7-1所示。在几何中，仿射变换实际上是一次线性变换叠加一次平移变换。仿射变换可以保持向量的平行性和平直性。平行性即两个平行的线段在仿射变换之后仍然保持平行，平直性即线段在仿射变换后仍然为线段，不会成为曲线，保持线性特性，但是，仿射变换不能保持原来的线段的长度，也不能保持两个向量角度。

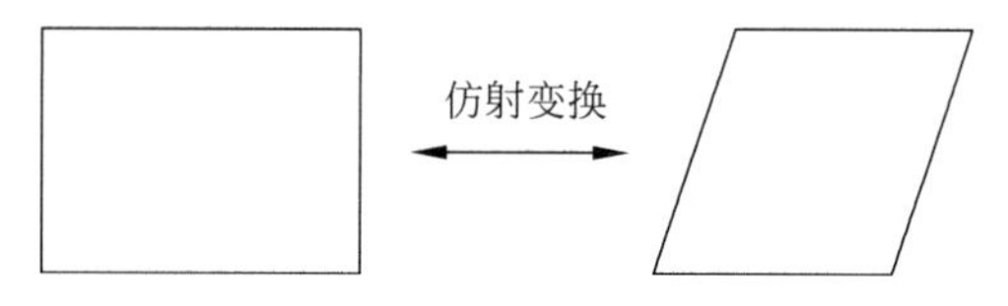

图7-1 仿射变换

7.1.1 图像仿射变换基本原理

图像仿射变换是指原图像经过一次线性变换和一次平移变换得到新图像的运算。在仿射变换中，图像中所有的像素都进行了相同的处理，因此，在研究变换时只需考虑某像素的变换，然后应用到图像中的全部像素。图像的仿射变换可用以下公式表示：

$$\begin{bmatrix} x' \\ y' \end{bmatrix} = \begin{bmatrix} a & b \\ c & d \end{bmatrix} \begin{bmatrix} x \\ y \end{bmatrix} + \begin{bmatrix} e \\ f \end{bmatrix} \tag{7-1}$$

其中，(x,y)表示原图像中某一像素的坐标，a、b、c、d 构成的矩阵即为线性变换矩阵，不同的数值决定了线性变换的结果，e、f 构成的向量即为平移向量，决定了像素位置的平移，(x',y')表示该像素经过仿射变换后的新的坐标。

需要注意的是，在上述的仿射变换中，只是计算某像素在变换前后的位置关系，还需要将原位置的像素复制到新图像上的目标位置处，最后遍历所有像素后，即可得到经过仿射变换后的新图像。

在仿射变换中，可以分解为线性变换和平移变换，两个变换可以单独应用。当只有线性变换时，可用以下公式表示：

$$\begin{bmatrix} x' \\ y' \end{bmatrix} = \begin{bmatrix} a & b \\ c & d \end{bmatrix} \begin{bmatrix} x \\ y \end{bmatrix} \tag{7-2}$$

对于上述线性变换，当 a、b、c、d 构成正交矩阵时，能够起到图像绕原点旋转一定角度的效果，当 b 和 c 为 0，a 和 d 不为 0 时，该变换则能够起到对图像缩放的效果。

当只有平移变换时，式(7-1)可以简化为

$$\begin{bmatrix} x' \\ y' \end{bmatrix} = \begin{bmatrix} x \\ y \end{bmatrix} + \begin{bmatrix} e \\ f \end{bmatrix} \tag{7-3}$$

对于上述平移变换，e 表示像素在 X 方向上的平移量，f 表示像素在 Y 方向上的平移量。

当需要对图像进行多次仿射变换时，使用上述方法很不便捷。可利用矩阵运算的规律，额外引入一个维度，构成齐次坐标，形成与上述旋转和平移变换等价的齐次变换，表示方法如下：

$$\begin{bmatrix} x' \\ y' \\ 1 \end{bmatrix} = \begin{bmatrix} a & b & e \\ c & d & f \\ 0 & 0 & 1 \end{bmatrix} \begin{bmatrix} x \\ y \\ 1 \end{bmatrix} \tag{7-4}$$

其中，各参数的含义与式(7-1)各参数的含义相同。经过验证可知，该公式的计算结果与式(7-1)的计算结果在 x 和 y 上的值相同，只是多了一个值为 1 的维度。

如果将仿射变换的变换矩阵记为

$$\mathbf{A} = \begin{bmatrix} a & b & e \\ c & d & f \\ 0 & 0 & 1 \end{bmatrix} \tag{7-5}$$

将变换前后的齐次坐标记为

$$\boldsymbol{p}' = \begin{bmatrix} x' \\ y' \\ 1 \end{bmatrix}, \quad \boldsymbol{p} = \begin{bmatrix} x \\ y \\ 1 \end{bmatrix} \tag{7-6}$$

则仿射变换可表示为

$$p' = \boldsymbol{A}p \tag{7-7}$$

对于由多个仿射变换 $\boldsymbol{A}$、$\boldsymbol{B}$、$\boldsymbol{C}$ 构成的复合变换，按照矩阵运算可表示为

$$p' = \boldsymbol{CBA}p = (\boldsymbol{CBA})p \tag{7-8}$$

注意： 对于多个仿射变换，变换的顺序是重要的，不同的变换顺序会得到不同的结果，因此不能随意交换复合变换的顺序。

多个变换可以构成一个复合的变换，同样，任意一个仿射变换也可以分解为多个简单变换的复合。对于图像处理来讲，表7-1给出了这些简单变换的名称、仿射变换矩阵形式和对应的仿射变换公式。

表 7-1　常见仿射变换

变换名称	仿射变换矩阵 A	坐标公式
恒等变换	$\begin{bmatrix}1&0&0\\0&1&0\\0&0&1\end{bmatrix}$	$\begin{cases}x'=x\\y'=y\end{cases}$
缩放变换	$\begin{bmatrix}a&0&0\\0&d&0\\0&0&1\end{bmatrix}$	$\begin{cases}x'=ax\\y'=dy\end{cases}$
旋转变换（逆时针为正）θ 表示转角大小	$\begin{bmatrix}\cos(\theta)&-\sin(\theta)&0\\\sin(\theta)&\cos(\theta)&0\\0&0&1\end{bmatrix}$	$\begin{cases}x'=x\cos(\theta)-y\sin(\theta)\\y'=x\sin(\theta)+y\cos(\theta)\end{cases}$
平移变换	$\begin{bmatrix}1&0&e\\0&1&f\\0&0&1\end{bmatrix}$	$\begin{cases}x'=x+e\\y'=y+f\end{cases}$

根据上述仿射变换类型，可以自定义函数使用NumPy生成相应的仿射变换矩阵，代码如下：

```
#第 7 章/图像全局运算.ipynb
#生成仿射变换矩阵
#一般的仿射矩阵
def affinetrans(a=1,b=0,c=0,d=1,e=0,f=0):
    return np.array([[a,b,e],
                     [c,d,f],
                     [0,0,1]])
#平移仿射矩阵
def translate(x=1,y=1):
    return affinetrans(e=x,f=y)

#旋转仿射矩阵
def rotate(deg=30):
    rad=np.deg2rad(deg)
```

```
    a=np.cos(rad)
    b=-np.sin(rad)
    c=-b
    d=a
    return affinetrans(a,b,c,d)

#缩放仿射矩阵
def scale(rx=2,ry=2):
    return affinetrans(a=rx,d=ry)

#生成一个 x 方向平移 3,y 方向平移 5 的矩阵
trmat=translate(3,5)
print("平移矩阵是：\n",trmat)

#生成一个逆时针旋转 90°的矩阵
romat=rotate(90)
print("逆时针旋转 90°的矩阵是：\n",romat)

#生成一个放大 2 倍的矩阵
scmat=scale(2,2)
print("放大 2 倍的矩阵是：\n",scmat)
```

运行代码，结果如下：

```
平移矩阵是：
[[1 0 3]
[0 1 5]
[0 0 1]]
逆时针旋转 90°的矩阵是：
[[ 6.123234e-17 -1.000000e+00  0.000000e+00]
[ 1.000000e+00  6.123234e-17  0.000000e+00]
[ 0.000000e+00  0.000000e+00  1.000000e+00]]
放大 2 倍的矩阵是：
[[2 0 0]
[0 2 0]
[0 0 1]]
```

在上述代码中，定义了一些生成仿射变换矩阵的函数，不仅包括能够生成任意的仿射变换矩阵的函数，并且也包括生成表 7-1 中的平移、缩放和旋转变换矩阵的函数。

按照仿射变换式(7-7)，使用仿射变换矩阵 $\boldsymbol{A}$ 与待变换的点 $\boldsymbol{p}$，可以使用 NumPy 的矩阵运算功能实现对于坐标的仿射变换，代码如下：

```
#第 7 章/图像全局运算.ipynb
#构造一个待变换的点 p
p=np.array([[1],[2],[1]])
#进行平移
tp=trmat @p
print("平移后的坐标为\n",tp)
#进行旋转
```

```
rp=romat @p
print("旋转后的坐标为\n",rp)
#进行缩放
sp=scmat @p
print("缩放后的坐标为\n",sp)
```

上述代码的运行结果如下：

```
平移后的坐标为
[[4]
[7]
[1]]
旋转后的坐标为
[[-2.]
[ 1.]
[ 1.]]
缩放后的坐标为
[[2]
[4]
[1]]
```

在上述代码中，定义了一个待变换的点，并使用前述构造的3个变换矩阵，对该点进行变换，计算得到变换后的坐标。

在图像的仿射变换中，需要同时对全体像素的坐标进行变换，即同时完成对多个点进行变换。在实现上可以借助NumPy数组运算的广播机制完成，但与上述单个点使用变换矩阵与列向量运算不同，需要对式(7-7)做一个恒等变换，对公式两端进行转置，使用点的行向量表示与变换矩阵的转置运算。根据以上原理可以实现对多个点的仿射变换，代码如下：

```
#第7章/图像全局运算.ipynb
#生成一些点的x、y、z坐标
y,x=np.mgrid[0:2:1,5:7:1]
z=np.ones_like(x)
#构造多个点，点的坐标在最后一维
pts=np.dstack([x,y,z])
print("点的初始坐标：")
print(pts)
#使用平移矩阵计算平移后的位置
respts=pts @trmat.T
print("点的平移后的坐标：")
print(respts)
```

上述代码的运行结果如下：

```
点的初始坐标：
[[[5 0 1]
  [6 0 1]]
[[5 1 1]
  [6 1 1]]]
```

```
点的平移后的坐标:
[[[8 5 1]
  [9 5 1]]
 [[8 6 1]
  [9 6 1]]]
```

在上述代码中,首先构造了坐标为(5,0)、(6,0)、(5,1)和(6,1)总共 4 个相邻的点,并转换为齐次坐标的形式,随后使用广义矩阵运算对 4 个点的坐标进行平移变换,得到变换后的点的坐标。在计算时,与前面使用变换矩阵与点坐标列向量相乘的形式不同,在进行多个点的坐标变换时,使用点坐标的行向量与变换矩阵的转置相乘,这样的好处是点的坐标可以是多维的,只需在最后一维表示像素的齐次坐标,这样在图像进行变换时就无须进行额外的维度调整,直接用表示图像的数组计算即可。

7.1.2 图像插值理论

数字图像的一个重要妥协就是对图像空间进行了离散化,图像中像素的坐标值必须是整数。这在图像仿射变换时,就成了一个重要的问题,因为,经过仿射变换后像素的坐标一般不再是整数,因此无法对变换后的像素直接赋值。例如,将图像放大 2 倍,则放大后图像的某些像素无法通过原图像像素映射而来。为了能够完成数字图像的仿射变换,就需要采取一定方法对图像上非整数坐标位置处的像素值进行估计。

在图像处理中,把上述估计数字图像上非整数坐标位置处的像素值的方法称为图像插值。最常见的插值算法有最邻近插值、双线性插值和三次样条插值,以下主要对最邻近插值和双线性插值进行详细介绍。

最邻近插值也称为 0 阶插值,是最简单的插值方法,其原理是对于目标图像中的像素灰度值,采用原图像中与该像素最邻近的像素对应的灰度值来赋值。如图 7-2 所示,使用最邻近插值,对原图像一块尺寸为 2×2 像素的区域进行 2 倍放大,即放大至 4×4 像素,从而得到目标图像。变换后的目标图像像素灰度值只由原图像中的一像素灰度值确定。最邻近插值方法的优点是实现方便,计算量小。

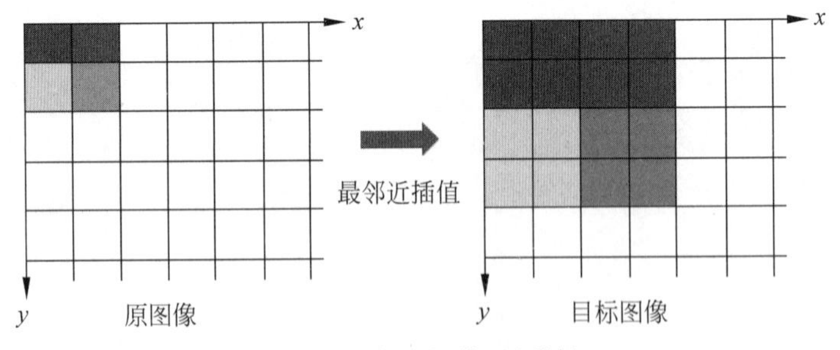

图 7-2 最邻近插值(见彩插)

最邻近插值方法获得的目标图像的像素灰度值直接来自原图像,并不会产生原图中不存在的像素值。对于图像放大来讲,就是直接复制相邻像素灰度值,从而形成更大的图像;

对于图像缩小来讲，就是直接丢掉原图像中一部分像素灰度值，从而得到更小的图像。最邻近插值方法通常会使插值图像中像素灰度值变得不连续，在图像边缘产生明显的锯齿状的现象是该方法最大的缺点。

在一维空间中，最邻近插值就是采用四舍五入法取整，而在二维图像中，像素的坐标都是整数，为了求解目标图像中的像素灰度值，只需找到原图像中相邻的整数像素的灰度值，将此作为该像素的灰度值。

根据最邻近插值方法的定义，自定义最邻近插值函数，其实现代码如下：

```
#第 7 章/图像全局运算.ipynb
#最邻近插值函数
def nearestnb(inarr,x,y):
    """
    最邻近插值
    :param inarr: 原始图像
    :param x: 输出图像的像素在原图像上的 x 坐标
    :param y: 输出图像的像素在原图像上的 y 坐标
    :return res: 插值后的图像
    """
    h,w=inarr.shape
    ox=x.astype('int')
    oy=y.astype('int')
    msk=(h>oy) * (oy>=0 ) * (w>ox) * (ox>=0)
    ox=np.clip(ox,0,w-1)
    oy=np.clip(oy,0,h-1)
    return inarr[oy,ox]*msk

x=np.array( [[0,0.5,1,1.5],
             [0,0.5,1,1.5],
             [0,0.5,1,1.5],
             [0,0.5,1,1.5]])

y=np.array( [[0, 0, 0, 0],
             [0.5, 0.5, 0.5, 0.5],
             [1, 1, 1, 1],
             [1.5, 1.5, 1.5, 1.5]])

inarr=np.array([[1,2],[3,4]])
nearestnb(inarr,x,y)
```

运行代码，结果如下：

```
array([[1, 1, 2, 2],
       [1, 1, 2, 2],
       [3, 3, 4, 4],
       [3, 3, 4, 4]])
```

在以上代码中，定义了一个最邻近插值函数，该函数接收一个待插值的原图像，以及目标图像上各像素在原图像上对应像素的横坐标和纵坐标，将原图像的像素按照横坐标和纵坐标确定的映射规则映射到目标图像上完成插值。在上述例子中,使用最邻近插值函数,实现了对一个 2×2 的图像放大两倍的效果。

双线性插值是线性插值在二维方向上的扩展,具体是在 x 和 y 方向上分别进行线性插值操作,通过原图像上 4 个相邻像素的灰度值做 3 次线性插值得到目标图像上待求像素的灰度值。如图 7-3 所示,对于已知的图像 $f(x,y)$4 个相邻的像素 $Q_{11}(x_1,y_1)$、$Q_{12}(x_1,y_2)$、$Q_{21}(x_2,y_1)$、$Q_{22}(x_2,y_2)$使用双线性插值求取像素 $P(x,y)$的灰度值,双线性插值的计算步骤如下:

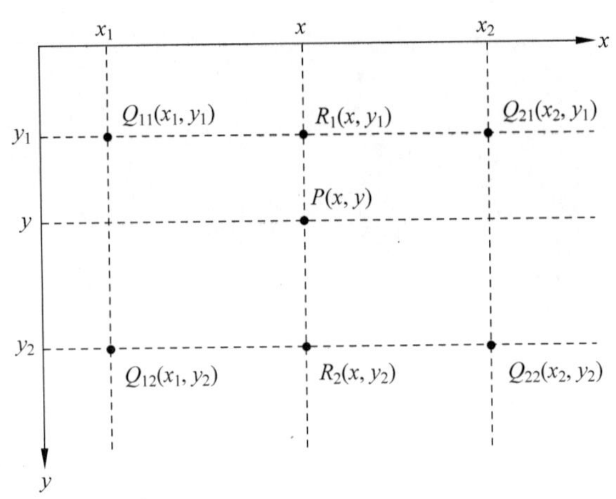

图 7-3 双线性插值

(1) 通过 $Q_{11}(x_1,y_1)$和 $Q_{21}(x_2,y_1)$,沿 x 方向进行线性插值得到 $R_1(x,y_1)$的灰度值,表示为

$$f(R_1)=\frac{x_2-x}{x_2-x_1}f(Q_{11})+\frac{x-x_1}{x_2-x_1}f(Q_{21}) \tag{7-9}$$

(2) 通过 $Q_{12}(x_1,y_2)$和 $Q_{22}(x_2,y_2)$,沿 x 方向进行线性插值得到 $R_2(x,y_2)$的灰度值,表示为

$$f(R_2)=\frac{x_2-x}{x_2-x_1}f(Q_{12})+\frac{x-x_1}{x_2-x_1}f(Q_{22}) \tag{7-10}$$

(3) 通过 $R_1(x,y_1)$和 $R_2(x,y_2)$,沿 y 方向进行线性插值得到 $P(x,y)$的灰度值,表示为

$$f(P)=\frac{y_2-y}{y_2-y_1}f(R_1)+\frac{y-y_1}{y_2-y_1}f(R_2) \tag{7-11}$$

图 7-3 所示的双线性插值需要先进行水平方向插值,再进行竖直方向插值,水平方向进行了两次插值,竖直方向进行了 1 次插值。除此之外,还可以先进行竖直方向插值,然后进行水平方向插值,由此需要 2 次竖直方向插值,1 次水平方向插值。实际上可以通过验证,上述两种不同的插值方式不影响最终双线性插值的结果。

对于数字图像来讲,由于空间是离散化的,双线性插值某一点相邻的 4 像素的相互间横

纵坐标间的差距是1,因此,在数字图像中上述双线性插值的公式可化简为

$$f(R_1)=(x_2-x)f(Q_{11})+(x-x_1)f(Q_{21}) \tag{7-12}$$

$$f(R_2)=(x_2-x)f(Q_{12})+(x-x_1)f(Q_{22}) \tag{7-13}$$

$$f(P)=(y_2-y)f(R_1)+(y-y_1)f(R_2) \tag{7-14}$$

双线性插值作为最通用的算法之一,相较于最邻近插值方法增大了一些计算量和增加了一些计算时间,但因为它考虑了待测采样点周围4个直接邻点对该采样点的相关性影响,在图像缩小或旋转的处理中插值效果要好于最近邻插值,克服了最近邻插值灰度值不连续的缺点,但是,双线性插值放大时图像较为模糊,细节损失较严重,因为它仅考虑待测样点周围4个直接邻点灰度值的影响,而未考虑到各相邻点间灰度值变化率的影响,因此表现出低通滤波器的性质,从而导致缩放后图像的高频分量受到损失,图像边缘在一定程度上变得较为模糊。

根据双线性插值方法的定义,自定义双线性插值函数,实现代码如下:

```
#第7章/图像全局运算.ipynb
#双线性插值函数
def bilinear(inarr,x,y):
    """
    最邻近插值
    :param inarr: 原始图像
    :param x: 输出图像的像素在原图像上的 x 坐标
    :param y: 输出图像的像素在原图像上的 y 坐标
    :return res: 插值后的图像
    """
    h,w=inarr.shape
    msk=(h>y) *(y>=0)*(w>x)*(x>=0)
    x=x *msk
    y=y *msk
    #得到4个相邻的像素(xo1,yo1)、(xo1,yo2)、(xo2,yo1)、(xo2,yo2)
    yo1=y.astype("int")
    xo1=x.astype("int")
    yo2=yo1+1
    xo2=xo1+1
    ar=np.pad(inarr,((0,1),(0,1)),mode='edge')
    q11=ar[yo1,xo1]                                        #求取相邻像素的灰度值
    q21=ar[yo1,xo2]
    q12=ar[yo2,xo1]
    q22=ar[yo2,xo2]
    res=q11*(xo2-x)*(yo2-y)+q21*(x-xo1)*(yo2-y)+
        q12*(xo2-x)*(y-yo1)+q22*(x-xo1)*(y-yo1)            #求取像素的灰度值
    return res *msk

x=np.array( [[0,0.5,1,1.5],
             [0,0.5,1,1.5],
             [0,0.5,1,1.5],
             [0,0.5,1,1.5]])
```

```
y=np.array( [[0, 0, 0, 0],
             [0.5, 0.5, 0.5, 0.5],
             [1, 1, 1, 1],
             [1.5, 1.5, 1.5, 1.5]])

inarr=np.array([[1,2],[3,4]])
bilinear(inarr,x,y)
```

运行代码,结果如下:

```
array([[1. , 1.5, 2. , 2. ],
       [2. , 2.5, 3. , 3. ],
       [3. , 3.5, 4. , 4. ],
       [3. , 3.5, 4. , 4. ]])
```

在以上代码中,实现了一个双线性插值函数,其参数与最邻近插值函数的参数含义相同,在函数内部按照式(7-12)～式(7-14)实现了双线性插值。在示例中,使用双线性插值函数将一个二维 2×2 的数组放大 2 倍,从输出结果可以看出,经过双线性插值,能够产生原数组中没有的数值。对比最邻近插值的结果,双线性插值后过渡更为平滑。

7.2 图像典型仿射变换

图像仿射变换会改变像素的空间位置,需要在变换前建立原图像像素和目标图像之间像素的映射关系。图像仿射变换的映射关系能够通过两种方式计算得到:①求解原图像任意像素在目标图像上的坐标位置;②求解目标图像像素在原图像中的坐标位置。使用第 1 种计算方式,只需先根据原图像的任意像素坐标,然后通过对应的映射关系(仿射变换矩阵)就可以得到该像素在目标图像上的坐标位置。这种由输入图像坐标映射到输出的过程称为“向前映射”。使用第 2 种计算方式,根据目标图像上的像素坐标,逆向推算其在原图像的像素坐标,这种将输出图像映射到输入图像的过程称为“向后映射”。

在使用向前映射计算图像仿射变换时会存在一些问题,如映射不完全和映射重叠。当原图像的像素个数小于目标图像时会导致目标图像中的某些像素无法与原图像像素建立映射关系。如图 7-4 所示,把原图像放大一倍,当使用前向映射解算目标图像像素灰度值时,只有目标图像中的坐标为(0,0)、(0,2)、(2,0)、(2,2)的像素可以根据映射关系在原图像中找到对应的像素,目标图像中的其他像素没有对应的有效值。

根据图像仿射变换的映射关系,当目标图像像素个数小于原图像时,原图像的多像素都会被映射到目标图像的同一像素上,出现像素重叠现象。如图 7-5 所示,将原图像缩小为原来的一半,则原图像中的 4 个坐标为(0,0)、(0,1)、(1,0)、(1,1)的像素都会被映射到目标图像的(0,0)位置上,从而使目标图像像素灰度值计算出现歧义。

针对上述前向映射的两个问题,可以使用向后映射,即对目标图像的像素坐标进行反推,从而求解对应原图像中的坐标位置。由此,目标图像的每个像素都可以通过映射关系在

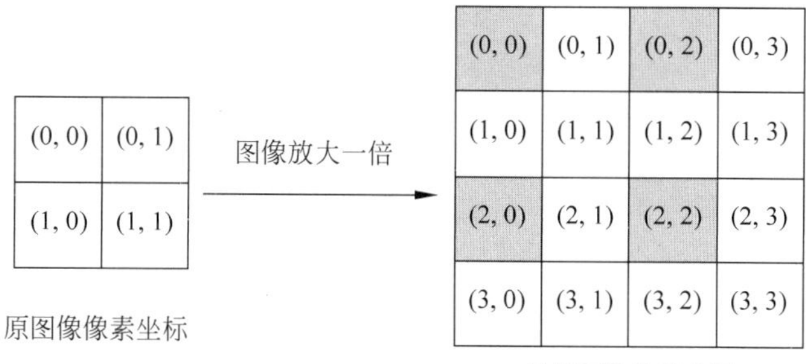

图 7-4　图像不完全映射

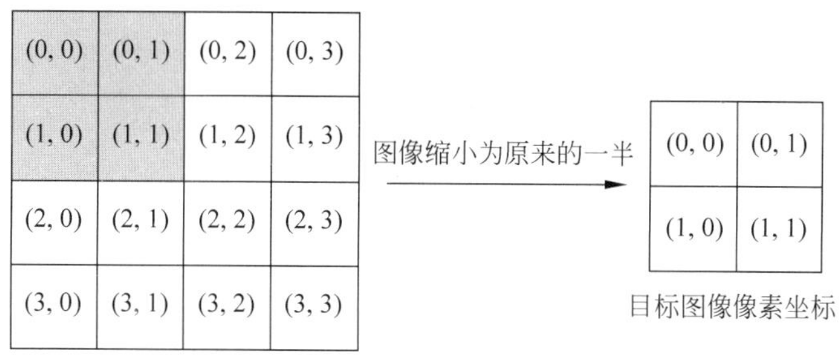

图 7-5　图像映射重叠

原图像找到唯一对应的像素，而不会出现映射不完全和映射重叠的情况，所以在图像的仿射变换上一般使用向后映射。

图像仿射变换的整体流程如图 7-6 所示，首先输入图像及进行仿射变换，然后求出仿射变换矩阵和输出图像的坐标，随后根据向后映射规则计算输出图像上像素在输入图像上的坐标，最后根据向后映射的结果进行插值，得到仿射变换后的图像。

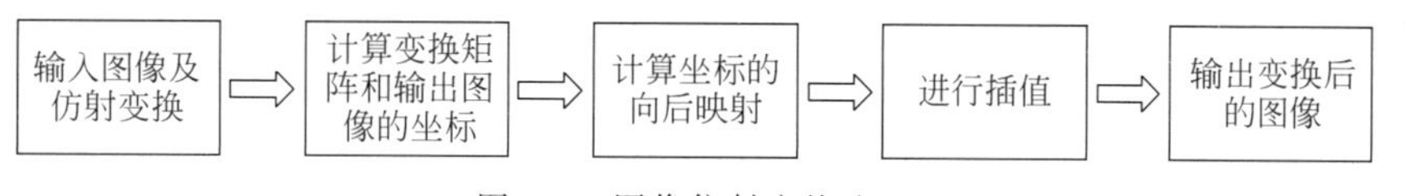

图 7-6　图像仿射变换流程

7.2.1 节～7.2.3 节将基于上述图像仿射变换的流程，介绍图像平移、图像缩放和图像旋转 3 种基本的图像仿射变换处理。

7.2.1　图像平移

图像平移变换就是将图像中的所有像素坐标分别沿水平和竖直方向移动一定的偏移量。图像的平移变换不改变图像的尺寸，只改变图像像素的位置。假设原图像像素的位置坐标为(x_0, y_0)，经过平移量$(\Delta x, \Delta y)$，坐标变为(x_1, y_1)，如图 7-7 所示。

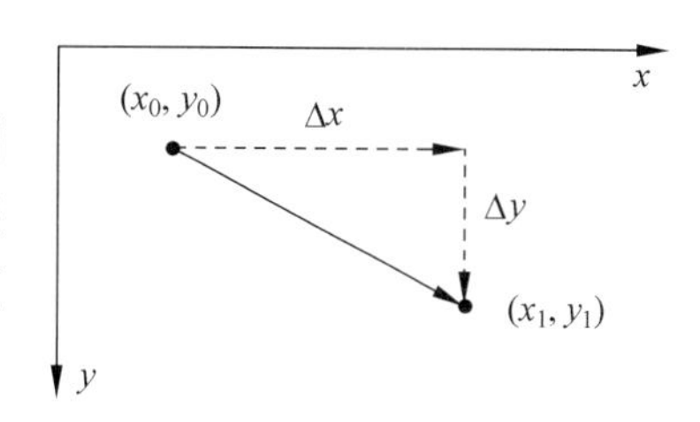

图 7-7　图像平移原理

根据仿射变换可知，图像平移的数学描述为

$$\begin{cases} x_1 = x_0 + \Delta x \\ y_1 = y_0 + \Delta y \end{cases} \tag{7-15}$$

对应的平移变换矩阵表示如下：

$$\begin{bmatrix} x_1 \\ y_1 \\ 1 \end{bmatrix} = \begin{bmatrix} 1 & 0 & \Delta x \\ 0 & 1 & \Delta y \\ 0 & 0 & 1 \end{bmatrix} \begin{bmatrix} x_0 \\ y_0 \\ 1 \end{bmatrix} \tag{7-16}$$

根据图像仿射变换的流程，参考图像平移原理，利用 7.2 节中定义的仿射矩阵生成函数和插值函数，实现图像平移函数，代码如下：

```
#第 7 章/图像全局运算.ipynb
#图像平移函数
def imgtranslate(imgarr,dx=10,dy=20,method='nearest'):
    #计算输出图像的坐标
    oh,ow=imgarr.shape
    x,y=np.meshgrid(np.arange(0,ow),np.arange(0,oh))
    z=np.ones_like(x)
    pts=np.dstack([x,y,z])
    #计算变换矩阵
    trmat=translate(dx,dy)
    #计算坐标的向后映射
    opts=pts @np.linalg.inv(trmat).T
    x0=opts[...,0]
    y0=opts[...,1]
    #进行插值,返回结果
    return nearestnb(imgarr,x0,y0) if method=='nearest' else bilinear(imgarr,x0,y0)

#打开一幅图像
img=Image.open('../images/1.jpg')
imgar=np.array(img.convert('L'))[400:800,400:800]
plt.imshow(imgar,cmap='gray',vmin=0,vmax=255)
plt.show()
#向左平移 20 像素,向下平移 50 像素
oimgar=imgtranslate(imgar,-20,50)
plt.imshow(oimgar,cmap='gray',vmin=0,vmax=255)
```

在上述代码中，按照图像仿射变换的流程，定义了一个图像平移函数，该函数接收一幅待变换的输入图像、x 方向的平移量、y 方向的平移量，以及插值方法。代码的运行效果如图 7-8 所示，图 7-8(a)为原图像，图 7-8(b)为向左平移 20 像素，向下平移 50 像素后的目标图像，对比两个子图可以看到，图像平移不改变图像的尺寸，但是图像平移后会造成部分溢出图像丢失。

由于平移只改变像素的水平和竖直位置，在计算输出图像的坐标值时，可以直接将仿射变换矩阵计算和向后映射两个步骤合并，直接使用加减运算完成，降低计算复杂度，提升计

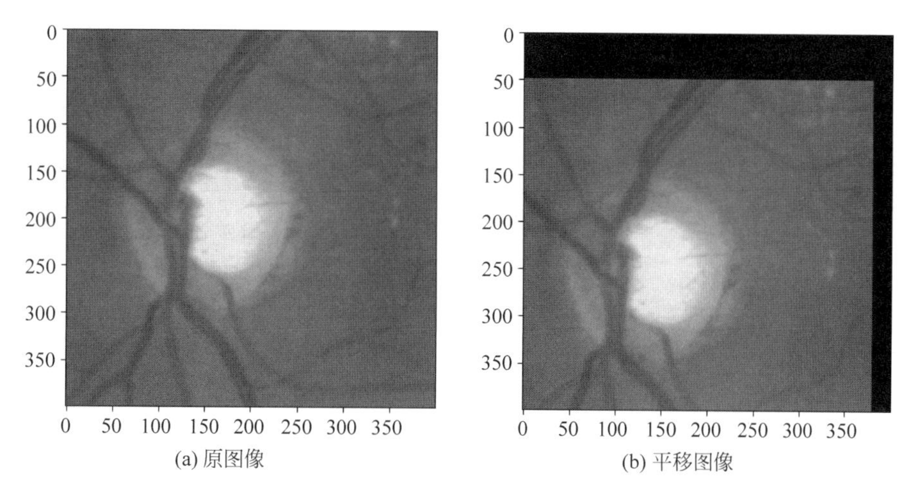

(a) 原图像　　(b) 平移图像

图 7-8　图像平移示例 1

算效率，代码如下：

```
#第 7 章/图像全局运算.ipynb
#定义图像平移函数
def imgtranslate2(imgarr,dx=10,dy=20,method='nearest'):
    oh,ow=imgar.shape
    x,y=np.meshgrid(np.arange(0,ow),np.arange(0,oh))
    x0=x-dx
    y0=y-dy
    return nearestnb(imgar,x0,y0) if method=='nearest' else bilinear(imgar,x0,y0)

#打开一幅图像
img=Image.open('../images/1.jpg')
imgar=np.array(img.convert('L'))[400:800,400:800]

plt.imshow(imgar,cmap='gray',vmin=0,vmax=255)
plt.show()
oimgar=imgtranslate2(imgar,-20,50)
plt.imshow(oimgar,cmap='gray',vmin=0,vmax=255)
plt.show()
```

在上述代码中，定义了一个平移函数，在利用了图像平移的特点后，函数内部的结构简单，计算量少。代码的运行结果如图 7-9 所示，从此图可以看出目标图像基于原图像向左平移了 20 像素，向下平移了 50 像素，溢出的图像部分被抛弃，而平移后图像部分填涂黑色，输出图像尺寸没有发生变化，结果与前一个严格使用仿射变换定义的平移函数计算结果相同。

为比较两种方法的运行效率，分别对两种方法的运行时间进行计时，计算方法 1 运行时间的代码如下：

```
%%timeit
oimgar=imgtranslate(imgar,-20,50)
5.74 ms ± 229 µs per loop (mean ± std. dev. of 7 runs, 100 loops each)
```

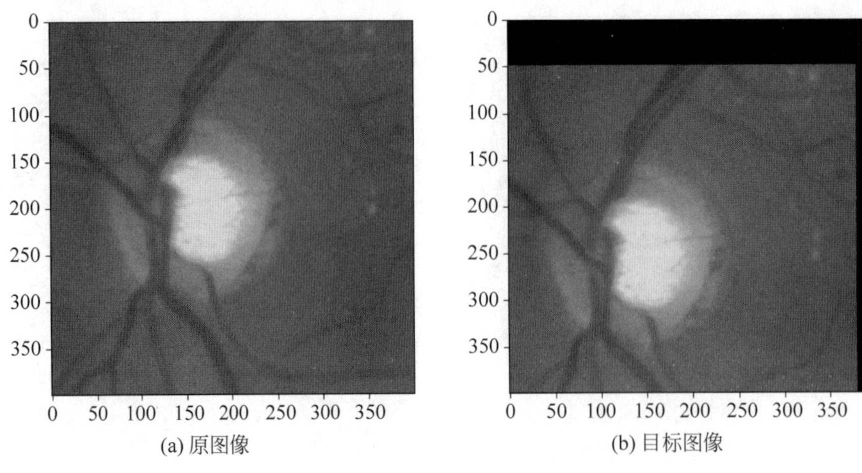

图 7-9　图像平移示例 2

计算方法 2 运行时间的代码如下：

```
%%timeit
oimgar=imgtranslate2(imgar,-20,50)
1.58 ms ± 45.6 μs per loop (mean ± std. dev. of 7 runs, 1,000 loops each)
```

从以上结果可以看出，严格按照仿射变换实现平移的方法 1 平均执行一次耗时 5.74ms，而方法 2 平均执行一次耗时 1.58ms，可以看出，在利用平移特点的情况下，提升了平移的速度。

7.2.2　图像缩放

图像缩放包含图像的放大或者缩小，就是将原图像尺寸变小或变大的操作，如图 7-10 所示。图像二维空间的放大或缩小是指以二维空间原点(0,0)为中心，使图像沿水平方向缩放 k_x 倍和沿竖直方向缩放 k_y 倍，变换后的图像坐标位置距离二维空间原点(0,0)的水平距离变为原来的 k_x 倍、竖直方向的距离变为原来的 k_y 倍。图像缩放会引起图像像素个数的变化，因此在图像缩放时需要使用插值算法解决图像像素个数变化而引起的信息丢失问题。

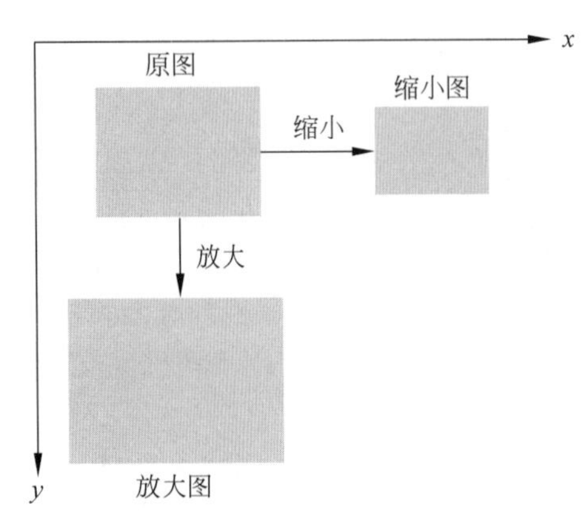

图 7-10　图像缩放

图像缩放的数学描述如下：

$$\begin{cases} x_1 = k_x \cdot x_0 \\ y_1 = k_y \cdot y_0 \end{cases} \tag{7-17}$$

其中，k_x 和 k_y 为图像沿水平方向和竖直方向的缩放倍数。

齐次形式的图像缩放公式如下：

$$\begin{bmatrix} x_1 \\ y_1 \\ 1 \end{bmatrix} = \begin{bmatrix} k_x & 0 & 0 \\ 0 & k_y & 0 \\ 0 & 0 & 1 \end{bmatrix} \begin{bmatrix} x_0 \\ y_0 \\ 1 \end{bmatrix} \tag{7-18}$$

根据图像仿射变换流程，依据图像缩放原理，可以定义图像缩放变换函数，代码如下：

```
#第 7 章/图像全局运算.ipynb
#图像缩放变换
def resize(imgar,kx=2,ky=3,method='nearest'):
    #计算输出图像的坐标
    h,w=imgar.shape
    oh,ow=int(h * ky),int(w * kx)
    x,y=np.meshgrid(np.arange(0,ow),np.arange(0,oh))
    z=np.ones_like(x)
    pts=np.dstack([x,y,z])
    #计算缩放变换矩阵
    smat=scale(kx,ky)
    #计算坐标的向后映射
    opts=pts @np.linalg.inv(smat).T
    ox=opts[...,0]
    oy=opts[...,1]
    #进行插值，并返回结果
    return nearestnb(imgar,ox,oy) if method=='nearest' else bilinear(imgar,ox,oy)
```

在上述代码中，定义了缩放变换函数，该函数接收待缩放的图像、x 方向的缩放倍数、y 方向的缩放倍数和插值方法，在函数内部按照仿射变换的流程先计算图像输出坐标和缩放变换的矩阵，然后计算输出图像坐标的向后映射，最后进行插值并返回缩放后的结果。

使用以上定义的图像缩放函数，分别对图像进行最邻近插值和双线性插值缩放，代码如下：

```
#第 7 章/图像全局运算.ipynb
#打开一幅图像
img=Image.open('../images/1.jpg')
imgar=np.array(img.convert('L'))[400:800,400:800]
#显示原图
plt.imshow(imgar,cmap='gray',vmin=0,vmax=255)
plt.show()
#放大 2 倍，最邻近插值
oimg=resize(imgar,2,2)
plt.imshow(oimg,cmap='gray',vmin=0,vmax=255)
plt.show()
#放大 2 倍，双线性插值
oimg=resize(imgar,2,2,method='bilinear')
plt.imshow(oimg,cmap='gray',vmin=0,vmax=255)
plt.show()
```

在上述代码中，对一幅打开的图像分别使用最邻近插值方法和双线性插值方法对图像放大 2 倍，代码运行的结果如图 7-11 所示，图 7-11(a)为原图，图像的尺寸标明在图像边框上，图 7-11(b)为最邻近插值放大的结果，图像的尺寸标明在图像边框上，图 7-11(c)为双线性插值结果，图像尺寸标明在图像边框上。由于缩放倍数和图像显示尺寸的原因，最邻近插值效果与双线性插值效果在视觉上几乎相同。

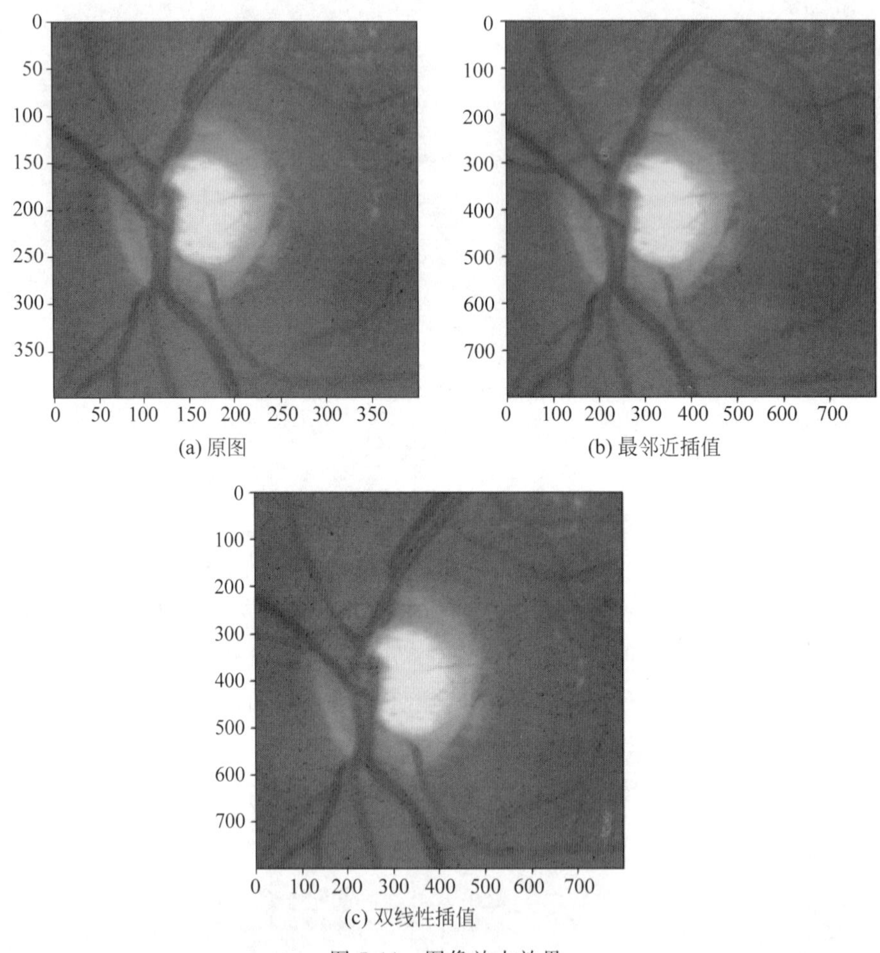

(a) 原图　(b) 最邻近插值　(c) 双线性插值

图 7-11　图像放大效果

为了能够直观地体现最邻近插值与双线性插值的效果差异，下面使用一个较小尺寸的模拟图像进行缩放，代码如下：

```
#第 7 章/图像全局运算.ipynb
#先创建一个模拟图像
ar=np.random.random((3,4))
plt.imshow(ar,cmap='gray')
plt.show()
#图像放大一倍，最邻近插值
```

```
newnb=resize(ar,2,2)
plt.imshow(newnb,cmap='gray')
plt.show()
#图像放大一倍,双线性插值
newbl=resize(ar,2,2,'bilinear')
plt.imshow(newbl,cmap='gray')
plt.show()
```

在上述代码中,生成了一个 3×4 大小的图像,对该图像分别进行最邻近插值和双线性插值并显示结果,代码的运行结果如图 7-12 所示,可以看出最邻近插值只进行了简单缩放,并不会改变像素值,而双线性插值则会产生更平滑的过渡,效果优于最邻近插值。

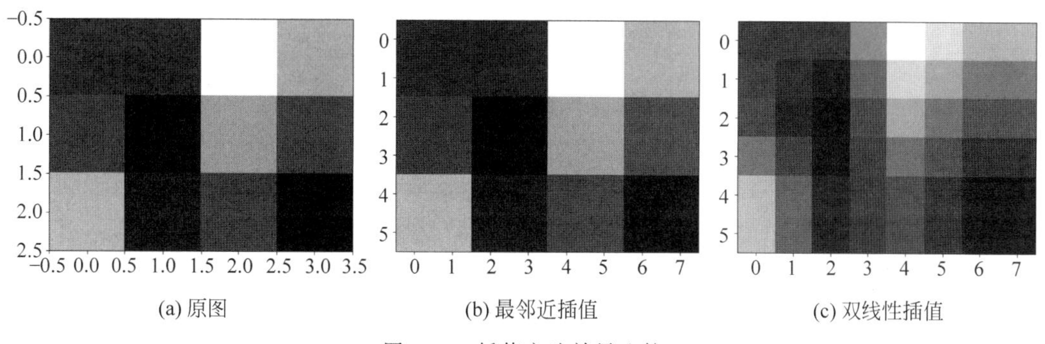

(a) 原图　　(b) 最邻近插值　　(c) 双线性插值

图 7-12　插值方法效果比较

对于图像缩小处理,当缩小倍数为整数时,为了提高效率可以借助数组索引实现图像的快速缩小处理,即通过设置索引的步长完成。下面以图像缩小为原来的一半为例,说明改变索引步长实现图像缩小的方法,示例代码如下:

```
#第 7 章/图像全局运算.ipynb
#利用数组索引缩小图像
#打开一幅图像
img=Image.open('../images/1.jpg')
imgar=np.array(img.convert('L'))[400:800,400:800]
#显示原图
plt.imshow(imgar,cmap='gray',vmin=0,vmax=255)
plt.show()
#通过设置 step 为 2 将图像缩小为原来的一半
simgar=imgar[::2,::2]
plt.imshow(simgar,vmin=0,vmax=255,cmap='gray')
plt.show()#注意观察坐标范围
```

在上述代码中,通过将图像数组索引步长设置为 2,实现了将图像缩小为原来的一半的效果,运行结果如图 7-13 所示。在上述代码中,如果将索引步长修改为其他数值,则可实现不同比例的缩小效果。

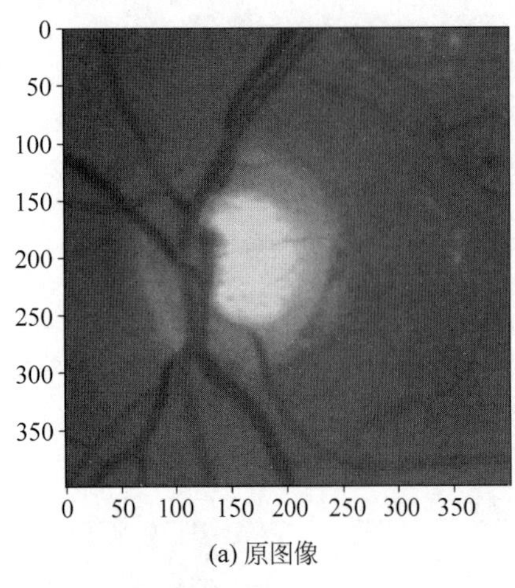

(a) 原图像

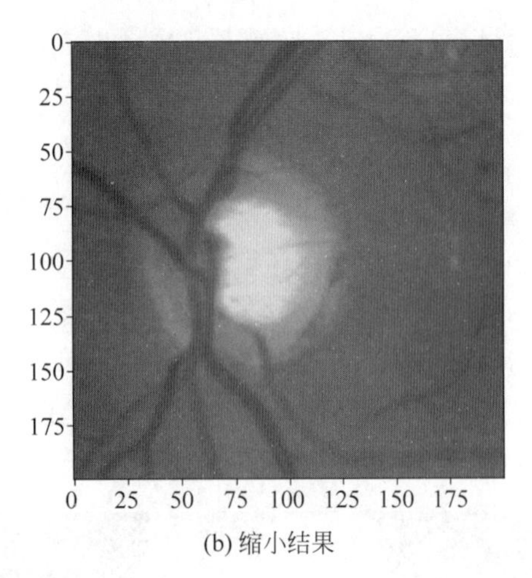

(b) 缩小结果

图 7-13　图像缩小效果

7.2.3　图像旋转

图像旋转是指以某一点 P 为旋转中心，将图像中的所有点都绕旋转中心 P 旋转一定角度。

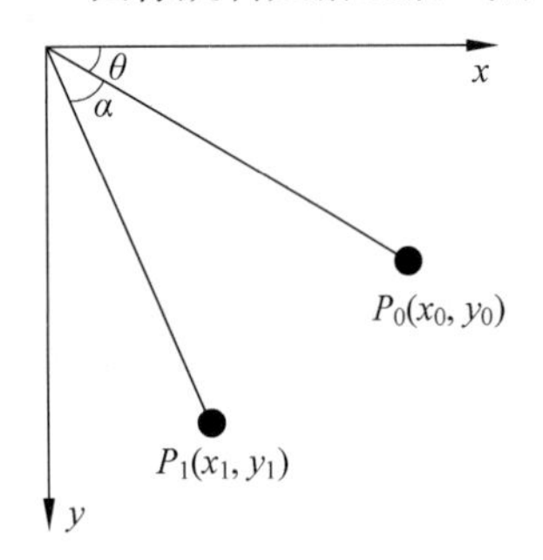

图 7-14　图像旋转原理

如图 7-14 所示，假设图像的左上角原点为旋转中心，设原图像绕原点逆时针旋转的角度为 α，则给定原图像中的任意点 $P_0(x_0,y_0)$，经过图像逆时针旋转 α 后，其对应的新位置为 $P_1(x_1,y_1)$。

设 P_0 点距离原点的长度为 l，根据几何变换原理，可以得到

$$\begin{cases} x_0 = l \cdot \cos(\theta) \\ y_0 = l \cdot \sin(\theta) \end{cases} \tag{7-19}$$

$$\begin{cases} x_1 = l \cdot \cos(\alpha + \theta) \\ y_1 = l \cdot \sin(\alpha + \theta) \end{cases} \tag{7-20}$$

将式(7-20)按照三角两角和公式展开，将式(7-19)代入，可以得到如下关系：

$$\begin{cases} x_1 = x_0 \cos(\alpha) - y_0 \sin(\alpha) \\ y_1 = x_0 \sin(\alpha) + y_0 \cos(\alpha) \end{cases} \tag{7-21}$$

将式(7-21)使用齐次矩阵表示坐标旋转如下：

$$\begin{bmatrix} x_1 \\ y_1 \\ 1 \end{bmatrix} = \begin{bmatrix} \cos(\alpha) & -\sin(\alpha) & 0 \\ \sin(\alpha) & \cos(\alpha) & 0 \\ 0 & 0 & 1 \end{bmatrix} \begin{bmatrix} x_0 \\ y_0 \\ 1 \end{bmatrix} \tag{7-22}$$

上述图像旋转变换是针对坐标原点的，但是在图像旋转中一般以图像中心作为旋转中心，情况就较为复杂了。此时，如果指定了其他特定点作为旋转中心，则应该先将坐标系平移到特定点，再进行图像旋转，最后将旋转后的图像平移至原来的坐标原点，这样就需要一个平移、旋转和平移的复合变换，如图 7-15 所示。根据图 7-15，推导任意旋转中心下图像旋

转的变换公式,假设旋转中心坐标为(a,b),则图像绕点(a,b)逆时针旋转角度α,计算过程总结为如下3步。

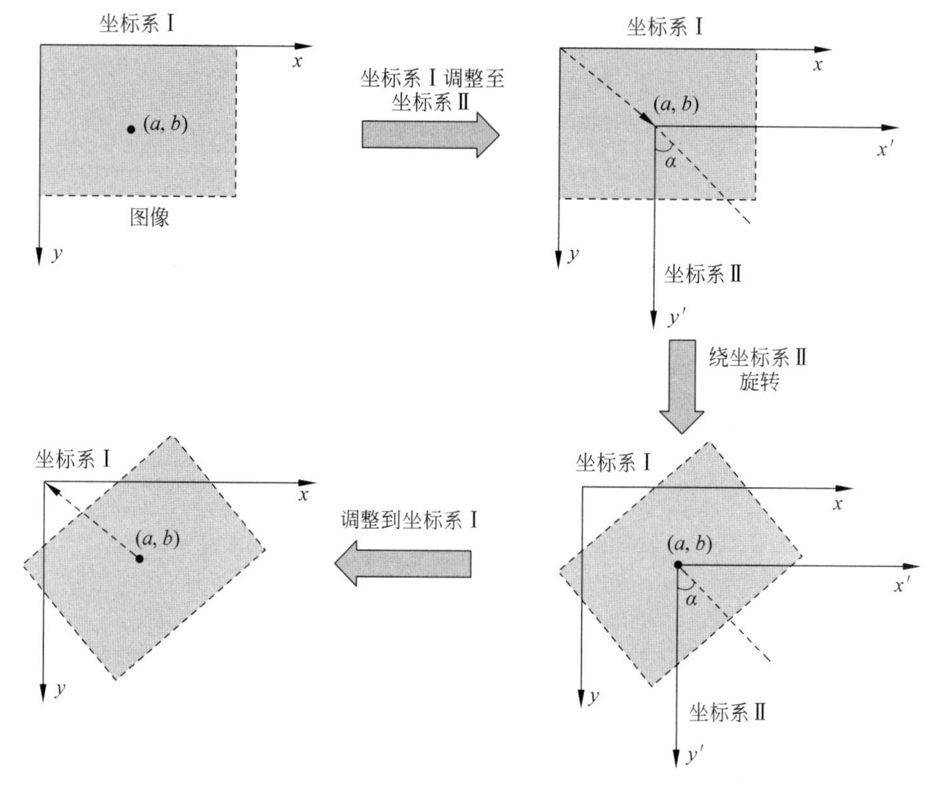

图 7-15　图像绕任意点旋转过程

(1) 将坐标系Ⅰ转换到坐标系Ⅱ,即将坐标系Ⅰ的原点调整到旋转中心,将旋转中心作为坐标系Ⅱ的原点。

(2) 图像绕坐标系原点旋转α(逆时针为正,顺时针为负)。

(3) 将旋转后的图像坐标映射回坐标系Ⅰ。

对应上述图像绕任意点旋转过程,对应到图像绕任意点的旋转矩阵表达式。首先,坐标系Ⅰ通过图像平移得到坐标系Ⅱ,转换公式为

$$\begin{bmatrix} x_{\mathrm{II}} \\ y_{\mathrm{II}} \\ 1 \end{bmatrix} = \begin{bmatrix} 1 & 0 & a \\ 0 & 1 & b \\ 0 & 0 & 1 \end{bmatrix} \begin{bmatrix} x_{\mathrm{I}} \\ y_{\mathrm{I}} \\ 1 \end{bmatrix} \tag{7-23}$$

设坐标系Ⅰ下原图像的像素坐标为$P_0(x_0,y_0)$,图像绕坐标系Ⅱ原点逆时针旋转α后得到目标图像。在坐标系Ⅱ下,对应像素表示$P_{01}(x_{01},y_{01})$,则像素变换公式为

$$\begin{bmatrix} x_{01} \\ y_{01} \\ 1 \end{bmatrix} = \begin{bmatrix} \cos(\alpha) & \sin(\alpha) & 0 \\ -\sin(\alpha) & \cos(\alpha) & 0 \\ 0 & 0 & 1 \end{bmatrix} \begin{bmatrix} 1 & 0 & a \\ 0 & 1 & b \\ 0 & 0 & 1 \end{bmatrix}^{-1} \begin{bmatrix} x_0 \\ y_0 \\ 1 \end{bmatrix} \tag{7-24}$$

将坐标系Ⅰ下的图像像素转换到坐标系Ⅱ下，得到总的图像旋转变换表达式为

$$\begin{bmatrix} x_{01} \\ y_{01} \\ 1 \end{bmatrix} = \begin{bmatrix} 1 & 0 & a \\ 0 & 1 & b \\ 0 & 0 & 1 \end{bmatrix} \begin{bmatrix} \cos(\alpha) & \sin(\alpha) & 0 \\ -\sin(\alpha) & \cos(\alpha) & 0 \\ 0 & 0 & 1 \end{bmatrix} \begin{bmatrix} 1 & 0 & a \\ 0 & 1 & b \\ 0 & 0 & 1 \end{bmatrix}^{-1} \begin{bmatrix} x_0 \\ y_0 \\ 1 \end{bmatrix} \tag{7-25}$$

根据向后映射方法，对式(7-25)进行变换，得到将坐标系Ⅱ下的图像像素转换到坐标系Ⅰ下的表达式为

$$\begin{bmatrix} x_0 \\ y_0 \\ 1 \end{bmatrix} = \begin{bmatrix} 1 & 0 & a \\ 0 & 1 & b \\ 0 & 0 & 1 \end{bmatrix} \begin{bmatrix} \cos(\alpha) & -\sin(\alpha) & 0 \\ \sin(\alpha) & \cos(\alpha) & 0 \\ 0 & 0 & 1 \end{bmatrix} \begin{bmatrix} 1 & 0 & a \\ 0 & 1 & b \\ 0 & 0 & 1 \end{bmatrix}^{-1} \begin{bmatrix} x_{01} \\ y_{01} \\ 1 \end{bmatrix} \tag{7-26}$$

根据式(7-26)给出的图像旋转结果，利用NumPy实现以图像中心旋转的函数，代码如下：

```
#第 7 章/图像全局运算.ipynb
#图像旋转
def imgrotate(imgar,deg=45,method='nearest'):
    #计算输出图像的坐标
    h,w=imgar.shape
    x,y=np.meshgrid(np.arange(0,w),np.arange(0,h))
    z=np.ones_like(x)
    pts=np.dstack([x,y,z])
    #计算旋转变换矩阵
    cx=w/2
    cy=h/2
    amat=translate(cx,cy)
    bmat=rotate(deg)
    cmat=translate(-cx,-cy)
    #对式(7-26)进行转置,并利用结合律对 3 个变换进行复合
    tmat=(cmat.T @bmat.T @amat.T)
    #计算坐标的向后映射
    opts=pts @tmat
    ox=opts[...,0]
    oy=opts[...,1]
    #进行插值,并返回结果
    return nearestnb(imgar,ox,oy) if method=='nearest' else bilinear(imgar,ox,
oy)
```

上述代码定义了一个以图像中心旋转的函数，其参数为待旋转的图像、旋转角度，以及插值方法，其中旋转角度以逆时针为正，以顺时针为负。在函数内，首先生成输出图像像素的坐标值并计算出图像的中心点作为旋转中心，然后根据式(7-26)分别构造平移、旋转、平移3个变换矩阵，并利用矩阵乘法的结合律得到以中心旋转的变换矩阵，最后进行坐标的向后映射和图像插值返回旋转后的图像。

下面通过示例展示图像旋转的效果，示例代码如下：

```
#第 7 章/图像全局运算.ipynb
#图像旋转示例
```

```
#打开一幅图像
img=Image.open('../images/1.jpg')
imgar=np.array(img.convert('L'))[400:800,400:800]
plt.imshow(imgar,cmap='gray',vmin=0,vmax=255)
plt.show()
#逆时针旋转 30°
rimg=imgrotate(imgar,30)
plt.imshow(rimg,cmap='gray',vmin=0,vmax=255)
plt.show()
#顺时针旋转 30°
rimg=imgrotate(imgar,-30)
plt.imshow(rimg,cmap='gray',vmin=0,vmax=255)
plt.show()
```

代码的运行效果如图 7-16 所示，图 7-16(a)为原图，图 7-16(b)为以图像中心为旋转中心，逆时针旋转 30°的效果，图 7-16(c)为以图像中心为旋转中心，顺时针旋转 30°的效果。从旋转效果图可以看出，自定义函数能够实现以图像中心为旋转中心的任意角度旋转。

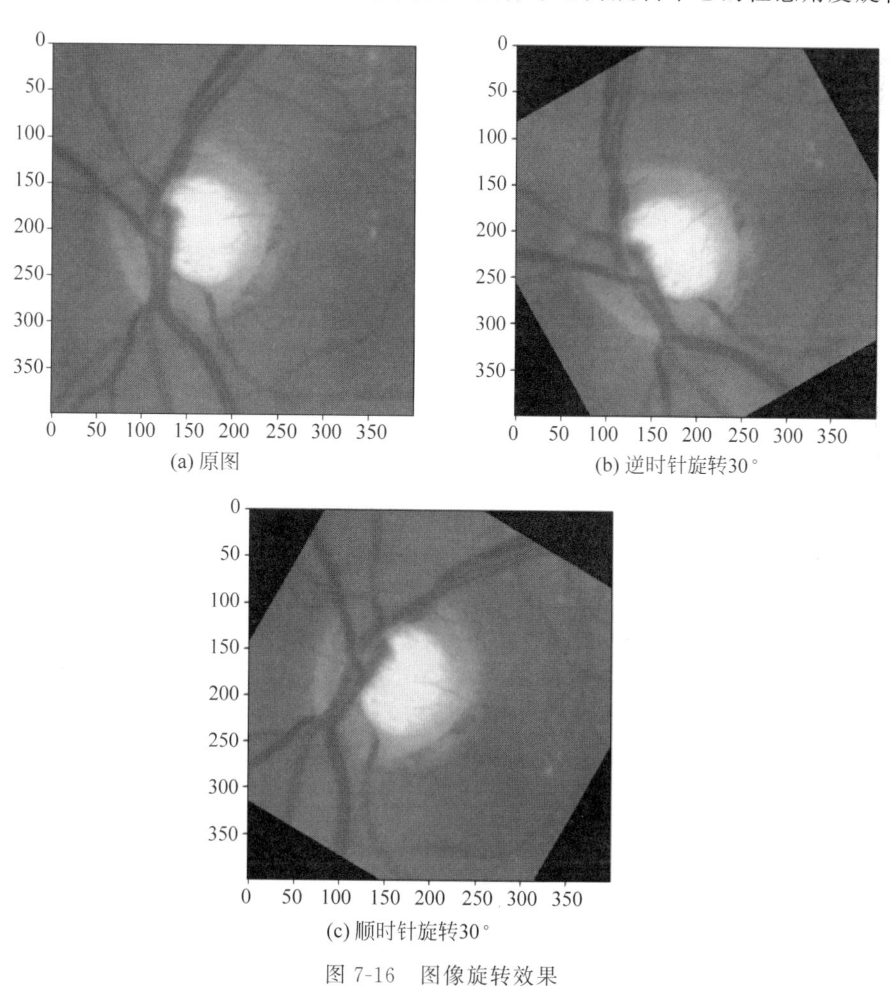

(a) 原图

(b) 逆时针旋转30°

(c) 顺时针旋转30°

图 7-16　图像旋转效果

7.3 直方图均衡化

使用伽马变换、对数变换等图像增强方法都需要人工设定相应的参数。人工的参与增加了图像增强的主观性,缺乏一个图像增强的客观评价标准。利用图像像素分布的统计规律,提出的图像灰度直方图能够描述图像在各灰度级上的统计特性。当一幅图像不同亮度像素的分布均匀(直方图均衡)时,理论上图像的效果最好,因此,将一幅图像调整灰度级别,使图像中的像素值均匀地分布在整个灰度范围内,从而增加图像对比度的方法就称为直方图均衡化。

在直方图均衡化中,图像灰度直方图的计算最为重要。图像灰度直方图是描述图像的各灰度级的统计特性,它是图像灰度值的离散函数,用于统计图像中各灰度级出现的频率或次数,但是直方图不能反映灰度级像素在图像中的位置信息。从图像上来看,图像灰度直方图是一个二维图像,横坐标为图像的灰度级别,纵坐标为各灰度级别的像素的个数或者出现的频率。对于给定的图像都有唯一的直方图与之对应,但是不同的图像可以有相同的灰度直方图。图像的灰度直方图具有图像平移、旋转、缩放不变性的特点。

NumPy 库提供了计算数组直方图的函数 np. histogram(),np. histogram()函数的用法如下:

```
np.histogram(a,bins=10,range=None,weights=None,density=False)
```

(1) a 为待统计数据的数组。

(2) bins 为指定统计的区间个数。

(3) range 为长度为 2 的元组,表示统计区间的最大值和最小值,默认为 None,表示范围由数据的范围决定。

(4) weights 为数组每个元素的权值,histogram()函数会对区间中数组所对应的权值进行求和。

(5) 当 density 为 True 时,函数返回每个区间的概率密度;默认值为 False,返回每个区间的元素个数。

(6) 在对图像进行直方图计算时,一般将区间个数 bins 设置为 256,表示对 0~255 的每个灰度值进行统计,将统计区间设置为(0,256),各区间的距离是 1,权值和密度使用默认值即可。

下面通过示例展示图像灰度直方图的计算,代码如下:

```
#第 7 章/图像全局运算.ipynb
#打开一幅图像
img=Image.open('../images/1.jpg')
imgar=np.array(img.convert('L'))
plt.imshow(imgar,cmap='gray',vmin=0,vmax=255)
plt.show()
#计算图像直方图
```

```
hist,_=np.histogram(imgar,256,(0,256))
#绘制直方图
plt.plot(hist)
plt.show()
```

在上述代码中，直方图函数的输入包含带统计灰度直方图的图像，统计的区间个数以图像灰度级最大可取范围为参考，取 256，并且将区间的范围设置为图像灰度可取范围[0,255]。绘制的原图和灰度直方图如图 7-17 所示，图 7-17(a)为待处理的灰度图像，图 7-17(b)为使用 np. histogram()函数绘制的图像的灰度直方图，横轴表示像素的灰度值，纵轴表示像素的数量。从灰度直方图可以看出，图像的灰度级集中在较小值范围内，说明该图像偏暗，这是由图像四周的空白区域造成的，同时直方图在灰度级[100,150]范围内存在一个突起，对应于原图像中的眼球区域。通过分析图像灰度直方图，可以设置阈值，实现眼球目标的提取。

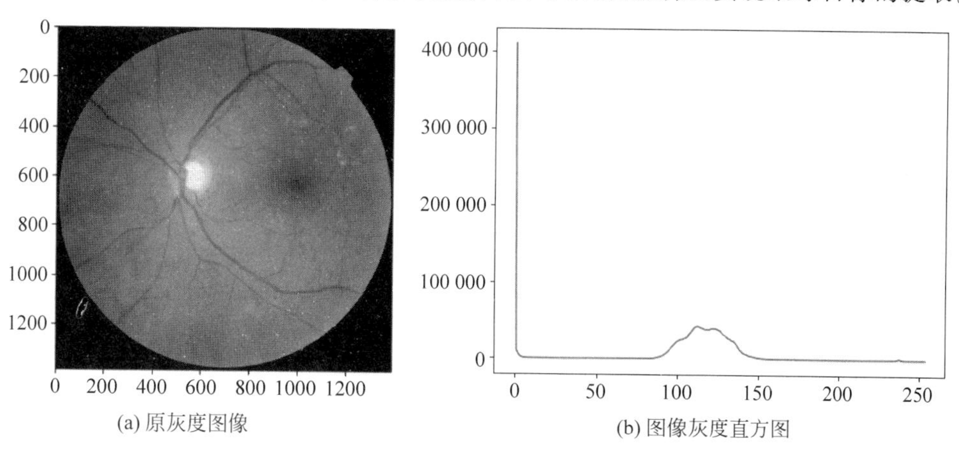

(a) 原灰度图像　　(b) 图像灰度直方图

图 7-17　图像灰度直方图示例 1

下面通过另外一个示例展示其灰度直方图分布，示例代码如下：

```
#第 7 章/图像全局运算.ipynb
#绘制直方图
img=Image.open('../images/lena.png')
imgar=np.array(img.convert('L'))
plt.imshow(imgar,cmap='gray',vmin=0,vmax=255)
plt.show()
hist,_=np.histogram(imgar,256,(0,256))                    #求解图像灰度直方图
#原图像的直方图
plt.plot(hist)
plt.show()
```

代码的运行效果如图 7-18 所示，从图像的灰度直方图可以看出，该图像的灰度分布较为均匀，在灰度值极大和极小处都较少，在灰度值约为 50、105、150 和 200 处存在几个峰值。

对比上述两个图像的灰度直方图，可以看出不同图像其灰度分布是不同的。如果图像的灰度分布不均匀，则其灰度分布集中在较窄的范围，从而导致图像的对比度较低，视觉效果较差，如果图像的灰度分布较为均匀，图像的对比度较高，则视觉效果较好。将一个灰度

(a) 原灰度图像

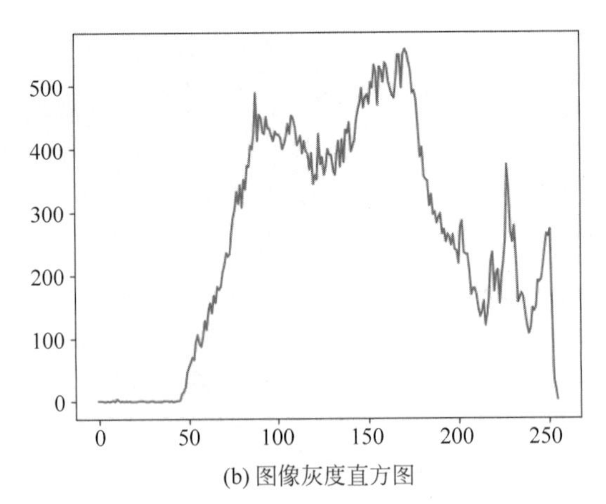

(b) 图像灰度直方图

图 7-18　图像灰度直方图示例 2

分布不均匀的图像变换成为灰度分布均匀的图像,就是直方图均衡化。

直方图均衡化的基本原理是：在图像中对像素个数多的灰度值进行展宽,而对像素个数少的灰度值进行归并,从而增大对比度,提升图像的层次感,达到增强的目的。在直方图均衡化操作中单像素的灰度值不仅和其本身有关,而且和整幅图像或它的一个邻域内的像素有关。根据在均衡化过程中参考的邻域不同,直方图均衡化可分为全局直方图均衡化和局部直方图均衡化。

全局直方图均衡化的实现步骤如下。

(1) 将图像转换为灰度图像或取彩色图像的某一通道。

(2) 计算图像的直方图。

(3) 计算图像的归一化累积直方图,并进行拉伸。

(4) 根据拉伸的累积直方图,生成灰度映射规则。

(5) 使用灰度映射规则对灰度图像素进行重新赋值,完成直方图均衡化。

下面通过示例代码详述直方图均衡化过程,并对比直方图均衡化前后图像的效果,示例代码如下：

```
#第 7 章/图像全局运算.ipynb
#直方图均衡化
img=Image.open('../images/lena.png')
imgar=np.array(img.convert('L'))
plt.imshow(imgar,cmap='gray',vmin=0,vmax=255)
plt.show()
hist,_=np.histogram(imgar,256,(0,256))                  #步骤(2)
cum=np.cumsum(hist)                                     #步骤(3)
mp=cum/cum[-1]                                          #步骤(3)
colormap=mp*255                                         #步骤(4)
oimgar=colormap[imgar]                                  #步骤(5)

#原图像的直方图
```

```
plt.plot(hist)
plt.show()
#原图像的累积直方图
plt.plot(mp)
plt.show()
plt.imshow(oimgar,vmin=0,vmax=255,cmap='gray')
plt.show()
#计算变换后图像的直方图和累积直方图
hist,_=np.histogram(oimgar,256,(0,256))
cum=np.cumsum(hist)
mp=cum/cum[-1]
#均衡化后的直方图
plt.plot(hist)
plt.show()
#均衡化后的累积直方图
plt.plot(mp)
plt.show()
```

在上述代码中，按照直方图均衡化的流程，在打开图像后，先计算图像的直方图，随后计算累积直方图，然后根据累积直方图生成直方图均衡化映射规则，最后按照映射规则完成图像直方图均衡化，代码的运行结果如图 7-19 所示。图 7-19 显示了一幅图像在直方图均衡

图 7-19　直方图均衡化效果

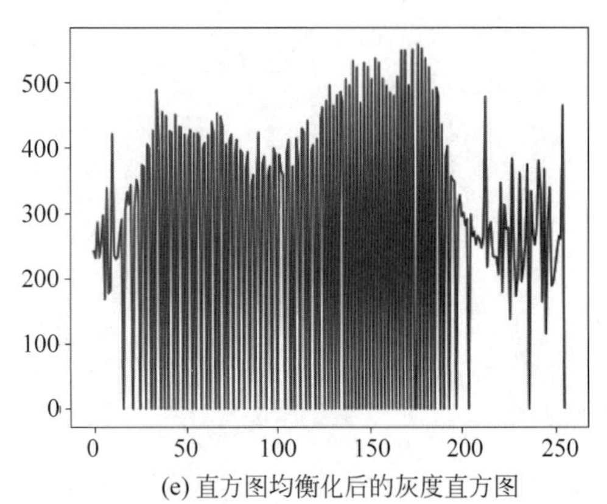

(e) 直方图均衡化后的灰度直方图

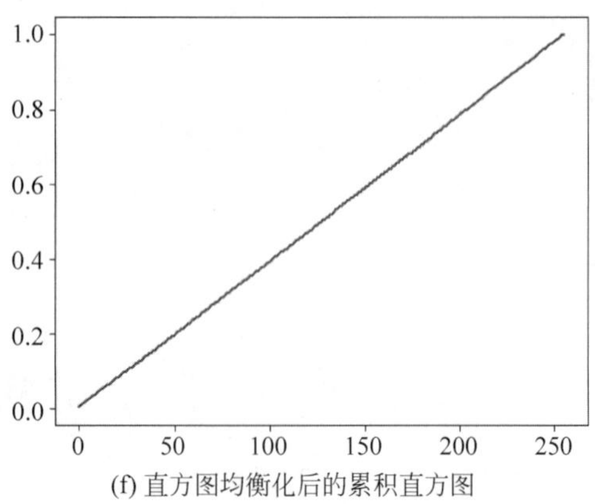

(f) 直方图均衡化后的累积直方图

图 7-19 （续）

化前后的效果，以及其相对应的直方图与累积直方图，原图(a)经过直方图均衡化后其对比度得到增强(d)，从直方图来看经过均衡化后直方图更均匀，累积直方图呈一条较为平滑的斜线。

为了方便直接使用直方图均衡化对图像进行处理，以下将直方图均衡化封装为函数，代码如下：

```
#第 7 章/图像全局运算.ipynb
def globalhistogramequalization(imgar):
    #直方图均衡化函数
    hist,idx=np.histogram(imgar,255,(0,255))
    cum=np.cumsum(hist)
    mp=cum/cum[-1]
    colormap=mp * 255
return colormap[imgar]

#图像直方图均衡化处理
oimgar=globalhistogramequalization(imgar)
plt.imshow(oimgar,vmin=0,vmax=255,cmap='gray')
plt.show()
```

在上述代码中，将直方图均衡化过程封装为函数，并使用该函数对图像进行了直方图均衡化处理，代码的运行结果如图 7-19(d)所示。

7.4 图像频域处理基础

在以上的内容中，对于图像处理的介绍都是在空间域上展开的，将图像看作平面空间上的二维函数。根据傅里叶级数的相关理论，可以将函数表示为不同频率、振幅和相位的三角函数的线性叠加。对图像在空间上的频率域可以将图像在空间上的变化分解成具有不同振幅、频率和相位的三角函数的线性叠加，其中图像中各种频率域成分的组成和分布又称为空间频谱。使用傅里叶变换在空间频谱上研究图像处理就是图像的频域处理。

傅里叶变换是一种非常重要的数学工具,其可以将一个非周期函数分解成许多不同频率的正弦和余弦函数之和。如图 7-20 所示,有一个一维非周期函数,此函数可以表示成频率不同的余弦函数和正弦函数的加权和。这些正弦和余弦函数称为基频率,基频率可以取任意实数值。图像频域分析是图像处理中一种非常重要的技术,图像频域处理的基础是傅里叶变换,其可以将图像从空间域转换到频率域,并提供图像中不同频率的成分信息。利用傅里叶变换可以更好地处理和分析图像。本节将首先介绍一维傅里叶变换,在此基础上讲述二维傅里叶变换,并给出二维傅里叶变换在图像处理中的应用。

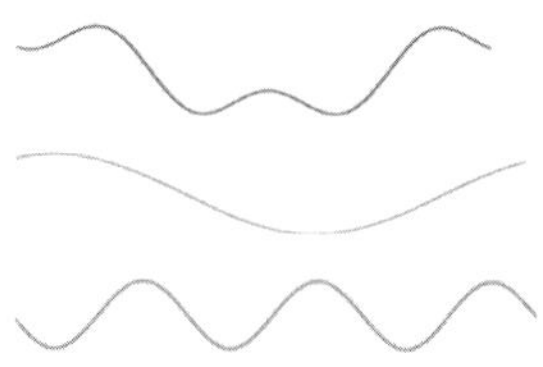

非周期函数

余弦函数

正弦函数

图 7-20　傅里叶变换

7.4.1　一维傅里叶变换

给定函数 $f(x)$,其一维傅里叶变换为

$$F(u)=\int_{-\infty}^{\infty} f(x)\mathrm{e}^{-\mathrm{j}2\pi ux}\,\mathrm{d}x \tag{7-27}$$

傅里叶逆变换是傅里叶变换的逆运算,其可以将一个函数从频率域转换到时域。傅里叶逆变换的公式为

$$f(x)=\int_{-\infty}^{\infty} F(u)\mathrm{e}^{\mathrm{j}2\pi ux}\,\mathrm{d}u \tag{7-28}$$

其中,$\mathrm{j}=\sqrt{-1}$,u 为频率分量。

在傅里叶变换中,每个基函数都是一个单频率谐波,而对应的基函数系数即为原函数在此基函数上的投影,也可以认为原函数的此频率谐波的比重。另外,通过傅里叶逆变换,可以将这些频率的幅度和相位转换到时域,从而可以得到原始的时域函数。

7.4.2　二维傅里叶变换

将一维函数扩展到二维 $f(x,y)$,其傅里叶变换表示如下:

$$F(u,v)=\int_{-\infty}^{\infty}\int_{-\infty}^{\infty} f(x,y)\mathrm{e}^{-\mathrm{j}2\pi(ux+vy)}\,\mathrm{d}x\,\mathrm{d}y \tag{7-29}$$

对应的傅里叶逆变换为

$$f(x,y)=\int_{-\infty}^{\infty}\int_{-\infty}^{\infty} F(u,v)\mathrm{e}^{\mathrm{j}2\pi(ux+vy)}\,\mathrm{d}u\,\mathrm{d}v \tag{7-30}$$

二维傅里叶变换的具体积分区间取决于函数 $f(x,y)$的定义域。x,y 的积分顺序可交换,因此对 $f(x,y)$做二维傅里叶变换,相当于对两个方向分别做一维傅里叶变换。另外,傅里叶变换的最大特点就是线性特征,即信号线性组合的傅里叶变换等于各自傅里叶变换的线性组合。

傅里叶变换原理表明,任意连续可测的时域信号都能表示成不同频率的正弦信号和余弦信号的叠加。具体而言,一维傅里叶变换的意义是将原信号变换成不同频率的正弦和余弦信号的线性组合,二维傅里叶变换则是将原信号变换成复平面上不同方向和频域的正弦和余弦信号的线性组合。

对于图像来讲可以看作二维空间上定义的函数 $f(x,y)$,因此,可以使用二维傅里叶变换将从空间域转换为频率域。为了能够直观地展示图像在频率域的特性,一般在频率域中对频谱的振幅、方向和频率进行可视化,从而形成图像频谱图。

7.4.3 图像频谱图

在图像处理中,图像的二维傅里叶变换可将图像从空间域变换到频域,从而可以利用傅里叶频谱特性对图像进行处理。如图 7-21 所示,在原图像经过二维傅里叶变换后,生成了未居中的频谱图,然后使用中心化方法产生居中的频谱图。从频谱未居中的频谱图可以看出,图像的高频位于频谱图的中心区域,而图像的低频区域位于频谱图的四周区域,也就说频谱从中心向四周呈现高频到低频的变化。从频谱居中的频谱图可以看出,图像的频谱图中心点是图像频率的最低点,并且以最低点为圆心,对应不同半径上的点所表示的频率不同,也就是说频谱从中心向四周呈现高频到低频的变化。

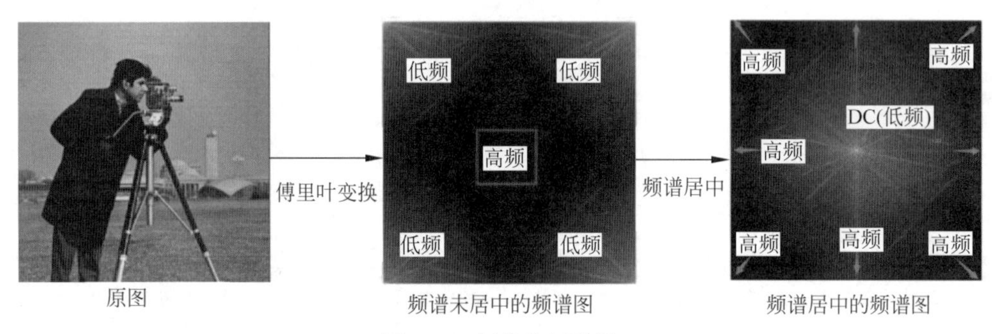

图 7-21 图像的频谱图

在居中的频谱图上,能够反映原图像在频率域上的 3 个特性:振幅、方向和频率。振幅体现了特定频率的强度,在频谱图上亮度越高表示该处信息的振幅越高,反之则越低,从图 7-21 的居中频谱图可以看出,原图像中的主要能量分布在低频部分。方向体现了特定频率的振动方向,在居中频谱图中任意一点与中心点的连线方向就是该点频率的振动方向,从图 7-21 的居中频谱图中可以看到沿中心向四周有若干条辐射状的直线,表明原图在这些方向上频谱的能量占比较高。频率体现了振动的快慢,在居中频谱图中由中心向四周频率逐渐升高。

图像频谱图上的高频部分表示原图像上灰度变化比较快的区域,如图像的边缘、图像轮廓、细节或者图像噪声等信息;图像频谱图上的低频部分表示原图像灰度变化比较慢的区域,如灰度均匀的目标区域,而图像频谱上的明暗则表示该频率下对应的原图像的灰度变化的幅值大小,如果原图像上缺少某个频率,则对应的频谱图没有该频率的亮点。

下面通过自定义函数求解图像的频谱图,即二维图像的傅里叶变换,实现代码如下:

```
#第 7 章/图像全局运算.ipynb
#傅里叶变换函数实现
def fft(imgar):
    #傅里叶变换,对一个二维灰度图进行傅里叶变换,并可视化频谱图
    arfft=np.fft.fft2(imgar)
    carfft=np.fft.fftshift(arfft)          #频谱中心化
    mag_fft=20*np.log(np.abs(carfft)+1)   #为了观察频域信息,使用 np.log()函数
                                          #对频谱幅值进行对数变换
    return carfft,mag_fft
```

上述代码定义了图像的傅里叶变换函数,输入为灰度图像,输出为频谱中心化的频谱图及频谱的可视化。在函数内部,np.fft.fft2()函数是 NumPy 中用于计算二维傅里叶变换的函数,使用该函数得到的频谱是频谱未居中的频谱图,如果要得到频谱居中的频谱图,则需要调用 np.fft.fftshift()函数将图像中的低频部分移动到图像的中心。在频谱中心化之后,为了观察到频域信息,对图像的频谱幅值进行对数变换,并且使用了 $\log(1+x)$,而不是直接使用 $\log(x)$,以避免出现 $x=0$ 的情况。

定义的傅里叶逆变换函数,傅里叶逆变换函数的代码如下:

```
#第 7 章/图像全局运算.ipynb
#傅里叶逆变换
def invfft(fff_shift):
    ifft_shift = np.fft.ifftshift(fff_shift)          #频谱去中心化
    ifft_t = np.fft.ifft2(ifft_shift)                 #傅里叶逆变换函数
    ifft_img = np.abs(ifft_t)                         #转换到空间域
    return ifft_img
```

上述代码定义了傅里叶逆变换函数,输入为频谱居中的频谱图,输出为频谱图对应的图像。在函数内部,采用 np.fft.ifftshift()函数将频谱去中心化。在此基础上,直接采用 np.fft.ifft2()函数实现傅里叶逆变换,并对结果取绝对值,即转换到空间域,得到频谱图对应的图像。

基于上述傅里叶变换自定义函数和傅里叶逆变换自定义函数,绘制图像的频谱图,示例代码如下:

```
#第 7 章/图像全局运算.ipynb
#绘制频谱图
img=Image.open('../images/1.jpg')
imgar=np.array(img.convert('L'))[400:800,400:1000]
#绘制原图
plt.imshow(imgar,cmap='gray')
plt.show()
#绘制频谱图
carfft,magfft=fft(imgar)
plt.imshow(magfft,cmap='gray')
plt.show()
#傅里叶逆变换得到原图
ifftimg=invfft(carfft)
```

```
    plt.imshow(ifftimg,cmap='gray')
    plt.show()
```

对于读取的灰度图，直接调用自定义傅里叶变换函数 fft()，函数返回频谱居中的频谱图 carfft 和对数变换后的频谱图 magfft，其中，频谱居中的频谱图作为傅里叶逆变换函数 invfft()的输入。代码的运行效果如图 7-22 所示，图 7-22(a)为原始灰度图，图 7-22(b)为傅里叶变换后的频谱图，图 7-22(c)为傅里叶逆变换后的空间图。在频谱图中，越靠近中心，频率越低，越亮的区域表示该频率的信号振幅越大。从频谱图可知，原图的低频成分分量较大。

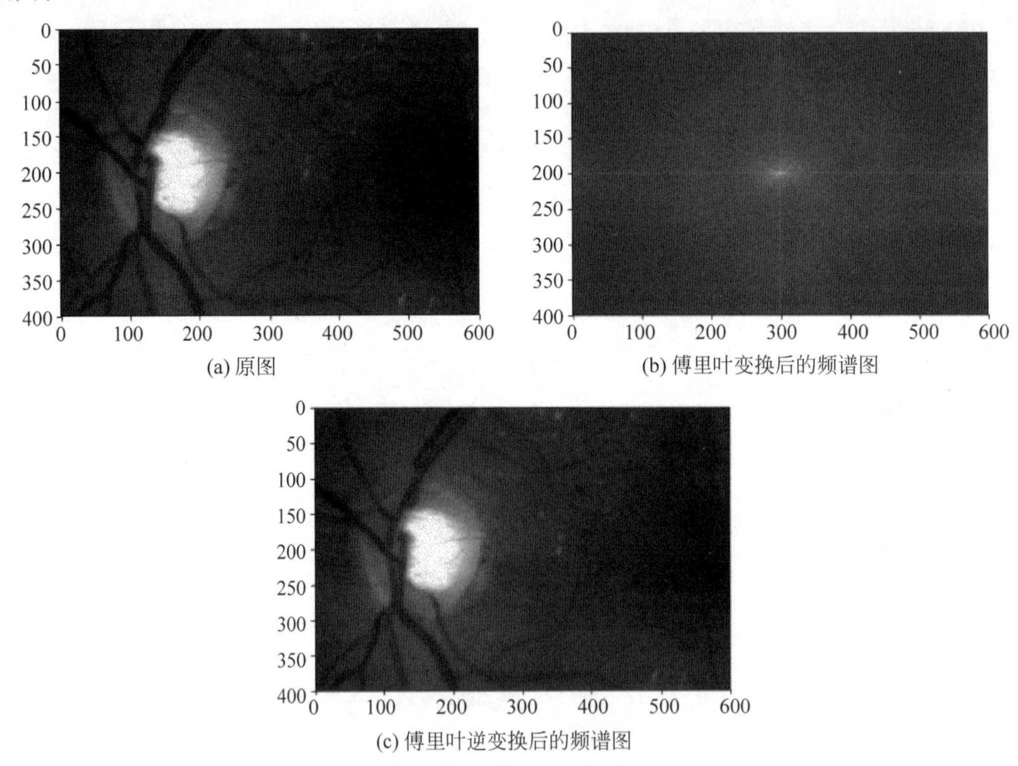

(a) 原图　　(b) 傅里叶变换后的频谱图

(c) 傅里叶逆变换后的频谱图

图 7-22　傅里叶变换和傅里叶逆变换效果

7.5　图像频域滤波

图像频域滤波即通过在频率域设计滤波器实现图像的滤波。具体来讲，图像频域滤波是利用频率成分对图像进行处理，对一些在空间域滤波困难的情况，可以在频率域进行滤波，在频率域滤波更为直观，并且图像频域滤波可以解释空间滤波的性质。如边缘检测算子，实际上就是一种保留图像中高频部分分量，舍去低频部分分量的处理，而均值滤波实际上就是一种保留图像中的低频部分分量，舍去高频部分分量的处理。此外，在频域进行的滤波还能实现空间域难以实现的图像处理。

图像频域滤波的过程如图 7-23 所示，具体步骤如下。

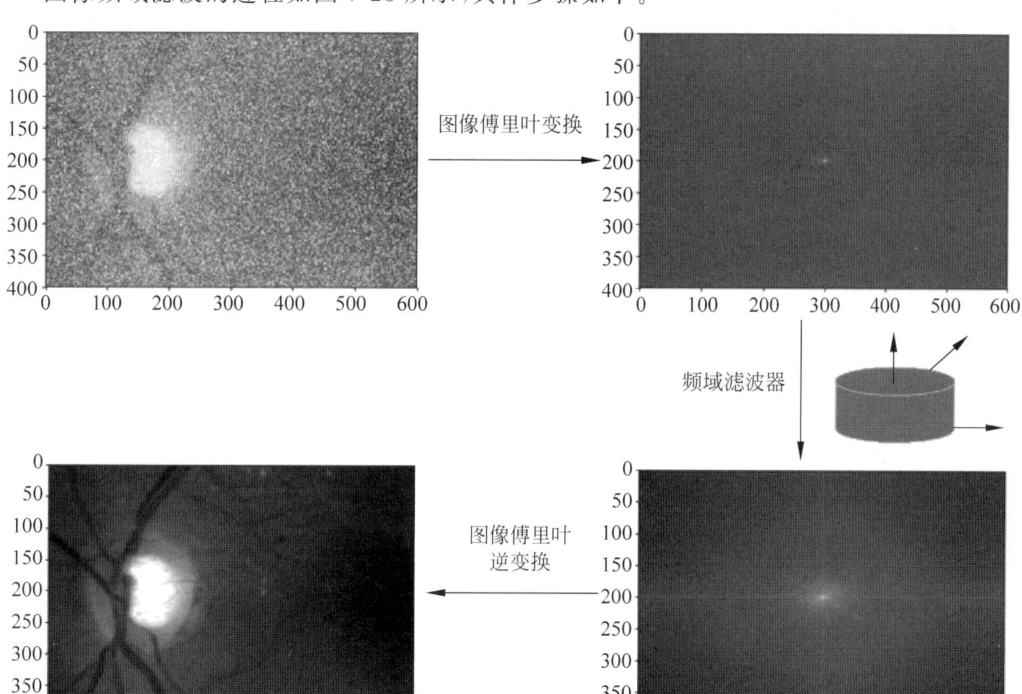

图 7-23 图像频域滤波过程

(1) 输入待滤波的图像 $f(x,y)$。

(2) 二维傅里叶变换，得到图像的频谱图 $F(u,v)$。

(3) 图像频谱图中心化。

(4) 构建一个实对称的频域滤波器传递函数 $H(u,v)$。

(5) 将频域滤波函数作用于图像得到频域滤波后图像的傅里叶变换结果 $G(u,v)$。

(6) 将 $G(u,v)$进行傅里叶逆变换得到频域滤波后的图像。

图像频域滤波公式如下：

$$G(u,v)=H(u,v)\times F(u,v) \tag{7-31}$$

其中，$G(u,v)$为滤波后输出图像的傅里叶频谱图，$F(u,v)$为输入图像的傅里叶频谱图。$H(u,v)$为频域滤波的传递函数，其形式不同，表示不同类型的滤波器，如低通滤波器、高通滤波器和带通滤波器等。通过设置不同的滤波器，可以实现对输入图像频率成分的“修正”，从而达到图像增强的目的。

7.5.1 低通滤波

低通滤波即使图像低频成分通过，滤除掉图像的高频成分。常见的低通滤波器包括理想低通滤波器、高斯低通滤波器和巴特沃斯低通滤波器，其形状如图 7-24 所示。

(a) 理想低通滤波器

(b) 高斯低通滤波器

(c) 巴特沃斯低通滤波器

图 7-24　低通滤波器

理想低通滤波器传递函数如下：

$$H(u,v)=\begin{cases}1, & D(u,v)\leqslant D_0\\ 0, & D(u,v)>D_0\end{cases} \tag{7-32}$$

其中，D_0 是一个正常数，表示滤波器半径。D_0 越大，表示滤波器可以通过的频率越高，图像模糊度越小；D_0 越小，表示滤波器可以通过的频率越低，图像模糊度越大。$D(u,v)$表示图像频率(u,v)到频率中心点$(P/2,Q/2)$的距离，即

$$D(u,v)=\sqrt{(u-P/2)^2+(v-Q/2)^2} \tag{7-33}$$

高斯低通滤波器传递函数如下：

$$H(u,v)=\mathrm{e}^{-D^2(u,v)/2D_0^2} \tag{7-34}$$

巴特沃斯低通滤波器传递函数如下：

$$H(u,v)=\frac{1}{1+[D(u,v)/D_0]^{2n}} \tag{7-35}$$

巴特沃斯滤波器的形状由滤波器阶数 n 控制，当阶数取值较大时，巴特沃斯滤波器接近理想滤波器，当阶数取值较小时，接近高斯滤波器。

下面通过建构网格图像，并设计理想低通滤波器对网格图像进行滤波，示例代码如下：

```
#第 7 章/图像全局运算.ipynb
#图像低通滤波示例——网格图像
y,x=np.mgrid[0:255:256j,0:255:256j]
imgar=(x/16).astype(np.uint8)%2*127+(y/16).astype(np.uint8)%2*127
plt.imshow(imgar,cmap='gray')                #展示创建的网格图像
plt.show()
gridf,carfft=fft(imgar)                      #傅里叶变换
plt.imshow(carfft,cmap='gray')               #绘制原始图像频谱图
plt.show()
#实现理想低通滤波器
D=10                                         #截止频率设置
mask=((x-127)**2+(y-127)**2)<D**2            #理想低通滤波器传递函数,mask 是一个 0 或 1 的
                                             #二值图像,1 表示保留频谱,0 表示去除频谱
```

```
ridf=gridf *mask#理想低通滤波
plt.imshow(np.log(np.abs(ridf)+1),cmap='gray') #绘制低通滤波之后的图像频谱图
plt.show()
res=invfft(ridf)                                #图像傅里叶逆变换
plt.imshow(res,cmap='gray')                     #低通滤波之后的图像显示
plt.show()
```

在上述代码中，首先，使用数组操作创建了网格图像，网格图像的大小为256×256，网格为16×16，并对网格图像进行展示，然后使用自定义的傅里叶变换函数fft()计算网格图像的频谱图，并显示；接着，设置了理想低通滤波器，将滤波器截止频率设置为$D=10$，即图像频率大于10的被滤除掉。根据理想低通滤波函数的定义，详见式(7-32)，构造了一个圆形的滤波器传递函数mask，其为一个二值图像，当取值为1时表示保留该频率，当取值为0时表示滤除该频率；将构建的理想低通滤波器作用于原始图像频谱图，进行低通滤波，并对低通滤波的频谱图和空间图像进行绘制。

代码的运行效果如图7-25所示，图7-25(a)为构建的原始网格图像，图7-25(b)为图7-25(a)的频谱图，图7-25(c)为图7-25(b)经过滤波器mask滤波后的频谱图，图7-25(d)

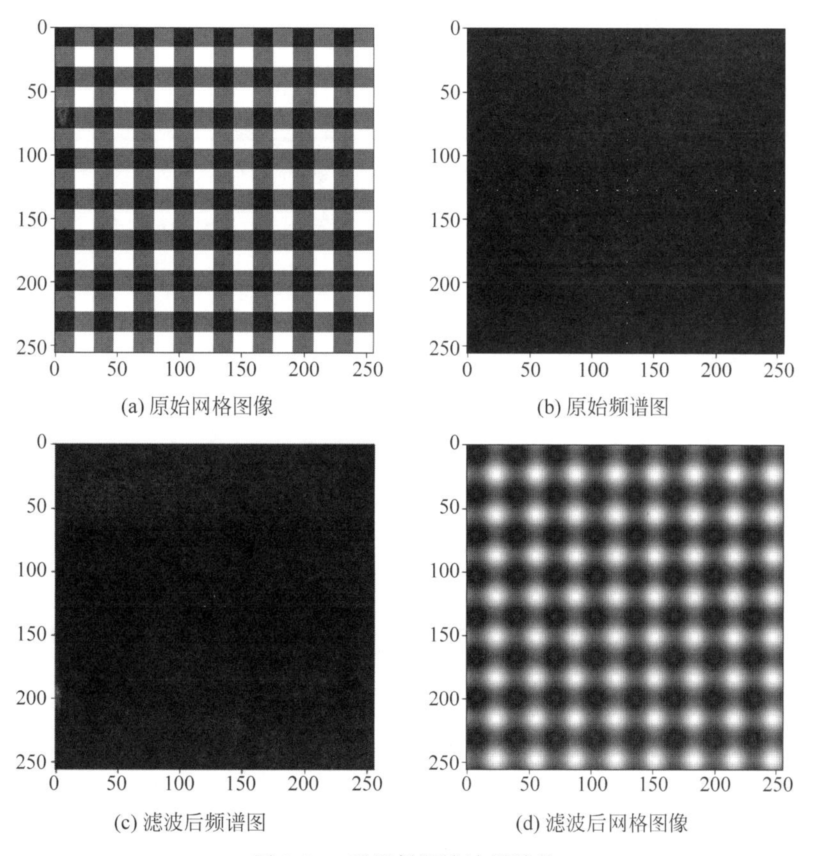

图7-25　理想低通滤波器效果

为滤波后的网格图像。从效果图可以看出,构建的网格图像为有规律的水平和竖直两个方向的周期图像,因此在频谱图上表现出在水平和竖直方向上分布的离散点。图像通过建立的截止频率为 10 的理想低通滤波器后,高频信息被滤除掉,只保留了图 7-25(c)所示的频率,滤波后的图像相对原始网格图像变得模糊,使网格的边缘变得平滑。从结果可以看出,频域的低通滤波可以平滑图像,其作用与空间域的平滑滤波器效果相似。通过设计合适的截止频率,可以减弱图像的边缘信息。

理想低通滤波器的截止频率决定了滤波器效果,下面通过设置不同的截止频率,对比其滤波效果,示例代码如下:

```
#第 7 章/图像全局运算.ipynb
#图像低通滤波,设置不同的截止频率
y,x=np.mgrid[0:255:256j,0:255:256j]
imgar=(x/16).astype(np.uint8)%2*127+(y/16).astype(np.uint8)%2*127
plt.imshow(imgar,cmap='gray')
plt.title('Original Image')
plt.show()
gridf,carfft=fft(imgar)                          #傅里叶变换
#截止频率 D=10
D=10                                             #注意调节 D 的值,观察效果
mask=((x-127)**2+(y-127)**2)<D**2
ridf=gridf*mask                                  #频域滤波
res=invfft(ridf)                                 #图像傅里叶逆变换
plt.imshow(res,cmap='gray')                      #低通滤波之后的图像显示
plt.title('D=10')
plt.show()
#截止频率 D=30
D=30                                             #注意调节 D 的值,观察效果
mask=((x-127)**2+(y-127)**2)<D**2
ridf=gridf*mask                                  #频域滤波
res=invfft(ridf)                                 #图像傅里叶逆变换
plt.imshow(res,cmap='gray')                      #低通滤波之后的图像显示
plt.title('D=30')
plt.show()
#截止频率 D=80
D=80                                             #注意调节 D 的值,观察效果
mask=((x-127)**2+(y-127)**2)<D**2
ridf=gridf*mask                                  #频域滤波
res=invfft(ridf)                                 #图像傅里叶逆变换
plt.imshow(res,cmap='gray')                      #低通滤波之后的图像显示
plt.title('D=80')
plt.show()
```

示例设置了不同的截止频率,如 10、30 和 80,滤波效果图如图 7-26 所示,图 7-26(a)为原始网格图像,图 7-26(b)为截止频率 $D=10$ 的理想低通滤波器效果,图 7-26(c)为截止频

率 $D=30$ 的理想低通滤波器效果，图 7-26(d)为截止频率 $D=80$ 的理想低通滤波器效果。对比不同的截止频率，滤波效果差别很大。截止频率越小，滤波后图像越模糊，而且会出现振铃现象，表明当截止频率远低于图像的带宽时会造成图像失真。

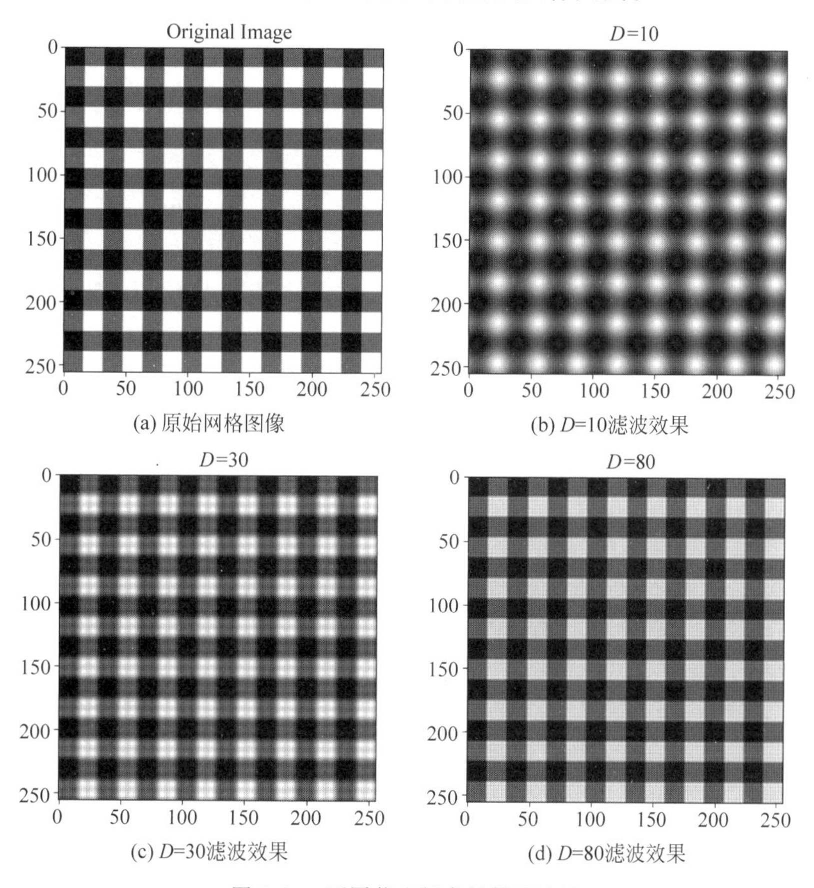

(a) 原始网格图像　(b) D=10滤波效果　(c) D=30滤波效果　(d) D=80滤波效果

图 7-26　不同截止频率的低通滤波

最后，对比不同低通滤波器的滤波效果，即理想低通滤波器、高斯低通滤波器和巴特沃斯低通滤波器，示例代码如下：

```
#第 7 章/图像全局运算.ipynb
#不同的低通滤波器效果对比
img=Image.open('../images/logo.png')
imgar=np.array(img.convert('L'))
plt.imshow(imgar,cmap='gray')
plt.show()
eyef,carfft=fft(imgar)
D=20                    #截止频率
rows,cols=imgar.shape
center_x=int(rows/2)
```

```
center_y=int(cols/2)
#理想低通滤波器
mask=np.zeros((rows,cols),np.uint8) #生成 rows 行 cols 列的矩阵,数据格式为 uint8
for i in range(rows):
    for j in range(cols):
        dis=math.sqrt((i - center_x) **2 + (j - center_y) **2)
        if dis<=D:#将距离频谱中心小于 D 的部分低通信息设置为 1,属于低通滤波
            mask[i,j]=1
        else:
            mask[i,j]=0
eyeff=eyef *mask
res=invfft(eyeff)
plt.imshow(res,cmap='gray')
plt.show()

transfor_matrix=np.zeros(imgar.shape)
#高斯低通滤波器
for i in range(rows):
    for j in range(cols):
        dis=math.sqrt((i - center_x) **2 + (j - center_y) **2)
        transfor_matrix[i, j]=np.exp(-dis **2/(2 *D **2))
eyeff=eyef *transfor_matrix
res=invfft(eyeff)
plt.imshow(res,cmap='gray')
plt.show()
#巴特沃斯低通滤波器
transfor_matrix = np.zeros(imgar.shape)
n=2

for i in range(rows):
    for j in range(cols):
        dis = math.sqrt((i - center_x) **2 + (j - center_y) **2)
        transfor_matrix[i, j] = 1 / (1 + (dis / D) **(2*n))
eyeff=eyef *transfor_matrix
res=invfft(eyeff)
plt.imshow(res,cmap='gray')
plt.show()
```

在上述代码中,对输入图像使用 3 种低通滤波器进行滤波,效果如图 7-27 所示,图 7-27(a)为原始图像,图 7-27(b)为理想低通滤波器效果图,图 7-27(c)为高斯低通滤波器效果图,图 7-27(d)为巴特沃斯低通滤波器效果图。从滤波效果图可以看出,理想低通滤波器引起了振铃现象,而高斯滤波器没有引起振铃现象,而巴特沃斯滤波器的滤波器阶数为 2,能很好地平滑图像。一般而言,由于理想低频滤波器具有理想的截止频率,其传递函数相应过于陡峭会引起振铃现象,因此在实际中很少使用;巴特沃斯滤波器是一种平滑频率响应的滤波器,可以通过调节 n 来平衡频率相应的平滑性和截止特征;高斯滤波器具有频率响应平滑和抗噪性能较好的优点,但如果高斯传递函数标准差比较大,则会引起较大的模糊效果。

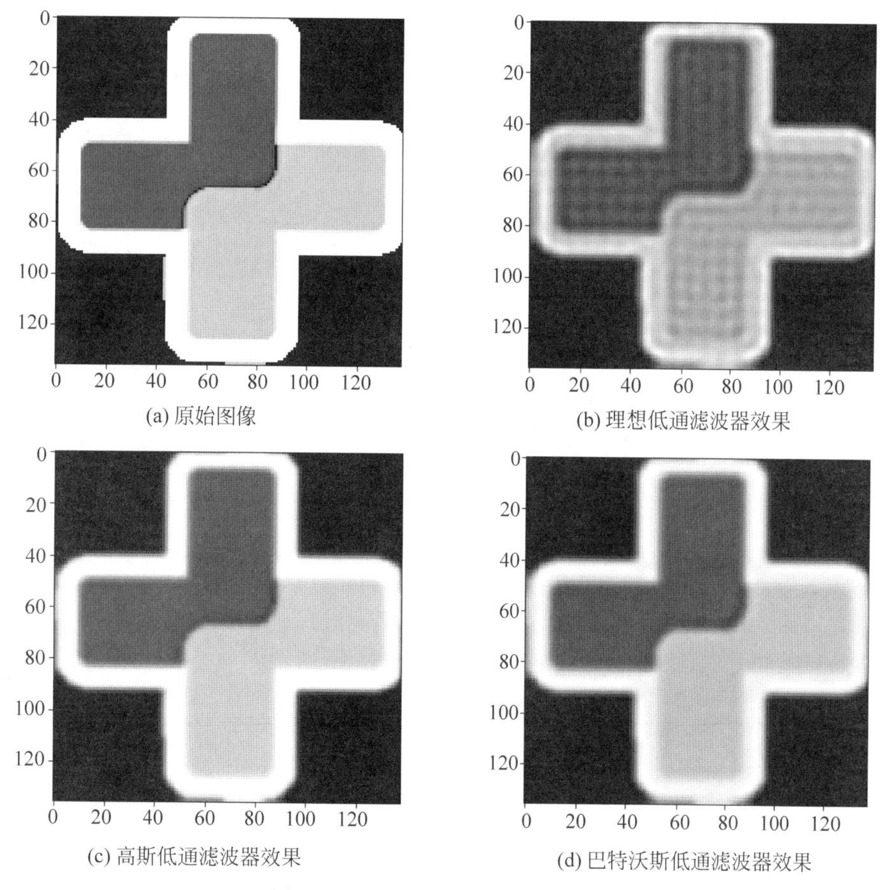

(a) 原始图像

(b) 理想低通滤波器效果

(c) 高斯低通滤波器效果

(d) 巴特沃斯低通滤波器效果

图 7-27　3 种低通滤波器滤波效果

7.5.2　高通滤波

高通滤波器是指使高频信号通过，而将低频信号滤除的滤波器。高通滤波器常用于增强图像细节或者提取图像的边缘轮廓，但会导致图像的对比度降低。常见的高通滤波器包含理想高通滤波器、高斯高通滤波器和巴特沃斯高通滤波器。在频率域中，用 1 减去低通滤波器传递函数会得到对应的高通滤波器传递函数。

理想高通滤波器传递函数如下：

$$H(u,v)=\begin{cases}0, & D(u,v)\leqslant D_0\\ 1, & D(u,v)>D_0\end{cases} \tag{7-36}$$

其中，D_0 是一个正常数，表示滤波器半径，D_0 越大，表示滤波器可以滤除更高的频率，图像边缘越清晰，D_0 越小，表示滤波器可以滤除更低的频率，图像边缘越模糊。

高斯高通滤波器传递函数如下：

$$H(u,v)=1-\mathrm{e}^{-D^2(u,v)/2D_0^2} \tag{7-37}$$

巴特沃斯高通滤波器传递函数如下：

$$H(u,v)=\frac{1}{1+[D_0/D(u,v)]^{2n}} \tag{7-38}$$

理想高通滤波器的截止频率决定了滤波器的效果，下面通过设置不同的截止频率，对比其滤波效果，示例代码如下：

```
#第 7 章/图像全局运算.ipynb
#图像高通滤波,设置不同的截止频率
y,x=np.mgrid[0:255:256j,0:255:256j]
imgar=(x/16).astype(np.uint8)%2*127+(y/16).astype(np.uint8)%2*127
plt.imshow(imgar,cmap='gray')
plt.title('Original Image')
plt.show()
gridf,carfft=fft(imgar)                    #傅里叶变换
#截止频率 D=10
D=10                                       #注意调节 D 的值,观察效果
mask=((x-127)**2+(y-127)**2)>=D**2
ridf=gridf*mask                            #频域滤波
res=invfft(ridf)                           #图像傅里叶逆变换
plt.imshow(res,cmap='gray')                #低通滤波之后的图像显示
plt.title('D=10')
plt.show()
#截止频率 D=30
D=30                                       #注意调节 D 的值,观察效果
mask=((x-127)**2+(y-127)**2)>=D**2
ridf=gridf*mask                            #频域滤波
res=invfft(ridf)                           #图像傅里叶逆变换
plt.imshow(res,cmap='gray')                #低通滤波之后的图像显示
plt.title('D=30')
plt.show()
#截止频率 D=80
D=80                                       #注意调节 D 的值,观察效果
mask=((x-127)**2+(y-127)**2)>=D**2
ridf=gridf*mask                            #频域滤波
res=invfft(ridf)                           #图像傅里叶逆变换
plt.imshow(res,cmap='gray')                #低通滤波之后的图像显示
plt.title('D=80')
plt.show()
```

在上述代码中，使用截止频率 10、30 和 80 分别对格网图像进行高通滤波，滤波效果如图 7-28 所示，图 7-28(a)为原始网格图像，图 7-28(b)为截止频率 $D=10$ 的理想高通滤波器效果，图 7-28(c)为截止频率 $D=30$ 的理想高通滤波器效果，图 7-28(d)为截止频率 $D=80$ 的理想高通滤波器效果。对比不同的截止频率，滤波效果差别很大。当截止频率逐步增高时，滤波后图像边缘会变得越来越清晰，将网格的边缘进行了较好的识别，效果与使用 Sobel 等边缘检测算子的效果相似，即 Sobel 等边缘检测算子是高通滤波。

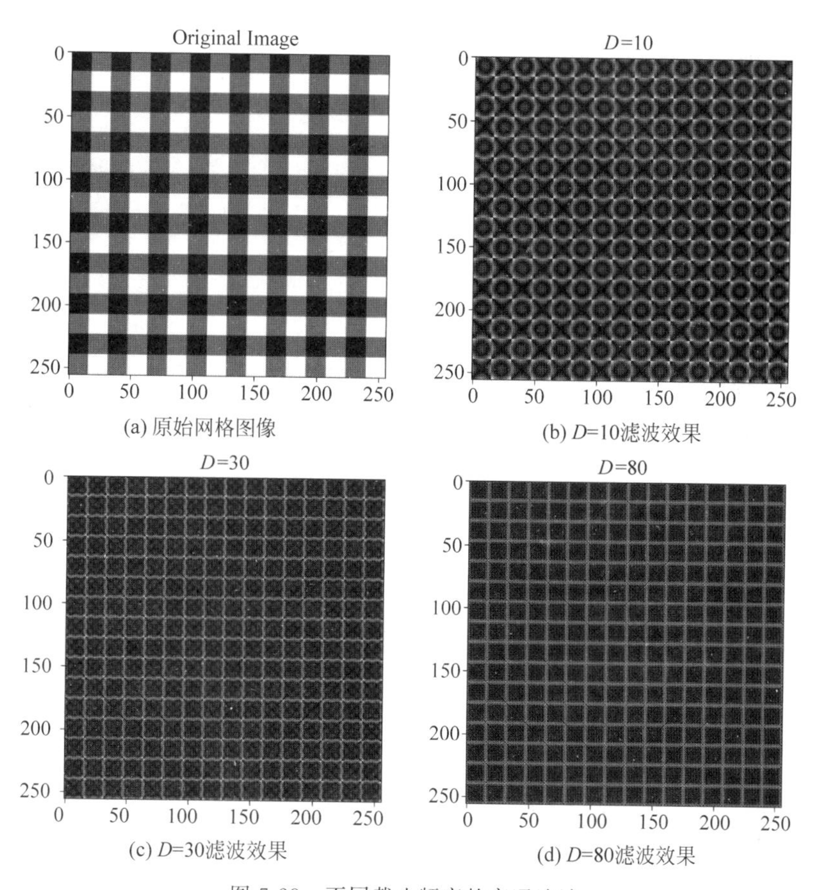

(a) 原始网格图像

(b) D=10滤波效果

(c) D=30滤波效果

(d) D=80滤波效果

图 7-28　不同截止频率的高通滤波

下面通过示例展示 3 种高通滤波器的滤波效果，示例代码如下：

```
#第 7 章/图像全局运算.ipynb
#不同的高通滤波器效果对比
img=Image.open('./images/logo.png')
imgar=np.array(img.convert('L'))
plt.imshow(imgar,cmap='gray')
plt.show()
eyef,carfft=fft(imgar)
D=20                    #截止频率
rows,cols=imgar.shape
center_x=int(rows/2)
center_y=int(cols/2)
#理想高通滤波器
mask=np.zeros((rows,cols),np.uint8) #生成 rows 行 cols 列的矩阵,数据格式为 uint8
for i in range(rows):
    for j in range(cols):
        dis=math.sqrt((i - center_x) **2 + (j - center_y) **2)
        if dis<=D:#将距离频谱中心小于 D 的部分低通信息设置为 0,属于高通滤波
```

```
            mask[i,j]=0
        else:
            mask[i,j]=1
eyeff=eyef *mask
res=invfft(eyeff)
plt.imshow(res,cmap='gray')
plt.show()

transfor_matrix=np.zeros(imgar.shape)
#高斯高通滤波器
for i in range(rows):
    for j in range(cols):
        dis=math.sqrt((i - center_x) **2 + (j - center_y) **2)
        transfor_matrix[i, j]=1-np.exp(-dis **2/(2 *D **2))
eyeff=eyef *transfor_matrix
res=invfft(eyeff)
plt.imshow(res,cmap='gray')
plt.show()
#巴特沃斯高通滤波器
n=2
for i in range(rows):
    for j in range(cols):
        dis=math.sqrt((i - center_x) **2 + (j - center_y) **2)
        transfor_matrix[i, j] = 1-1 / (1 + (dis/D) **(2*n))
eyeff=eyef *transfor_matrix
res=invfft(eyeff)
plt.imshow(res,cmap='gray')
plt.show()
```

与低通滤波器滤波相似，根据 3 种高通滤波器的传递函数的定义对图像进行高频滤波，代码的运行结果如图 7-29 所示，图 7-29(a)为原始图像，图 7-29(b)为截止频率为 20 时的理想高通滤波器效果图，图 7-29(c)为高斯高通滤波器效果图，图 7-29(d)为巴特沃斯高通滤波

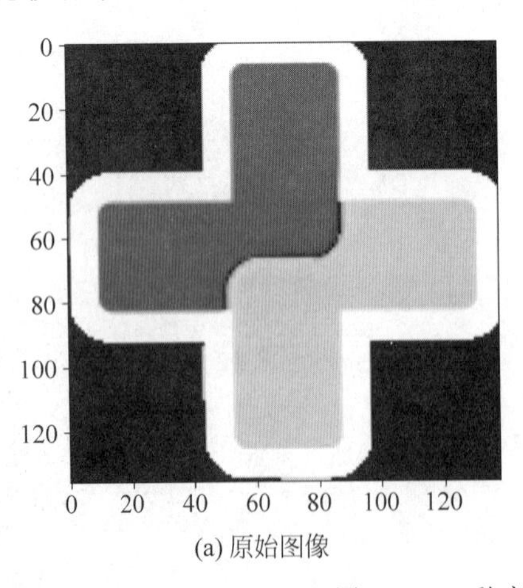

(a) 原始图像

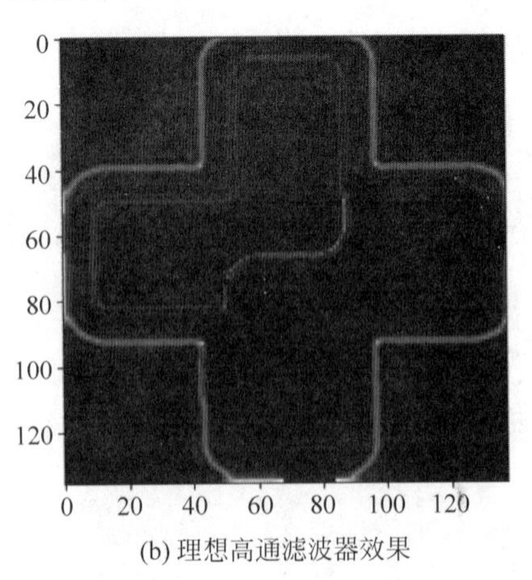

(b) 理想高通滤波器效果

图 7-29　3 种高通滤波器滤波效果

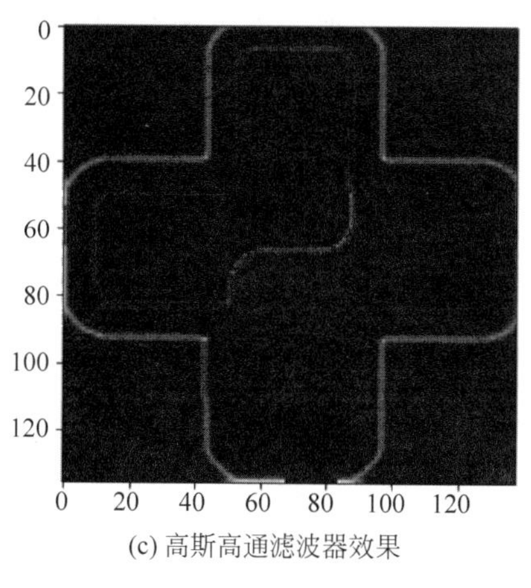

(c) 高斯高通滤波器效果

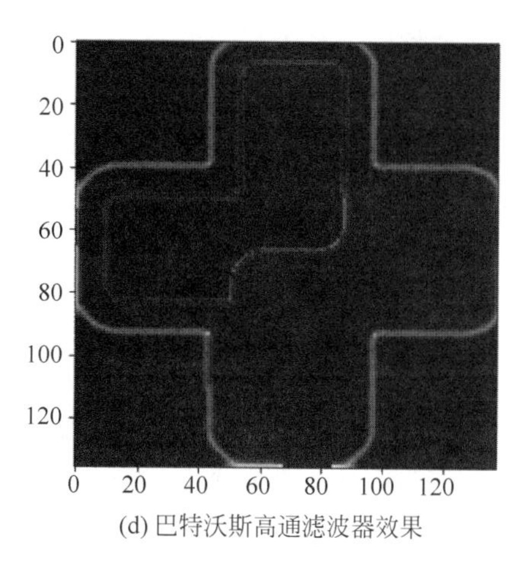

(d) 巴特沃斯高通滤波器效果

图 7-29 （续）

器效果图。从滤波效果图可以看出，高通滤波器能提取到图像的边缘轮廓，其作用类似于图像的边缘提取算法，但是理想高通滤波器具有截止频率和陡峭的截止边缘，仍存在振铃现象，而高斯高通滤波器和巴特沃斯高通滤波器具有平滑的截止边缘。

7.5.3 带通和带阻滤波

在使用频域进行滤波时，如果要滤除某一范围频域图像信息的干扰，则需要用到带通或带阻滤波器。

带通滤波器用于选择图像中特定频率范围内的图像信息，抑制其他频率范围内的图像信息。常见的带通滤波器包含理想带通滤波器、高斯带通滤波器和巴特沃斯带通滤波器。

理想带通滤波器传递函数如下：

$$H(u,v)=\begin{cases}1, & D_0-\dfrac{B}{2}\leqslant D(u,v)\leqslant D_0+\dfrac{B}{2}\\ 0, & \text{其他}\end{cases} \tag{7-39}$$

其中，D_0 是一个正常数，表示滤波器带宽的径向中心，B 表示滤波器的带宽，如图 7-30 所示。

高斯带通滤波器传递函数如下：

$$H(u,v)=\mathrm{e}^{-\left(\frac{D(u,v)-D_0^2}{D(u,v)\times B}\right)^2} \tag{7-40}$$

巴特沃斯带通滤波器传递函数如下：

$$H(u,v)=1-\frac{1}{1+\left(\dfrac{D(u,v)*B}{D(u,v)-D_0^2}\right)^{2n}} \tag{7-41}$$

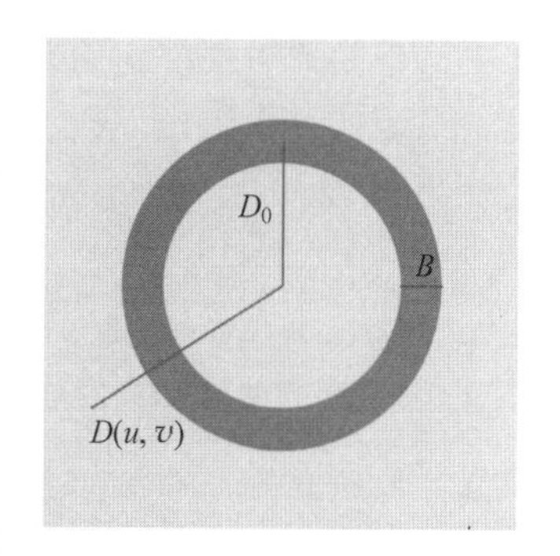

图 7-30　带通滤波器的意义

与带通滤波器正好相反，带阻滤波器用于过滤掉图像中特定频率范围内的图像信息，通过其他频率范围内的图像信息。常见的带阻滤波器包含理想带阻滤波器、高斯带阻滤波器和巴特沃斯带阻滤波器。在频率域中,用1减去低通滤波器传递函数会得到对应的高通滤波器传递函数。

理想带阻滤波器传递函数如下:

$$H(u,v)=\begin{cases}0, & D_0-\frac{B}{2}\leqslant D(u,v)\leqslant D_0+\frac{B}{2}\\ 1, & \text{其他}\end{cases} \tag{7-42}$$

高斯带阻滤波器传递函数如下:

$$H(u,v)=1-\mathrm{e}^{-\left(\frac{D(u,v)-D_0^2}{D(u,v)\times B}\right)^2} \tag{7-43}$$

巴特沃斯带阻滤波器传递函数如下:

$$H(u,v)=\frac{1}{1+\left(\frac{D(u,v)*B}{D(u,v)-D_0^2}\right)^{2n}} \tag{7-44}$$

下面通过示例代码展示带通滤波器效果,示例代码如下:

```
#第 7 章/图像全局运算.ipynb
#带通滤波器
img=Image.open('./images/logo.png')
imgar=np.array(img.convert('L'))
plt.imshow(imgar,cmap='gray')
plt.show()
eyef,carfft=fft(imgar)
D=10
B=45                                   #带宽
rows,cols=imgar.shape
center_x=int(rows/2)
center_y=int(cols/2)
#理想带通滤波器
mask=np.zeros((rows,cols),np.uint8)  #生成 rows 行 cols 列的矩阵,数据格式为 uint8
for i in range(rows):
    for j in range(cols):
        dis = math.sqrt((i - center_x) **2 + (j - center_y) **2)
        if (dis<=D+B/2) and (dis>D-B/2):        #带通滤波
            mask[i,j]=1
        else:
            mask[i,j]=0
eyeff=eyef *mask
res=invfft(eyeff)
plt.imshow(res,cmap='gray')
plt.show()
transfor_matrix = np.zeros(imgar.shape)
#高斯带通滤波器
for i in range(rows):
    for j in range(cols):
        dis = math.sqrt((i - center_x) **2 + (j - center_y) **2)
```

```
        transfor_matrix[i, j] = np.exp(-((dis-D **2)/(dis *B+0.00001))**2)
                                                        #分母增加一个很小的值以防止除数为 0
eyeff=eyef *transfor_matrix
res=invfft(eyeff)
plt.imshow(res,cmap='gray')
plt.show()
#巴特沃斯带通滤波器
n=2
for i in range(rows):
    for j in range(cols):
        dis = math.sqrt((i - center_x) **2 + (j - center_y) **2)
        transfor_matrix[i, j]=1-1/(1+(dis *B/(dis-D **2+0.00001))**(2*n))
                                                        #分母增加一个很小的值以防止除数为 0
eyeff=eyef *transfor_matrix
res=invfft(eyeff)
plt.imshow(res,cmap='gray')
plt.show()
```

根据 3 种带通滤波器的定义实现带通滤波器，其中将带通滤波器带宽的径向中心设置为 10，将带宽设置为 45，代码的运行效果如图 7-31 所示。

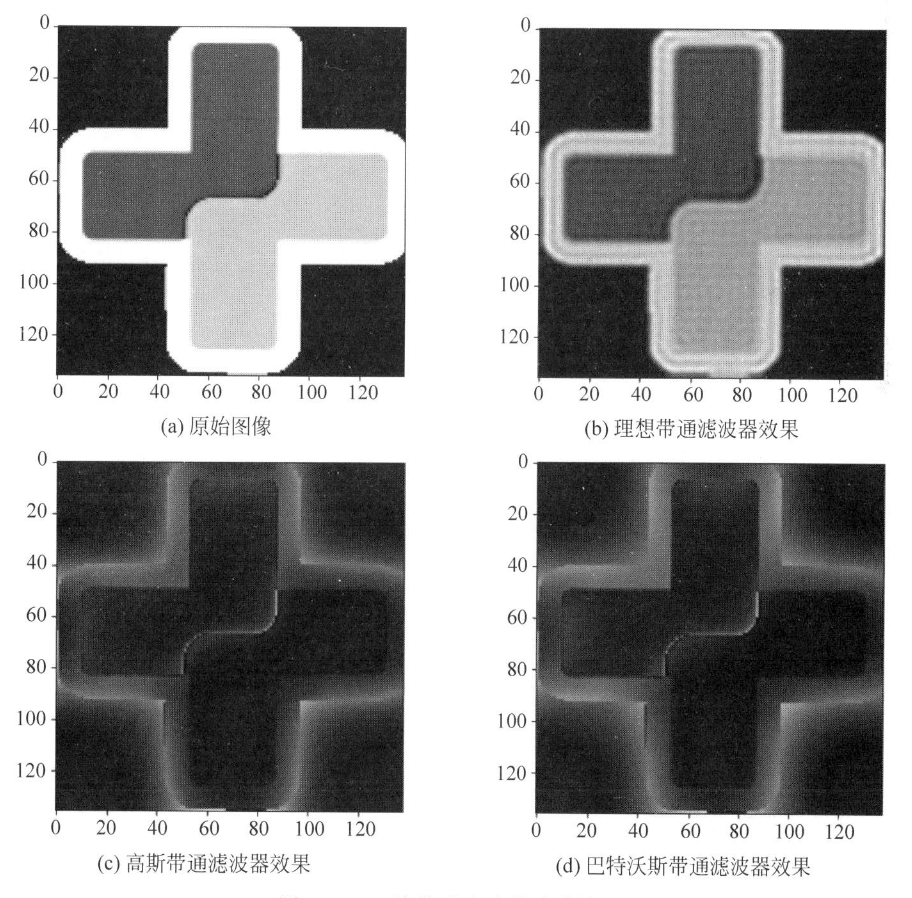

图 7-31　3 种带通滤波器滤波效果

同理,带阻滤波器的示例代码如下:

```
#第 7 章/图像全局运算.ipynb
#带阻滤波器
img=Image.open('./images/logo.png')
imgar=np.array(img.convert('L'))
plt.imshow(imgar,cmap='gray')
plt.show()
eyef,carfft=fft(imgar)
D=80
B=35#带宽
rows,cols=imgar.shape
center_x=int(rows/2)
center_y=int(cols/2)
#理想带阻滤波器
mask=np.zeros((rows,cols),np.uint8) #生成 rows 行 cols 列的矩阵,数据格式为 uint8
for i in range(rows):
    for j in range(cols):
        dis=math.sqrt((i - center_x) **2 + (j - center_y) **2)
        if (dis<=D+B/2)&(dis>D-B/2):#带阻滤波
            mask[i,j]=0
        else:
            mask[i,j]=1
eyeff=eyef *mask
res=invfft(eyeff)
plt.imshow(res,cmap='gray')
plt.show()
transfor_matrix = np.zeros(imgar.shape)
#高斯带阻滤波器
for i in range(rows):
    for j in range(cols):
        dis = math.sqrt((i - center_x) **2 + (j - center_y) **2)
        transfor_matrix[i, j] = 1-np.exp(-((dis-D **2)/(dis *B+0.00001)) **2)
                                                    #分母增加一个很小的值以防止除数为 0
eyeff=eyef *transfor_matrix
res=invfft(eyeff)
plt.imshow(res,cmap='gray')
plt.show()
#巴特沃斯带阻滤波器
n=2
for i in range(rows):
    for j in range(cols):
        dis = math.sqrt((i - center_x) **2 + (j - center_y) **2)
        transfor_matrix[i, j]=1/(1+(dis *B/(dis-D **2)) **(2*n))
eyeff=eyef *transfor_matrix
res=invfft(eyeff)
plt.imshow(res,cmap='gray')
plt.show()
```

在上述代码中，将带阻滤波器带宽的径向中心设置为80，将带宽设置为35，3种带阻滤波器的滤波效果如图7-32所示。

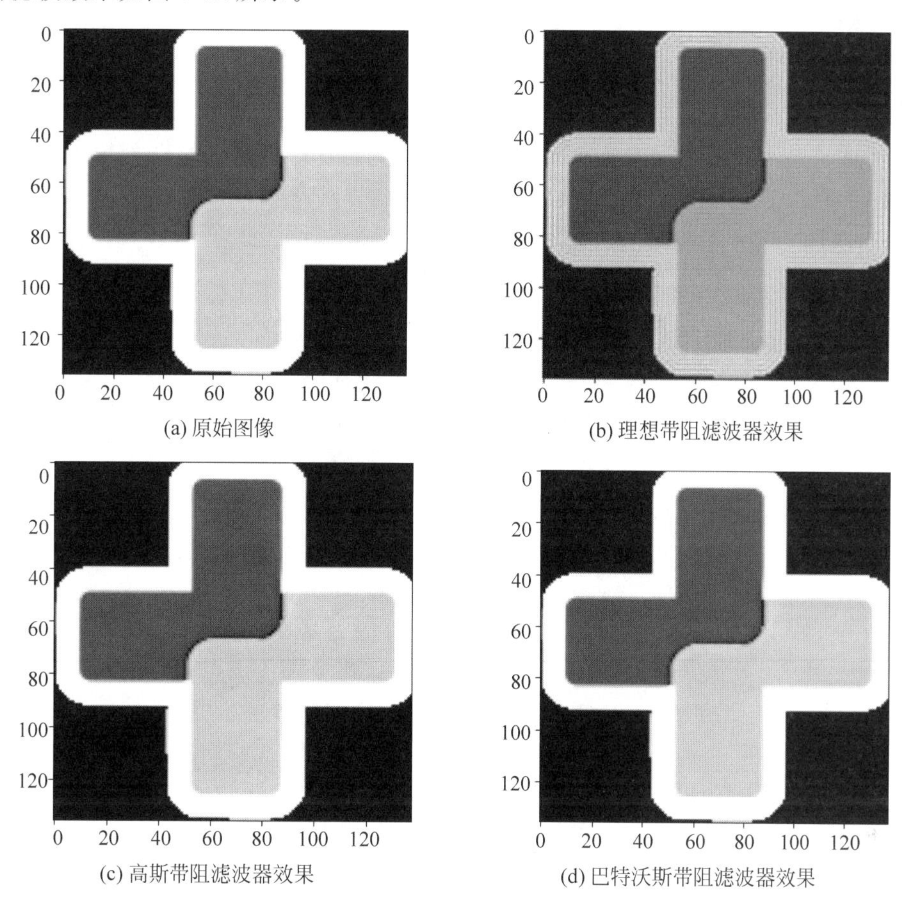

(a) 原始图像　(b) 理想带阻滤波器效果

(c) 高斯带阻滤波器效果　(d) 巴特沃斯带阻滤波器效果

图7-32　3种带阻滤波器滤波效果

7.5.4　案例：条带噪声消除

设计特定的滤波器，能够实现将频域的图像噪声消除。以下以条带噪声的消除为例介绍频域图像去噪的一般过程。

以下示例代码向一幅图像中加入条带噪声，并显示频谱图，代码如下：

```
#第7章/图像全局运算.ipynb
img=Image.open('../images/lena.png')
imgar=np.array(img.convert('L'))

#向图像加入条带噪声
noise=(x/16).astype(np.uint8)%2*255
noisectimg=(noise/255.0-0.5)*70+imgar
plt.imshow(noisectimg,cmap='gray')
```

```
plt.show()

#显示噪声图像的频谱图
carfft,carfftimg=fft(noisectimg)
plt.imshow(carfftimg,cmap='gray')
plt.show()
```

上述代码的运行结果如图 7-33 所示，图 7-33(a)为原图像，图 7-33(b)为加入了条带噪声后的图像，图 7-33(c)为噪声图像图 7-33(b)的频谱图。在噪声图像的频谱图 7-33(c)中存在由条带噪声引起的一些水平分布的高亮度点，设计滤波器滤除这些高亮度点即可消除条带噪声。

图 7-33　条带噪声图像及其频谱图

以下示例设计了一个去除水平频谱的滤波器，并使用该滤波器对噪声频谱进行滤波，从而得到滤波后的频谱，最后利用傅里叶逆变换得到滤波后的图像，代码如下：

```
#第 7 章/图像全局运算.ipynb
#创建特殊滤波器
msk=np.ones((256,256))
msk[128,:]=0
msk[128,123:135]=1
```

```
    plt.imshow(msk,cmap='gray')
    plt.show()

    #滤波后的频谱图
    carfft=carfft *msk
    carfftimg=carfftimg *msk
    plt.imshow(carfftimg,cmap='gray')
    plt.show()

    #计算滤波和显示结果
    resimg=invfft(carfft)
    plt.imshow(resimg,cmap='gray')
    plt.show()
```

代码的运行效果如图7-34所示，图7-34(a)为设计的滤波器，用于滤除噪声图像频谱中表示条带噪声的呈水平分布的高亮点，图7-34(b)为使用(a)对噪声频谱滤波后的频谱图，原频谱图中的高亮点被有效去除，图7-34(c)为滤波后的频谱图(b)经过傅里叶逆变换后得到的滤波结果图像，噪声图像中的条带几乎被消除干净。由此可见，相对于空间域较难消除的条带噪声在频率域经过简单滤波后就能消除，这对于一般图像噪声消除具有启发意义，即当在空间域难以去除噪声时，可变换到频率域后进行尝试。

图7-34　条带噪声的消除

7.6 本章小结

图像全局运算是数字图像处理中的一种非常重要的技术，典型的图像全局运算包含图像的仿射变换、直方图均衡化和图像频域滤波等。图像的仿射变换是指通过变换函数实现图像的几何变换，包含图像平移、图像缩放、图像旋转等；直方图均衡化可以通过调整图像的灰度级分布达到调整图像整体亮度的效果；图像频域滤波是通过改变图像的频域特征，实现图像的增强、降噪或者边缘检测等，常用的图像频率滤波包含低通滤波、高通滤波及带通滤波和带阻滤波等，以及频域滤波在图像噪声消除上的应用。

第8章

CHAPTER 8

机器学习与数字图像处理

48min

前面几章对经典图像处理的基本理论和方法进行了详细介绍，在经典图像处理理论和方法中，像素是最核心的概念，一切图像处理都以像素为中心，处理结果是以像素值的改变为最终效果。经典图像处理方法虽然对图像处理的发展起到了至关重要的作用，但是也存在着对图像本质认识上的片面性和局部性，没有将图像处理、语音信号处理和自然语言处理等进行联合分析，因此，未能解决图像处理中的一些难题，如高精度的图像识别、目标检测和图像分割等。

相对于经典的图像处理理论，机器学习理论是一种更广泛、更普适、更深刻的方法，对不同类型的数据处理提供了统一的理论，在一定程度上揭示了学习就是进行函数拟合的本质。目前，机器学习已经将不同的数据处理任务用统一的理论进行抽象和解决，在语音信号处理、自然语言处理和图像处理等任务上取得了更好的效果，展现出了巨大的优越性。

本章在简要介绍机器学习的基础上，介绍将图像处理问题用机器学习理论进行描述，转换为机器学习问题，从而使用机器学习的相关工具解决图像处理问题，并以图像聚类为例详细介绍机器学习在图像处理上的应用。通过机器学习的视角能够更深入地认识图像处理问题，并且为进一步学习高级图像处理做好准备。

8.1 机器学习概述

8.1.1 基本概念

使用机器（计算机）解决问题有两种模式：一种是直接将人工经验、方法或步骤编程到计算机中，计算机按照指令进行固定的操作；另一种是由机器从数据中自主地对规则进行学习，从而掌握和完成相关的任务。在后一种模式中，让机器具备类似人的学习能力的理论和技术就称为机器学习。

机器学习是人工智能的一种类型，致力于让计算机能够从数据中学习并不断地改进自己的性能。通过统计学和数学模型，机器学习可以让计算机系统从大量数据中发现模式和规律，并利用这些信息来做出预测和决策，特别是近年来以深度学习为代表的机器学习方法已经展现出强大的性能。机器学习在许多领域有广泛的应用，包括自然语言处理、图像识别、医疗诊断、金融预测等。随着数据量的不断增加和算法的不断改进，机器学习的应用范围也在不断扩大，成为现代科技领域中的重要技术之一。

经过几十年的发展，在机器学习中产生了一些专业术语和概念，为了更好地理解后续内容，下面对相关概念进行介绍。

(1) 模型：一种包含可调节参数的函数，具备接收输入数据和输出预测结果的功能。例如，一元二次函数 $y=ax^2+bx+c$ 就可以看作一个简单的模型，其中 a、b 和 c 就是可调节的参数，x 就是模型的输入，y 就是模型的输出。对于在实际应用中的模型来讲，其输入和输出都可能是多个值，而模型本身是更复杂的函数。

(2) 训练：在数据的指导下调节模型参数，优化模型性能的过程，目标是使模型能够在特定的输入数据下产生预期的输出结果。一般在训练时，模型参数的优化过程是渐进的，因此，训练模型需要花费较长的时间。模型的训练方法，即优化方法，与模型的特点息息相关，如果模型是连续可导的，则可使用梯度下降类的优化方法；如果模型不是连续可导的，则可使用进化算法进行优化，例如遗传算法、粒子群算法等。

(3) 样本集：训练模型所需要的所有数据，样本集中的数据一般是经过人工精心采集和加工过的，需要保证数据的准确性。此外，对于模型的训练来讲样本集中的数据越多越好，但是大量的数据会带来模型训练成本的增加，这需要根据实际情况权衡。样本集在使用过程中一般分为训练集、验证集和测试集 3 部分，训练集用于训练模型，验证集用于评估训练效果，测试集用于测试模型的实际性能，三者占样本集的比例一般为 7∶1∶2。

(4) 样本：是构成样本集的最小数据单位。样本集的大小就是其包含样本的数量。样本一般由特征向量和标签两部分构成，可表示为$(\boldsymbol{x},y)$，其中 $\boldsymbol{x}$ 是特征向量，作为模型的输入，y 是标签，作为模型的预期输出。在样本生成时标签 y 一般是由人工标注的，是样本采集过程中成本最高的部分，但是在有些情况下，样本中仅有特征向量 $\boldsymbol{x}$ 而标签 y 可以没有，或者后期由模型自动生成。

(5) 特征向量：描述样本的一组数字，该组数字用于描述样本的特征，决定样本的标签，表示为 $\boldsymbol{x}=[x_1,x_2,\cdots,x_d]^{\mathrm{T}}$，其中 x_i 是特征向量中的一个元素，称为特征，d 称为特征向量的长度，反映了样本的复杂度，d 越大表示特征向量越长，即模型的输入数据越大，反之表示特征向量越短，即模型的输入数据越小。

(6) 损失函数：描述模型在样本上的预测结果与样本真实标签差异大小的函数，两者差异越大，损失函数越大，表示模型的性能越差；反之，两者差异越小，损失函数越小，表示模型的性能越好。模型在训练时对于参数优化的方向就是以损失函数减小为目标而进行的。

8.1.2 机器学习的分类

针对机器学习任务的不同，一般可以将机器学习分为监督学习、无监督学习、强化学习和生成式模型等。

1. 监督学习

监督学习是机器学习中最常用和最基础的类别之一，大量的问题可以归纳为监督学习问题。在监督学习中，模型通过带有标签的数据集来学习输入和输出之间的映射关系，这是监督学习中最主要的特点。这意味着在模型训练时每个输入样本必须由特征向量和标签两部分构成，模型在训练时可以通过比较其模型输出的预测标签和真实标签之间的差异来优化模型参数，使模型的输出越来越接近真实标签，从而提升模型的性能。

根据样本标签是否连续，可以将监督学习分为分类和回归两种类型。

(1) 分类：当样本的标签是离散的数值时，可以看作将输入数据分为不同的类别或标签。分类进一步可以分为二分类和多分类，二分类是样本只有两种类别，例如，在人像抠图中将图像的像素分为"背景"和"人像"两类；而多分类则是指样本有 3 个或 3 个以上的类别，例如识别手写数字时，总共有 0～9 共 10 种数字类别。

(2) 回归：当样本的标签是连续的数值时，模型需要预测连续数值输出的任务。例如，根据房屋的特征(如面积、位置、楼层等)，使用监督学习算法来预测房屋的销售价格。

监督学习的常见模型包括线性回归、逻辑回归、支持向量机、神经网络、决策树、随机森林等。这些模型通过学习输入和输出之间的关系，可以用于解决多种实际问题，如图像识别、自然语言处理、金融预测等。

2. 无监督学习

与监督学习相对应，无监督学习是另一类重要的机器学习类别。在无监督学习中，模型从不带有标签的样本中发现模式、结构和规律，这使无监督学习不需要进行样本的标注而在许多实际应用中具有很大的灵活性和便捷性。

无监督学习可用于以下几种任务。

(1) 聚类：聚类是将数据集中的样本分成不同的组或簇的任务。聚类算法可以发现数据中的内在结构，识别相似的样本并将它们归为一类。常见的聚类算法包括 K 均值聚类、层次聚类、高斯混合聚类、模糊聚类和 DBSCAN 等。

(2) 降维：降维是通过保留数据集中最重要的特征将高维数据映射到低维空间的任务。降维算法可以减少数据的复杂性和冗余性，同时保留数据的关键信息。常见的降维算法包括主成分分析(PCA)、t-SNE、LDA 和自动编码器等。

(3) 关联规则学习：关联规则学习用于发现数据集中不同属性之间的关联关系。Apriori 算法是最常用的关联规则学习算法。这种方法通常应用于市场购物篮分析、推荐系统等领域。

无监督学习的应用非常广泛，包括数据挖掘、模式识别、推荐系统、异常检测等。在图像处理中，无监督学习的聚类算法常用于图像的灰度级量化和图像的分割等。通过无监督学习，可以从数据中发现新的规律和知识，为决策和解决问题提供有力的支持。

3. 强化学习

在监督学习下样本是带有标签的，在无监督学习下样本是没有标签的，而在强化学习中一组样本会有一个标签是其最主要的特点。这在自动驾驶、游戏策略和机器人控制中是一种常见的情形,例如要学习取得游戏高分的策略,每局游戏只有在最终结束时才会给出得分(标签),得分的高低反映了游戏过程中所有动作的整体效果,但是各个动作的得分(标签)却不知道。

强化学习的目的是让智能体通过与环境的交互学习如何做出最优的决策。在强化学习中,智能体会根据环境的反馈来调整自己的行为,以使未来的奖励最大化。这就与监督学习和非监督学习不同,需要使用稀疏的标签进行学习。

强化学习的核心概念包括智能体、环境、动作和奖励。智能体是学习者,它会根据环境的状态选择动作,并根据环境的反馈来调整自己的策略。环境则是智能体所处的外部世界,它会对智能体的动作做出反馈。动作是智能体在特定状态下可以选择的行为,而奖励则是环境对智能体行为的评价,用来指导智能体学习最优策略。

强化学习的方法包括价值迭代、策略迭代、Q 学习、深度强化学习等,这些方法可以帮助智能体学习最优策略,使在未来的决策过程中获得最大的奖励。随着深度学习的发展,深度强化学习已经在许多领域取得了重大突破,成为人工智能领域的热门研究方向之一。

4. 生成式模型

生成式模型是一类近年来新兴的机器学习类别,其功能是生成新数据。生成式模型可以从输入数据中学习到数据的统计规律,然后利用这些规律生成符合训练数据分布的新数据。生成式模型与判别式模型相对,判别式模型(监督学习、无监督学习、强化学习)关注的是对数据进行分类或者回归预测,而生成式模型则关注生成数据。生成式模型在接收有限输入的情况下,能够产生大量多样的输出。目前生成式模型已经应用于文本、图像和音频等内容的生成,其中 ChatGPT 和文心一言是生成式模型的代表和典型应用。

经典的生成式模型通常使用概率模型来表示数据的分布,例如概率图模型、隐马尔可夫模型(HMM)、生成对抗网络(GAN)、变分自动编码器(VAE)等。随着深度学习技术的发展,神经网络已经成为生成式模型的主流。

当前生成式模型存在模式崩溃、模式坍塌、样本多样性不足等问题。接下来,生成式模型主要的研究方向有提高生成模型的逼真度;提高生成模型的多样性;提高生成模型的可控性;提高生成模型的效率。

8.2 图像处理与机器学习

图像处理与机器学习具有密切的关系,从研究范围上来看,图像处理只研究图像相关的操作,而机器学习则研究数据的处理,研究范围更广泛。图像作为一种数据类型,使用机器学习的方法能够应用到图像这种类型数据的处理。此外,从机器学习的视角能够从更一般的角度理解图像处理问题,从而更好地在本质上认识图像处理。例如,图像边缘检测算子的输出结果是图像的局部梯度幅值,很难再将其看作传统意义上图像,只是借助可视化技术将梯度幅值映射为亮度后显示为图像,从实际上看梯度幅值更加符合机器学习中的特征。以下将介绍将图像处理转换为机器学习问题的相关方法,为使用机器学习方法解决图像处理问题提供基础。

8.2.1　像素与特征

像素是数字图像中最基本和最小的单位，以规则格网排列。当图像为单通道时，一个数字即可表示一个像素，当图像为多通道时一组数字表示一个像素。为了统一像素的形式，可将多通道图像看作多个单通道图像的叠加，或者说将多通道的图像可拆分为多个单通道的图像。通过上述的操作后，图像中的像素就是一个数值。

特征是机器学习中构成样本特征向量的最小单位。将图像处理看作机器学习任务时，待处理的数字图像就是样本，像素作为最小的图像单位，很自然地可作为样本的特征，因此，从机器学习的角度来看，可以将图像中各像素的像素值看作图像的特征，从而构造出样本的特征向量，使用机器学习方法解决图像处理问题。

直接将图像像素作为特征的方法虽然简洁直观，能够在一些简单的图像处理问题上取得效果，但也存在着一些问题。一是将像素作为特征时，图像中像素多，导致生成的特征向量的长度大，例如，一幅 $32\times32\times3$ 的彩色图像生成的特征向量的长度就达 3072 维，过长的特征向量会显著地增加机器学习模型的复杂度，降低机器学习模型的学习效率；二是直接将图像像素作为机器学习的特征过于粗糙，对机器学习模型的适应度不好，导致学习效果不理想，例如，在机器学习中解决预测房价问题时，在选取特征时会挑选对房价有影响的特征，而舍弃对房价无影响或影响很小的特征，给机器学习模型输入过多显著性差的特征并不能提升模型效果，反而会造成模型训练时的困难；三是图像处理有不同的需求，将图像中所有像素作为特征是不合理的，例如，对于图像分类可将所有像素作为特征，但对于目标检测一般无须将所有像素作为特征，因为将目标所在区域从图像上裁切后仍然能够分辨目标，而与图像上其他区域的像素无关。

将图像中的像素作为特征，从而将图像处理问题转换为机器学习问题，这虽然是一种机械和朴素的转换方式，在很多方面具有局限性，但是将图像处理与机器学习之间建立了联系，为从机器学习角度理解和解决图像处理问题提供了基本的思路和方法。

8.2.2　图像特征向量的构造

特征向量是机器学习中对样本的描述，由多个特征构成。在图像中，特征向量最简洁的构造方法就是取出整幅图像中的所有像素，然而直接使用全体像素构造特征向量并不是一个好的方法，更好的构造图像的特征向量的方法可以从前几章介绍的图像处理中得到启发。

在前几章介绍图像处理时，按参与运算的像素范围将图像处理方法分为点运算、邻域运算和全局运算 3 个类别。如果将运算看作简单的机器学习模型，则在运算时输入的数据就可看作特征向量。此时，根据运算的不同就可构造出不同的特征向量。

（1）点运算与通道特征：在图像的点运算中，图像中任意像素的计算结果只与该像素有关。从机器学习的角度来看，运算就是模型，输入运算的像素就是特征向量，运算输出的结果就是模型的输出，因此，在点运算下，每个像素就是一个样本，样本的特征向量就是单像素的值,图像的通道数就是特征向量的长度,例如,灰度图像有一个通道,那么特征向量就是由该通道上的像素构成的,特征向量长度就为 1,而彩色图像有 3 个通道,那么特征向量就是像素在 3 个通道上的值,特征向量的长度就为 3。按照上述特征构造方法,对于一幅尺寸为 $H\times W\times C$ 的图像,转换为机器学习中的样本集特征的尺寸就为$(H\times W)\times C$,即每个像素表示为一个样本,每个样本的长度为 C。

下面的示例展示了将图像转换为特征向量的过程,代码如下:

```
#第 8 章/机器学习与图像处理.ipynb
#打开一幅图像
img=Image.open('../images/1.jpg')
imgar=np.array(img)[400:800,400:800]
print(imgar.shape)
#转换为点特征
features=imgar.reshape(-1,3)
print(features.shape)
```

上述代码在打开图像并转换为数组后,打印了图像的尺寸 400×400×3,按照将每个像素作为特征的构造原理,使用数组的 reshape()方法实现特征的构造,得到尺寸为 160 000×3 的数组,该数据表示从图像生成了 160 000 个样本,每个样本具有 3 个特征。

(2) 邻域运算与邻域特征:在邻域运算中,每个像素在计算时除了本身参数外,该像素指定范围内的其他像素也参与运算。部分邻域运算的结果虽然能够可视化为图像,但实际上已经不能用图像进行解释了,例如,Sobel、Scharr 等边缘检测算子是对像素的一种描述,可以称为邻域特征。从构造上来讲,最简单的邻域特征就是对原图像直接进行邻域展开,将邻域像素也作为特征,另一种是进行邻域运算,将邻域运算的结果作为特征,后一种特征在构造时使用了运算结果而非原始的像素值,相当于进行了特征提取。按照上述特征构造方法,对于一幅尺寸为 $H\times W\times C$ 的图像,以 3×3 为邻域转换为机器学习中的特征的尺寸就为$(H\times W)\times(3\times 3\times C)$,即每个像素表示为一个样本,每个样本的特征长度为像素本身和其邻域的所有像素。

下面的示例展示了邻域特征的构造方法,代码如下:

```
#第 8 章/机器学习与图像处理.ipynb
#将图像以 3×3 邻域展开
nbar=make_neibor(imgar,3)
print(nbar.shape)
#输出(400,400,27)
#将图像转换为邻域特征
feats=nbar.reshape(-1,27)
print(feats.shape)
#输出(160000,27)
```

以上代码对图像使用邻域展开函数以 3×3 邻域展开,得到一个尺寸为 400×400×27 的邻域展开数组,随后使用 reshape()方法将每个像素作为一个样本,样本的特征向量是由像素 3×3 邻域内的共 27 像素构成的。

（3）全局运算与全局特征：一般的图像尺寸较大，不会直接将一幅图像作为一个样本，并将图像的所有像素作为特征。只有在图像尺寸较小时，例如，手写字符识别中字符图像的尺寸为28×28时，才会在一定条件下将所有像素作为图像的特征。

下面的示例展示了全局特征的构造方法，代码如下：

```
feat=imgar.reshape(1,-1)
print(feat.shape)
#输出(1, 480000)
```

在上述代码中，直接将图像展开为一个长度为480 000(400×400×3)的一维向量，把整个向量作为图像的特征向量。全局特征是以图像为单位，主要用于图像的分类。

注意：上述的3种图像特征的构造方法已经成为当前深度学习在图像处理上常用的方法，特别是以卷积为代表的邻域特征和以激活函数为代表的通道特征。

8.2.3　图像处理与特征提取

对于一个实际图像处理任务不会仅使用一种图像处理方法就可以得到预期效果，而是需要连续使用多种图像处理方法，也就是说在得到图像处理最终结果前，图像需要经历一系列图像处理方法的运算。例如，进行边缘检测时，先要对图像进行去噪处理，然后进行边缘增强，最后进行二值化处理，从而得到检测结果。

从机器学习的角度理解图像处理过程，可以把图像处理过程中的步骤看作特征提取，从原始的像素逐步进行特征构造和提取，最终完成特定的机器学习任务，因此，图像处理任务中的中间步骤从机器学习的角度来看就是特征提取的过程。

深度学习作为机器学习在图像处理上最成功的模型之一。用于图像处理的深度学习模型一般由多层网络构成，图像在输入后每经过一层网络就可以看作经过一次特征的提取，经过多层网络的提取后最终完成分类、检测和分割等任务。

此外，机器学习可以对图像处理任务中的步骤进行解释。对于一个复杂的非线性图像处理任务，不能直接利用原始的像素作为特征进行判断，必须通过特征提取将像素转变为特征，在特征空间中完成最终的判别。

8.2.4　机器学习库Sklearn简介

Sklearn(Scikit-learn)库是一个用于机器学习的Python库，建立在NumPy、SciPy和Matplotlib之上。Sklearn库提供了各种经典的机器学习算法，包括分类、回归、聚类、降维和模型选择等功能。Sklearn作为机器学习库，可以用于各种数据的分析和处理，将其应用于图像处理，只需按照机器学习的要求构造出符合要求的训练数据。在Sklearn中，训练数据由许多样本的特征向量构成，一般是一个$N \times D$的二维数组。在8.2.2节～8.2.3节中，对于将图像转换为特征进行了详细说明，给出了从图像转换为特征的一些方法。以下对Sklearn库的使用进行简要介绍，为使用机器学习解决图像处理问题提供基础。

Sklearn 是标准的 Python 库，使用 pip 即可安装该库，代码如下：

```
%pip install -U scikit-learn
```

安装完成后，即可导入和验证 Sklearn，代码如下：

```
#导入 Sklearn
import sklearn
#查看 Sklearn 的版本
print(sklearn.__version__)
```

如果 Sklearn 安装正确，则上述代码在运行后会在终端里显示 Sklearn 库的版本号“1.4.x”，表示安装成功，否则需要检查并重新安装。

Sklearn 包含了一些示例数据集，其中就有一个简单的手写字符数据集，可用于监督学习，以便进行数字识别。在手写字符数据集中每个样本都是一个 8×8 的图像，样本的特征向量是全体的像素，样本的特征向量的长度就为 64。下面的代码展示了如何从手写字符数据集中加载样本和标签：

```
#第 8 章/机器学习与图像处理.ipynb
from sklearn.datasets import load_digits
from matplotlib import pyplot as plt
x,y=load_digits(n_class=3,return_X_y=True)
print(x.shape)
print(y.shape)
```

上述代码使用 load_digits()函数从数据集中加载了 0、1 和 2 共 3 种数字，将样本的特征向量存储在变量 x 中，样本的标签存储在变量 y 中。代码在运行后会打印 x 和 y 的尺寸，在终端显示(537,64)和(537,)，表明总共加载了 537 个样本，每个样本的特征向量为 64，是由 8×8 的图像展开得到的。

对上述手写数字样本的特征向量进行恢复即可得到 8×8 的图像，代码如下：

```
#第 8 章/机器学习与图像处理.ipynb
imgs=x.reshape(-1,8,8)
for i in range(10):
    plt.imshow(imgs[i],cmap='gray')
    plt.show()
```

上述代码使用 reshape()方法将样本的特征向量恢复为图像形状，并对前 10 个样本进行了显示，效果如图 8-1 所示。

通过上述 Sklearn 中手写字符图像数据集的读取，熟悉了 Sklearn 库的简单使用方法，通过内置的数字识别数据集，进一步阐明和验证了样本与图像的关系，以及从图像像素构造特征向量的方法和从特征向量恢复为图像的方法。

以下将以机器学习中的无监督学习方法对图像聚类问题进行详细介绍，通过多种聚类方法说明机器学习在图像聚类任务上机器学习方法的使用，初步了解机器学习在图像处理中的应用，加深对图像处理到机器学习的理解。

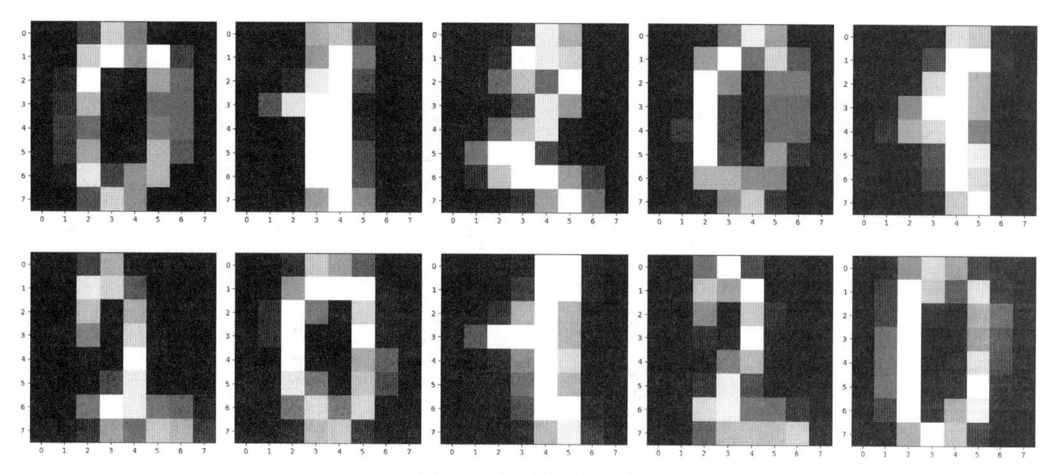

图 8-1 数字识别样本

8.3 图像聚类

聚类分析是指根据对象的属性和特征的相似性、亲疏程度，将物理或抽象对象的集合分组为由类似的对象组成的多个类的分析过程。从统计学的观点看，聚类分析是通过数据建模简化数据的一种方法，能够对大量庞杂的数据进行归类凝练，从而揭示数据背后所蕴含的规律。聚类分析的基本思想是：属于同一类的两个对象是相似的。

图像聚类就是根据图像中像素特征的相似性，将所有像素划分为若干个类别的过程。图像聚类可以看作一种使用无监督学习的简单图像分割，即对图像的分割是依据像素间的相似性或距离决定的，而不是由明确的标签所决定的。此时，图像中的每个像素是一个样本，样本的特征向量可使用通道特征或邻域特征。特征向量间的相似性或距离是聚类过程中的关键指标，一般两个特征向量间的距离越近则越相似。

8.3.1 距离和相似性

在图像聚类中特征向量间的距离或相似性度量是至关重要的，两个特征向量间的距离越近，则越相似，越相似则表明二者越可能是同一类别。特征间的距离和相似性度量通常有以下几种方法。

假设两个样本的特征向量是 $\boldsymbol{x}_a$、$\boldsymbol{x}_b$，维度均为 d。

(1) 欧氏距离(Euclidean Distance)：与空间中两点间的距离计算相同，是向量间的 L2 范数，计算方法如下：

$$\text{dist}(\boldsymbol{x}_a,\boldsymbol{x}_b)=\sqrt{\sum_{i=1}^{d}(\boldsymbol{x}_a^i-\boldsymbol{x}_b^i)^2} \tag{8-1}$$

(2) 曼哈顿距离(Manhattan Distance)：也叫棋盘距离或街区距离，是向量间的 L1 范数。

$$\operatorname{dist}(\boldsymbol{x}_a,\boldsymbol{x}_b)=\sum_{i=1}^{d}\mid \boldsymbol{x}_a^i-\boldsymbol{x}_b^i\mid \tag{8-2}$$

(3) 切比雪夫距离(Chebyshev Distance)：是向量间的无穷范数，即等于特征间最大的差值。

$$\operatorname{dist}(\boldsymbol{x}_a,\boldsymbol{x}_b)=\max(\mid \boldsymbol{x}_a^1-\boldsymbol{x}_b^1\mid,\mid \boldsymbol{x}_a^2-\boldsymbol{x}_b^2\mid,\cdots,\mid \boldsymbol{x}_a^i-\boldsymbol{x}_b^i\mid,\cdots,\mid \boldsymbol{x}_a^d-\boldsymbol{x}_b^d\mid) \tag{8-3}$$

(4) 余弦距离(Cosine Distance)：也称为余弦相似度，将两个特征向量看作空间中的两个向量，向量间的夹角越小，两个向量间的余弦值就越大，则向量的方向就更一致，也就更相似。相较于前几种距离，余弦距离更注意特征向量在方向上的差异。

$$\operatorname{cosine\_dist}(\boldsymbol{x}_a,\boldsymbol{x}_b)=1-\frac{\sum_{i=1}^{d}\boldsymbol{x}_a^i\times\boldsymbol{x}_b^i}{\sqrt{\sum_{i=1}^{d}(\boldsymbol{x}_a^i)^2}\sqrt{\sum_{i=1}^{d}(\boldsymbol{x}_b^i)^2}} \tag{8-4}$$

Sklearn 通过 Metrics 子库下的 pairwise_distances()函数提供了上述几种距离计算的方法，返回特征向量间的距离矩阵，在距离矩阵中的元素表示了其所在行和列对应特征向量的距离。

下面以 4 个手写数字的距离矩阵的计算为例，说明矩阵距离的计算方法，以及如何从距离矩阵中判断特征向量间的相似性。

首先，取出 4 个手写数字样本，代码如下：

```
#第 8 章/机器学习与图像处理.ipynb
x,y=load_digits(n_class=3,return_X_y=True)
x=x[:4,]
for i in x:
    plt.imshow(i.reshape(8,8),cmap='gray')
    plt.show()
```

上述代码从整个手写数字数据集中取出了 4 个样本，并进行显示，如图 8-2 所示。从图 8-2 可以看出，4 个样本分别是数字 0、1、2 和 0。

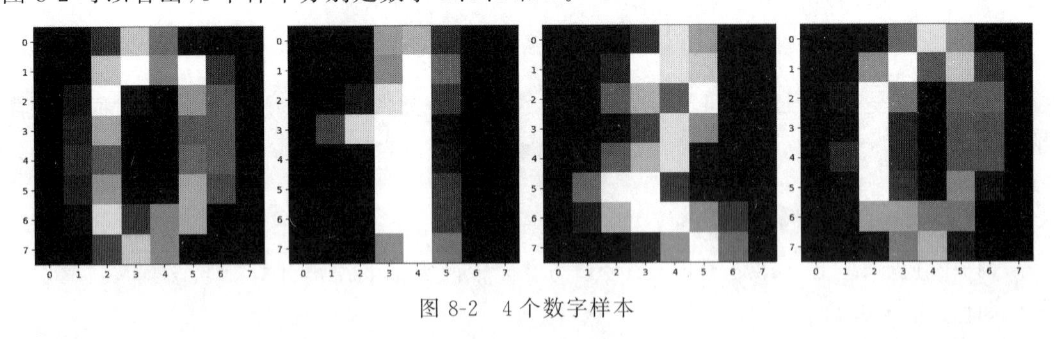

图 8-2　4 个数字样本

注意：在此处，将每幅表示数字的图像作为一个样本，每幅图像的所有像素构成了该样本的特征向量。

然后对取出的样本计算不同类别的距离矩阵，代码如下：

```
#第 8 章/机器学习与图像处理.ipynb
#欧氏距离矩阵
dist=pairwise_distances(x,metric='euclidean')
print("欧氏距离矩阵：\n",dist)
#曼哈顿距离矩阵
dist=pairwise_distances(x,metric='manhattan')
print("曼哈顿距离矩阵：\n",dist)
#切比雪夫距离矩阵
dist=pairwise_distances(x,metric='chebyshev')
print("切比雪夫距离矩阵：\n",dist)
#余弦距离矩阵
dist=pairwise_distances(x,metric='cosine')
print("余弦距离矩阵：\n",dist)
```

上述代码计算并打印了 4 种距离矩阵，输出的结果如下：

```
欧氏距离矩阵：
[[ 0.          59.55669568 54.12947441 23.70653918]
 [59.55669568  0.          41.62931659 54.65345369]
 [54.12947441 41.62931659  0.          46.79743583]
 [23.70653918 54.65345369 46.79743583  0.        ]]

曼哈顿距离矩阵：
[[  0. 335. 306. 114.]
 [335.   0. 205. 291.]
 [306. 205.   0. 248.]
 [114. 291. 248.   0.]]

切比雪夫距离矩阵：
[[ 0. 16. 16. 10.]
 [16.  0. 15. 16.]
 [16. 15.  0. 15.]
 [10. 16. 15.  0.]]

余弦距离矩阵：
[[0.         0.48089766 0.38315802 0.08089466]
 [0.48089766 0.         0.20140882 0.37977247]
 [0.38315802 0.20140882 0.         0.27011216]
 [0.08089466 0.37977247 0.27011216 0.        ]]
```

对比上述 4 种不同的距离矩阵，可以发现各距离矩阵在具体的数值上有差异，但是也有一定的相似性。首先，在对角线上都为 0，因为对角线上的距离是同一个特征向量自身到自身的距离；其次，距离矩阵是对称的，因为两个特征向量之间的距离与顺序无关；最后，除了对角线外，不同特征向量间的最小距离位于距离矩阵的(0,3)位置，表示第 0 个特征向量与第 3 个特征向量距离最小，即最相似，从样本的标签上可知两个特征向量代表的字符均为 0，从图 8-2 中也可以看出第 1 幅图和第 4 幅图最相似。

从上述示例可以看出，特征向量间的距离能够反映样本间的相似性，距离越近样本间越相似，距离越远样本间差异越大，越不相似。基于上述思想，出现了 K 均值聚类、层次聚类和高斯混合聚类等方法，下面对这些方法在图像分割中的应用进行介绍。

8.3.2 案例：K 均值聚类

K 均值聚类，也称为 K-means 聚类，是一种经典的无监督聚类方法，被广泛地用于数据聚类分析。K 均值聚类方法的原理简单：基于样本的特征向量间的距离，认为距离越近则越可能是同类，此外，K 均值聚类的实现通过迭代完成，实现简单，并且解释性较好。

在 K 均值聚类方法中，K 表示聚类的数量，即需要将样本集划分的类别数量，需要在计算前进行设置，是该方法聚类的超参数，通常需要反复尝试或者根据其他信息确定 K 的值。

在距离的计算上，K 均值聚类认为在聚类完成后某类内的样本距离本聚类的中心（该类所有样本特征向量的均值）最近，因此在聚类时不是直接计算样本间的距离，而是计算各样本特征向量到各聚类中心向量的距离。

为了能够完成聚类，K 均值聚类采用了迭代的思想，通过多次迭代，使聚类中心逐渐收敛，当最终聚类中心稳定且不再变化或变化很小时，完成聚类。

具体来讲，K 均值聚类的流程如下。

（1）准备聚类数据集。根据要聚类的数据，正确地构造出表示样本的特征向量，按照任务需求，构成包含 n 个样本的数据集：$X=\{\boldsymbol{x}_1,\boldsymbol{x}_2,\cdots,\boldsymbol{x}_n\}$，其中单样本的特征向量 $\boldsymbol{x}_i=[x_i^1,x_i^2,\cdots,x_i^d]$是一个 d 维的特征向量。准备好的数据集是一个 $n\times d$ 的二维数组，每行表示一个样本的 d 维特征向量。

（2）确定要划分的类别数目 K。通常有两种方法可以确定类别数目 K，一种根据预先确定的类别数直接设置 K 的值；另一种根据实际问题反复尝试，比较不同 K 值的聚类效果，最后选择适宜的 K 值作为聚类数量。

（3）确定 K 个类别的初始聚类中心 $\boldsymbol{U}=\{\boldsymbol{c}_1,\boldsymbol{c}_2,\cdots,\boldsymbol{c}_K\}$，其中 $\boldsymbol{c}_i$ 与样本集中样本的特征向量具有相同的维度 d，初始聚类中心的选择会影响最终的聚类的效果。初始聚类中心的产生最常用的方法是从样本集中随机选择 K 个样本，此外，也可以使用一些启发式的方法，如最远距离法（先选出样本中距离最远的两个样本，作为两个初始聚类中心，再根据其他样本到这两个聚类中心距离的远近逐个增加新的聚类中心，直到选出 K 个聚类中心）。

（4）根据 K 个聚类中心，从样本集 X 中取出一个样本 $\boldsymbol{x}$，计算该样本 $\boldsymbol{x}$ 到 K 个聚类中心的距离，从得到的 K 个距离中选出与该样本距离最小的聚类中心 $\boldsymbol{c}_i$，将样本 $\boldsymbol{x}$ 的类别划分到该聚类中心 $\boldsymbol{c}_i$ 所表示的类别。对样本集中的每个样本都进行以上操作，直到将所有样本划分到 K 个类别中。

$$\mathrm{cls}(\boldsymbol{x})=\mathrm{argmin}_k(\mathrm{dist}(\boldsymbol{x},\boldsymbol{c}_1),\mathrm{dist}(\boldsymbol{x},\boldsymbol{c}_2),\cdots,\mathrm{dist}(\boldsymbol{x},\boldsymbol{c}_K)) \tag{8-5}$$

其中，$\mathrm{dist}(\boldsymbol{x},\boldsymbol{c}_i)$表示特征向量 $\boldsymbol{x}$ 与第 i 个聚类中心 $\boldsymbol{c}_i$ 的距离，一般使用欧氏距离。

（5）根据样本划分的结果，分别计算 K 个类别中所包含的所有样本的特征向量的均值向量，并把得到的各类均值向量作为新的 K 个聚类中心。

(6) 判断是否满足聚类终止条件，如果不满足终止条件，则返回第(4)步；如果满足终止条件，则返回聚类结果和聚类中心。常用的终止条件有迭代次数达到事先设定的次数；新确定聚类中心与上一步的聚类中心距离的偏移小于指定的量；聚类中心不再发生变化。

从上述 K 均值聚类流程可以看出，迭代计算聚类中心是该方法最主要的特点，相关的理论已经证明，K 均值聚类使用迭代更新聚类中心的方法能够使算法收敛，最终得到稳定的聚类中心，并且 K 均值聚类就是对以下损失函数的优化：

$$J = \sum_{j=1}^{j=K} \sum_{\boldsymbol{x}_i \in \boldsymbol{c}_j} \mathrm{dist}(\boldsymbol{x}_i, \boldsymbol{c}_j) \tag{8-6}$$

其中，K 表示聚类类别数量，$\mathrm{dist}(\boldsymbol{x}_i, \boldsymbol{c}_j)$ 表示特征向量 $\boldsymbol{x}_i$ 与第 j 个聚类中心 $\boldsymbol{c}_j$ 的距离。

K 均值聚类作为最常用的聚类算法，在 Sklearn 库中提供了该聚类方法，可通过构造类 sklearn.cluster.KMeans 定义一个 K 均值聚类的实例：

```
class sklearn.cluster.KMeans(n_clusters=8,*,init='k-means++',n_init='auto',max_
iter=300,tol=0.0001,verbose=0,random_state=None,copy_x=True,algorithm='lloyd')
```

上述构造 K 均值聚类实例时相关参数的含义如下。

(1) n_clusters：指定聚类的数目，即为 K，默认值为 8，在聚类结束后会产生与类别数相同的聚类中心，决定了最终的聚类数量。

(2) init：指定初始化聚类中心的方法，可选的方法有'k-means＋＋'、'random'、一个形状为(n_clusters,d)的数组，或一个返回数组的函数，默认值为'k-means＋＋'。'k-means＋＋'使用启发式的方法选择初始聚类中心，在聚类时会加速收敛。'random'使用随机采样作为聚类中心。当需要人工指定聚类中心时，设置为一个(n_clusters,d)的数组即可。

(3) n_init：指定 K 均值聚类运行的次数，默认参数是'auto'，当聚类中心使用随机初始化时会运行 10 次并将这 10 次运行后最优的距离中心输出，当聚类中心使用'k-means＋＋'进行初始化聚类中心时只会运行一次。

(4) max_iter：指定最大迭代次数，默认值为 300，每次运行 K 均值距聚类时聚类中心迭代的次数。

(5) tol：两次迭代损失变化的阈值，如果大于该值则认为没有完成聚类，如果小于该值，则认为聚类已经完，默认值为 1e-4。

(6) verbose：是否使用冗余模式，默认值为 0，即非冗余模式，当值为 1 时为冗余模式会在聚类时显示相关信息。

(7) random_state：当使用随机聚类中心时，使用的随机数种子，默认为 None，即每次都使用系统提供的，当该参数设定为特定值后，能够使随机聚类中心变得固定。通常用于 K 均值聚类在调试过程中对其他参数(如最大迭代次数)进行选择。

下面的示例展示了创建 K 均值聚类实例，代码如下：

```
#第 8 章/机器学习与图像处理.ipynb
from sklearn import cluster
```

```
#创建一个 K 均值聚类对象,参数含义见上方的说明
kmeans=cluster.KMeans(n_clusters=3, init='random', n_init=3, max_iter=300, tol=
0.0001, verbose=1, random_state=None, copy_x=True, algorithm='auto')
kmeans
```

在创建 K 均值聚类实例后，就可以调用该实例的方法完成样本集的聚类。K 均值聚类实例的常用方法有以下几种。

(1) fit(X[,y,sample_weight])：对数据集 X 进行训练，得到聚类中心。

(2) fit_predict(X[,y,sample_weight])：对数据集 X 聚类，得到聚类中心，并返回聚类结果。

(3) fit_transform(X[,y,sample_weight])：对数据集 X 聚类，并将样本变换到聚类空间。

(4) predict(X[,sample_weight])：利用已有的聚类中心，预测数据集 X 的聚类结果。

由于 K 均值聚类是无监督学习，上述方法中参数 y 只是形式上的，并不会在聚类中使用，也不需要设置，对于参数 sample_weight 是一个长度为样本数 n 的数组，用于指定各样本的权重，在不设置的情况下，默认各样本的权值相同。此外，K 均值聚类实例的属性 cluster_centers_ 存储了聚类中心。

下面的示例展示了使用 K 均值聚类方法对肺部 CT 图像进行聚类并可视化聚类结果，代码如下：

```
#第 8 章/机器学习与图像处理.ipynb
from PIL import Image
import numpy as np
from pydicom import dcmread
dcm=dcmread('../images/IMG00157.dcm')
imgar=dcm.pixel_array
h,w=imgar.shape
nb=5                              #使用 5 邻域构造特征向量
x=make_neibor(imgar,nb)           #邻域展开函数
#构造特征向量,每个像素为一个样本,特征向量是其 5×5 邻域内的 25 像素
X=x.reshape((-1,nb*nb))
#创建一个 4 类别的 K 均值聚类实例
kmeans=cluster.KMeans(n_clusters=4)
#对样本进行聚类
res=kmeans.fit_predict(X)
#将聚类结果重建为图像
resimg=res.reshape((h,w))
#显示原图
plt.imshow(imgar,cmap='gray')
plt.show()
#显示聚类结果图
plt.imshow(resimg,cmap='gray')
plt.show()
```

在上述代码中，首先打开了一幅肺部 CT 图像，其次在构造特征向量时，为了增加特征

向量的长度，使用了像素 5×5 的邻域进行特征构造，使每个像素的特征向量长度达到 25，然后使用 Sklearn 创建了一个 4 类别的 K 均值聚类实例并对样本进行了聚类，最后，将聚类结果重建为图像并显示。代码的运行效果如图 8-3 所示，可以看出在 CT 图像经过 K 均值聚类后整个 CT 图像被分为 4 类，其中肺内部和人体的组织被较好地分割，再经过一定的后处理后就能准确地提取出肺和肌肉等外部组织。

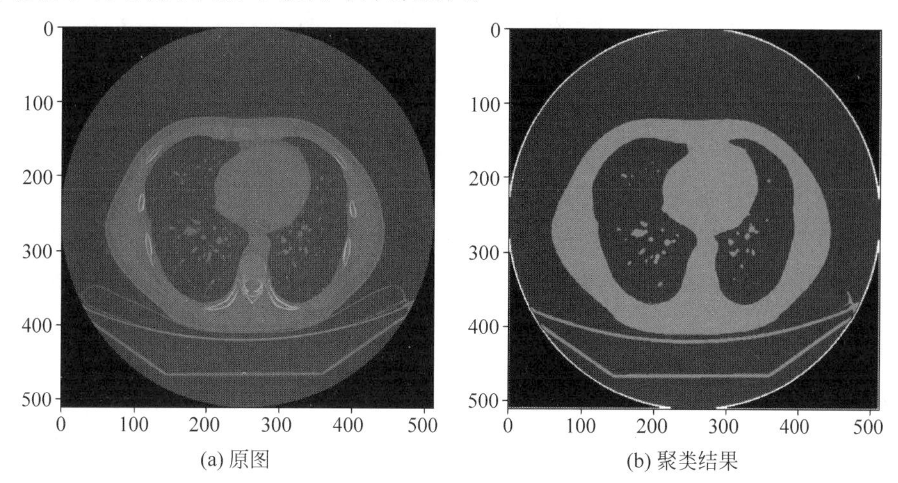

(a) 原图　　(b) 聚类结果

图 8-3　K 均值聚类

8.3.3 案例：层次聚类

层次聚类(Hierarchical Clustering)是另一种基于样本间特征向量距离(或相似性)的聚类方法。与 K 均值聚类算法不同，层次聚类算法不对聚类中心进行假设，而是先计算样本间的距离(或相似度)，每次将距离最近的点合并到同一个类，再计算类与类之间的距离，将距离最近的类合并为一个大类，这样通过层层合并最终创建出一棵有层次结构的树——聚类树。在聚类树中，不同类别的原始样本是树的叶节点，树的顶层是一个聚类的根节点。

图 8-4 展示了层次聚类方法的示意，图 8-4(a)展示了层次聚类的过程，首先根据距离矩阵，将邻近的样本聚为一类，随后合并各类以完成最后的聚类，图 8-4(b)展示了在聚类完成后形成的聚类树，同一枝上的节点具有相同的类别。

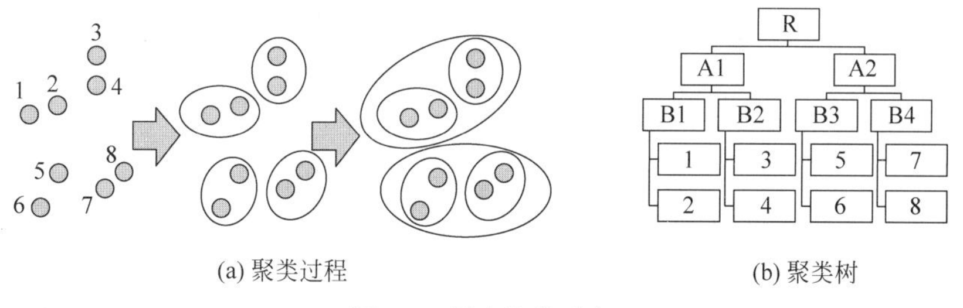

(a) 聚类过程　　(b) 聚类树

图 8-4　层次聚类示意

层次聚类法根据层次的构建顺序，可分为自下向上（bottom-up）和自上向下（top-down）两种方式，即凝聚（agglomerative）层次聚类算法和分裂（divisive）层次聚类算法。凝聚型层次聚类是一种自下而上聚类的方法，其原理是在聚类开始时每个样本都是一个类，然后根据距离（相似性）寻找同类并合并，最后形成一个"类"。分裂型层次聚类是一种自上而下的聚类方法，也就是反过来，一开始所有个体都属于一个"类"，然后根据距离（或相似性）排除异己，逐步进行类别分裂，直到最终每个样本都成为一个"类"。上述两种方法没有优劣之分，只是在实际应用的时候要根据数据特点及想要的类别的个数来考虑是使用自上而下的聚类方法还是自下而上的聚类方法。

在层次聚类过程中，两个样本间的距离是确定的，能够利用样本的特征向量计算，但是一个样本与一个类别或两个类别之间的距离称为 linkage，这就比较难定义了。一般 linkage 的计算方法有最短距离法、最长距离法、中间距离法、类平均法等，其中类平均法往往被认为是最常用的，也是最好用的方法，一方面是其良好的单调性，另一方面是其空间扩张/浓缩的程度适中。

以下对自下而上的凝聚层次聚类算法的基本流程进行介绍。

（1）准备聚类数据集。与 K 均值聚类相同，对需要聚类的数据，构造出表示样本的特征向量，构成包含 n 个样本的数据集：$X=\{\boldsymbol{x}_1,\boldsymbol{x}_2,\cdots,\boldsymbol{x}_n\}$，其中单样本的特征向量 $\boldsymbol{x}_i=[x_i^1,x_i^2,\cdots,x_i^d]$是一个 d 维的特征向量。准备好的数据集是一个 $n\times d$ 的二维数组，每行表示一个样本的 d 维特征向量。

（2）计算 n 个样本间的距离（或相似）矩阵，得到一个 $n\times n$ 大小的距离矩阵。

（3）从距离（或相似）矩阵中找到距离最小的两个类（在第 1 轮时是两个样本），进行合并，形成一个较大的类，使总体的类别数减小 1。

（4）根据新产生的类别，更新距离（或相似）矩阵，重复步骤（3），直到最终将所有样本合并为 1 类。

在上述聚类的过程中，每个类别中可能包含多个样本，这样在计算两个类的距离 linkage 时就可使用下列几种计算方法。

（1）最小值法（single-linkage）：将两个类中距离最近的两个样本的距离作为这两个类别的距离，这种方法容易受到极端值的影响。两个很相似的组合数据点可能由于其中的某个极端的数据点距离较近而组合在一起。

（2）最大值法（complete-linkage）：与最小值法相反，将两个类中距离最远的两个数据点间的距离作为这两类的距离。最大值法的问题也与最小值法相似，两个相似的类可能由于其中的极端值距离较远而无法组合在一起。

（3）平均值法（average-linkage）：可以看作最小值法和最大值法的折中，先求出各类的均值向量，两类间的距离为两类的均值向量间的距离。

经过上述步骤完成聚类后，整个样本集就形成了一棵聚类树，在指定聚类的类别数目后，从树的根节点出发，划分枝干即可得到最终的聚类结果，完成聚类。

以上就是通过自下而上的凝聚方式完成的层次聚类的流程。此外，还有一种分裂的层次聚类，它从整个样本集开始，自上而下地将样本集逐步细分为更小的部分，从而实现相反的效果。分裂的层次聚类方法一般很少用，可参考相关的研究，这里不进行介绍。

层次聚类算法也被包含在机器学习库 Sklearn 中，通过构造一个 AgglomerativeClustering 对象的实例用于层次聚类：

```
class sklearn.cluster.AgglomerativeClustering(n_clusters=2, *, affinity=
'euclidean',memory=None,connectivity=None,compute_full_tree='auto',linkage=
'ward',distance_threshold=None,compute_distances=False)
```

在构造上述层次聚类实例时，各主要参数的含义如下。

(1) n_clusters：指定聚类的数量，可以是整数或 None 类型，默认值为 2。当设置了 distance_threshold 参数时，该参数的值应当设置为 None。

(2) affinity：指定距离的计算方式，可以设置为 'euclidean'、'l1'、'l2'、'manhattan'、'cosine'、'precomputed'等，默认值为'euclidean'，即欧氏距离。

(3) linkage：指定两类间的距离计算方法，可选的方法有'single'、'complete'、'average'。此外，Sklearn 库还提供了一种默认的'ward'方法。

(4) distance_threshold：指定各类间的距离不小于该阈值，最终的聚类的类别数目由该阈值确定，而不是通过参数 n_clusters 事先指定。由于和 n_cluster 冲突，所以在设置该值后，n_clusters 必须设置为 None。

(5) compute_distances：指定是否计算距离矩阵，默认值为 False，表示不计算，当需要可视化聚类树时，需要设置为 True，以保留聚类过程中的距离矩阵。

下面的示例展示了创建层次聚类实例，代码如下：

```
from sklearn import cluster
#创建一个层次聚类实例，参数含义见上方的说明
hcluster=cluster.AgglomerativeClustering(n_clusters=4,compute_full_tree=False)
hcluster
```

在创建层次聚类实例后，就可以调用该实例的方法完成样本集的聚类。层次聚类实例主要有以下两种常用方法。

(1) fit(X[,y])：对数据集 X 进行训练，得到聚类中心。

(2) fit_predict(X[,y])：对数据集 X 聚类，得到聚类中心，并返回聚类结果。

以下示例展示了使用层次聚类算法对 CT 图像进行聚类的过程，代码如下：

```
#第 8 章/机器学习与图像处理.ipynb
from PIL import Image
import numpy as np
from pydicom import dcmread
dcm=dcmread('../images/IMG00157.dcm')
imgar=dcm.pixel_array[::2,::2]
h,w=imgar.shape
nb=3                                  #使用 3 邻域构造特征向量
x=make_neibor(imgar,nb)               #邻域展开函数
```

```
#构造特征向量,每个像素为一个样本,特征向量是其 3×3 邻域内的 9 像素
X=x.reshape((-1,nb*nb))
#创建一个 4 类别的 K 均值聚类实例
hcluster=cluster.AgglomerativeClustering(n_clusters=4,compute_full_tree=False)
#对样本进行聚类
res=hcluster.fit_predict(X)
#将聚类结果重建为图像
resimg=res.reshape((h,w))
#显示原图
plt.imshow(imgar,cmap='gray')
plt.show()
#显示聚类结果图
plt.imshow(resimg,cmap='gray')
plt.show()
```

在上述代码中,将 CT 图像缩小为原来的一半,使用 CT 图像的 3 邻域构造特征向量,然后构造了一个 4 类别的层次聚类对象,对 CT 图像进行聚类,最后将聚类结果重建为图像。代码的运行结果如图 8-5 所示,图 8-5(a)为原图,图 8-5(b)为经过层次聚类后的结果,可以看出聚类结果能较好地分割出肺和其他肌肉组织。

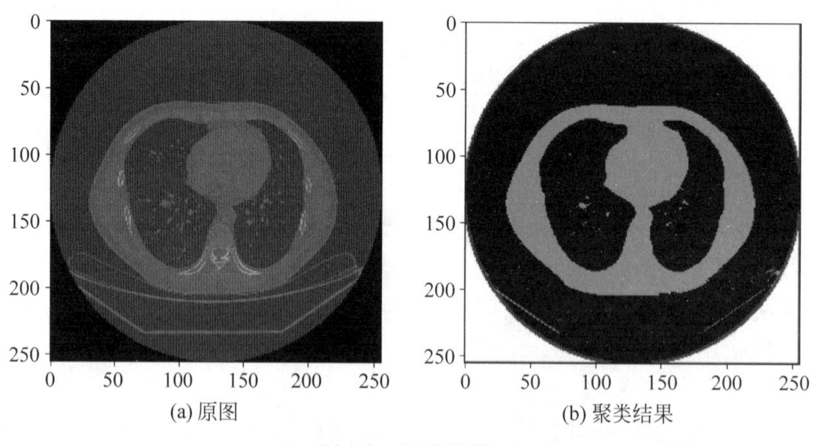

(a) 原图　　(b) 聚类结果

图 8-5　层次聚类

注意:层次聚类需要计算完整的距离矩阵,当样本数量较大时,需要消耗大量的内存存储距离矩阵,因此,在上述示例中对图像进行缩小以减少样本数量。

8.3.4　案例:高斯混合聚类

在 K 均值聚类和层次聚类中,距离对样本类别的归属起到了决定性的作用。在聚类时,一个样本所属的类别是"确定性的",即要么属于此类,要么不属于此类,决策边界是"硬

的”。相对于“确定性的”聚类，在聚类分析中还存在一些“软的”聚类方法，样本不再是非此类就是彼类，而是通过计算样本与各类的相似性，将类别判定为相似度最高的类别。高斯混合聚类就是一种基于概率的“软”聚类方法。

高斯混合聚类是一种基于概率的聚类方法，该方法假定样本的分布是由 K 个高斯分布混合而成的，其中，表示 K 个聚类数，即每类数据表示为 1 个高斯分布。高斯混合聚类就是要根据训练样本求解 K 个高斯分布，得到每个高斯分布的均值向量和协方差矩阵两个参数。根据 K 个高斯分布计算样本属于各类的概率，依据概率最大原则完成样本的聚类，而高斯分布的均值向量可认为所属类别的聚类中心。

与 K 均值聚类在聚类前要求取聚类中心相似，在高斯混合模型的聚类时，要确定 K 个高斯分布的均值向量和协方差。K 个高斯分布的均值向量和协方差的求取与 K 均值聚类方法类似，也是使用迭代的方法。迭代方法的收敛性是由 EM(最大期望)算法所决定的，从而保证最终的结果是最优的或接近最优的。在高斯混合聚类中表示高斯分布的个数 K 也是超参数，需要在聚类前确定。

以上就是高斯混合聚类的基本思想，下面对高斯混合聚类的基本流程进行介绍。

(1) 准备聚类数据集。与 K 均值聚类相同，对需要聚类的数据构造出表示样本的特征向量，构成包含 n 个样本的数据集：$\boldsymbol{X}=\{\boldsymbol{x}_1,\boldsymbol{x}_2,\cdots,\boldsymbol{x}_n\}$，其中单样本的特征向量 $\boldsymbol{x}_i=[x_i^1,x_i^2,\cdots,x_i^d]$是一个 d 维的特征向量。准备好的数据集是一个 $n\times d$ 的二维数组，每行表示一个样本的 d 维特征向量。

(2) 确定聚类数 K，并初始化各类别的先验概率、高斯分布的均值向量$\boldsymbol{\mu}$ 和协方差矩阵 $\boldsymbol{\Sigma}$，根据全概率公式可得到样本的分布如下：

$$p(x_i)=\sum_{k=1}^{k=K}p(c_k)\cdot p(x_i\mid c_k)=\sum_{k=1}^{k=K}p(c_k)\cdot p(x_i\mid \mu_k,\Sigma_k) \tag{8-7}$$

其中，$p(x_i)$表示样本 x_i 的概率密度，K 是高斯分布的数量，表示类别数，$p(c_k)$表示第 k 类的先验概率，一般可以取 $1/K$，$p(x_i|c_k)$表示第 i 个样本在第k 类分布上的条件概率，条件概率的分布是以(μ_k,Σ_k) 为参数的高斯分布。

(3) 对训练集中的每个样本计算后验概率：

$$p(c_1\mid x_i)=\frac{p(c_1,x_i)}{p(x_i)}=\frac{p(c_1)\cdot p(x_i\mid c_1)}{p(x_i)} \tag{8-8}$$

$$p(c_2\mid x_i)=\frac{p(c_1,x_i)}{p(x_i)}=\frac{p(c_2)\cdot p(x_i\mid c_2)}{p(x_i)} \tag{8-9}$$

$$\vdots$$

$$p(c_K\mid x_i)=\frac{p(c_1,x_i)}{p(x_i)}=\frac{p(c_K)\cdot p(x_i\mid c_K)}{p(x_i)} \tag{8-10}$$

(4) 根据后验概率计算结果，更新各类的 $p(c_k)$、μ_k、Σ_k 参数，各参数的更新方法如下：

$$p(c_k)=\frac{1}{n}\sum_{i=1}^{i=n}p(c_k \mid x_i) \tag{8-11}$$

$$\mu_k=\frac{\sum_{i=1}^{i=n}p(c_k \mid x_i)\cdot x_i}{\sum_{i=1}^{i=n}p(c_k \mid x_i)} \tag{8-12}$$

$$\Sigma_k=\frac{\sum_{i=1}^{i=n}p(c_k \mid x_i)(x_i-\mu_k)(x_i-\mu_k)^{\mathrm{T}}}{\sum_{i=1}^{i=n}p(c_k \mid x_i)} \tag{8-13}$$

(5) 判断模型是否收敛,如果不收敛,则返回(3),如果收敛,则停止迭代。模型的收敛条件可以是:达到指定的迭代次数;参数的改变小于指定阈值。

(6) 根据每个样本的后验概率,将最大的后验概率的类别作为样本的最终类别,完成聚类。

以上就是高斯混合聚类的计算流程,可以看出相对于 K 均值聚类、层次聚类等直接给出样本的确定性类别的方法,高斯混合模型则给出样本属于各类别的概率,是一种"软的"聚类方法,在部分情况下更符合数据的分布规律。

相对于较复杂的理论,高斯混合聚类包含在 Sklearn 库下的 Mixture 子库的 GaussianMixture 类中,创建该类的方法如下:

```
class sklearn.mixture.GaussianMixture(n_components=1,*,covariance_type='full',
tol=0.001,reg_covar=1e-06,max_iter=100,n_init=1,init_params='kmeans',weights_
init=None,means_init=None,precisions_init=None,random_state=None,warm_start=
False,verbose=0,verbose_interval=10)
```

在构造上述高斯混合聚类实例时,各主要参数的含义如下。

(1) n_components:指定高斯分布的个数,即聚类的数目,默认值为 1。

(2) covariance_type:协方差矩阵的类型,可以是'full'、'tied'、'diag'、'spherical'其中之一,默认值为'full'。

(3) tol:收敛阈值,默认值为 0.001,即当迭代误差小于该值时,聚类结束。

(4) max_iter:最大迭代次数,与 tol 参数共同构成迭代条件,满足任意条件便结束迭代,聚类结果。

(5) n_init:聚类的次数,设置高斯混合聚类运行的次数,默认值为 1,返回其中最好的聚类结果。

下面的示例展示了创建高斯混合聚类实例,代码如下:

```
from sklearn import mixture
#创建一个高斯混合聚类实例,参数含义见上方的说明
gmcluster=mixture.GaussianMixture(n_components=4)
gmcluster
```

在创建高斯混合聚类实例后，就可以调用该实例的方法完成样本集的聚类。高斯混合聚类实例主要有以下两种常用方法。

(1) fit(X[,y])：对数据集 X 求解高斯混合分布的参数。

(2) fit_predict(X[,y])：对数据集 X 求解高斯混合分布的参数，并返回数据 X 的聚类结果。

由于高斯混合聚类是无监督学习，所以上述方法中参数 y 只是形式上的，并不会在聚类中使用，不需要设置。

以下示例展示了使用高斯混合聚类算法对 CT 图像进行聚类的过程，代码如下：

```
#第 8 章/机器学习与图像处理.ipynb
from PIL import Image
import numpy as np
from pydicom import dcmread
from sklearn import mixture
dcm=dcmread('../images/IMG00157.dcm')
imgar=dcm.pixel_array
h,w=imgar.shape
nb=5                               #使用 5 邻域构造特征向量
x=make_neibor(imgar,nb)            #邻域展开函数
#构造特征向量,每个像素为一个样本,特征向量是其 5×5 邻域内的 25 像素
X=x.reshape((-1,nb*nb))
#创建一个 4 类别的高斯混合聚类实例
gmcluster=mixture.GaussianMixture(n_components=4)
#对样本进行聚类
res=gmcluster.fit_predict(X)
#将聚类结果重建为图像
resimg=res.reshape((h,w))
#显示原图
plt.imshow(imgar,cmap='gray')
plt.show()
#显示聚类结果图
plt.imshow(resimg,cmap='gray')
plt.show()
```

在上述代码中，先打开 CT 图像并转换为数组，然后构造了一个 4 类别的高斯混合聚类实例，对 CT 图像进行聚类，最后将聚类结果重建为图像。代码的运行结果如图 8-6 所示，图 8-6(a)为原图，图 8-6(b)为经过高斯混合聚类后的结果，可以看出，相较于 K 均值聚类和层次聚类，高斯混合聚类对于图像中的细节识别较好。

注意： 图像聚类是一种无监督学习方法，不同的聚类方法之间难以确定统一的标准进行比较，在实际应用中通过尝试多种方法和不同参数进行聚类，并查看聚类效果。

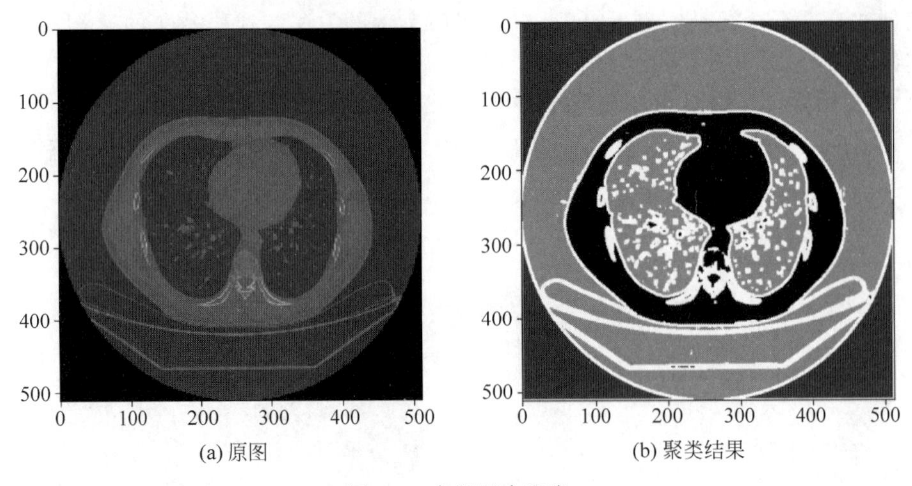

(a) 原图　　(b) 聚类结果

图 8-6　高斯混合聚类

8.4 本章小结

经过几十年的发展,经典数字图像处理的研究成果丰硕,在一定程度上提升了对数字图像本质的认识,研究者和工程师尝试了各种方法认识和理解数字图像,但图像处理的实际应用较少。随着机器学习的发展,使用机器学习理论从更一般的角度认识和处理数字图像,有效地提升了数字图像处理的性能,使数字图像处理已经成为生活中的一部分。鉴于此,本章介绍了数字图像处理与机器学习的关系,重点阐述了将图像处理问题转换为机器学习问题过程中样本集、样本和特征向量的构造方法,最后通过对 3 种聚类方法在图像聚类上的实际应用说明了机器学习在图像处理上的应用流程。

第 9 章 CHAPTER 9 图像处理软件开发

54min

日常生活中对于图像处理的应用随处可见，但作为一门专业性强且仍处于快速发展的技术，要满足非图像处理专业人员的需求，就需要提供图像处理工具。图形用户界面(GUI)是当前最主流的人机交互方式，可用于集成图像处理功能，方便图像处理方法的使用。本章将介绍使用 Tkinter 库进行图像处理软件开发，实现一个简单的图像处理软件。

9.1 Tkinter 介绍

在安装 Python 后，Python 的标准库中默认包含了一个图形用户界面(GUI)库——Tkinter。Tkinter 库是对 Tk/Tcl 的一个集成和封装，提供了使用 Python 语言编写 GUI 程序的接口，支持使用面向对象的编程技术。简单、易用、无须安装是 Tkinter 库编写 GUI 程序最主要的优点。

以下通过一个 Tkinter 程序的例子介绍 GUI 程序设计中的一些概念，代码如下：

```
#第 9 章/Tkinter 基础.ipynb
#导入 Tkinter 库
import tkinter as tk
from tkinter import ttk

#创建一个主窗体
root=tk.Tk()

#设置窗体名称
root.title('图像卷积')

#创建一个标签
label=ttk.Label(root, text="输入图像",anchor='e')

#将标签添加到窗体的 0 行 0 列
label.grid(row=0,column=0,sticky='nesw',pady=(25,0),ipadx=30)

#创建一个输入框
entry = ttk.Entry( root)
```

```
#将输入框添加到窗体的 0 行 1 列中
entry.grid(row=0,column=1,sticky='w',pady=(25,0))

#创建另一个标签,并添加到窗体的 1 行 0 列
label2=ttk.Label(root, text="卷积核尺寸",anchor='e')
label2.grid(row=1,column=0,sticky='nesw',pady=15)

#创建另一个输入框,并添加到窗体的 1 行 1 列
entry2 = ttk.Entry( root)
entry2.grid(row=1,column=1,sticky='w',padx=(0,30))

#添加一个按钮,并添加按钮单击事件
bt=ttk.Button(root,text="运行",command=lambda :print("单击了运行"))
bt.grid(row=2,column=1,pady=(0,25))

#启动事件循环,运行 GUI,显示界面,接受用户交互
root.mainloop()
```

在上述代码中导入了 Tkinter 库,用于创建 GUI 程序,使用 Tkinter 库创建了一个窗体,设置了窗体的名称,然后向窗体添加了两个标签,两个输入框,以及 1 个按钮等控件,控件按照行列号使用网格布局放置在窗体中,此外,给按钮添加了 1 个单击事件,当单击按钮时,按钮会触发单击事件,在终端中打印文字"单击了运行",代码运行的结果如图 9-1 所示。

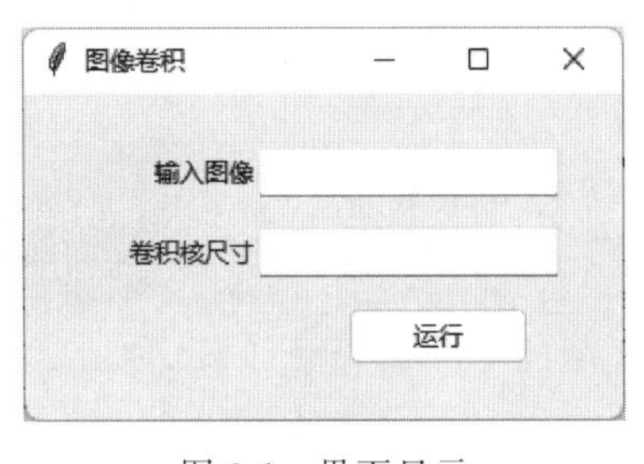

图 9-1 界面显示

在上述例子中有一些使用 Tkinter 进行 GUI 编程时需要用到的概念,如窗体、控件、事件、布局等。在进行图像处理程序开发前需要了解和熟悉这些 Tkinter 库的基本结构和组成。以下对 Tkinter 中的主要概念进行简要介绍。

注意:使用 Python 制作 GUI 程序的库常用的还有 PyQt、PySide、wxPython 等,甚至可使用 Web 技术(HTML/CSS/JavaScript)。

9.1.1 控件

控件(Widget)是程序在屏幕中可见的区域,如图 9-1 所示。控件有时也被称为组件(Controls)或者视窗(Window)。控件可分为两类,一类是实现一定功能的普通控件,如按钮、输入框、单选框等,另一类是可容纳其他窗体的容器控件,如主窗体、顶级窗体(Toplevel)、框架(Frame)、标签页(Notebook)等。在 Tkinter 中,所有控件都是 Widget 的子类,继承了 Widget 的相关方法。

在整个 Tkinter 编写的 GUI 程序中,每个控件作为一个节点,根据节点的从属关系构成树形结构。整棵树由一个根节点、若干子节点和若干叶节点构成。根节点是一个 tk. Tk()对象,作为整个 GUI 程序的最顶级节点,提供了整个 GUI 程序的事件循环和一个默认的主窗

体,程序中所有其他的控件都是它的子孙。分支节点是由一些容器控件构成,分支节点的子节点可以是普通控件,也可以是另一个容器控件。叶节点就是一些普通控件,用于实现一些具体的功能。

在实际的编程过程中,当用户界面较复杂时,即整棵树的规模较大时,对所有控件直接进行编程就变得困难。此时,可以将整棵树拆分为多棵子树,将每棵子树看作一个独立容器,借助 Tkinter 面向对象编程,分别实现子树所对应的 GUI 程序部分,再对子树进行组合,形成最终的程序。这样由部分到整体的编程方法可有效地解决复杂界面的编程问题。

整个 Tkinter 程序呈现一棵树形结构,因此,除了根节点外,每个节点都有父节点。在 Tkinter 中获取一个控件的父控件可以通过控件的 master 属性获取,代码如下:

```
#获取父节点控件
label.master #label 是控件名
```

在 Tkinter 中获取一个控件的所有子控件可以通过控件的 winfo_children()方法获取,代码如下:

```
#获取子节点控件
root.winfo_children() #root 是控件名
```

控件是 GUI 程序中最主要的部分,大部分控件分布在 Tkinter 库和 Tkinter 库下的 ttk 子库中,其中 Tkinter 库中包含了 Tk/Tcl 中经典的控件,而在 ttk 子库中包含了新一代的控件,相较于经典控件,ttk 子库中的控件支持样式的设置和更多的控件种类,能够开发出外观更美、交互程度更友好的 GUI 程序。在 ttk 子库中包括了总共 18 种不同类型的控件,其中 12 种是经典控件的替代和升级,6 种是新引进的控件。由于 ttk 控件具有更多现代特性,因此在开发时要优先使用 ttk 子库中的控件。

Tkinter 库中经典控件和 tkk 子库中的控件大部分是一一对应的,但是也有少部分是专有的,在编程时可以混合使用。一般来讲,当以 ttk 子库的控件为主时,只有用到没有的控件时才应当考虑使用经典控件。表 9-1 列出了 Tkinter 库中包含的主要控件。

表 9-1　Tkinter 中的控件

控件类名	控件名称	所在位置	控件类名	控件名称	所在位置
Button	按钮	经典/ttk	Checkbutton	复选按钮	经典/ttk
Entry	输入框	经典/ttk	Frame	框架	经典/ttk
LabelFrame	带有标签的框架	经典/ttk	Menubutton	带有菜单的按钮	经典/ttk
PanedWindow	标签窗体	经典/ttk	Radiobutton	单选按钮	经典/ttk
Scale	滑动条	经典/ttk	Scrollbar	滚动条	经典/ttk
Label	标签	经典/ttk	Spinbox	数值选择控件	经典/ttk
Combobox	下拉列表	ttk 专有	Notebook	分页容器	ttk 专有
Progressbar	进度条	ttk 专有	Seperator	分割控件	ttk 专有
Sizegrip	窗体调整控件	ttk 专有	Treeview	复杂列表控件	ttk 专有
Canvas	画布控件	经典专有	Listbox	列表控件	经典专有

在 Python 中创建控件时，根据表 9-1 中控件的所在位置和控件类名，可使用下列方法创建控件，代码如下：

```
#第 9 章/Tkinter 基础.ipynb
#导入 Tkinter 库
import tkinter as tk
from tkinter import ttk

#当控件所在位置为经典/ttk 时
#创建经典控件
cbt=tk.Button()
#创建 ttk 控件
bt=ttk.Button()

#当控件所在位置为 ttk 专有时
pb=ttk.Progressbar()

#当控件所在位置为经典专有时
ca=tk.Canvas()
```

注意：对于经典控件和 ttk 子库中同名的共有控件在创建时二者可设置的参数不完全相同，要根据控件进行正确设置。

控件在创建时需设置或动态地修改相关的参数，以改变控件的外观或者动作响应。由于 Tkinter 中控件众多，并且各控件的功能不同，所以配置参数也不尽相同。控件的 keys() 方法可获取该控件可配置的所有参数项，以下通过获取 Button 控件的参数为例，代码如下：

```
#第 9 章/Tkinter 基础.ipynb
#经典按钮
bt=tk.Button()
param=bt.keys()                    #获取控件的可配置参数
print(param)
#ttk 按钮
btt=ttk.Button()                   #获取控件的可配置参数
param1=btt.keys()
print(param1)
```

以上代码的输出结果如下：

```
['activebackground', 'activeforeground', 'anchor', 'background', 'bd', 'bg', 'bitmap',
'borderwidth', 'command', 'compound', 'cursor', 'default', 'disabledforeground', 'fg',
'font', 'foreground', 'height', 'highlightbackground', 'highlightcolor',
'highlightthickness', 'image', 'justify', 'overrelief', 'padx', 'pady', 'relief',
'repeatdelay', 'repeatinterval', 'state', 'takefocus', 'text', 'textvariable',
'underline', 'width', 'wraplength']
['command', 'default', 'takefocus', 'text', 'textvariable', 'underline', 'width',
'image', 'compound', 'padding', 'state', 'cursor', 'style', 'class']
```

在上述代码中，创建了经典的按钮和ttk子库中的按钮，分别使用keys()方法获取了两个控件的配置参数，设置这些参数可改变控件的外观、状态和动作，可以看出两个同为按钮的控件具有不同的参数项，因此在使用时需要注意甄别使用控件的来源，错误的配置会引发程序运行异常。

对于控件参数的设置既可以在创建控件时初始化控件，也可以在创建后动态地进行修改。动态修改控件参数有两种方法，一种是使用控件的config(key=value)方法进行修改，另一种是将控件作为字典，使用['key']=value方法进行修改，其中'key'表示控件可配置的参数。以下代码展示了设置控件参数的方法：

```
#第9章/Tkinter基础.ipynb
btt=ttk.Button(text="按钮",cursor='cross')          #控件初始化时设置参数
btt.config(text="config设置按钮文本")                 #修改按钮上显示的文本
btt['cursor']='dot'                                  #修改鼠标在按钮上的形状
btt.grid()
btt.mainloop()
```

在上述代码中，先创建了一个ttk子库中的按钮控件，并在创建时设置了控件上的文本，以及鼠标悬停在按钮上时的形状，随后分别使用config()方法和字典键值设置方法修改相关参数的值，最后显示按钮，按钮会按照最后的配置进行显示。

控件不带参数的config()方法可获取控件当前参数字典，该字典以配置的参数为键，以参数的配置信息为值。获取控件参数字典的方法，代码如下：

```
#第9章/Tkinter基础.ipynb
bt=ttk.Button(text="按钮")
bt.config()
#代码输出结果
{'command': ('command', 'command', 'Command', '', ''),
'default': ('default', 'default', 'Default', <string object: 'normal'>,
  <string object: 'normal'>),
'takefocus': ('takefocus', 'takeFocus', 'TakeFocus', 'ttk::takefocus',
  'ttk::takefocus'),
'text': ('text', 'text', 'Text', '', '按钮'),
'textvariable': ('textvariable', 'textVariable', 'Variable', '', ''),
'underline': ('underline', 'underline', 'Underline', -1, -1),
'width': ('width', 'width', 'Width', '', ''),
'image': ('image', 'image', 'Image', '', ''),
  <string object: 'none'>),
'compound': ('compound', 'compound', 'Compound', <string object: 'none'>,
'padding': ('padding', 'padding', 'Pad', '', ''),
'state': ('state', 'state', 'State', <string object: 'normal'>,
  <string object: 'normal'>),
'cursor': ('cursor', 'cursor', 'Cursor', '', ''),
'style': ('style', 'style', 'Style', '', ''),
'class': ('class', '', '', '', '')}
```

9.1.2 事件

当GUI程序启动后，程序就会进入事件循环中，事件循环负责进行事件的调度，如更新GUI，以及接收和处理用户的交互，从而完成程序或用户触发的任务。事件就是由用户和GUI交互过程中被触发、捕获和响应的动作，例如单击按钮、按下按键、鼠标移动、窗体缩放等都是事件。

事件循环是由Tkinter库所维护的，在设计程序时只需编写事件相关处理功能。事件源、事件类型和事件回调函数是事件处理时需要考虑的，例如，在实现单击按钮时显示字符串的功能中，事件源就是按钮，事件类型就是单击，事件回调函数就是显示字符串。

Tkinter提供了多种灵活的事件处理机制，对于常用控件的默认事件，提供了command参数以绑定事件回调函数；对于控件的其他事件则通过控件的bind()方法对事件类型和事件回调函数进行绑定；此外，Tkinter中的变量可使用trace_add()方法绑定事件回调函数，以响应变量值在读取、写入或读取/写入时的事件。下面以3种事件绑定的示例，说明在Tkinter中进行事件绑定的方法。

(1) 使用控件的command参数绑定事件，代码如下：

```
#第9章/Tkinter基础.ipynb
#回调函数
def showtext():
    print('单击了按钮')
#创建按钮时绑定事件
bt=ttk.Button(text="单击触发",command=showtext)
bt.grid(row=1,column=0,stick='news')
bt.mainloop()
```

上述代码在创建按钮时将回调函数作为command参数的值与控件绑定，代码运行时，单击按钮，触发回调函数，在终端里打印字符串“单击了按钮”。此外，也可以在控件创建后使用bt.config(command=showtext)或bt['command']=showtext方法绑定事件。

(2) 使用控件的bind()方法绑定事件，代码如下：

```
#第9章/Tkinter基础.ipynb
#回调函数
def showtext(event):
    print('进入了按钮')
bt=ttk.Button(text="单击触发")
bt.bind('<Enter>',showtext)
bt.grid(row=1,column=0,stick='news')
bt.mainloop()
```

上述代码在创建按钮后，通过按钮控件的bind()方法为其绑定了一个鼠标进入按钮的事件，代码运行时，当鼠标进入按钮后会触发回调函数，在终端里打印字符串“进入了按钮”。使用bind()方法绑定事件时会给回调函数传入一个事件对象，包含事件触发时的一些属性，如触发事件的控件、事件发生的坐标等。表9-2列出了Tkinter中内置的一些常见的事件类型，可使用控件的 bind()进行绑定。

表 9-2　常见的事件类型

事件类型	事件触发条件	事件类型	事件触发条件
<Button-1>	鼠标左键	<Button-2>	鼠标中键
<Button-3>	鼠标右键	<MouseWheel>	鼠标中键滚动
<KeyPress>	键盘按下	<KeyRelease>	键盘释放
<ButtonPress>	鼠标按下	<ButtonRelease>	鼠标释放
<FocusIn>	控件获得键盘焦点	<FocusOut>	控件失去键盘焦点
<Enter>	鼠标进入控件	<Leave>	鼠标离开控件
<Motion>	鼠标移动	<Destroy>	控件销毁
<Configure>	控件状态改变	<Double-Button>	鼠标双击
<Activate>	控件激活	<Deactivate>	控件失活

注意：在 Tkinter 中，可通过对事件类型添加修饰器，支持对事件类型更详细的定义，例如按键事件<KeyPress>会在键盘任意键按下时触发，当对其修饰为<Control-Shift-KeyPress-H>事件类型时，只会对同时按下 Control、Shift 和 H 键时触发事件。

（3）对 Tkinter 中的变量绑定事件，代码如下：

```
#第 9 章/Tkinter 基础.ipynb
root=tk.Tk()
var=tk.StringVar()
def showtext(*arg):
    print('改变了变量的值')
var.trace_add('w',showtext)
var.set('abc')
```

上述代码创建了一个 Tkinter 中的字符串变量，通过字符串变量的 trace_add()方法创建了当该变量的值被修改时触发的事件。在 Tkinter 中，支持 BooleanVar、DoubleVar、IntVar 和 StringVar 共 4 种变量，提供了对布尔值、浮点数、整数和字符串类型的支持。变量的 trace_add()方法接收两个参数，第 1 个参数表示绑定的事件类型，当为'w'时表示变量写入时触发，当为'r'时表示变量读取时触发，以及当为'unset'时表示变量写入或读取时触发，第 2 个参数为回调函数。对于变量，一般作为控件的参数 variable 或 textvariable 的值实现控件与变量值的双向绑定。

此外，Tkinter 还提供了虚拟事件，以方便在程序中自定义事件，例如复制、粘贴、剪切、选择等事件。部分较复杂的控件（如 Listbox 和 Notebook 等）提供了内置的虚拟事件，此外，虚拟事件可通过控件的 event_add()方法添加自定义的虚拟事件，通过 event_generate()方法触发虚拟事件。

9.1.3　布局

在 GUI 界面中，控件的排布方式就是布局。Tkinter 支持 3 种将控件放置在父控件内的布局方法,分别是控件的 pack()、grid()和 place()方法。pack()布局是一种相对部局方法,默认将控件按添加的先后顺序,自上而下,一行行地进行排列,居中放置,对其的理解和使用较难。grid()布局是一种网格式的布局方法,将控件放置区域划分为规则的格网,类似于表格,通过行号和列号确定控件放置位置,使用较为方便。place()布局是一种绝对布局方法,可以直接指定控件在主窗体内的绝对位置,或者相对于其他控件定位的相对位置,使用简单,但灵活性较差。以下对 grid()布局和 place()布局的使用进行介绍。

1. grid()布局

grid()布局是控件在放置时将区域划分为网格,按照网格为单位放置控件。控件放置的区域是由其父控件所占据的,父控件可以是主窗体、TopLevel 控件、Frame 控件、LabelFrame 控件和 Canvas 控件等容器控件。

行号和列号用于在 grid()布局时定位控件的放置位置。多个控件使用 grid()布局时,行号相同的控件位于同一行,列号相同的控件位于同一列。行号和列号必须是非负整数,如 0、1、2、3 等,控件放置时可任意设置行号和列号,无须从 0 开始。每行的高度和宽度都由本行中控件的大小所决定,并非是均匀划分的。当一行或一列没有控件时,该行的高度或该列的宽度就是 0。通过设置控件 grid()方法的参数 row 和 column 的值确定控件放置的行号和列号。

控件可以占据多行或多列,类似于表格中的单元格合并,能增加 grid()布局的灵活性,从而可构造更复杂的布局,形成更美观的 GUI 界面。通过设置控件 grid()方法的参数 columnsapn 和 rowspan 的值确定控件占据的列数和行数。

表 9-3 列出了控件的 grid()方法可设置的参数及其及含义。

表 9-3 grid()布局参数及其功能

参 数 名	参 数 含 义
column	控件位于表格中的第几列,窗体最左边的为起始列,默认为第 0 列
columnsapn	控件所跨的列数,默认为 1 列,通过该参数可以合并一行中多个邻近单元格
row	控件位于表格中的第几行,窗体最上面为起始行,默认为第 0 行
rowspan	控件实例所跨的行数,默认为 1 行,通过该参数可以合并一列中的多个邻近单元格
sticky	设置控件位于单元格的哪个方位上,参数值可取'nesw'中的任意组合,若不设置该参数,则控件在单元格内居中
ipadx	用于控制内边距,在单元格内部,左右方向上填充指定大小的空间,单位是像素
ipady	用于控制内边距,在单元格内部,上下方向上填充指定大小的空间,单位是像素
padx	用于控制外边距,在单元格外部,左右方向上填充指定大小的空间,单位是像素
pady	用于控制外边距,在单元格外部,上下方向上填充指定大小的空间,单位是像素

以下的示例给出了 Tkinter 中 grid()布局的使用方法,代码如下:

```
#第 9 章/Tkinter 基础.ipynb
#grid()布局
root=tk.Tk()
#左上角的一组按钮
```

```
for i in range(5):
    for j in range(5):
        tmp=ttk.Button(text=f'({i},{j})')
        tmp.grid(column=j,row=i)
#右上角的一组按钮
for j in range(5,10):
    tmp=ttk.Button(text=f'(0,{j})')
    tmp.grid(column=j,row=0,rowspan=5,sticky='nesw')
#左下角的一组按钮
for i in range(5,10):
    tmp=ttk.Button(text=f'({i},5)')
    tmp.grid(column=0,row=i,columnspan=5,sticky='nesw')
#右下角的一个按钮
ttk.Button(text='(5,5)').grid(row=5,column=5,rowspan=5,columnspan=5,stick=
'nesw')
root.mainloop()
```

在上述代码中，创建了一些按钮，并使用按钮的 grid()方法进行布局，在布局时使用了不同的参数，通过设置行号、列号、跨行数和跨列数以改变控件的外观，运行效果如图 9-2 所示。

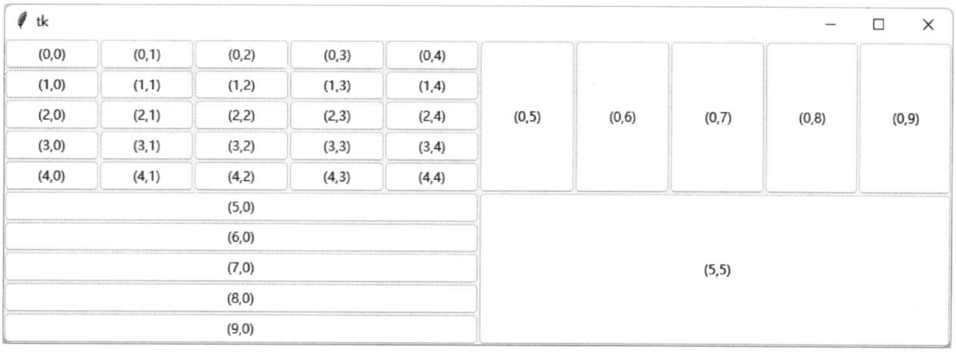

图 9-2　grid()布局示例

控件在使用 grid()布局后，如果放大父控件的尺寸，则控件的尺寸不会跟随变化，这会造成新增区域空余，造成程序体验下降，如图 9-3(a)所示。解决方法是通过父控件的 columnconfigure()和 rowconfigure()方法设置特定行和特定列的权重，从而当父控件缩放时这些指定了权重的行和列会自行调整占据新增的区域。设置自适应 grid()布局缩放的功能只需在上述代码的倒数第 2 行插入以下两行代码：

```
root.rowconfigure(index=5,weight=1)
root.columnconfigure(index=5,weight=1)
```

代码的运行结果如图 9-3(b)所示，在放大父控件（主窗体）的尺寸时，设置了权重的行或列会自行地缩放以占据整个父控件，大大增加了布局的适应性。

2. place()布局

place()布局管理器可以直接指定控件在父控件内的绝对位置，或者相对于其他控件的

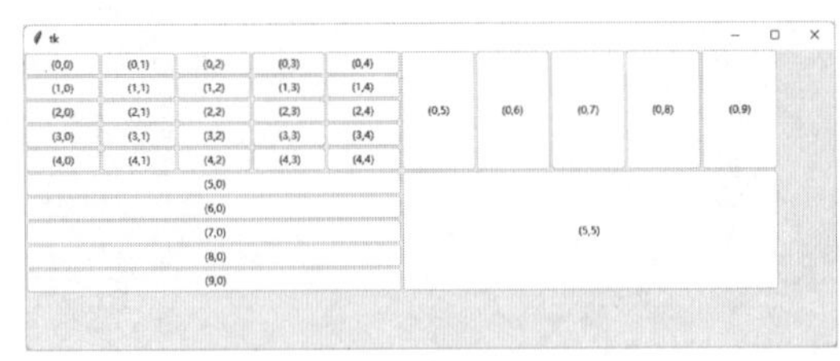

(a) 未设置行列权重

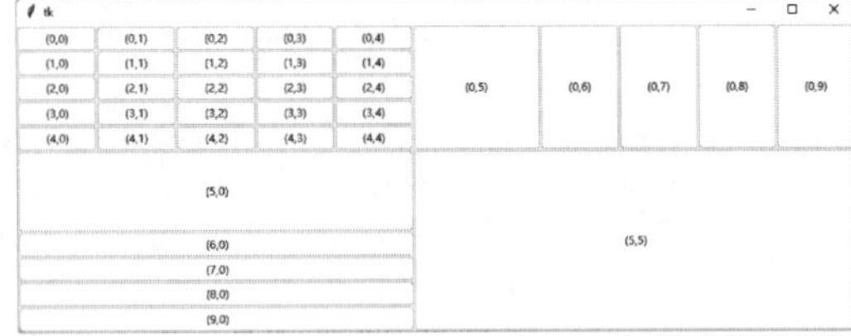

(b) 设置行列权重

图 9-3 grid()布局的缩放

相对位置。这种布局在界面尺寸固定或对控件布局有特殊要求的情况下使用具有优势。在Tkinter中,控件的区域定位是以左上角为原点,x 轴的方向向右,y 轴的方向向下的坐标系,尺寸的单位是像素。控件使用 place()布局时的参数及其功能如表 9-4 所示。

表 9-4 place()布局参数及其功能

参 数 名	参 数 含 义
anchor	控件的定位基准(原点),可以是'news'中的一个或两个的组合,或者'center'
bordermode	定义控件的坐标是否要考虑边界的宽度,参数值为'outside'(排除边界)或'inside'(包含边界),默认值为'inside'
x	控件在父控件水平方向的绝对位置,单位是像素
y	控件在父控件垂直方向的绝对位置,单位是像素
relx	控件相对于父控件在水平方向上的相对比例,取值范围为 0.0~1.0
rely	控件相对于父控件在垂直方向上的相对比例,取值范围为 0.0~1.0
height	控件自身的高度,单位为像素
width	控件自身的宽度,单位为像素
relheight	控件高度相对于父窗体高度的比例,取值为 0.0~1.0
relwidth	控件宽度相对于父窗体宽度的比例,取值为 0.0~1.0

以下的示例给出了使用 place()布局的方法,代码如下:

```
#第 9 章/Tkinter 基础.ipynb
#使用 place()布局,调整控件的位置
root=tk.Tk()
root.geometry('400x300')

bt=ttk.Button(root,text="绝对定位")
#绝对尺寸
bt.place(x=20,y=150,width=100,height=100)

#比例尺寸
bt1=ttk.Button(root,text="比例定位相对尺寸")
bt1.place(relx=0.3,rely=0.2,relwidth=0.5,relheight=0.5)

#定位基准
bt2=ttk.Button(root,text="定位基准")
bt2.place(relx=0.55,rely=0.45,relwidth=0.2,relheight=0.2,anchor='center')
root.mainloop()
```

在以上代码中，定义了3个按钮，分别使用绝对尺寸、比例尺寸和定位基准等参数设置，代码的运行结果如图9-4所示。当改变窗体时，可以看到使用相对尺寸的控件会随窗体大小的变化而变化，而使用绝对尺寸的控件不会发生改变。

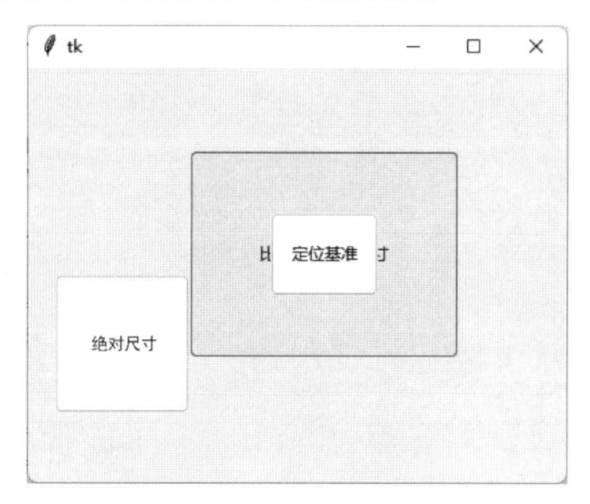

图9-4　place()布局示例

注意：在控件布局时，GUI窗体尺寸的改变可能会造成布局出现意外，引发布局的混乱。固定窗口尺寸，使窗体尺寸不可调整，可以使用 root.resizable(width=False,height=False)方法。

9.2　常用控件的使用

在Tkinter中，控件分为经典控件和ttk控件两种，ttk控件是对经典控件的扩展，对部分经典控件进行了改进，并提供了一些新的控件。以下对Tkinter中部分控件的使用方法进行介绍，以ttk控件为主，辅以少量未包含在ttk中的经典控件，为图像处理软件的开发提供基础。

9.2.1　基本控件

1. 标签

标签用于展示静态文本信息或者图像，结合控件的延时函数可以实现动画或播放视频。在标签中显示文本信息只需将要显示的文本传入标签的text参数，代码如下：

```
#第9章/Tkinter基础.ipynb
#在标签中显示文本，结果如图9-5(a)所示
root=tk.Tk()
label=ttk.Label(root,
                text="标签",
                font=('宋体',20, 'bold italic'),
```

```
                  background="#7CCD7C",
                  padding=138,borderwidth=10, relief="sunken")

label.grid(row=0,column=0)
root.mainloop()
```

在标签中显示图像时,先构造 PhotoImage 对象以保存需要显示的图像,然后将图像作为标签的 image 参数进行设置,代码如下:

```
#第 9 章/Tkinter 基础.ipynb
#在标签中显示图像,结果如图 9-5(b)所示
root=tk.Tk()
#创建一个 image 对象,并通过 master 属性挂载
img=tk.PhotoImage(master=root,file="../images/lena.png")

label=ttk.Label(root,
                  image=img,                    #设置标签的图像
                  background="#7CCD7C",
                  padding=10)

label.grid()
root.mainloop()
```

(a) 显示文本

(b) 显示PNG图像

(c) 显示其他格式图像

图 9-5 标签控件

PhotoImage 只支持打开 PNG、GIF、PPM 和 PGM 等几种格式的图像,对于其他格式的图像可通过 Pillow 库进行转换,代码如下:

```
#第 9 章/Tkinter 基础.ipynb
#在标签中显示图像,结果如图 9-5(c)所示
from PIL import Image,ImageTk
root=tk.Tk()
#使用 PIL 打开其他类型的图像
image=Image.open('../images/lena.tif')
#将图像转换为 Tk 支持的图像类型
img=ImageTk.PhotoImage(image,master=root)
```

```
#设置标签的图像
label=ttk.Label(root,image=img)
label.grid()
root.mainloop()
```

2. 按钮

按钮是 GUI 中最常用的与用户交互的控件,在使用时设置名称和单击事件后,当用户单击按钮时触发事件,对用户单击事件进行响应。

下面的例子展示了按钮的创建和通过参数 command 设置单击事件,代码如下:

```
#第 9 章/Tkinter 基础.ipynb
root=tk.Tk()

#设置回调函数
def callback():
    print("您已单击按钮!")

#使用按钮控件调用函数
b = ttk.Button(root, text="单击确认",command=callback)
b.grid(row=0,column=0)
root.mainloop()
```

当使用 command 参数设置按钮的单击事件时,回调函数不能接收参数,这在有些情况下会限制单击事件的使用范围。利用函数闭包机制可以解决上述问题,为回调函数传入额外参数。使用函数闭包机制向一组按钮添加单击事件,代码如下:

```
#第 9 章/Tkinter 基础.ipynb
#利用函数闭包向回调函数传参
root=tk.Tk()
#函数闭包
def getcallback(i,j):
    def callback():
        print(f'单击了按钮({i},{j})')
    return callback
for i in range(10):
    for j in range(10):
        tmp=ttk.Button(text=f'({i},{j})',command=getcallback(i,j))
        tmp.grid(column=j,row=i)
root.mainloop()
```

在上述代码中,利用循环产生了 10 行 10 列共 100 个按钮,每个按钮上标注了其行列号,每个按钮的单击事件是打印该按钮所在行列号。使用函数闭包的方法,就可以将按钮所在的行和列作为参数传入不同按钮的事件响应函数中,为每个按钮添加各自的事件响应。

对于按钮的其他事件(如鼠标双击或按键等)可以通过按钮的 bind()方法添加。相较于上述简单的 command 回调函数,bind()方法绑定时会向回调函数传入一个事件对象。事件对象包含了事件在触发时的一些信息,如触发事件的控件,以及事件发生的位置等。

下面的示例展示了使用 bind()方法为按钮绑定双击事件，当按钮被双击时利用事件对象获取和显示鼠标在屏幕中的位置，代码如下：

```
#第 9 章/Tkinter 基础.ipynb
root=tk.Tk()

#设置回调函数
def callback(e):
    print("您已双击按钮!")
    print(f"单击在屏幕的{e.x_root},{e.y_root}")

#使用按钮控件调用函数
b = ttk.Button(root, text="双击确认")
#使用 bind()方法绑定事件
b.bind('<Double-Button-1>',callback)
b.grid(row=0,column=0)
root.mainloop()
```

3. 输入框

输入框是接收用户键盘上符号输入的控件，可用于接收文本、数字，可作为密码输入框等。

下面的例子展示了文本框的创建方法，并在创建时与一个字符串变量绑定，可以通过字符串变量获取或设置输入框中的内容，代码如下：

```
#第 9 章/Tkinter 基础.ipynb
#创建了一个输入框并将其值与一个变量绑定，结果如图 9-6(a)所示
root=tk.Tk()
txt=tk.StringVar(root,value='你好')
entry=ttk.Entry(root,font=("微软雅黑",20),width=20,textvariable=txt)
entry.grid(row=0,column=0)
tk.mainloop()
```

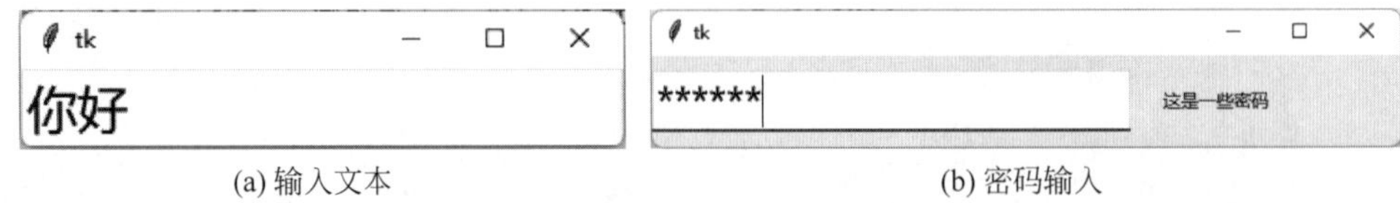

(a) 输入文本　　(b) 密码输入

图 9-6　文本框控件

下面的例子展示了将输入框改为密码框，并利用变量的双向绑定机制实现输入框中的内容与标签中的内容同步，代码如下：

```
#第 9 章/Tkinter 基础.ipynb
#设置为密码模型，结果如图 9-6(b)所示
root=tk.Tk()
txt=tk.StringVar(root,value='')
entry = ttk.Entry(root,show="*",font=("微软雅黑",20),width=20,textvariable=txt)
entry.grid(row=0,column=0)
```

```
lb=ttk.Label(root,textvariable=txt,width=20,anchor='w',padding=20)
lb.grid(row=0,column=1)
tk.mainloop()
```

4. 单选按钮

通常可由多个单选按钮联合构成一组选项，每次最多只能有一个选项处于激活状态。与其他控件获取值时读取相应的控件属性不同，为了获取一组单选按钮的值通常使用变量绑定的方法，以避免使用轮询。

下面的例子展示了单选按钮的使用方法，代码如下：

```
#第 9 章/Tkinter 基础.ipynb
root=tk.Tk()

def selected():
    strings='您选择了' + v.get() + ',祝您学习愉快'
    lable.config(text = strings)

#创建变量
v=tk.StringVar(value=None)

site=['C','C++','C#','Python','Java']

#单选按钮
for name in site:
    #text 为显示的文本,variable 为绑定的变量,value 为选中时的值
     radio_button=ttk.Radiobutton(root, text=name, variable=v, value=name,
command=selected)
    radio_button.grid(sticky='w',ipadx=150)
    lable=ttk.Label(root,font=('微软雅黑', '15', 'bold'),foreground='#43CD80',
background='gray')
lable.grid(stick='news')

root.mainloop()
```

在上述代码中，创建了一个字符串变量，用于保存一组单选按钮的选择结果，使用一个列表存储了选项，利用循环创建了一组单选按钮。这组单选按钮的文本和值都使用列表中的选项，将事件回调函数设置为相同，并都与字符串变量绑定，表示一组内的按钮是互斥的。在回调函数内根据当前选中的项目修改标签中显示的字符串，代码的运行结果如图 9-7 所示。

当界面中包含多组单选按钮时，使用上述逐个添加的方法十分低效，可以通过类对同属一组的控件进行管理，形成一个复合控件。在使用时通过类的实例化对复合控件进行复用，达到精简程序，改善程序结构的效果。下面的例子展示了使用面向对象的方法通过创建单选项类生成复合控件的方法，代码如下：

图 9-7　单选按钮

```
#第 9 章/Tkinter 基础.ipynb
class RadioGroup:
    def __init__(self, parent, options):
        #创建一个单选按钮组类
        self.var=tk.StringVar(value=None) #创建变量,用于跟踪所选的选项
        self.options=options
        for text in options:
            button=ttk.Radiobutton(parent, text=text, variable=self.var, value
=text,command=self.select)
            button.grid(sticky='w')
        self.lb=ttk.Label(root,font=('微软雅黑', '15','bold'),foreground='#43CD80',
background='gray',width=20)
        self.lb.grid(stick='news')
    def select(self):
        self.lb.config(text=self.var.get())

root=tk.Tk()

#创建选项列表
options=["C", "C++", "Python"]
options2=["中国", "英国", "法国"]

#创建第 1 组按钮
lb=ttk.Label(root,text='第 1 题：')
lb.grid(sticky='w')
group=RadioGroup(root, options)
#创建第 2 组按钮
lb2=ttk.Label(root,text='第 2 题：')
lb2.grid(sticky='w')
group2=RadioGroup(root, options2)

root.mainloop()
```

在上述代码中定义了一个 RadioGroup 类，用于生成一组单选按钮，在使用时，只需创建该类的实例即可创建一组单选按钮，当需要多组时可创建多个实例，代码的运行效果如图 9-8 所示。

图 9-8　多组单选按钮

5. 复选框

相较于单选按钮，复选框相互之间不影响，即在选中一个选项时不影响和排斥其他复选框的状态。下面通过示例展示复选框的用法，代码如下：

```
#第 9 章/Tkinter 基础.ipynb
root=tk.Tk()

def select():
    s=','.join([v.get() for v in vars if v.get()])
    res=f'您选择了{s}。'
    lable.config(text=res)

sites=['C', 'C++', 'C#', 'Python', 'Java']
vars=[]
for site in sites:
    v=tk.StringVar()
    vars.append(v)
    ck=ttk.Checkbutton(root, text=site,variable = v,onvalue=site,offvalue='')
    ck.grid(sticky='w')

btn=ttk.Button(root,text="选好了",command=select)
btn.grid(sticky='w')
    lable=ttk.Label(root,font=('微软雅黑', '15','bold'), foreground='#43CD80',
width=25,background='gray')
lable.grid()
tk.mainloop()
```

在上述代码中，通过循环的方式创建了多个复选框，并将每个复选框的值与变量绑定，当单击按钮时会从复选框绑定的变量中读取复选框的值，并显示在标签中，如图 9-9 所示。

图 9-9 复选框

6. 单选列表

单选列表是一种将多个选项排列展示的控件，具有以列表方式展示多条数据等功能。单选列表支持 << ListboxSelect >>虚拟事件并会在列表元素被选中时触发，从而可根据选中元素执行相应的动作。

下面的示例展示了单选列表的使用方法，代码如下：

```
#第 9 章/Tkinter 基础.ipynb
#创建列表选项
listbox=tk.Listbox(root,width=30)

#创建一个 StringVar 变量,并将其赋值给 Listbox 的 listvariable 属性
strvar=tk.StringVar()
listbox.config(listvariable=strvar)
#将数据添加到 StringVar 变量中
```

```
data=["apple", "banana", "orange", "pear"]
strvar.set(data)

#向列表末尾添加多个新值
for item in ["C","C++","C#","Python","Java"]:
    listbox.insert("end",item)

listbox.grid()

lb=ttk.Label(root,font=('微软雅黑', '15','bold'),foreground='#43CD80', background=
'gray')
lb.grid(sticky='ew')

def showselected(e):
    c=e.widget.curselection()
    r=e.widget.get(c)
    lb.config(text=f"选择了:{r}。")
#选中选项时触发的虚拟事件
listbox.bind("<<ListboxSelect>>",showselected)

root.mainloop()
```

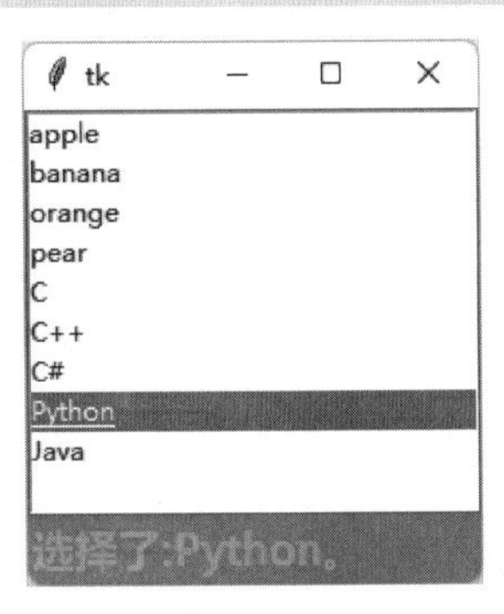

图 9-10　单选列表

在上述代码中,创建了一个单选列表控件,通过设置变量和列表控件的 insert()函数两种方法向列表控件添加选项,在事件处理上监听单选列表的选项选中虚拟事件,在事件处理时,将选中元素内的文本显示在标签中,代码的运行效果如图 9-10 所示。

7. 下拉列表

下拉列表是一种提供了多选一功能的控件,其自身占据空间较少,只有在选择时显示选项。下拉列表在选项发生变化时会触发虚拟事件<< ComboboxSelected >>,可监听和处理此事件以实时响应选项发生变化时的动作。

下面的代码展示了下拉列表的使用方法,代码如下:

```
#第 9 章/Tkinter 基础.ipynb
root=tk.Tk()

#创建列表选项
data=["apple", "banana", "orange", "pear", "C", "C++", "C#", "Python", "Java"]
combbox=ttk.Combobox(root, values=data)
combbox.grid()

def showselected(e):
    v=e.widget.get()
    lb.config(text=v)
combbox.bind('<<ComboboxSelected>>',showselected)
```

```
lb=ttk.Label(root,font=('微软雅黑', '15','bold'),foreground='#43CD80', background=
'gray')
lb.grid(sticky='ew')

root.mainloop()
```

在上述代码中创建了一个下拉列表，将选项作为 values 参数进行设置，并绑定了一个选项发生变化时在标签中显示所选项目的事件，上述代码的运行结果如图 9-11 所示。

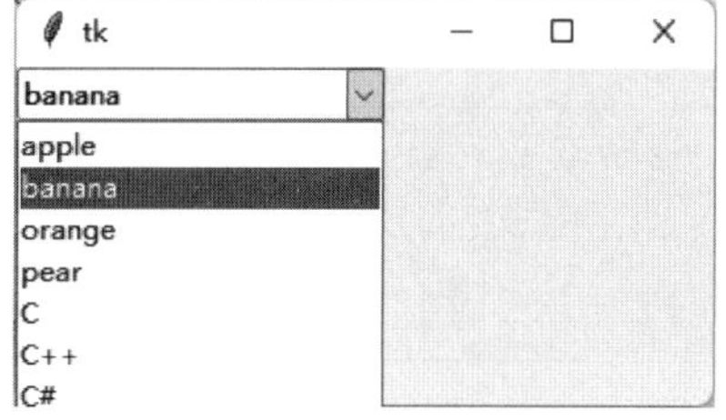

图 9-11　下拉列表

8. **滑动条**

滑动条是一种使用鼠标拖动以设置数值的控件，在创建时需要提供最小值和最大值，用于确定数值选择范围。滑动条中的滑块在滑动时会触发数值变化事件，设置该事件可对数值变化实时地进行响应。

下面展示滑动条的使用，代码如下：

```
#第 9 章/Tkinter 基础.ipynb
root=tk.Tk()

doublevar=tk.DoubleVar()
#创建列表选项
scale=ttk.Scale(root, variable=doublevar, from_=0, to=100, orient='horizontal')
scale['command']=lambda value:lb.config(text=f'{value:.5}')
scale.grid(sticky='ew')

lb=ttk.Label(root,font=('微软雅黑', '15','bold'),foreground='#43CD80', background
='gray',width=15)
lb.grid(sticky='ew')
root.mainloop()
```

在上述代码中创建了一个滑动条，并对其数值变化事件进行了绑定，当鼠标拖动滑块时会在标签中显示滑块的数值，代码的运行效果如图 9-12 所示。

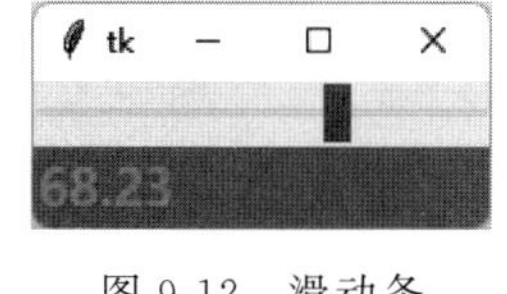

图 9-12　滑动条

9. **菜单**

菜单是一种在 GUI 中常用的控件，可分为位于窗体标题栏下方的菜单栏和窗体中使用的上下文菜单。相较于其他基本控件，直接创建多个选项的菜单栏相对较复杂，需要考虑层级和各个选项的创建。

通过递归的方法可以对菜单创建过程进行抽象，形成一个菜单创建函数，根据菜单的结构自动完成菜单的创建，代码如下：

```
#第 9 章/Tkinter 基础.ipynb
#菜单数据结构
menus=[
```

```
    ['图像','打开','纯色图像','随机图像','渐变图像','退出'],
    ['点运算','算术运算','伽马变换','对数变换','----','图像间运算'],
    ['邻域运算','均值滤波','高斯滤波','中值滤波',['边缘增强','Sobel','Scharr'],'---','自定义卷积运算'],
    ['全局运算','平移','旋转','缩放','仿射变换','---','直方图均衡化','---','傅里叶变换','傅里叶逆变换','高通滤波','低通滤波','带通滤波'],
    ['帮助','手册','---','关于本软件'],
]

def getmenucallback(menuname='打开'):
    #回调函数分配器
    return lambda : print(menuname)

def makemenu(menus,root):
    #菜单生成函数,根据定义的 menus 菜单数据结构产生
    if isinstance(menus[0],list):
        menubar=tk.Menu(root,tearoff=False)
        for menu in menus:
            makemenu(menu,menubar)
        return menubar
    elif isinstance(menus[0],str):
        menu=tk.Menu(root,tearoff=False)
        root.add_cascade(label=menus.pop(0),menu=menu)
        for m in menus:
            if isinstance(m,str):
                if m.startswith('-'):
                    menu.add_separator()
                else:
                    menu.add_command(label=m,command=getmenucallback(m))
            elif isinstance(m,list):
                makemenu(m,menu)

root=tk.Tk()

menubar=makemenu(menus,root)
#menubar.master=root
#为主窗体添加创建的菜单栏
root.config(menu=menubar)
root.mainloop()
```

在上述代码中创建了一个菜单栏生成函数 makemenu(),该函数可根据预先设置菜单的结构使用递归的方法完成菜单栏的创建,能够极大地方便菜单的生成,代码的运行效果如

图 9-13 所示。

上下文菜单是在窗体内部由鼠标右键激活和使用的菜单。下面的示例展示了上下文菜单的创建，代码如下：

```
#第 9 章/Tkinter 基础.ipynb
#上下文菜单
root=tk.Tk()
def show_context_menu(event):
    context_menu.post(event.x_root+2, event.y_root+2)

context_menu=tk.Menu(root, tearoff=0)
context_menu.add_command(label="选项 1", command=lambda: print("选择了选项 1"))
context_menu.add_command(label="选项 2", command=lambda: print("选择了选项 2"))
context_menu.add_radiobutton(label="功能 1", command=lambda : print("功能 1"))
context_menu.add_checkbutton(label="功能 2", command=lambda : print("功能 2"))
root.bind("<Button-3>", show_context_menu)

root.mainloop()
```

在上述代码中，创建了一个菜单对象，并向菜单对象加入了 3 种类型的菜单选项，在主窗体上通过添加鼠标右击事件，进行上下文菜单的创建和显示，如图 9-14 所示。

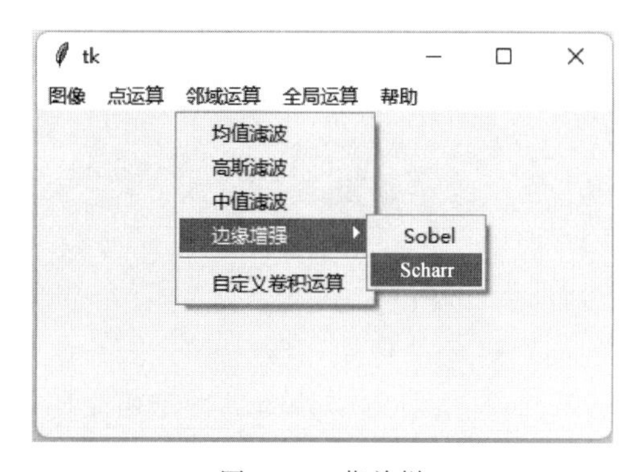

图 9-13　菜单栏

图 9-14　上下文菜单

9.2.2　容器控件

容器控件主要提供了一个可供使用的空白区域，用于放置其他类型的控件。在 Tkinter 中，主要的容器控件有主窗体、TopLevel 窗体、Frame 控件、LabelFrame 控件和 Notebook 控件。

1. 主窗体

每个 Tkinter 程序都有一个主窗体，由 tk. Tk 类创建，也可以使用面向对象的方法继承 tk. Tk 类，实现自定义的主窗体。主窗体在使用时一般需要使屏幕居中显示，并且需要设置标题，设置图标，以及设置事件等操作。

下面的示例展示了使用面向过程编程时主窗体在创建和使用时的一些基本操作，代码如下：

```
#第 9 章/Tkinter 基础.ipynb
root=tk.Tk()
#窗体的尺寸
width=300
height=200
screen_width=root.winfo_screenwidth()
screen_height=root.winfo_screenheight()
#计算窗口居中位置
x=int((screen_width - width) / 2)
y=int((screen_height - height) / 2)
#设置窗口大小并居中显示，格式为宽×高+横坐标+纵坐标，其中，+表示正，-表示负
root.geometry(f"{width}x{height}+{x}+{y}")

#设置标题
root.title("图像处理软件 ImageP")
#设置图标
root.iconbitmap('./icon.ico')

#after 事件
def changebg():
    if root['bg']=='red' :
        root.config(bg='blue')
    else:
        root.config(bg='red')
    root.after(200,changebg)
changebg()
root.mainloop()
```

上述代码的运行效果如图 9-15 所示，创建的窗体被设置了标题和图标，并居中显示，窗体背景会以“红”和“蓝”两色交替闪烁。使用面向对象的方法不仅能从结构上使代码更清晰，从逻辑上更适于后续进行复杂 GUI 的布局，而且也更容易后续进行复用。使用面向对象的方法实现相同效果的自定义主窗体，代码如下：

```
#第 9 章/Tkinter 基础.ipynb
class App(tk.Tk):
    def __init__(self, size=(400, 300), title='图像处理软件 ImageP', iconpath='./
icon.ico'):
        super().__init__()
        self.width=size[0]
        self.height=size[1]
        #设置标题
        self.title(title)
        #设置图标
        self.iconbitmap(iconpath)
        self.center()

        self.changebg()
```

```
        #启动程序
        self.mainloop()

    def center(self):
        #居中窗体
        #获取屏幕尺寸
        screen_width=self.winfo_screenwidth()
        screen_height=self.winfo_screenheight()
        #计算窗口居中位置
        x=int((screen_width - self.width) / 2)
        y=int((screen_height - self.height) / 2)
        #设置窗口大小并居中显示,格式为宽×高+横坐标+纵坐标,其中,+表示正,-表示负
        self.geometry(f"{self.width}x{self.height}+{x}+{y}")

    def changebg(self):
        if self['bg']=='red':
            self.config(bg='blue')
        else:
            self.config(bg='red')
        self.after(200,self.changebg)
#启动程序
App()
```

在上述代码中通过继承 tk.Tk 类定义了 App 类，将整个 GUI 程序进行了封装，在类的内部实现了主窗体外观和属性的设置，代码的运行效果如图 9-15 所示。

图 9-15　主窗体

2. TopLevel 窗体

TopLevel 窗体提供了几乎与主窗体相同的功能，使用的方法也基本相同，用于在主窗体外创建其他窗体。在一个程序中，TopLevel 窗体的创建数量不限，从而可实现一个程序多个窗体的效果。

下面的示例展示了 TopLevel 窗体的使用，代码如下：

```
#第 9 章/Tkinter 基础.ipynb
root=tk.Tk()
root.title('主窗体')
t1=tk.Toplevel(root)

#设置标题
t1.title("另一个窗体")
#设置图标
t1.iconbitmap('./icon.ico')

root.mainloop()
```

以上代码在主窗体外创建了一个 TopLevel 窗体，当程序运行时两个窗体同时显示，代

码的运行效果如图 9-16 所示。

图 9-16 TopLevel 窗体

主窗体和 TopLevel 窗体的隐藏窗体 withdraw()、显示窗体 deiconify()、销毁窗体 destroy()等方法可用于窗体管理。

3. Frame 控件

Frame 控件是一种没有标题栏的容器控件,只提供一个空白区域,用于容纳和放置其他控件。Frame 控件常用于组合多个控件或将多个控件封装为复合控件,使 GUI 结构层次性更好。

下面的示例展示了 Frame 控件的使用,代码如下:

```
#第 9 章/Tkinter 基础.ipynb
root=tk.Tk()
root.columnconfigure(0,weight=1)
root.rowconfigure(0,weight=1)
lbframe=tk.Frame(root,width=400,height=300,bg='#fcc')
lbframe.grid(sticky='ewns')
root.mainloop()
```

图 9-17 Frame 控件

在上述代码中创建了一个 Frame 控件,并添加到主窗体中,Frame 控件本身作为容器并没有其他特别的显示效果,只提供了一个可放置其他控件的区域,代码的运行效果如图 9-17 所示。

4. LabelFrame 控件

LabelFrame 控件与 Frame 控件相似,也提供了一个用于放置其他控件的区域,唯一的区别就是 LabelFrame 控件在边缘四周有一条边框及在左上角有一个文本标签。

下面的示例展示了 LabelFrame 控件的使用方法,代码如下:

```
#第 9 章/Tkinter 基础.ipynb
root=tk.Tk()
root.columnconfigure(0,weight=1)
```

```
root.rowconfigure(0,weight=1)
lbframe=tk.LabelFrame(root,text="控制台",width=400,height=300,bg='#aaf', fg='red')
lbframe.grid(sticky='ewns')
root.mainloop()
```

上述代码创建了一个 LabelFrame 控件，并被添加到主窗体中，LabelFrame 作为容器除了四周的边框和左上角的标签，其余区域用于放置其他控件，代码的运行效果如图 9-18 所示。

图 9-18　LabelFrame 控件

在实际使用中，Frame 和 LabelFrame 控件作为容器，通过创建子类的方法构造复合控件是常用的做法。

5. Notebook 控件

Notebook 控件是一个可以在 GUI 应用程序中创建多个选项卡的控件。该控件允许用户在不同的选项卡中切换，使用户可以在同一个窗体中方便地浏览和切换不同的内容，提高了用户体验和界面的灵活性。Notebook 中的每个选项卡都可以看作一个容器，可放置不同类型的控件，代码如下：

```
#第 9 章/Tkinter 基础.ipynb
root=tk.Tk()
Notebook=ttk.Notebook(root,width=400,height=200)
tab1=tk.Frame(Notebook,bg='#aaf')
tab2=tk.Frame(Notebook,bg='#fcc')
label1=tk.Label(tab1, text='这是第 1 个标签')
label1.grid()
label2=tk.Label(tab2, text='这是第 2 个标签')
label2.grid()
img=tk.PhotoImage(file='./icon20.png',master=Notebook)
Notebook.add(tab1, text='标签一',image=img,compound='right')
Notebook.add(tab2, text='标签二',image=img,compound='right')
Notebook.grid()
root.mainloop()
```

在以上代码中，创建了一个 Notebook 控件，并向其添加了两个选项卡，每个选项卡内放置了一个 Frame 控件，代码的运行效果如图 9-19 所示。

图 9-19　Notebook 控件

Notebook 控件对于选项卡的管理提供了一些方法，如表 9-5 所示。

表 9-5　Notebook 控件的方法

方　法　名	参 数 含 义
add(child, ** kw)	将 child 控件添加到一个新选项卡中，如果 child 控件之前已经在 Notebook 中被隐藏，则会重新显示。kw 参数为相关属性
forget(tab_id)	删除由 tab_id 确定的选项卡，tab_id 可以是 0 至选项卡数量－1，选项卡的名称，表示当前选项卡的"current"字符串
hide(tab_id)	隐藏由 tab_id 确定的选项卡，恢复显示可用 add()方法
insert(pos, child, ** kw)	向指定位置插入一个控件
select(tab_id=None)	将当前选项卡切换到由 tab_id 确定的选项卡
tab(tab_id, option=None, ** kw)	获取或设置由 tab_id 确定的选项卡的属性

9.2.3　内置功能窗体

Tkinter 提供了 GUI 程序开发中常用的一些标准窗体，只需通过函数调用便可以使用，而无须重复开发，从而方便程序的开发。这些标准窗体包括文件的打开与保存窗体、颜色选择窗体、字体选择窗体和提示窗体等。

1. 文件打开与保存窗体

在 GUI 程序中当需要操作文件时就需要文件打开或保存窗体，文件打开和保存窗体是一类标准的窗体。Tkinter 的 filedialog 子包提供了用于文件打开和保存的窗体，用于获取需要操作的文件路径，而不是对文件进行操作。

下面的示例展示了文件打开与保存窗体的使用，代码如下：

```
#第 9 章/Tkinter 基础.ipynb
from tkinter import filedialog

#创建一个 Tkinter 窗口
root=tk.Tk()

#创建一个函数，用于打开文件
def open_file():
    file_path=filedialog.askopenfilename(title="打开")  #打开文件对话框
    if file_path:                                       #如果用户选择了文件
        print("打开文件:", file_path)

#创建一个函数，用于保存文件
def save_file():
    file_path=filedialog.asksaveasfilename(title='保存') #保存文件对话框
    if file_path:                                       #如果用户选择了文件
        print("保存文件:", file_path)

#创建打开文件按钮
open_button=ttk.Button(root, text="打开文件", command=open_file)
```

```
open_button.grid()

#创建保存文件按钮
save_button=ttk.Button(root, text="保存文件", command=save_file)
save_button.grid()

#运行窗口
root.mainloop()
```

在上述代码中，主窗体包含两个按钮，单击时可分别打开文件选择窗体，用户可选择或设置，在关闭窗体后会返回选择结果。根据结果可以进行相应文件的打开或保存操作，如图 9-20 所示。

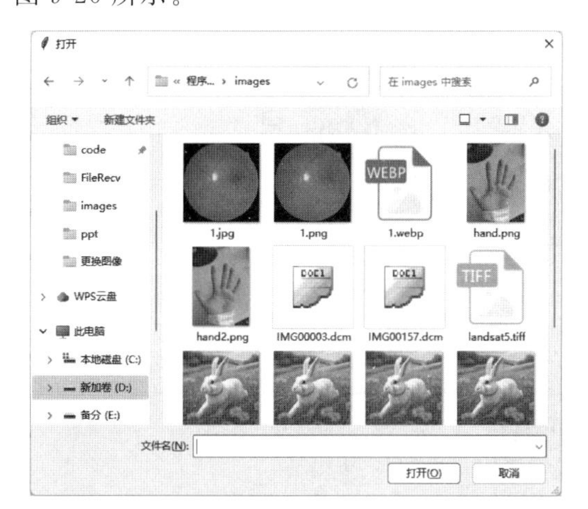

(a) 打开文件

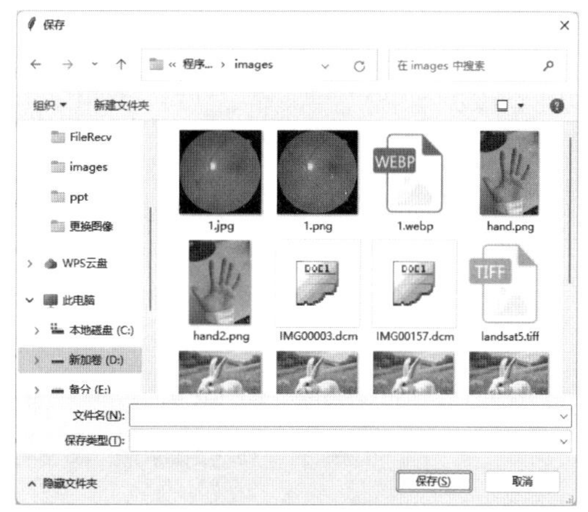

(b) 保存文件

图 9-20　文件对话框

2. 颜色选择窗体

颜色选择窗体提供了一个可供选择颜色的对话框，用户可通过鼠标选择或手动设置等多种方法选择颜色。在颜色选择完成后，返回一个长度为 2 的元组，分别是用数字表示的 RGB 颜色和十六进制字符串表示的颜色两种格式。

下面的示例展示了颜色选择窗体的使用方法，代码如下：

```
#第 9 章/Tkinter 基础.ipynb
from tkinter import colorchooser

#创建一个 Tkinter 窗口
root=tk.Tk()
root.geometry('500x300')
#创建一个函数，用于选择颜色
def choose_color():
    color=colorchooser.askcolor()                #打开颜色选择对话框
    #color 是一个元组，返回颜色的 RGB 和十六进制字符串，如((255, 128, 192), '#ff80c0')
    if color[1]:                                 #如果用户选择了颜色
        print("选择的颜色:", color[1])
```

```
        root.config(bg=color[1])
#创建选择颜色按钮
color_button=ttk.Button(root, text="选择颜色", command=choose_color)
color_button.pack()

#运行窗口
root.mainloop()
```

在上述代码中，在按钮的回调函数中创建了颜色选择窗体，并根据选择的颜色将窗体的背景颜色设置为用户选择的颜色。图 9-21 显示了颜色选择窗体，在颜色选择窗体中提供了多种颜色选择方式。

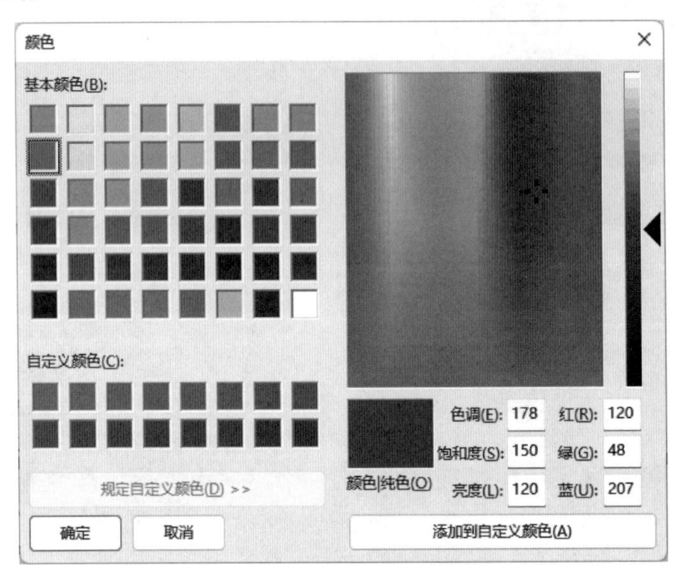

图 9-21　颜色选择对话框

3. 提示窗体

提示窗体是一类结构简单且具有固定的配置参数的窗体，用于向用户显示简单的提示信息。在 Tkinter 的 messagebox 子库中，提供了共计 8 种提示窗体，下面的示例展示了这些提示窗体的使用，代码如下：

```
#第 9 章/Tkinter 基础.ipynb
root=tk.Tk()

#1.消息提示框：showinfo(标题,信息)
a=messagebox.showinfo('温馨提示','记得多喝水呀')            #弹出消息提示框
print(a)

#2.消息警告框：showwarning(标题,信息)
a=messagebox.showwarning('警告','前面有陷阱')              #弹出消息提示框
print(a)
```

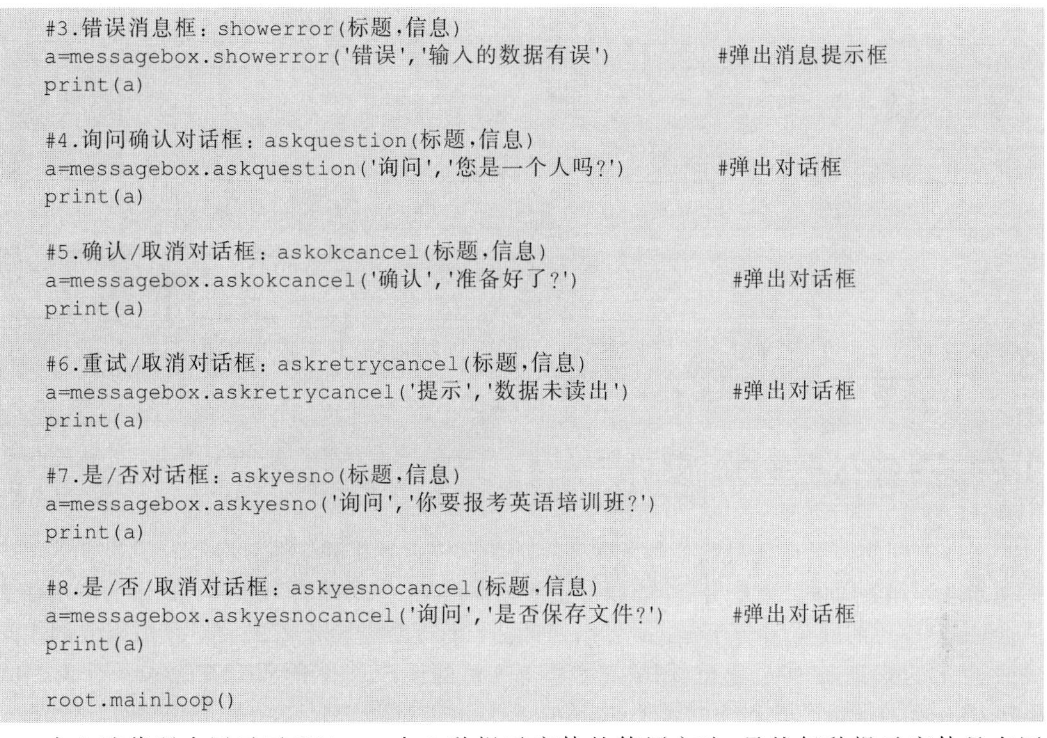

```
#3.错误消息框：showerror(标题,信息)
a=messagebox.showerror('错误','输入的数据有误')            #弹出消息提示框
print(a)

#4.询问确认对话框：askquestion(标题,信息)
a=messagebox.askquestion('询问','您是一个人吗?')            #弹出对话框
print(a)

#5.确认/取消对话框：askokcancel(标题,信息)
a=messagebox.askokcancel('确认','准备好了?')                #弹出对话框
print(a)

#6.重试/取消对话框：askretrycancel(标题,信息)
a=messagebox.askretrycancel('提示','数据未读出')            #弹出对话框
print(a)

#7.是/否对话框：askyesno(标题,信息)
a=messagebox.askyesno('询问','你要报考英语培训班?')
print(a)

#8.是/否/取消对话框：askyesnocancel(标题,信息)
a=messagebox.askyesnocancel('询问','是否保存文件?')         #弹出对话框
print(a)

root.mainloop()
```

在上述代码中展示了 Tkinter 中 8 种提示窗体的使用方法，虽然每种提示窗体具有固定的结构，但都可以设置窗体的标题和展示的信息，用于向用户反馈简单信息，并且在用户单击后返回响应结果，代码的运行结果如图 9-22 所示。

(a) 消息框　(b) 警告框　(c) 错误框

(d) 询问框　(e) 确认/取消框　(f) 重试/取消框

图 9-22　提示窗体

(g) 是/否框

(h) 是/否/取消框

图 9-22 （续）

以上对 Tkinter 中的基本控件、容器控件和内置功能窗体共 3 种类型的控件进行了介绍，并通过实例展示了这些控件的使用方法。

9.3 图像处理软件设计

图像处理软件设计是图像处理软件实现前必须完成的工作。图像处理软件设计主要包括功能设计和界面设计两部分，功能设计主要根据需求，将软件功能分解为具体的模块或组件，确定各模块的关系和交互方式；界面设计的目标是创建一个直观、易用、吸引人的用户界面，主要包括界面布局、颜色、图标和字体等方面的设计。由于使用了 Tkinter 作为 GUI 框架，还需要在设计用户界面时考虑 Tkinter 控件的特点。

9.3.1 功能设计

图像处理软件的核心功能是图像处理，具体来讲主要包括图像输入、图像处理和图像输出 3 项功能。图 9-23 展示了对图像处理软件功能的设计图，整个图像处理软件包括的主要功能，以及展示了 3 项子功能间的关系。

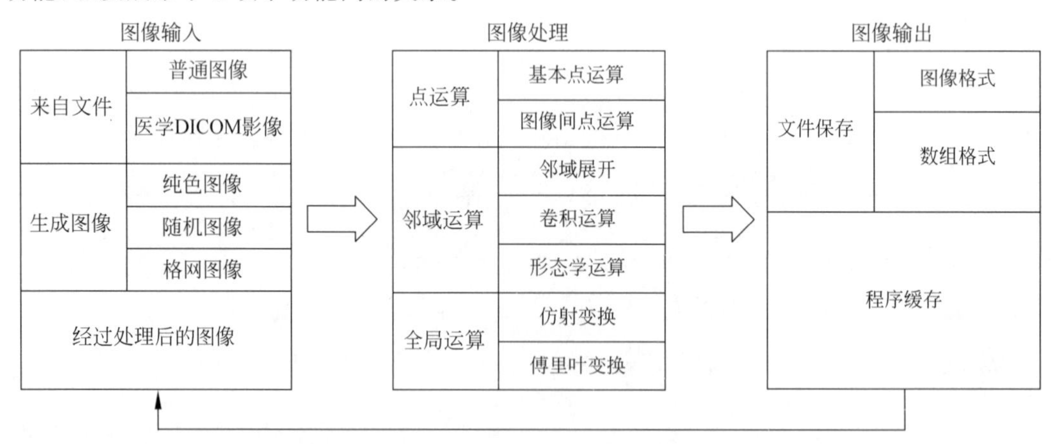

图 9-23 图像处理软件功能图

图像输入是图像处理软件的第 1 个功能，负责为后续功能提供图像数据。考虑到图像处理需求，图像输入功能中图像可通过 3 种方式加载到图像处理软件中。一是从图像文件中打开现有的图像文件，既能够支持常见的图像格式，如 PNG、JPG、BMP、TIFF 和 WEBP 等，也能够支持 DICOM 格式的医学图像。二是利用程序生成简单的图像，例如纯色图像、随机图像、渐变图像和格网图像等。三是来自图像处理的结果，图像处理软件的结果也是图像，直接将图像处理结果加入加载的图像中。

图像处理是图像处理软件的核心功能，负责对指定图像进行处理。根据图像处理类型图像处理部分主要由点运算、邻域运算和全局运算 3 个模块构成。对于点运算提供基本的点运算，以及图像间的点运算，基本点运算主要包括 gamma 增强、对数变换、最大值最小值变换、区间变换、位平面等，图像间的点运算主要包括两幅图像的算术四则运算。对于图像邻域运算主要提供邻域展开、几种预定义的和自定义的卷积运算，以及几种预定义的非线性邻域运算等，邻域展开提供简单矩形邻域展开和特征形状的邻域展开两种功能，卷积运算提供均值滤波、高斯滤波、各种边缘检测滤波算子，以及自定义核的卷积运算，非线性邻域运算提供中值滤波，以及多种形态学运算。对于全局运算主要提供平移、旋转和缩放等几种常见的仿射变换，全局直方图均衡化和傅里叶变换等。

图像输出是图像处理软件的最后一个功能，负责对图像处理结果进行管理。图像输出可分为持久的文件保存，以及将图像处理结果进行缓存，作为数据源送入图像输入部分。将图像保存为文件即可保存为常见的图像格式，从而可供查看和分享，以及将图像以原始的数组格式保存，从而更完整地保存数据信息。

9.3.2　界面设计

图像处理软件的界面设计是对程序在启动和运行时呈现给用户的状态进行规划，主要包括界面的数量、各界面的布局，以及实现功能所需要的控件的类型和外观等。在进行界面设计时要考虑 Tkinter 库中的控件，避免设计中使用的控件无法在 Tkinter 库中找到。

图像处理软件界面如图 9-24 所示，整个程序由启动界面、主程序界面和辅助界面三大类界面构成。启动界面在图像处理软件启动时展现，用于显示背景图像、软件名称及版权信息等，在屏幕中间显示 3s 后自动退出，然后启动主程序界面。

启动画面	主程序界面		辅助界面
启动背景图像	标题栏	菜单栏	文件打开与保存窗口
软件名称	快捷工具	图像列表	简单提示窗口
版权信息	图像显示	状态栏	自定义参数设置窗口

图 9-24　图像处理软件界面

主程序界面是整个程序的主体，图像输入、图像处理和图像输出等功能均由此界面中的相关控件提供。程序主界面各部分的组成如图 9-25 所示，在界面顶部为菜单栏，包含图像的输入和输出菜单，图像的点运算、邻域运算和全局运算等菜单，以及帮助菜单；在界面中部分为左侧的图像列表区域，以及右侧的图像显示区域，在界面的底部为状态栏，用于显示一些提示信息和辅助信息。

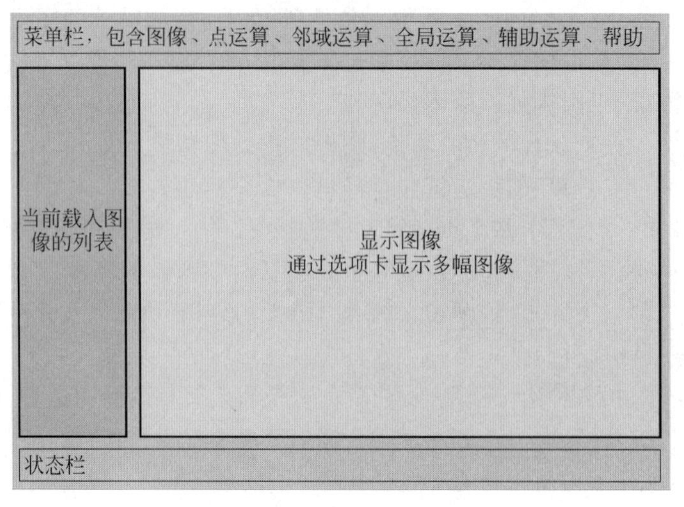

图 9-25　程序主界面

辅助界面主要包括文件打开和保存界面、简单的提示界面和参数配置界面。文件打开和保存界面，以及简单的提示界面直接使用 Tkinter 中内置的窗体即可。参数配置界面数量较多，可设计统一的模板后根据不同的图像处理方法动态地生成相应的参数配置界面。

9.4 图像处理软件的实现

按照图像处理软件的设计，先使用面向对象的方法对各模块和界面分别进行实现，再进行各功能的整合，从而完成整个图像处理软件。整个图像处理软件的代码结构如图 9-26 所示，主要包括定义图像处理功能的 Imglib 部分，定义 GUI 相关的 Imgui 部分，以及程序的入口 main. py 文件。

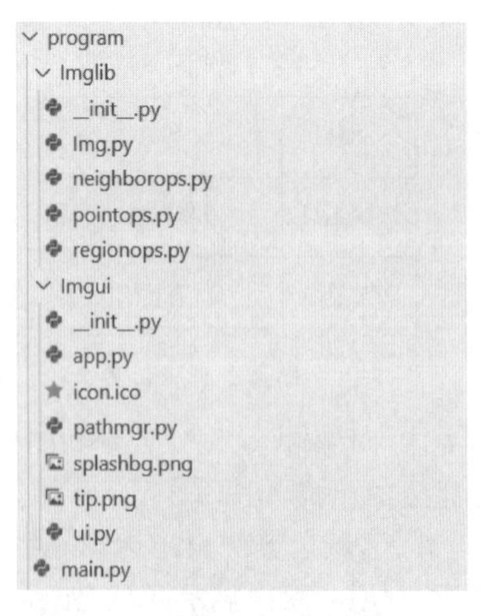

图 9-26　图像处理软件代码结构

9.4.1 启动界面

启动界面是程序在启动时出现的画面，主要用于引导主程序启动，效果如图9-27所示。启动界面在显示时需要在屏幕上居中显示，不需要标题栏，只有一个背景图像，以及显示软件名称等信息。

图9-27 启动界面效果

启动界面的实现代码如下：

```
#第9章/program/Imgui/ui.py
import tkinter as tk
from tkinter import ttk
from .pathmgr import getdir
class SplashScreen(tk.Toplevel):
    #启动界面
    def __init__(self, bgfilename='splashbg.png',master=None):
        tk.Toplevel.__init__(self, master)
        self.overrideredirect(True)                #取消标题栏
        self.bgimage=tk.PhotoImage(file=getdir()+bgfilename,master=self)
        self.columnconfigure(0,weight=1)
        self.rowconfigure(0,weight=1)
        #设置窗口尺寸
        self.width,self.height=400,300
        self.center()
        self.bgimg=tk.Label(self, font=("Helvetica", 20), image=self.bgimage)
        self.bgimg.grid(column=0,row=0,sticky='nesw')
        ttk.Label(self,text="图像处理软件 ImageP", font=("等线", 20),foreground=
'#f00').grid(column=0,row=0)
        self.after(20,self.showmsg)
        self.alpha=1
        self.fadespeed=0.01
    def showmsg(self):
        self.attributes("-alpha", self.alpha)
        self.alpha -= self.fadespeed
        self.after(20,self.showmsg)
```

```
    def center(self):
        #居中窗体
        #获取屏幕尺寸
        screen_width=self.winfo_screenwidth()
        screen_height= self.winfo_screenheight()
        #计算窗口居中位置
        x=int((screen_width-self.width) / 2)
        y=int((screen_height-self.height) / 2)
        #设置窗口大小并居中显示,格式为宽×高+横坐标+y坐标,其中,+表示正,-表示负
        self.geometry(f"{self.width}x{self.height}+{x}+{y}")
```

在上述代码中,启动界面是继承 TopLevel 窗体得到的,在初始化时隐藏了窗体的标题栏,并使启动界面居中且在运行时会逐渐变得透明。

9.4.2 主界面

主界面是整个程序的主体,由标题栏、菜单栏、图像列表、图像显示区,以及状态栏构成,如图 9-28 所示。主界面的各部分都按照面向对象的方法单独实现,主界面仅负责对各部分进行布局。

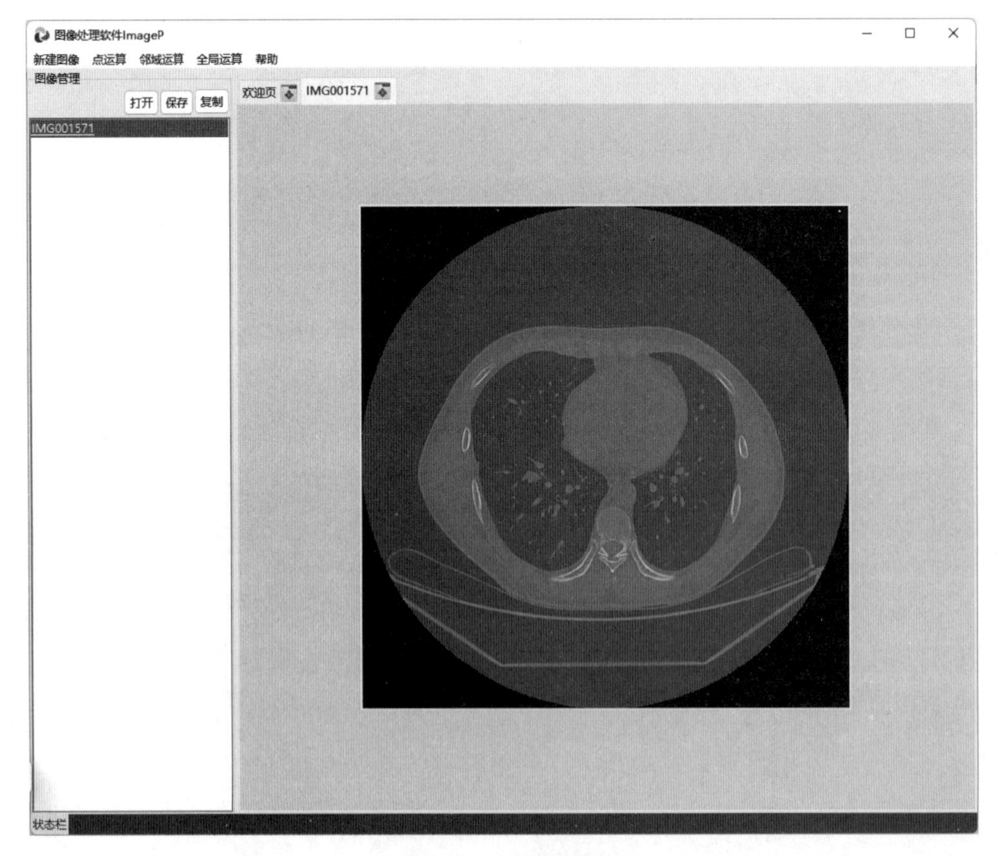

图 9-28 主界面效果

主界面的实现代码如下：

```
#第 9 章/program/Imgui/app.py
import tkinter as tk
from .ui import SplashScreen,Imagemanager,ImageView,Statusbar
from .pathmgr import getdir
class MainApplication(tk.Tk):
    def __init__(self,callbacks):
        tk.Tk.__init__(self)
        self.callbacks=callbacks
        self.withdraw()
        self.title("图像处理软件 ImageP")
        self.width,self.height=1000,800
        #设置图标
        self.iconbitmap(getdir()+'icon.ico')
        self.center()
        self.splash = SplashScreen(master=self)
        self.after(2000, self.show_main_window)
        self.makemenubar()
        self.initgui()
    def show_main_window(self):
        self.splash.destroy()
        self.deiconify()
    def center(self):
        #居中主窗体
        #获取屏幕尺寸
        screen_width = self.winfo_screenwidth()
        screen_height = self.winfo_screenheight()
        #计算窗口居中位置
        x = int((screen_width - self.width) / 2)
        y = int((screen_height - self.height) / 2)
        #设置窗口大小并居中显示，格式为宽×高+横坐标+y 坐标，其中，+表示正，-表示负
        self.geometry(f"{self.width}x{self.height}+{x}+{y}")
    def makemenubar(self):
        menudata=[['新建图像','打开','纯色图像','随机图像','渐变图像','退出'],
                  ['点运算','伽马变换','对数变换','位平面','简单二值化','灰度级压缩','----',
'图像混合','图像模板'],
                  ['邻域运算','均值滤波','高斯滤波','中值滤波',['边缘增强','Sobel','Scharr'],
'自定义卷积运算'],
                  ['全局运算','平移','旋转','缩放','仿射变换','---','直方图均衡化','---','傅
里叶变换','傅里叶逆变换','高通滤波','低通滤波','带通滤波'],
                  ['帮助','手册','---','关于本软件']
                  ]
        menubar=self.makemenu(menudata,self)
        self.config(menu=menubar)
    def makemenu(self,menus,root):
        if isinstance(menus[0],list):
            menubar=tk.Menu(root,tearoff=False)
            for menu in menus:
```

```
                self.makemenu(menu,menubar)
            return menubar
        elif isinstance(menus[0],str):
            menu=tk.Menu(root,tearoff=False)
            root.add_cascade(label=menus.pop(0),menu=menu)
            for m in menus:
                if isinstance(m,str):
                    if m.startswith('-'):
                        menu.add_separator()
                    else:
                        menu.add_command(label=m,command=self.callbacks.getfunc(m))
                elif isinstance(m,list):
                    self.makemenu(m,menu)
    def initgui(self):
        self.columnconfigure(1,weight=1)
        self.rowconfigure(0,weight=1)
        self.imgmanager=Imagemanager(self,self.callbacks)
        self.imgmanager.grid(row=0,column=0,sticky='nesw')
        self.imageview=ImageView(self,self.callbacks)
        self.imageview.grid(row=0,column=1, sticky='nesw',pady=(8,0),padx=(5,0))
        self.stbar=Statusbar(self)
        self.stbar.grid(row=1,column=0,sticky='nesw',columnspan=2)
```

在上述代码中，主界面按照面向对象的方法继承自 tk.Tk 类，在初始化时先隐藏主窗体，显示启动界面，在主窗体的 makemenu()方法中利用递归生成主界面的菜单栏，在 initgui()方法中添加内各部分 GUI 组件。主界面在初始化时所需要的 callbacks 参数存储了程序在运行的过程中缓存的数据和函数等信息。

主界面中左侧区域主要由上部的快捷工具按钮和下部的图像列表构成，上下两部分使用一个类封装，代码如下：

```
#第 9 章/program/Imgui/ui.py
class Imagemanager(ttk.LabelFrame):
    #左边图像列表及快捷菜单
    def __init__(self, master,callbacks,char_width=30):
        super().__init__(master,text='图像管理')
        self.char_width=char_width
        self.callbacks=callbacks
        self.initgui()
        #创建图像列表
    def initgui(self):
        self.columnconfigure(0,weight=1)
        self.rowconfigure(1,weight=1)
        btwidth=4
        self.openbt=ttk.Button(self,text='打开',width=btwidth, command=self
.callbacks.getfunc('打开'))
        self.openbt.grid(row=0,column=4)
        self.savebt=ttk.Button(self,text='保存',width=btwidth, command=self
.callbacks.getfunc('保存'),state='disabled')
```

```
        self.savebt.grid(row=0,column=5)
        self.copybt=ttk.Button(self,text='复制',width=btwidth,command=self
.callbacks.getfunc('复制'),state='disabled')
        self.copybt.grid(row=0,column=6,pady=(0,3))
        self.imglistgui=tk.Listbox(self,width=self.char_width)
        self.imglistgui.grid(row=1,column=0,columnspan=10,sticky='nesw')
        self.callbacks.addparam('imglistgui',self.imglistgui)
        self.callbacks.addparam('imgmanager',self)
        self.imglistgui.bind('<<ListboxSelect>>',self.onselected)
        self.imglistgui.bind('<Button-3>',self.showcontexmenu)

    def onselected(self,e):
        c=self.imglistgui.curselection()
        if c:
            r=self.imglistgui.get(c)
            self.callbacks.addparam('selectedimage',r)
            self.savebt['state']='normal'
            self.copybt['state']='normal'
            self.callbacks.getparam('imgview').changetab(r)
        else:
            self.callbacks.addparam('selectedimage',None)
            self.savebt['state']='disabled'
            self.copybt['state']='disabled'
            self.imglistgui.select_clear(0,'end')
            #print('unslectec')

    def addimage(self,name):
        self.imglistgui.insert("end",name)
        self.imglistgui.selection_clear(0,'end')
        self.imglistgui.select_set('end')
        self.callbacks.addparam('selectedimage',name)
    def select(self,name):
        self.imglistgui.selection_clear(0,'end')
        for i in range(self.imglistgui.size()):
            lname=self.imglistgui.get(i)
            if lname==name:
                self.imglistgui.select_set(i)
                return
    def remove(self,nameorid):
        if isinstance(nameorid,int):
            self.imglistgui.delete(nameorid)
            return
        for i in range(self.imglistgui.size()):
            lname=self.imglistgui.get(i)
            if lname==nameorid:
                self.imglistgui.delete(i)
                return
    def showcontexmenu(self,event):
        idx=self.imglistgui.nearest(event.y)
```

```
        if idx==-1: #如果没有选中
            return
        #选中的元素
        name=self.getnamebyidx(idx)
        context_menu=tk.Menu(self, tearoff=0)
        context_menu.add_command(label="移除", command=lambda: self.callbacks
.getfunc('移除')(name))
        context_menu.add_command(label="复制", command=self.callbacks
.getfunc('复制'))
        context_menu.add_command(label="保存", command=self.callbacks
.getfunc('保存'))
        context_menu.add_command(label="重命名", command=lambda: self
.callbacks.getfunc('重命名')(name))
        context_menu.post(event.x_root, event.y_root)
    def getnamebyidx(self,idx):
        return self.imglistgui.get(idx)
    def getnames(self):
        res=[]
        for i in range(self.imglistgui.size()):
            res.append(self.imglistgui.get(i))
        return res
```

主界面右侧为图像显示部分，通过选项卡实现多个图像的显示，主要由自定义的Notebook控件实现，代码如下：

```
#第 9 章/program/Imgui/ui.py
class ImageView(ttk.Notebook):
    #图像显示区域
    def __init__(self,master,callbacks):
        super().__init__(master)
        self.closeicon=tk.PhotoImage(file=getdir()+'tip.png',master=self)
        self.callbacks=callbacks
        self.callbacks.addparam('imgview',self)
        self.initgui()
    def initgui(self):
        startui=self.starttab()
        self.add(startui, text='欢迎页',image=self.closeicon,compound='right',
sticky='nesw')

        self.bind('<<NotebookTabChanged>>',self.changeimgmanager)
        self.bind('<Button-3>',self.showcontexmenu)
        #self.lbl=tk.Label(self,text='tab1')
        #self.add(self.lbl, text='欢迎页',image=self.closeicon,compound='right')
    def starttab(self):
        f=tk.Frame(self,bg='#ddd')
        f.columnconfigure(index=0,weight=1)
        f.rowconfigure(index=0,weight=1)
        ttk.Label(f,text="图像处理软件 v1.0",font=('黑体',24,'bold'),background=
'#ddd',foreground='#fff').grid()
```

```
        return f
    def showcontexmenu(self,event):
        index=self.index('current')
        context_menu = tk.Menu(self, tearoff=0)
        context_menu. add _ command ( label =" 关 闭 当 前 ", command = lambda: self
.removetab(index))
        context_menu.post(event.x_root, event.y_root)

    def addnewimage(self,name):
        img=self.callbacks.getparam(name) if isinstance(name,str) else name
        f=tk.Frame(self,bg='#ddd')
        f.columnconfigure(0,weight=1)
        f.rowconfigure(0,weight=1)
        tkimg=img.gettkimg()
        ttk.Label(f,image=tkimg).grid()

self.add(f,text=img.name,image=self.closeicon,compound='right',sticky='nesw')
        pos=len(self.tabs())
        self.select(pos-1)

    def removetab(self,nameorid):
        if isinstance(nameorid,int):
            self.forget(nameorid)
            return
        for i,tb in enumerate(self.tabs()):
            tbname=self.tab(i,'text')
            if tbname==nameorid:
                self.forget(i)
                return
    def changetab(self,name):
        for i,tb in enumerate(self.tabs()):
            tbname=self.tab(i,'text')
            if tbname==name:
                self.select(i)
                return
        self.addnewimage(name)
    def changeimgmanager(self,e):
        tab=self.select()
        for i,tb in enumerate(self.tabs()):
            tbname=self.tab(i,'text')
            if tb==tab:
                self.callbacks.getparam('imgmanager').select(tbname)
```

9.4.3 参数配置界面

参数配置界面是在进行图像处理时用于接收相关参数的界面。参数配置界面数量较多，除了一些特殊用途，如打开文件、颜色选择等，主要包括参数输入和控件控制两部分，因此，可以先构造一个通用的参数配置界面类，随后根据不同的图像处理方法添加相应的参数配置控件。

通用的参数配置界面继承自 TopLevel 窗体，上部分留出了参数设置区域，下部分提供了两个按钮，分别用于执行操作和取消操作，代码如下：

```
#第 9 章/program/Imgui/ui.py
class ParamWidget(tk.Toplevel):
    #图像处理参数配置界面
    #该界面能够根据参数生成特定的界面
    def __init__(self,master=None):
        super().__init__(master)
        self.columnconfigure(0,weight=1)
        self.rowconfigure(0,weight=1)
        self.width,self.height=400,300
        self.initgui()

        self.center()
        #self.resizable(False,False)
        self.result=False

    def ok(self):
        self.result=True
        self.destroy()

    def cancel(self):
        self.result=False
        self.destroy()
    def initgui(self):
        self.paramframe=ttk.Frame(self,width=self.width)
        self.paramframe.grid(row=0,column=0,padx=10)
        t=ttk.Frame(self,width=self.width)
        okbt=ttk.Button(t,text='执行',command=self.ok)
        csbt=ttk.Button(t,text='取消',command=self.cancel)
        okbt.grid(row=0,column=0)
        csbt.grid(row=0,column=1,padx=5)
        t.grid(row=1,column=0,sticky='e',ipadx=10,ipady=10)
        self.t=t
    def center(self):
        #居中窗体
        #获取屏幕尺寸
        screen_width = self.winfo_screenwidth()
        screen_height = self.winfo_screenheight()
        self.height=self.winfo_reqheight()+50
        self.width=self.winfo_reqwidth()+150
        #计算窗口居中位置
        x = int((screen_width - self.width) / 2)
        y = int((screen_height - self.height) / 2)
        #设置窗口大小并居中显示，格式为宽×高+横坐标+y 坐标，其中，+表示正，-表示负
        self.geometry(f"{self.width}x{self.height}+{x}+{y}")
```

在创建具体的参数配置界面时，只需在创建上述窗体后，向参数配置区域加入相应的控件。例如在生成渐变图像时，需要设置图像的高、宽，以及渐变图像的方向，只需实例化参数配置界面，并向内部添加相关控件，代码如下：

```
#第 9 章/program/Imgui/ui.py
def makegradientimg():
    w=ParamWidget()
    w.title('渐变图像')
    t=w.paramframe
    defaultvalues=[256,256,125,0,255]
    w.params=[tk.IntVar(w,value=defaultvalues[i]) for i in range(3)]
    params=['宽','高']
    for i in range(2):
        ttk.Label(t,text=params[i]).grid(row=i,column=0,ipadx=5,pady=5)
        ttk.Entry(t,textvariable=w.params[i]).grid(row=i,column=1)
    ttk.Radiobutton(t,text='水平',variable=w.params[2], value=0).grid(row=2,
column=1)
    ttk.Radiobutton(t,text='竖直',variable=w.params[2], value=1).grid(row=2,
column=1,sticky='e')
    return w
```

在上述代码中，将控件添加到实例化后的参数配置界面中，并将控件的值与变量绑定，方便在使用时获取参数的设置，运行效果如图 9-29 所示。针对不同图像处理的参数按照上述方法定义相关的函数以实现特定的参数配置界面。

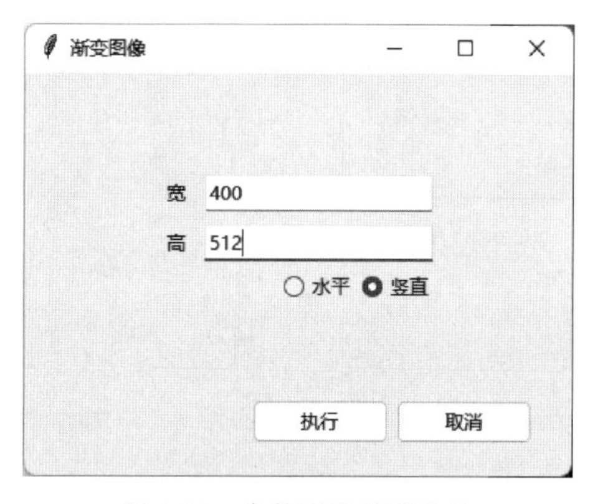

图 9-29 参数配置界面效果

9.4.4 启动程序

启动程序是整个图像处理软件的入口，提供了一个用于存储数据和函数的类，作为图像处理软件运行时的临时数据库，并向该临时数据库中添加程序运行所需要的功能，使 GUI 界面在启动后能够具备实际的功能。

启动程序的代码如下：

```
#第 9 章/program/main.py
from tkinter import filedialog
from Imglib.Img import Img
from Imglib import pointops as ops
from Imgui import ui,app
from tkinter import messagebox
import pydicom.encoders.gdcm as gcd
import pydicom.encoders.pylibjpeg as libjpg
#import matplotlib
#from matplotlib import pyplot as plt
class MemDB:
    #用于存储变量和函数的数据库
    def __init__(self):
        self.callbacks={}
        self.params={}
    def addfunc(self,name,func):
        #assert name not in self.callbacks
        self.callbacks[name]=func
    def getfunc(self,name):
        return self.callbacks.get(name,lambda : None)
    #数据的管理与存储
    def addparam(self,name,param):
        self.params[name]=param
    def getparam(self,name):
        return self.params.get(name,None)
    def updateparam(self,name,param):
        assert name in self.params
        self.params[name]=param
    def hasparam(self,name):
        return name in self.params
    def delparam(self,name):
        if self.hasparam(name):
            del self.params[name]

memdb=MemDB()

def open_file():
    file_path = filedialog.askopenfilename(title='打开图像', filetypes=[('Image',
'*.png *.jpg *.dcm'),('All files','*')])
    try:
        img=Img.loadimg(file_path)
    except Exception:
        return
    memdb.addparam(img.name,img)
    #向列表中添加图像
    imgmgr=memdb.getparam('imgmanager')
    imgmgr.addimage(img.name)
```

```
    #向图像显示区域添加图像
    imgview=memdb.getparam('imgview')
    imgview.addnewimage(img)

def new_pureimg():
    w=ui.makepureimg()
    w.wait_window()
    if w.result:
        params=[i.get() for i in w.params]
        img=Img.pureimg(params[2:],width=params[0],height=params[1])
        imgmgr=memdb.getparam('imgmanager')
        memdb.addparam(img.name,img)
        imgmgr.addimage(img.name)
        imgview=memdb.getparam('imgview')
        imgview.addnewimage(img)

def new_randomimg():
    w=ui.makerandomimg()
    w.wait_window()
    if w.result:
        params=[i.get() for i in w.params]
        img=Img.randomimg(*params)
        memdb.addparam(img.name,img)
        imgmgr=memdb.getparam('imgmanager')
        imgmgr.addimage(img.name)
        imgview=memdb.getparam('imgview')
        imgview.addnewimage(img)
#省略部分代码

def quitimp():
    a=messagebox.askokcancel('退出','退出后所有内容将丢失?')
    if a:
        imglistgui=memdb.getparam('imglistgui')
        root=imglistgui.winfo_toplevel()
        root.destroy()

memdb.addfunc('打开',open_file)
memdb.addfunc('纯色图像',new_pureimg)
memdb.addfunc('随机图像',new_randomimg)
memdb.addfunc('渐变图像',new_gradient)
memdb.addfunc('退出',quitimp)
memdb.addfunc('保存',save_file)
memdb.addfunc('复制',copy_img)
memdb.addfunc('移除',remove_img)
memdb.addfunc('重命名',rename_img)


#图像处理功能部分
def gama():
```

```
        w=ui.makegama()
        w.wait_window()
        gamma=w.gama.get()
        imgid=memdb.getparam('selectedimage')
        img=memdb.getparam(imgid)
        oarray=ops.gamma(img.imgarray,gamma)
        oimg=Img(oarray,'gama'+imgid)
        memdb.addparam(oimg.name,oimg)
        imgmgr=memdb.getparam('imgmanager')
        imgmgr.addimage(oimg.name)
        imgview=memdb.getparam('imgview')
        imgview.addnewimage(oimg)
    memdb.addfunc('伽马变换',gama)
    #省略部分代码
    if __name__=='__main__':
        gui=app.MainApplication(memdb)
        gui.mainloop()
```

最后,图像处理模块用于提供图像处理的实现,是整个图像处理的核心,也是本书的主题,相关的内容已经在第5～7章中进行了详细说明。此处,只是按照点运算、邻域运算和全局运算3部分对图像处理方法进行整合,形成一个图像处理库。

注意:以上就是图像处理软件中各组成部分的关键代码,图像处理软件的完整代码较长,可在本书附赠的电子资源中找到。

9.5 图像处理软件的打包

整个图像处理软件是以Python为开发语言,使用了多个Python的第三方库,程序的运行依赖于开发环境。当软件需要在其他计算机中运行时,除了程序本身的代码外还需要重新搭建运行环境,这样就会增加程序的使用难度。为了能够让使用者在获得软件后直接使用,就需要对图像处理软件进行打包,将整个程序以可执行文件的方式提供给最终用户。

9.5.1 PyInstaller 简介

PyInstaller是一个用于将Python应用程序转换为独立可执行文件的工具,也是一个Python的第三方库。程序通过PyInstaller将Python代码和其依赖项打包后,就可以在没有安装Python解释器或任何其他依赖项的计算机中运行。这样利用PyInstaller就能方便地分享和分布Python应用程序,而无须担心用户是否安装了正确的Python版本或依赖库。

PyInstaller既支持打包控制台程序,也支持图形用户界面(GUI)程序的打包,因此,可用于图像处理软件的打包。PyInstaller支持将Python应用程序打包成Windows(.exe)、Mac(.app)和Linux(可执行文件)平台上的可执行文件,此外,对于AIX、Solaris和FreeBSD

等平台也部分支持，从而实现应用程序的跨平台部署。

PyInstaller 在提供默认打包功能的同时，也提供许多选项和配置来定制打包过程，例如指定生成的可执行文件的名称、图标、打包的方式等。此外，PyInstaller 还提供了一些高级功能，例如支持多个入口点、自定义启动脚本等。

作为 Python 的第三方库，PyInstaller 同样可使用 pip 程序进行安装：

```
%pip install -U pyinstaller
```

在安装完成后会在环境变量中添加一个打包程序的 PyInstaller 命令，在打开的终端中输入下面的命令进行验证：

```
pyinstaller --version
#输出：6.3.0
```

验证结果如图 9-30 所示，在执行上述命令后，如果可以正确显示版本号，则表示 PyInstaller 安装成功。

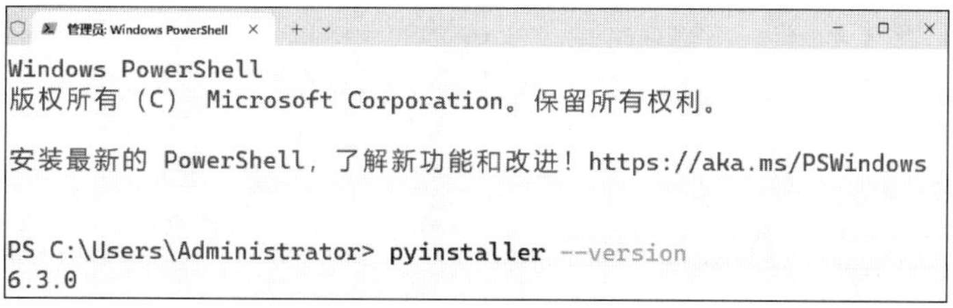

```
管理员: Windows PowerShell
Windows PowerShell
版权所有 (C) Microsoft Corporation。保留所有权利。

安装最新的 PowerShell，了解新功能和改进！https://aka.ms/PSWindows

PS C:\Users\Administrator> pyinstaller --version
6.3.0
```

图 9-30 验证 PyInstaller 安装

对于较简单的程序，PyIntasller 进行打包只需使用 1 个参数，即需要打包的 Python 文件路径，使用非常简单。PyInstaller 会自动分析 Python 代码和依赖项，并生成一个独立的可执行文件。在命令行中运行 pyinstaller yourscript. py，其中 yourscript. py 是要打包的 Python 程序，即可完成程序的打包。

下面通过一个简单程序的打包示例，介绍 PyInstaller 的简单使用。新建一个文件夹作为项目目录，在目录中创建一个名为 main. py 的文件，向文件写入下面的代码：

```
if __name__=='__main__':
    a=input("请输入一些字符，按 Enter 键结束：")
    print(f"你输入了：{a}")
    input()
```

上述代码在执行时会提示用户使用键盘输入字符，在输入完成并按下 Enter 键后会将用户输入的信息显示在终端。

保存文件后退出，打开终端，进入程序所在的目录，需要执行的命令如下：

```
pyinstaller .\main.py
```

PyInstaller 就会开始打包程序并在终端中显示打包过程中的相关信息，如图 9-31 所示。

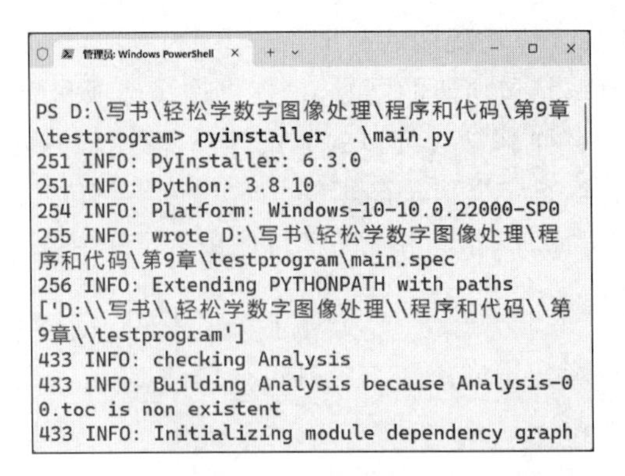

图 9-31　打包程序

在打包完成后会在当前目录下出现名为 build 和 dist 两个子目录，进入 dist 目录下的子目录后就能找到一个名为 main.exe 的可执行文件，双击该文件即可运行程序，如图 9-32 所示。

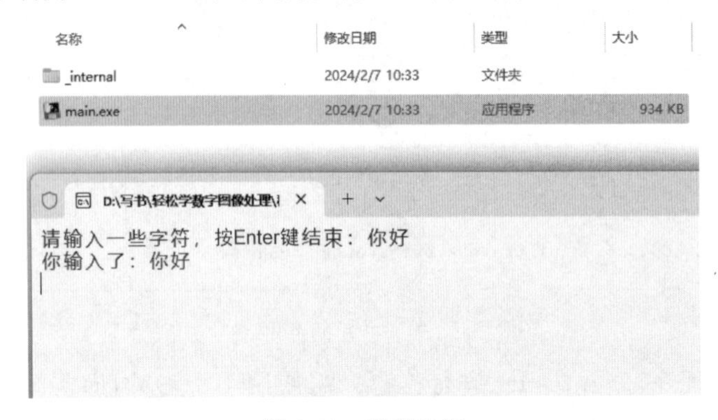

图 9-32　程序运行

在完成打包程序的检验后，需要分享和发布程序时，只需复制 dist 目录下的所有文件。总体来讲，PyInstaller 是一个非常方便的工具，能够帮助你将 Python 应用程序打包成独立可执行文件，使应用程序的分享和分发变得更加简单和便捷。

9.5.2　PyInstaller 的使用

PyInstaller 能够实现 Python 程序的打包与其内部原理密不可分。PyInstaller 在打包时会先读取 Python 程序的代码，随后对代码进行分析，找到代码中使用和运行时依赖的各模块和库，最后对这些与程序运行有关的文件及 Python 解释器进行复制并生成打包的可执行文件。

在打包程序的过程中，分析程序代码及寻找依赖模块和库是最为关键的，打包时遗漏这些文件会造成程序无法运行。默认情况下，在打包开始前，PyInstaller 会分析和记录程序中所有 import 语句导入的库，并会递归地添加所有 Python 代码中的库，直到完成对所有文件的分析。在打包时由于程序不会运行，PyInstaller 在自动搜寻时会出现遗漏模块或库的情况，导致打包后生成的可执行文件无法运行，此时就需要通过手动配置，将所需要的文件加入打包的文件列表中。手动配置的文件可在打包命令中加入文件路径参数，添加额外的import路径参数，以及修改打包时生成的.spec配置文件等方法。

PyInstaller对于程序打包提供了两种方式，一种是将程序打包进一个文件夹，另一种是将所有程序打包为一个独立的可执行文件。将程序打包为文件夹时会在dist目录下的输出子目录中产生一个可执行的文件及一个包含了所有依赖文件的子文件夹，在分享时只需压缩该子文件夹，并传输给其他用户，其他用户在使用时，只需解压缩此子文件夹，执行其中的可执行文件。程序打包为文件夹的一个优点是程序调试相对较易，能够直接查看打包后程序的依赖库，另一个优点是程序在修改升级时没有发生依赖库改变的情况下，在分享时只需传输打包产生的可执行文件，而不需要再传输依赖库。将程序打包为一个独立可执行文件时会在dist目录下只输出一个可执行文件，在分享和发布时只需传输这一个可执行文件，好处是不会发生遗漏。一般在将程序打包为一个文件前先要将程序打包进一个文件夹进行测试，以保证程序得到了正确的打包。

不论是打包为文件夹还是打包为独立的可执行文件，打包后的程序在启动和运行时具有类似的流程。独立的可执行文件在启动时会先创建一个临时文件夹，将依赖的库解压到该文件夹，得到与打包为文件夹相同的形式，随后启动Python解释器并加载主程序代码进行运行，因此，虽然独立的可执行文件在传输上方便，但在启动时多了一个解压缩的过程，导致启动速度慢于打包为文件夹。

pyinstaller是PyInstaller进行打包的命令，该命令的完整格式如下：

```
pyinstaller [options] script [script …] | specfile
```

该命令支持两种形式的打包，一种是直接对Python程序打包，另一种是通过.spec配置文件对程序进行打包。一般使用第1种形式较多，并且使用第1种形式打包时会产生一个.spec配置文件，在配置文件中会保留打包时设置的参数。对于较复杂的打包情况，可以先使用第1种形式生成一个.spec配置文件，并编辑该文件后再使用第2种形式以减少使用第1种方法打包时输入过多的参数。

PyInstaller命令有一个必需的参数，即打包的程序名称，也就是.py文件，或者.spec配置文件，一般无须设置其他的可选参数。PyInstaller命令支持的可选参数能够实现更丰富的打包功能，该命令的一些常用的可选配置参数及其功能如表9-6所示。

表9-6 配置参数

参数	功能
-h,--help	显示PyInstaller命令的帮助信息
-v,--version	显示PyInstaller库的版本
--distpath DIR	设置打包程序的输出目录，默认值为./dist，即当前目录下的dist文件夹
--workpath WORKPATH	设置打包时的临时目录，默认值为./build，即当前目录下的build文件夹
-y,--noconfirm	将输出目录设置为可修改模式，当存在之前编译的文件时会自行覆盖，不会在打包时请求确认
--clean	在程序打包前清理相关的缓存和临时文件

续表

参　　数	功　　能
-D,--onedir	将程序打包为文件夹的形式,与-F 参数只能二选一,是打包时的默认选项
-F,--onefile	将程序打包为独立的可执行文件,与-D 参数只能二选一
--specpath DIR	设置生成.spec 配置文件的目录,默认为当前目录
-n NAME,--name NAME	设置打包后可执行程序的名称
-c,--console	设置程序在启动时打开终端,默认选项
-w,--windowed	设置程序在启动时不打开终端,一般在打包 GUI 程序时设置此参数
--add-data SOURCE:DEST	将额外的文件添加到打包的程序,例如添加图像和文本
--add-binary SOURCE:DEST	添加额外的二进制文件,与--add-data 参数类似,例如添加.dll 文件
-i FILE.ico,--icon FILE.ico	设置可执行文件的图标

9.5.3 程序打包

按照 PyInstaller 的使用方法就可以对图像处理软件进行打包。与简单程序的打包不同,在打包图像处理软件时,需要考虑设置打包时程序的名称、程序的图像、程序中使用的静态图像,以及程序以 GUI 形式打包等参数。以下对使用文件夹打包和独立执行文件打包两种方法对图像处理软件进行打包。

将程序打包为文件夹的命令如下:

```
#第 9 章/program/buildapp.ipynb
#打包为文件夹
!pyinstaller -y -w --name 图像处理 ImageP -i "icon.ico" --add-data="./Imgui/icon.
ico:." --add-data="./Imgui/splashbg.png:." --add-data="./Imgui/tip.png:." .\
main.py
```

在上述打包命令中,针对图像处理软件添加了一些特定的参数,其中-y 参数表示可以对输出目录进行自动覆盖,不会在打包时确认;-w 参数表示打包后的程序在运行时不会显示终端窗口,只显示 GUI 界面,当程序调试时可以不加此参数,在打开的终端中显示调试信息;3 个--add-data 参数用于向打包的程序添加图像文件,该参数的格式为“图像的原路径:打包后的路径”,该参数由于会改变打包前后文件的路径,需要与程序中对应的该文件路径一致;最后一个参数就是打包程序的入口文件。

在上述命令运行时会输出下列信息:

```
270 INFO: PyInstaller: 6.3.0
270 INFO: Python: 3.8.10
275 INFO: Platform: Windows-10-10.0.22000-SP0
...
42140 INFO: Building COLLECT COLLECT-00.toc
69758 INFO: Building COLLECT COLLECT-00.toc completed successfully.
```

程序打包完成后，在 dist 目录下会生成一个名为“图像处理 ImageP”的子文件夹，子文件夹内的内容如图 9-33 所示，包含一个名为“_internal”的文件夹，以及一个名为“图像处理 ImageP. exe”的可执行文件。双击可执行文件即可运行图像处理软件，在分享时也只需将整个文件夹分享。

图 9-33　打包为文件夹

与打包为文件夹相似，将程序打包为独立可执行文件的命令如下：

```
#第 9 章/program/buildapp.ipynb
#打包为独立安装包
!pyinstaller -y -w --onefile --name 图像处理 ImageP -i "icon.ico" --add-data="./
Imgui/icon.ico:." --add-data="./Imgui/splashbg.png:." --add-data="./Imgui/tip.
png:." .\main.py
```

在上述命令中，相较于打包为文件夹的命令，只新增了一个参数--onefile，控制打包为独立执行文件，其他参数相同。在上述命令执行完成后，在 dist 目录下会生成一个名为“图像处理 ImageP. exe”的可执行文件，如图 9-34 所示，双击该文件即可运行图像处理软件，在分享时也只需复制和传输该文件。与打包为文件夹的方法相比较，独立可执行文件所占用空间较大，因为其本身将所有程序运行的模块和库都打包在内部。

名称	修改日期	类型	大小
图像处理ImageP.exe	2024/2/17 12:27	应用程序	28,943 KB

图 9-34　打包独立执行文件

注意：上述打包的命令是在 Notebook 中运行的，如果在终端中进行打包，则不需要输入 PyInstaller 命令前的“!”。

9.6　本章小结

本章以 Tkinter 为主介绍了 Python 在 GUI 编程中的基本方法，并利用本书中介绍的图像处理方法实现了一个简单的图像处理软件。Tkinter 作为 Python 自带的 GUI 库，具有简单、易用等优点。Tkinter 支持近 20 种控件，支持 3 种布局方法，支持丰富的事件类型，并且与 Python 深度融合。在图像处理软件的实现过程中，首先通过功能和界面设计构造了图像处理软件的框架，然后利用面向对象的编程方法实现了图像处理的各功能，最后利用 PyInstaller 库对图像处理软件打包。本章通过一个完整的图像处理软件的开发流程展现了图像处理与最终应用的全流程。

参 考 文 献

[1] SONKA M,HLAVAC V,BOYLE R.图像处理、分析与机器视觉(原书第4版)[M].兴军亮,艾海舟,等译.北京:清华大学出版社,2016.

[2] 刘成龙.MATLAB图像处理[M].北京:清华大学出版社,2017.

[3] CONZALEZ R C,WOODS R E.数字图像处理(原书第4版)[M].阮秋琦,阮宇智,译.北京:电子工业出版社,2020.

图书推荐

书　　名	作　　者
Diffusion AI 绘图模型构造与训练实战	李福林
图像识别——深度学习模型理论与实战	于浩文
HuggingFace 自然语言处理详解——基于 BERT 中文模型的任务实战	李福林
动手学推荐系统——基于 PyTorch 的算法实现(微课视频版)	於方仁
TensorFlow 计算机视觉原理与实战	欧阳鹏程、任浩然
自然语言处理——原理、方法与应用	王志立、雷鹏斌、吴宇凡
人工智能算法——原理、技巧及应用	韩龙、张娜、汝洪芳
跟我一起学机器学习	王成、黄晓辉
深度强化学习理论与实践	龙强、章胜
Java+OpenCV 高效入门	姚利民
Java+OpenCV 案例佳作选	姚利民
计算机视觉——基于 OpenCV 与 TensorFlow 的深度学习方法	余海林、翟中华
深度学习——理论、方法与 PyTorch 实践	翟中华、孟翔宇
Flink 原理深入与编程实战——Scala+Java(微课视频版)	辛立伟
Spark 原理深入与编程实战(微课视频版)	辛立伟、张帆、张会娟
PySpark 原理深入与编程实战(微课视频版)	辛立伟、辛雨桐
Python 预测分析与机器学习	王沁晨
Python 人工智能——原理、实践及应用	杨博雄 等
Python 深度学习	王志立
编程改变生活——用 Python 提升你的能力(基础篇・微课视频版)	邢世通
编程改变生活——用 Python 提升你的能力(进阶篇・微课视频版)	邢世通
编程改变生活——用 PySide6/PyQt6 创建 GUI 程序(基础篇・微课视频版)	邢世通
编程改变生活——用 PySide6/PyQt6 创建 GUI 程序(进阶篇・微课视频版)	邢世通
Python 量化交易实战——使用 vn.py 构建交易系统	欧阳鹏程
Python 从入门到全栈开发	钱超
Python 全栈开发——基础入门	夏正东
Python 全栈开发——高阶编程	夏正东
Python 全栈开发——数据分析	夏正东
Python 编程与科学计算(微课视频版)	李志远、黄化人、姚明菊 等
Python 游戏编程项目开发实战	李志远
Python 数据分析实战——从 Excel 轻松入门 Pandas	曾贤志
Python 概率统计	李爽
Python 数据分析从 0 到 1	邓立文、俞心宇、牛瑶
Python Web 数据分析可视化——基于 Django 框架的开发实战	韩伟、赵盼
Python 玩转数学问题——轻松学习 NumPy、SciPy 和 Matplotlib	张骞
AR Foundation 增强现实开发实战(ARKit 版)	汪祥春
AR Foundation 增强现实开发实战(ARCore 版)	汪祥春
ARKit 原生开发入门精粹——RealityKit + Swift + SwiftUI	汪祥春
HoloLens 2 开发入门精要——基于 Unity 和 MRTK	汪祥春
Octave GUI 开发实战	于红博
Octave AR 应用实战	于红博

续表

书　名	作　者
HarmonyOS 移动应用开发(ArkTS 版)	刘安战、余雨萍、陈争艳 等
openEuler 操作系统管理入门	陈争艳、刘安战、贾玉祥 等
JavaScript 修炼之路	张云鹏、戚爱斌
深度探索 Vue. js——原理剖析与实战应用	张云鹏
前端三剑客——HTML5+CSS3+JavaScript 从入门到实战	贾志杰
剑指大前端全栈工程师	贾志杰、史广、赵东彦
HarmonyOS 应用开发实战(JavaScript 版)	徐礼文
HarmonyOS 原子化服务卡片原理与实战	李洋
鸿蒙操作系统开发入门经典	徐礼文
鸿蒙应用程序开发	董昱
鸿蒙操作系统应用开发实践	陈美汝、郑森文、武延军、吴敬征
HarmonyOS 移动应用开发	刘安战、余雨萍、李勇军 等
HarmonyOS App 开发从 0 到 1	张诏添、李凯杰
从数据科学看懂数字化转型——数据如何改变世界	刘通
JavaScript 基础语法详解	张旭乾
5G 核心网原理与实践	易飞、何宇、刘子琦
恶意代码逆向分析基础详解	刘晓阳
深度探索 Go 语言——对象模型与 runtime 的原理、特性及应用	封幼林
深入理解 Go 语言	刘丹冰
Vue+Spring Boot 前后端分离开发实战	贾志杰
Spring Boot 3.0 开发实战	李西明、陈立为
Flutter 组件精讲与实战	赵龙
Flutter 组件详解与实战	[加]王浩然(Bradley Wang)
Dart 语言实战——基于 Flutter 框架的程序开发(第 2 版)	亢少军
Dart 语言实战——基于 Angular 框架的 Web 开发	刘仕文
IntelliJ IDEA 软件开发与应用	乔国辉
FFmpeg 入门详解——音视频原理及应用	梅会东
FFmpeg 入门详解——SDK 二次开发与直播美颜原理及应用	梅会东
FFmpeg 入门详解——流媒体直播原理及应用	梅会东
FFmpeg 入门详解——命令行与音视频特效原理及应用	梅会东
FFmpeg 入门详解——音视频流媒体播放器原理及应用	梅会东
Power Query M 函数应用技巧与实战	邹慧
Pandas 通关实战	黄福星
深入浅出 Power Query M 语言	黄福星
深入浅出 DAX——Excel Power Pivot 和 Power BI 高效数据分析	黄福星
从 Excel 到 Python 数据分析：Pandas、xlwings、openpyxl、Matplotlib 的交互与应用	黄福星
云原生开发实践	高尚衡
云计算管理配置与实战	杨昌家
虚拟化 KVM 极速入门	陈涛
虚拟化 KVM 进阶实践	陈涛
Octave 程序设计	于红博